普通高等教育“十三五”规划教材·油气储运工程专业

U0873499

航空油料分析与化验

崔艳雨　主编

中国石化出版社

内 容 提 要

本书紧密结合民用航空实际，分章节介绍油料分析概述、航空汽油分析、航空涡轮燃料分析、航空润滑油分析、航空润滑脂分析、航空油料化验管理，涵盖常用航空油料的规格、性质、技术要求及检测分析方法；系统地介绍了航空油料的规格及质量指标，列举多种航空油料的分析化验方法以及影响其质量的主要因素，为从事航空油料分析化验方面的教学、研究等专业的技术人员提供了理论依据及操作参考。

本书可作为普通高等院校油气储运工程等相关专业的教材，也可作为民航油料部门员工培训的参考教材。

图书在版编目（CIP）数据

航空油料分析与化验 / 崔艳雨主编. —北京：中国石化出版社，2016.6(2023.1 重印)
普通高等教育“十三五”规划教材
ISBN 978-7-5114-4046-4

Ⅰ.①航… Ⅱ.①崔… Ⅲ.①民用航空-航空油料-油质化验-高等学校-教材 Ⅳ.①V312

中国版本图书馆 CIP 数据核字（2016）第 113532 号

中国石化出版社出版发行
地址：北京市东城区安定门外大街 58 号
邮编：100011　电话：(010)57512500
发行部电话：(010)57512575
http://www.sinopec-press.com
E-mail：press@sinopec.com
北京科信印刷有限公司印刷
全国各地新华书店经销
*
787×1092 毫米 16 开本 21 印张 515 千字
2016 年 7 月第 1 版　2023 年 1 月第 2 次印刷
定价：46.00 元

前　言

PREFACE

随着航空工业的大力发展，飞机的性能越来越先进，对航空油料的要求越来越高。航空油料是指专供飞行器使用的各类石油产品，包括航空燃油、航空润滑油、航空液压油和航空润滑脂等，品种繁多。其中，航空燃油主要有两大类：航空汽油和喷气燃料，分别适用于不同类型的飞机发动机。

航空油料因其易蒸发、易渗漏、易被污染而变质、极易着火、易爆炸等性质，具有影响面广、质量要求严格的特点。目前，已经形成了炼制、运输、储存、检测、销售、加注为一体的航空油料供应链，任何一个环节管理不善，都可能引起油料质量下降，甚至发生威胁人民生命财产安全的恶性事故，因此，对航空油料的分析化验及质量管理要求愈来愈高，对相关工作人员的素质和高校教学质量的要求不断提高。为了满足油气储运相关学科的教学要求，丰富针对航空油料的分析与化验在教学环节中的理论积淀，结合普通高等教育“十二五”规划教材·油气储运工程专业系列教材编写工作的安排编写本书。

本书由中国民航大学崔艳雨主编和统稿，参与编写、修改及审定的还有初晓、李佳、石博等。

本书紧密结合民用航空实际，重点介绍航空汽油、喷气燃料、航空润滑油、航空润滑脂等各种油品的种类、规格、性质、技术要求及检测分析方法，为从事航空油料分析化验方面的教学、研究等专业技术人员提供理论依据及操作参考，可作为普通高等院校油气储运工程等相关专业的教材，也可作为民航油料部门员工培训的参考教材。

在教材的编写过程中，得到了中国航油相关单位的大力支持，在此表示衷心感谢。

由于编写时间仓促，教材中难免还存在着许多错误和不足，敬请各位专家和广大读者批评指正，以便再版时加以纠正。

目录

CONTENTS

第一章　油料分析概述

第一节　石油及炼油

一、石油及其组成

石油是一种黏稠的、深褐色液体。被誉为“工业血液”的石油是宝贵的地下矿物资源，它属于战略性物资，是一种特殊商品。由于石油的不可再生性以及在寻找新的替代能源方面始终没有太大的进展，过去、现在、今后，石油都将是影响世界经济乃至政治的一个重要因素。它既是当今最重要的能源，又是十分重要的化工原料，可用于制造化肥、塑料、合成橡胶、炸药、染料、医药等。2019 年，我国能源消费结构中，石油约占 18.9%、煤炭约占 57.7%。全球碳中和加速推进，我国承诺将在 2030 年前实现碳达峰目标，倒逼我国能源供需格局加快转变。

地壳上层部分地区有石油储存。主要成分是各种烷烃、环烷烃、芳香烃的混合物。石油的成油机理有生物沉积变油和石化油两种学说，前者较广为接受，认为石油是古代海洋或湖泊中的生物经过漫长的演化形成，属于化石燃料，不可再生；后者认为石油是由地壳内本身的碳生成，与生物无关，可再生。石油主要被用来作为燃油和汽油，也是许多化学工业产品(如溶液、化肥、杀虫剂和塑料等)的原料。

1983 年第 11 届世界石油大会正式提出对石油、原油、天然气等名词的定义：

石油(Petroleum)：指气态、液态和固态的烃类混合物，具有天然性状。

原油(Crude Oil)：指石油的基本类型，常压下呈液态，其中也包括一些液态非烃类组分(天然的液态烃类混合物)。

天然气(Natural Gas)：是石油的主要类型之一，常温常压下呈气态，在地层条件下溶解于原油中。

因此，石油这一概念实际上包括了人们习惯上所说的原油、天然气、伴生气、凝析油等。

1. 成分

(1) 物质成分

原油的成分相当复杂，主要有：油质(这是其主要成分)、胶质(一种黏性的半固体物质)、沥青质(暗褐色或黑色脆性固体物质)、碳质(一种非碳氢化合物)。石油是由碳氢化合物为主混合而成的，具有特殊气味的、有色的可燃性油质液体。天然气是以气态的碳氢化合物为主的各种气体组成的，具有特殊气味、无色的易燃性混合气体。在整个的石油系统中分工也是比较细的：构成石油的化学物质，用蒸馏法能分解。原油作为加工的产品，有煤油、苯、汽油、石蜡、沥青等。严格地说，石油以氢与碳构成的烃类为主要成分。相对分子质量最小的 4 种烃，全都是煤气。

(2) 元素组成

石油主要是碳氢化合物。即含有相对分子质量很小的气体烷烃(CH_4)，更含有相对分子质量为 1500~2000 或更大的烃类。

它由不同的碳氢化合物混合组成，组成石油的化学元素主要是碳(83% ~ 87%)、氢(11%~14%)，其余为硫(0.06%~0.8%)、氮(0.02%~1.7%)、氧(0.08% ~1.82%)及微量金属元素(镍、钒、铁、锑等)。由碳和氢化合形成的烃类构成石油的主要组成部分，约占95% ~ 99%，各种烃类按其结构分为：烷烃、环烷烃、芳香烃。一般天然石油不含烯烃而二次加工产物中常含有数量不等的烯烃和炔烃。含硫、氧、氮的化合物对石油产品有害，在石油加工中应尽量除去。

通常以烷烃为主的石油称为石蜡基石油；以环烷烃、芳香烃为主的称环烃基石油；介于二者之间的称中间基石油。石油的分子结构见图 1-1。

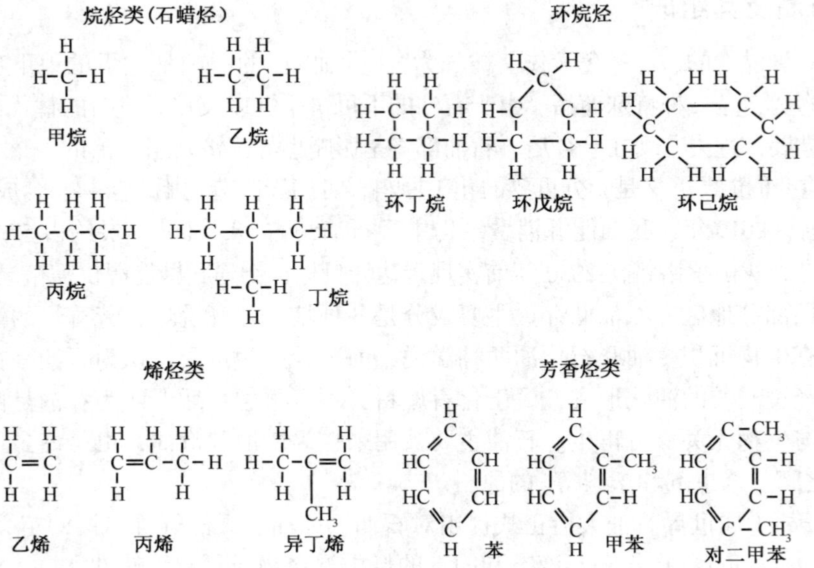

图 1-1　石油的分子结构

2. 性质

石油的性质因产地而异，密度为 0.8~1.0g/cm³，黏度范围很宽，凝固点差别很大(-60 ~30℃)，沸点范围为常温到 500℃以上，可溶于多种有机溶剂，不溶于水，但可与水形成乳状液。不过不同地区的油田的石油的成分和外貌可以区分很大。2012 年开采的石油88%被用作燃料，其他的 12%作为化工业的原料。

原油的颜色非常丰富，有红、金黄、墨绿、黑、褐红、甚至透明；原油的颜色反映它本身所含胶质、沥青质的含量，含量越高颜色越深。我国四川黄瓜山和华北大港油田有的井产无色石油，克拉玛依石油呈褐至黑色，大庆、胜利、玉门石油均为黑色。无色石油在美国加利福尼亚、原苏联巴库、罗马尼亚和印尼的苏门答腊也均有产出。无色石油的形成，可能同运移过程中，带色的胶质和沥青质被岩石吸附有关。但是不同程度的深色石油占绝对多数，几乎遍布于世界各大含油气盆地。

3. 分布

世界海洋面积 3.6 亿平方千米，约为陆地的 2.4 倍。大陆架和大陆坡约 5500 万平方千米，相当于陆上沉积盆地面积的总和。地球上已探明石油资源的 1/4 和最终可采储量的45%，埋藏在海底。世界石油探明储量的蕴藏重心，将逐步由陆地转向海洋。

原油的分布从总体上来看极端不平衡：从东西半球来看，约3/4的石油资源集中于东半球，西半球占1/4；从南北半球看，石油资源主要集中于北半球；从纬度分布看，主要集中在北纬20°~40°和50°~70°两个纬度带内。波斯湾及墨西哥湾两大油区和北非油田均处于北纬20°~40°内，该带集中了51.3%的世界石油储量；50°~70°纬度带内有著名的北海油田、俄罗斯伏尔加及西伯利亚油田和阿拉斯加湾油区。约60%可以开采的常规石油储藏位于中东，主要产油国为沙特阿拉伯(12.5%)、阿拉伯联合酋长国、伊拉克、卡塔尔和科威特。

我国石油资源集中分布在渤海湾、松辽、塔里木、鄂尔多斯、准噶尔、珠江口、柴达木和东海陆架八大盆地；天然气资源集中分布在塔里木、四川、鄂尔多斯、东海陆架、柴达木、松辽、莺歌海、琼东南和渤海湾九大盆地。

从资源深度分布看，我国石油可采资源有80%集中分布在浅层(<2000m)和中深层(2000~3500m)，而深层(3500~4500m)和超深层(<4500m)分布较少；天然气资源在浅层、中深层、深层和超深层分布却相对比较均匀。

从地理环境分布看，我国石油可采资源有76%分布在平原、浅海、戈壁和沙漠，天然气可采资源有74%分布在浅海、沙漠、山地、平原和戈壁。

从资源品位看，我国石油可采资源中优质资源占63%，低渗透资源占28%，重油占9%；天然气可采资源中优质资源占76%，低渗透资源占24%。

原国土资源部2015年发布的最新油气资源动态评价成果显示，我国常规石油地质资源量1085亿吨、可采资源量268亿吨，与2007年的上一轮评价结果相比，分别增长42%和26%。常规天然气地质资源量68万亿立方米，可采资源量40万亿立方米，与2007年评价结果相比，分别增长了94%和82%。从资源开发利用潜力来说，目前我国的天然气资源潜力大于石油。截至2020年年底，全国石油和天然气分别累计采出73.50亿吨、2.38万亿立方米，累计探明地质储量分别为422亿吨、16.88万亿立方米。新增地质储量90%以上为整装、未开发储量，进一步增储上产的潜力很大，预计未来我国将进入天然气储量产量快速增长的发展阶段。

二、石油炼制(炼油)

石油的发现、开采和直接利用由来已久，现代石油工业历史始于1846年，当时生活在加拿大大西洋省区的亚布拉罕·季斯纳发明了从煤中提取煤油的方法。1852年波兰人依格纳茨·卢卡西维茨发明了使用更易获得的石油提取煤油的方法。次年波兰南部克洛斯诺附近开辟了第一座现代的油矿。这些发明很快就在全世界普及开来，1861年在巴库建立了世界上第一座炼油厂。当时巴库出产世界上90%的石油。

到20世纪40~50年代形成的现代炼油工业，是最大的加工工业之一。19世纪30年代起，陆续建立了石油蒸馏工厂，产品主要是灯用煤油，汽油没有用途当废料抛弃。19世纪70年代建造了润滑油厂，并开始把蒸馏剩下的高沸点油做锅炉燃料。19世纪末内燃机的问世使汽油和柴油的需求猛增，仅靠原油的蒸馏(即原油的一次加工)不能满足需求，于是诞生了以增产汽、柴油为目的，综合利用原油各种成分的原油二次加工工艺。如1913年实现了热裂化，1930年实现了焦化，1940年实现了催化裂化，1940年实现了催化重整，此后加氢技术也迅速发展，这就形成了现代的石油炼制工业。20世纪50年代以后，石油炼制为化工产品的发展提供了大量原料，形成了现代的石油化学工业。2019年全世界的石油加工能力为9439万桶/日，我国为1260万桶/日。

有工业价值的石油储量从发现到成为产品大致要经过：地质勘探→钻井→采油→运输→储存→加工等复杂的工业过程。本节只简单介绍有关石油炼制方面的内容。

1. 原油评价

在炼油之前先要对其进行评价，原油的评价一般分原油性质分析、简单评价、常规评价和综合评价4种：

原油性质分析是为了在油田勘探开发过程中，及时了解单井、集油站和油库中原油的一般性质，并掌握原油性质变化的规律和动态而采用的一种方法；

简单评价的目的是初步确定原油的性质和特点，一般使用于原油性质的普查；

常规评价是为一般炼油厂设计提供数据；

综合评价的内容最为全面，是为综合性炼油厂提供设计数据的依据。

评价完原油以后，就是对某种原油加工方案的确定。它是以原油评价数据为基础，综合考虑对产品的要求、炼油厂技术的先进性、生产的灵活性及经济的合理性等因素，进而确定加工的流程和产品。从总体上一般分为3种：

燃料油型：生产汽油、煤油、轻柴油、重柴油、军用油和锅炉燃料等多种燃料油；

燃料-润滑油型：除生产各种燃料油外，还生产各种润滑油；

燃料-化工型：以生产燃料油和化工产品为主。

随着目前各炼油厂加工外来原油的增多，所加工的原油品种日趋增多，故炼油厂的发展也趋向复合型，即装置越来越多，针对不同的原油采用不同的加工流程，生产不同的产品，即燃料润滑油化工型，既生产各种燃料、化工原料或产品同时又生产润滑油。这也是提高炼油厂的整体竞争力和抗市场风险能力的结果。对应的炼油厂一般也称做燃料型炼油厂、燃料-润滑油型炼油厂和燃料-化工型和燃料润滑油化工型炼油厂。

石油产品又称油品，主要包括各种燃料油(汽油、煤油、柴油等)和润滑油以及液化石油气、石油焦炭、石蜡、沥青等。生产这些产品的加工过程常被称为石油炼制，简称炼油。石油化工产品以炼油过程提供的原料油进一步化学加工获得。

2. 原油加工

原油具体的提炼过程大致可以分为4个步骤：

分离天然气——分馏——裂解——产品精制

习惯上将石油炼制过程不很严格地分为3类过程：一次加工；二次加工；三次加工。

把原油蒸馏分为几个不同的沸点范围(即馏分)叫一次加工。一次加工装置包括常压蒸馏或常减压蒸馏。将原油用蒸馏的方法分离成轻重不同馏分的过程，常称为原油蒸馏，它包括原油预处理、常压蒸馏和减压蒸馏。一次加工产品可以粗略地分为：①轻质馏分油(又称轻质油)，指沸点在约370℃以下的馏出油，如粗汽油、粗煤油、粗柴油等。②重质馏分油(又称重质油)，指沸点在370~540℃左右的重质馏出油，如重柴油、各种润滑油馏分、裂化原料等。③渣油(又称残油)。习惯上将原油经常压蒸馏所得的塔底油称为重油(也称常压渣油、半残油、拔头油等)。

二次加工过程：将一次加工得到的馏分再加工成商品油叫二次加工。二次加工装置包括催化、加氢裂化、延迟焦化、催化重整、烃基化、加氢精制等。二次加工过程有时还包括催化重整和石油产品精制。前者是使汽油分子结构发生改变，用于提高汽油辛烷值或制取轻质芳烃(苯、甲苯、二甲苯)；后者是对各种汽油、柴油等轻质油品进行精制，或从重质馏分油制取馏分润滑油，或从渣油制取残渣润滑油等。

三次加工过程：将二次加工过程得到的商品油制取基本有机化工原料的工艺叫三次加工。三次加工装置采用裂解工艺制取乙烯、芳烃等化工原料。

原油炼制过程见图 1-2。

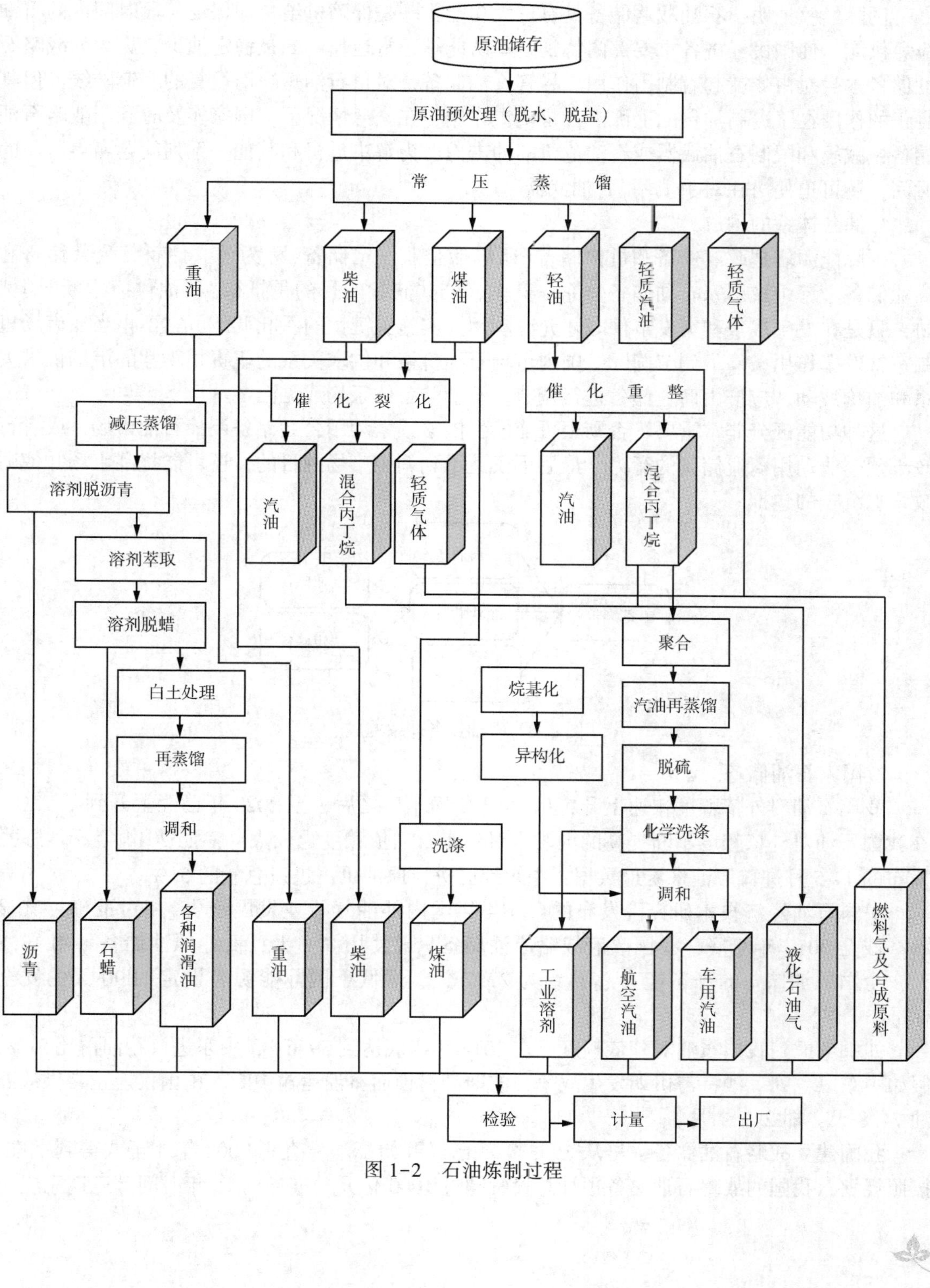

图 1-2 石油炼制过程

三、石油战略储备

石油战略储备(Strategic stock of oil；Strategic petroleum reserve，SPR)定义：基于国防安全和经济安全的考虑，国家依据本国的国情、制度和财力等情况，通过政府主导和民间参与等形式储备一定规模的石油。

国际经验证明，石油战略储备具有三大功能：一是保障供给，即保证一段时间内的石油应急供应，使国民经济各重要部门特别是军队能够正常运作。二是稳定油价，庞大的战略石油储备本身对市场就起着制衡作用。尽管石油储备是对付石油短缺而设置的头道防线，但其真正的作用在于遏制油价的上涨。三是威慑作用，在紧急情况下，国家能及时利用战略石油储备，减轻和限制石油武器或石油危机的冲击力，为解决危机和其他一系列问题赢得所需的时间，还可迫使潜在对手慎用“石油武器”。

1. 储备体系的构成

国际能源署把政府储备和机构储备(还包括企业法定储备)称为公共储备，公共储备和商业储备一起组成国家石油储备体系。其中，公共储备的目的是抵御“石油供应中断”的威胁，只是在发生战争和突发事件时才允许动用，实施关键性的吞吐调节，它不担当在市场机制正常发挥作用条件下调节国际、国内市场石油价格和供求关系的职责。正常的市场供求关系和油价波动，应该由商业储备进行调节。石油储备体系构成见图 1-3。

这种功能区分非常重要，否则很可能发生国家频繁动用公共储备调控石油市场，或者行政干预企业动用商业储备的行为，最后不仅达不到调控市场的目的，还可能扰乱市场并使财政背上沉重的包袱。

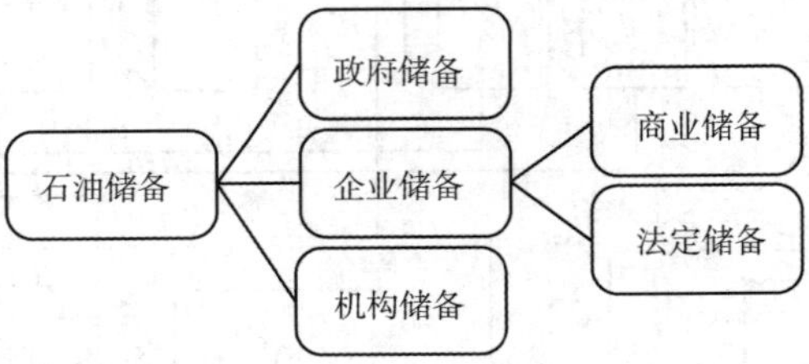

图 1-3　石油储备体系构成

2. 国家石油储备

我国石油对外依赖度快速上升，从 1993 年净出口之后，至 2020 年已经上升到了 73%。在我国石油对外依赖度不断提高的同时，对中东石油依赖度也较大。参照 2014 年 6 月海关发布的 1~5 月进口原油来源地数据，中东地区进口原油仍占进口总量的 51%。

中国石油经济技术研究院发布的《2014 年国内外油气行业发展报告》相对准确，其显示，截至 2013 年年底，我国政府战略原油储备只够使用 8.9 天，商业原油储备可用 13.8 天，全国原油储备的静态能力总共约为 22.7 天，远低于国际能源署设定的 90 天的安全标准。

如果考虑到我国石油对外依赖度已在 2014 年年底达到 59.6%，中东进口石油占比 51%，假如中东以色列、沙特与伊朗发生战争，波斯湾封锁而石油运输中断，中国仅能正常供应石油 74.8 天，即 2 个半月。

我国建立战略石油储备，早从 1993 年就已经开始酝酿，直到 2004 年才正式得到批准。按照规划，我国的战略石油储备预计总投资超过 1000 亿元，准备用 15 年时间分三期完成。

2011 年年初，国家能源局通报，2008 年年底国家石油储备一期项目四个基地全部建成，总容量 1640 万立方米，约合 1.02 亿桶。主要分布在镇海、舟山、黄岛和大连等四处沿海地区，具备对外进口吞吐运输优势。根据中国石油天然气集团公司数据，截至 2013 年，二期工程七个储备基地已经完成两个，储油能力合计约 7250 万桶的四个基地 2015 年可能上线。而在更远的三期工程中，内陆腹地的石油战略储备油库亦在规划中。整个工程完成以后，我国将在 2020 年将石油储备提升至约 8500 万吨，我国石油战略储备基本上要跟国际接轨——将相当于 90 天的净进口量。

第二节 油料分析的任务及标准

一、油料分析的任务

油料分析是用统一规定或公认的方法，分析检验石油和石油产品理化性质和使用性能的科学试验过程。油品检验技术是建立在化学分析、仪器分析基础之上，以介绍石油产品的性能指标，分类、用途、质量要求为主，掌握油品主要使用性能的检验方法。

其主要任务如下：

1. 检验油品质量

确保进入商品市场的油品满足质量要求，促进企业建立健全油品质量保障体系。

2. 评定油品使用性能

对超期储存、失去标签或发生混串的油品进行评定，以便确定上述油品能否继续使用或提出处理意见。

3. 对油品质量仲裁

当油品生产与使用部门对油品质量发生争议时，可根据国际或国家统一制定的标准进行检验，根据油品的质量做出仲裁，保证供需双方的合法权益。

4. 为制定加工方案提供基础数据

对用于石油炼制的产品进行检验，测定其基本理化性质和烃类组成，为制定合理的生产加工方案提供可靠的基础数据。

5. 为控制工艺条件提供数据

对石油炼制过程进行控制分析，系统的检验各馏出口产品和中间产品的质量，及时调整生产工序及操作，以保证产品质量和安全生产，为改进工艺条件、提高产品质量、增加经济效益提供依据。

二、油料分析的标准

随着社会的不断发展，石油产品在人类的生活中扮演着越来越重要的角色。人们不仅对油品的种类、数量要求越来越多，而且对油品的质量要求也越来越高。在保证油品质量方面，油料分析技术发挥着重要作用。

1. 油料分析标准分类

（1）按内容分类

油料分析标准属于标准中的技术标准，按具体内容分为如下两类：

① 石油产品标准

石油产品标准是将石油产品质量规格按其性能和使用要求规定的主要指标。包括产品分类、分组、命名、代号、品种(牌号)、规格、技术要求、质量检验方法、检验规则、产品包装、产品标志、运输、储存、交货和验收等内容。

② 试验方法标准

石油产品是复杂的有机化合物的混合物，理化性质没有固定值，因此其试验需用特定仪器，按规定的操作条件进行。石油产品试验方法标准就是根据石油产品试验多为条件性试验的特点，为方便使用和确保贸易往来中具有仲裁和鉴定法律约束力而制定的一系列分析方法标准。试验方法标准包括适用范围、方法概要、使用仪器、材料、试剂、测定条件、试验步骤、结果计算、精密度等技术规定。

(2) 按适用领域和有效范围分类

目前我国采用与执行的油料分析标准，按适用领域和有效范围共有 6 类：

① 国际标准：国际标准化组织(ISO)制定以及由其公布的其他国际组织制定的标准。它是由共同利益国家间合作与协商制定，被多数国家公认，具有先进水平的标准。

国际标准化组织认可作为国际标准的国际行业组织制定的标准代号，如表 1-1 所示。

表 1-1　国际标准化组织及标准代号

序号	代号	含义	负责机构
1	IATA	国际航空运输协会标准	国际航空运输协会(IATA)
2	ICAO	国际民航组织标准	国际民航组织(ICAO)
3	IEC	国际电工委员会标准	国际电工委员会(IEC)
4	ISO	国际标准化组织标准	国际标准化组织(ISO)
5	WHO	世界卫生组织标准	世界卫生组织(WHO)

② 区域标准：世界某一区域标准化组织制定并通过的标准，如欧洲标准化委员会(CEN)制定的欧洲标准(EN)，详见表 1-2。

表 1-2　区域标准化组织及标准代号

序号	代号	含义	负责机构
1	ARS	非洲地区标准	非洲地区标准化组织(ARSO)
2	ASMO	阿拉伯标准	阿拉伯标准化与计量组织(ASMO)
3	CECL	欧洲协调委员会标准	
4	EN	欧洲标准	欧洲标准化委员会(CEN)
5	PAS	泛美标准	泛美技术标准委员会(COPANT)

③ 国家标准：在全国范围内统一技术要求而制定的标准，是由国家指定机关制定，发布实施的法定文件，详见表 1-3。

表 1-3　国家标准化组织及标准代号

序号	代号	含义	负责机构
1	GB	中国国家标准	国家标准化管理委员会(SAC)
2	ANSI	美国国家标准	美国标准学会(ANSI)

续表

序号	代号	含义	负责机构
3	BS	英国国家标准	英国标准学会(BSI)
4	DIN	德国国家标准	德国标准化学会(DIN)
5	NF	法国国家标准	法国标准化协会(AFNOR)

我国石油产品的国家标准由全国石油产品和润滑剂标准化技术委员会(简称石化标委会)组织制修订，石化标委会秘书处设在中国石化石油化工科学研究院。目前由国家质量监督检验检疫总局和国家标准化管理委员会联合发布。

④ 行业标准：没有国家标准而又需要在全国有关行业范围内统一技术要求所制定的标准。行业标准由国务院有关行政主管部门制定，并报国务院标准化行政主管部门备案，如石化行业标准(SH)由中国石油化工股份有限公司制定。部分国外行业标准化组织及标准代号见表 1-4。

表 1-4　部分国外行业标准化组织及标准代号

序号	代号	含义	负责机构
6	API	美国石油学会标准	美国石油学会(API)
7	ASTM	美国材料与试验学会标准	美国材料与试验学会(ASTM)
8	IP	英国石油学会标准	英国石油学会(IP)
9	JIS	日本工业标准	日本工业标准调查会(JISC)
5	VDE	德国电气工程师学会标准	德国电气工程师学会标准(VDE)

⑤ 地方标准：没有国家标准和行业标准而又需要在省、自治区、直辖市范围内统一工业产品要求所制定的标准。如：北京市地方标准《车用汽油》(DB 11/238—2012)。

⑥ 企业标准：在没有相应国家或行业标准时，企业自身所制定的试验方法标准。企业标准必须报当地政府标准化行政主管部门和有关行政主管部门备案。企业标准不得与国家标准或行业标准相抵触。为了提高产品质量，企业标准可以比国家标准或行业标准更为先进。

另外，我国还有国家军用标准(国军标)，如：GJB 0. 1—2001。

各军兵种、总部有关部(局)标准代号由部门名称和标准的汉语拼音字头字母组成，如标准字母代号相重，则另加一个字母，如：海军 HJB；空军 KJB；总参炮兵部 PBB(炮兵标)；总参装甲兵部 ZJB(装甲标)；总参军训部 XLB(训练标)。

2. 我国油料分析标准编号方法

国内油料分析标准主要有国家标准、行业标准、地方标准和企业标准 4 级标准。编号中用汉语拼音表示标准等级，前 3 级又分为推荐性标准(鼓励企业自愿采用，出口产品按合同约定执行)和强制性标准(必须执行，不符合标准的产品禁止生产、销售和进口)；中间数字为标准序号；末尾数字为批准或确认年号，最后括号内数字为该标准重新确认年号。例如：

(1) GB 18351—2015

GB—强制性国家标准代号；18351—发布顺序号；2015—标准批准或确认年号。

（2）GB/T 6986—1986（1991）

GB/T—推荐性国家标准代号；6986—发布顺序号；1986（1991）—标准批准或确认年号（重新确认年号）。

（3）SH/T 0702—2001

SH/T—推荐性石化行业标准代号；0702—发布顺序号；2001—标准批准或确认年号。

（4）Q/SY 48—2004

Q/SY—中国石油天然气股份有限公司企业标准代号；48—发布顺序号；2004—标准批准或确认年号。

（5）Q/SH HZ 0003—2000

Q/SH—石化企业标准代号；HZ—中国石化集团杭州炼油厂（石化企业标准代号）；0003—发布顺序号；2000—标准批准或确认年号。

3. 我国油料分析标准制定依据

我国油料分析标准的依据是在充分考虑国际贸易往来和社会对产品使用要求的基础上，兼顾石油资源特点和生产技术发展水平而制定的。我国鼓励采用国际标准，即把国际标准和国外先进标准的内容，不同程度地转化到各级标准中，用以实施和组织生产。我国采用国际标准或国外先进标准有 3 种方式：

① 等同采用（符号≡，缩写字母 idt），其技术内容完全相同，没有或仅有编辑性修改，编写方法完全对应；

② 等效采用（符号=，缩写字母 eqv），其技术内容基本相同，个别条款结合我国情况差异，但可被国际标准接受，编写方法不完全对应；

③ 非等效采用（即参照采用，符号≠，缩写字母 nev），其技术内容有重大差异，有互不接受的条款。

三、油料分析记录

1. 原始记录

原始记录为能反映发生在现场最初状态全部信息的记载。原始记录包括：

试样的原始记录　试样名称、编号，采样地点、采样时间、采样人，分析类别（如车样、船样或罐样）；

分析工作记录　分析日期、时间、仪器名称、编号；

分析数据　包括执行标准、环境记录（如温度、湿度、大气压力）、原始数据、计算公式、计算结果导出数据等；

分析审核记录（复检审核人签字）。

喷气燃料重新评定如表 1-5 所示。

2. 原始记录填写要求

油料分析原始记录必须及时、准确、完整、客观，一般使用固定格式表格，用蓝黑或碳素墨水书写；

不允许追写、重抄、摘录、修饰，以保证其原始性和真实性；

应清晰可辨，不允许贴、刮、描和涂改，对个别确认记错必须改正的数据，应在原始记录上画两道平行线，加盖本人名章后，在其上方填写更正后的数据；数据处理应按国家有关标准执行；

相关人员的签名一律使用本人姓名全称。

表 1-5　喷气燃料重新评定(参考 MH/T 6020—2012)

罐号：________　　燃料名称：________　　接收前油罐中数量：________

批次号：________　　燃料规格：________　　接收数量：________

日期：________　　接收后油罐中数量：________

性质	试验方法	规格要求	底油重新评定结果	新批次 1 重新评定/全规格检验结果	新批次 2 重新评定/全规格检验结果	新批次 3 重新评定/全规格检验结具	加权结果	本次重新评定结果	可接受差值
外观									
蒸馏									
10%的回收温度/℃									8
50%的回收温度/℃									8
90%的回收温度/℃									8
终馏点/℃									8
残留量(体积分数)/%									—
损失量(体积分数)/%									—
闪点/℃									3
标准密度(　)℃/(kg/m³)									3
上									3
中									3
下									3
冰点/℃									3
铜片腐蚀/级									规格限制
实际胶质/(mg/100mL)									规格限制
水反应界面情况/级									规格限制
水分离指数									
电导率及温度/(pS/m)									规格限制

检验员：________　　检验室负责人：________　　检验有效期至：________

第二章　航空汽油分析

第一节　国产航空汽油的规格

我国的航空汽油按马达辛烷值的不同分为 75 号、95 号和 100 号三个牌号，其代号分别为 RH-75、RH-95/130 和 RH-100/130。其中，R 代表石油燃料，H 代表航空汽油，130 等表示品度值。

以前我国还生产过 70 号航空汽油，由于辛烷值低，不能满足活塞-6 甲发动机的要求，所以于 1975 年停止生产，后来被 75 号航空汽油所替代。具体原因是：由于活塞-6 发动机的压缩比从 5.9±0.1 加大为 6.2±0.1，发动机功率提高了，如果仍使用 70 号航空汽油发动机易发生局部爆震，烧伤机件。因此，由兰州炼油厂改产 75 号航空汽油，经过试车、试飞，证明在活塞-6 甲型发动机上使用情况良好，所以代替了 70 号航空汽油，改为现在的 75 号航空汽油。95 号航空汽油是使用较多的一个油品，几乎所有的活塞式飞机都可以使用这种航空汽油。100 号航空汽油是含铅汽油，毒性很大，是严禁用来做洗涤汽油洗手或清洗机件的，刷洗装过铅水汽油的油罐、油车，也都要严格遵守防毒规则，穿戴防毒衣服、防毒面具、胶皮手套，才能作业，所以被停产过多年，但是近几年由于民航飞行学院培训飞行、西北和东北的农垦和森林防火对 100 号航空汽油的需求急剧增长，又开始在兰州恢复生产。

三种型号的航空汽油最主要的区别就是抗爆性不同。一般在选用时，应遵循重负荷、高速度的飞机，选用抗爆性好的航空汽油；轻负荷、低速度的飞机，选用抗爆性稍差的航空汽油的原则。因此，75 号航空汽油的辛烷值低、抗爆性差，适用于轻负荷、低速度的初教-6 等飞机；100 号适用于水上飞机和重负荷、高速度活塞式航空发动机。其他活塞式飞机均使用 95 号航空汽油。三种型号的航空活塞式发动机燃料的产品规范如表 2-1 所示。

我国航空汽油的基本组分是航空基础汽油、直馏汽油、高辛烷值组分。为了进一步提高抗氧化性和氧化安定性，在 95 号、100 号航空汽油中加有抗爆剂和抗氧化防胶剂等添加剂。

航空基础汽油是航空汽油的基本组分，可作为这个组分的有催化裂化汽油、加氢汽油、重整汽油及抗爆性很好的直馏汽油。我国原航空汽油的生产厂家是兰州和荆门，其中荆门只生产 75 号航空汽油。从 1999 年开始因烷基化装置污染和经济成本等原因，荆门停止生产 75 号航空汽油。2001 年开始中国石化齐鲁石化炼油厂生产 75 号航空汽油。2010 年中国石化齐鲁石化公司 75 号航空汽油停止生产，现在转产到中国石化北京燕山石化公司生产。

表 2-1 航空活塞式发动机燃料的技术要求和试验方法(GB 1787—2008)

项目		质量指标			试验方法
		75 号	95 号	100 号	
马达法辛烷值	不小于	75	95	99.5	GB/T 503
品度	不小于	—	130	130	SH/T 0506
四乙基铅/(g/kg)	不大于	—	3.2	2.4	GB/T 2432
净热值/(MJ/kg)	不小于	—	43.5	43.5	GB/T 2429
颜色		无色	橘黄色		目测
密度(20℃)/(kg/m³)		报告			GB/T 1884、GB/T 1885
馏程温度/℃					GB/T 6536
初馏点	不低于	40		报告	
10%蒸发温度	不高于	80		75	
40%蒸发温度	不低于	—		75	
50%蒸发温度	不高于	105		105	
90%蒸发温度	不高于	145		135	
终馏点	不高于	180		170	
10%与50%蒸发温度之和/℃	不高于	—		135	
残留量(体积分数)/%	不大于	1.5		1.5	
损失量(体积分数)/%	不大于	1.5		1.5	
饱和蒸气压/kPa		27~48		38~49	GB/T 8017
酸度(以 KOH 计)/(mg/g)	不大于	1.0			GB/T 258
冰点[a]/℃	不高于	-58.0			GB/T 2430、SH/T 0770
碘值/(g/100g)	不大于	12			SH/T 0234
硫含量[b](质量分数)/%	不大于	0.05			GB/T 380、GB/T 11140、GB/T 17040、SH/T 0253、SH/T 0689
实际胶质/(mg/100mL)	不大于	3			
氧化安定性(5h 老化)					SH/T 0585
潜在胶质/(mg/100mL)	不大于	6			
显见铅沉淀/(mg/100mL)	不大于	—	3		
铜片腐蚀(100℃,2h)/级	不大于	1			GB/T 5096
水溶性酸或碱		无			GB/T 259
机械杂质及水分		无			目测[c]
芳烃含量(体积分数)/100%	不大于	30	35		GB/T 11132
水反应					GB/T 1793
体积变化/mL	不大于	±2			

注:1. 实际胶质、碘值、酸度和芳烃应在航空活塞式发动机燃料加乙基液前测定;

2. 允许加入的抗氧化剂为 2,6-二叔丁基对甲酚;

a. 当冷却至-58℃下还没有结晶出现时,可以报告冰点小于-58℃,当测试结果发生争议时,以 GB/T 2430 为仲裁方法;

b. 当测试结果发生争议时,以 GB/T 380 为仲裁方法;

c. 将油样注入 100mL 的玻璃量筒中观察,应当透明,没有悬浮和沉降的机械杂质及水。

第二节　西方航空汽油规格

目前西方国家航空汽油主要用在直升机、教练机等，西方国家的私人飞机也是主要的消费市场。在美国和英国，活塞式飞机目前主要使用100LL号航空汽油。因环境保护的要求，现在车用汽油均不添加含铅添加剂，而各国的100号航空汽油都必须添加含铅添加剂，未来航空汽油发展必须开发出新的不含铅也能提高辛烷值的添加剂。

一、美国民用、军用航空汽油规格

表2-2~表2-5分别是美国航空汽油民用、军用标准的性能指标要求。

表2-2　美国航空汽油规格(ASTM D910—2015)

项目		质量指标					试验方法
		80	91	100VLL	100LL	100	ASTM
燃烧热值/(MJ/kg)	不低于	43.5	43.5	43.5	43.5	43.5	D4529 或 D3338
马达发辛烷值(贫油)	不低于	80.7	90.8	99.6	99.6	99.6	D2700
航空汽油	不低于	80.0	91.0	100.0	100.0	100.0	D2700
马达发辛烷值(富油)	不低于	87.0	98.0				D909
品度值(高限)	不低于			130.0	130.0	130.0	D909
硫含量	不高于	0.05	0.05	0.05	0.05	0.05	D1266 或 D2622
四乙基铅含量/(mL TEL/L)	不高于	0.13	0.53	0.43	0.53	1.06	
/(g Pb/L)	不高于	0.14	0.56	0.45	0.56	1.12	
颜色		红	棕	蓝	蓝	绿	D2392
染料含量/(mg/L)							
蓝色染料	不高于	0.2	3.1	2.7	2.7	2.7	
黄色染料	不高于	无	无	无	无	2.8	
红色染料	不高于	2.3	2.7	无	无	无	
橘色染料	不高于	无	6	无	无	无	
馏出温度/℃							
10%	不高于			75			
40%	不低于			75			
50%	不高于			105			
90%	不高于			135			
终馏点	不高于			170			
10%+50%	不低于			135			
矫正量	不低于			97			
蒸馏残余物/%	不高于			1.5			
蒸馏损失/%	不高于			1.5			
冰点/℃	不高于			-58			D2368
电导率/(pS/m)	不高于			450			D2624

注：如供需商定，可测定16h老化下潜胶，其含量可不大于10mg/100mL；可见的铅沉淀量不大丁4mg/100mL；抗氧剂含量不应超过24mg/L。

表 2-3 美国民用航空汽油规格(ASTM D910—07a)

项 目		80 号	91 号	100 号	100LL 号
抗爆性(贫气辛烷值)					
马达法(MON)	不小于	80.7	90.8	99.6	99.6
航空法	不小于	80.0	91.0	100.0	100.0
抗爆值(富气)					
最低辛烷值		87	98		
最低品度值				130	130
颜色		红	棕色	绿	兰
染料含量					
允许的蓝染料/(mg/L)	不大于	0.2	3.1	2.7	2.7
允许的黄染料/(mg/L)	不大于	无	无	2.8	无
允许的红染料/(mg/L)	不大于	2.3	2.7	无	无
允许的橙色染料/(mg/L)	不大于	无	6.0	无	无
四乙基铅/(mL TEL/L)	不大于	0.13	0.53	1.06	0.53
/(g Pb/L)	不大于	0.14	0.56	1.12	0.56
馏温度/℃					
初馏点		报告			
10%蒸发温度	不高于	75			
40%蒸发温度	不低于	75			
50%蒸发温度	不高于	105			
90%蒸发温度	不高于	135			
终馏点	不高于	170			
10%及 50%蒸发温度之和	不低于	135			
蒸馏回收率(体积分数)/%	不小于	97			
蒸馏残余物(体积分数)/%	不大于	1.5			
蒸馏损失(体积分数)/%	不大于	1.5			
净热值/(MJ/kg)	不小于	43.5			
饱和蒸气压/kPa	不小于	38.0			
	不大于	49.0			
铜片腐蚀/级	不大于	1			
潜在胶质(5h 老化)/(mg/100mL)	不大于	6			
显见铅沉淀/(mg/100mL)	不大于	3			
硫含量(质量分数)/%	不大于	0.05			
冰点/℃	不高于	−58			
水反应(体积变化)/mL	不大于	±2			
电导率/(pS/m)	不大于	450			

表 2-4　美国民用航空汽油规格(ASTM D6227—04a)

项　　目		82 号
抗爆性(贫气)MON 辛烷值	不小于	82.0
RON 辛烷值	不小于	
颜色		紫色
染料含量		
蓝色染料/(mg/L)	不大于	7.5
红色染料/(mg/L)	不大于	1.9
EL(四乙基铅)/(g Pb/L)	不大于	0.013
蒸馏温度/℃		
10%蒸发温度	不高于	70
50%蒸发温度	不高于	66~121
90%蒸发温度	不高于	190
终馏点	不高于	225
残留(体积分数)/%	不小于	2.0
蒸馏回收率(体积分数)/%	不小于	95
蒸馏损失(质量分数)/%	不大于	3.0
净热值/(MJ/kg)	不小于	40.8
饱和蒸气压/kPa	不小于	38.0
	不大于	62.0
铜片腐蚀/ 级	不大于	1
潜在胶质(5h 老化)/(mg/100mL)	不大于	6
硫含量(质量分数)/%	不大于	0.07
冰点/℃	不高于	-58
醇和醚含量		
总的甲醇和乙醇(质量分数)/%	不大于	0.3
脂肪醚、甲醇和乙醇作为氧含量(质量分数)/%	不大于	2.7

表 2-5　美国军用航空汽油规格(MIL-G-5572F)

项　　目		80/87	100/130	115/145
北大西洋公约组织编号		F-12	F-18	F-22
贫气下爆震性(航空法)	不低于	80	100	115
富气下爆震性(航空法)	不低于	87	130	145
染料含量/(mg/L)			绿	兰
蓝色		不大于 0.131	0.80~1.51	0.713~1.24
红色		1.83~2.29	—	0.50~0.864
黄色		—	1.4	—

续表

项　　目		80/87	100/130	115/145
四乙基铅/(g/L)	不大于	0.14	0.56	1.28
蒸馏温度/℃				
10%蒸发温度	不低于	75		
40%蒸发温度	不高于	75		
50%蒸发温度	不高于	105		
90%蒸发温度	不高于	135		
终馏点	不低于	170		
10%及50%蒸发温度值和	不小于	135		
蒸馏回收率(体积分数)/%	不大于	97		
蒸馏残余率(体积分数)/%	不大于	1.5		
蒸馏损失(体积分数)/%	不低于	1.5		
API度/°API			报告	
净热值/(MJ/kg)	不小于	43.5	43.5	44.0
饱和蒸气压(37.8℃)/kPa		38.5~49.0	38.5~49.0	38.0~49.0
芳烃含量(体积分数)/%	不小于	—	5.0	5.0
铜片腐蚀/级	不大于		1	
潜在胶质(5h老化)/(mg/100mL)	不大于		6.0	
显见铅沉淀/(mg/100mL)	不大于		2.0	
硫含量(质量分数)/%	不大于		0.05	
冰点/℃	不高于		-60	
苯胺点-比重积值*	不小于	7500	7500	9800
水反应				
界面评级	不大于		2.0	
体积变化	不大于		2.0	
颜色		红	兰	紫

注：*引自《世界航空燃料规格及进展》。

目前美国批准使用乙基叔丁基醚(ETBE)作为高辛烷值添加剂，性质见表2-6。

国际上最新将提出无铅91/96牌号航空汽油，实现完全的无铅，同时它的辛烷值评价完全采用车用汽油标准。在欧洲Hjelmco Oil公司，有20多年使用无铅汽油的经验，特别是80/87和91/96号。经多年的使用，很多飞机发动机厂家把91/96列入使用手册。现在ASTM D910中已增加了91/96牌号，同时于2008年发布了ASTM D7574无铅91号航空汽油标准，标准中油品主要性能要求见表2-7，这个标准满足中低辛烷值航空汽油无铅化的要求，适应现在环境保护的大趋势。现在原航空汽油标准ASTM D910已更名为有铅航空汽油的标准。

表 2-6 ETBE 的性质要求

项　目		数　值
ETBE(质量分数)/%	不小于	95.0
乙醇(质量分数)/%	不大于	1.5
甲醇(质量分数)/%	不大于	0.3
叔丁基醇(质量分数)/%	不大于	1.5
甲基叔丁基醚(MTBE)(质量分数)/%	不大于	2.0
C_2~C_4 氧化物(质量分数)/%	不大于	1.5
C_4~C_6 烃类(质量分数)/%	不大于	1.5
C_8~C_{10} 烃类(质量分数)/%	不大于	2.0
不确定烃类(质量分数)/%	不大于	1.0
水(质量分数)/%	不大于	0.1
铜片腐蚀/级	不大于	1
外观		清澈透明
颜色(赛氏比色)	不小于	+16
潜在胶质(5h 老化)/(mg/100mL)	不大于	5.0
密度(15℃)/(kg/L)		0.735~0.755
或°API		61.0~55.9

表 2-7 美国民用航空汽油规格(ASTM D7547—2014)

项　目		91 号
抗爆性		
MON 辛烷值	不小于	91.0
MON 辛烷值	不小于	96.0
颜色		橙色
染料含量		
橙色染料/(mg/L)	不大于	6.0
TEL(四乙基铅)/(g Pb/L)	不大于	0.0130
蒸馏温度/℃		
初馏点	不高于	70
10%蒸发温度	不高于	75
40%蒸发温度	不小于	105
50%蒸发温度	不高于	135
90%蒸发温度	不高于	170
终馏点	不高于	235
10%+50%的合计蒸发温度	不小于	135
蒸馏回收率(体积分数)/%	不小于	97

续表

项　　目		91号
残留(体积分数)/%	不大于	1.5
蒸馏损失(体积分数)/%	不大于	1.5
净热值/(MJ/kg)	不小于	43.5
饱和蒸气压(38℃)/kPa	不小于	38.0
	不大于	49.0
铜片腐蚀(2h, 100℃)/级	不大于	1
潜在胶质(5h老化)/(mg/100mL)	不大于	6
硫含量(质量分数)/%	不大于	0.05
冰点/℃	不高于	−58
水反应		
体积变化/mL	不大于	±2
电导率/(pS/m)	不大于	450

二、英国军用航空汽油规格

英国国防部军用航空汽油规格见表2-8所示。

表2-8　英国军用航空汽油规格(Def Stan 91—90/3)

项　　目		80号	100号	100LL号
外观		在常温下，清澈透明，无固体物质和游离水		
颜色(可见)		红	绿	蓝
铜片腐蚀/级	不大于	1		
密度(15℃)/(kg/m^3)		报告		
硫含量(质量分数)/%	不大于	0.05		
实际胶质/(mg/100mL)	不大于	3.0		
冰点/℃	不低于	−58		
净热值/(MJ/kg)	不小于	43.5		
雷德蒸气压(37.8℃)/kPa	不小于	38.0		
	不大于	49.0		
抗爆性				
贫气下辛烷值	不小于	80.7	96.6	99.6
富气下辛烷值	不小于	87		
品度值	不小于		130	130
蒸馏温度/℃				
初馏点		报告		
10%蒸发温度	不高于	75		
40%蒸发温度	不低于	75		

续表

项　目		80 号	100 号	100LL 号
50%蒸发温度	不高于		105	
90%蒸发温度	不高于		135	
终馏点	不高于		170	
10%及 50%蒸发温度值和	不低于		135	
蒸馏残余率(体积分数)/%	不大于		1.5	
蒸馏损失(体积分数)/%	不大于		1.5	
氧化稳定性(16h 老化)/(mg/100mL)				
潜在胶质	不大于		6	
显见铅沉淀	不大于		2	
TEL 四乙基铅含量/(g Pb/L)	不大于	0.14	0.85	0.56
水反应				
体积变化/mL	不大于		2	
电导率/(pS/m)			50~600	
燃料含量/(mg/L)				
允许的蓝燃料	不小于	—	1.7	1.7
	不大于	—	3.5	3.5
允许的黄燃料	不小于	6.7	1.5	—
	不大于	9.1	2.7	—
允许的红燃料	不小于		—	—
	不大于		—	—

三、前苏联航空汽油的标准

前苏联航空汽油主要是催化裂化汽油、烷基化油、异构化油、重整汽油和直馏汽油组成。前苏联军用航空汽油规格如表 2-9 所示。

表 2-9　前苏联军用航空汽油规格(ГОСТ 1012)

项　目		B-95/130		B-91/115	
		一级品	二级品	一级品	二级品
四乙基铅/(g/kg)	不大于	3.1		2.5	
抗爆性					
马达法辛烷值	不小于	95		91	
品度值	不小于	130		115	
低热值/(MJ/Kg)	不小于		42.947		
蒸馏温度/℃					
初馏点	不低于		40		
10%馏出温度	不高于		82		

续表

项目		B-95/130		B-91/115	
		一级品	二级品	一级品	二级品
50%馏出温度	不高于	105			
90%馏出温度	不高于	145			
97.5%馏出温度	不高于	180			
残留量(体积分数)/%	不大于	1.5			
饱和蒸气压/kPa	不小于	33.325		29.326	
	不大于	45.422		47.988	
酸度/(mgKOH/100mL)	不大于	0.3	1	0.3	1
结晶点/℃	不高于	-60			
碘值/(gI/100g)	不大于	6.0	10.0	20	
芳烃含量(体积分数)/%		35	—	35	—
实际胶质/(mg/100mL)	不大于	4		3	
硫含量(质量分数)/%	不大于	0.03	0.05	0.03	0.05
铜片实验		合格			
水溶性酸和碱		无			
机械杂质及水分		无			
透明性		透明		—	
颜色		黄		绿	
对羟基苯胺含量(质量分数)/%		0.002~0.005			
诱导期/h	不小于	12	8	12	8
密度(20℃)/(g/cm³)		必测			

第三节 航空汽油的技术要求与分析

航空汽油(Avgas)用作活塞式航空发动机燃料的石油产品，白催化裂化或催化重整生产的高辛烷值汽油馏分加高辛烷值组分和少量抗爆剂及抗氧剂调合而成，具有足够低的结晶点(-60℃以下)和较高的发热量，良好的蒸发性和足够的抗爆性。航空汽油是一种用于飞机的高辛烷值燃料，亦曾使用于赛车中。航空汽油只用于活塞式航空发动机的飞机上，喷气式飞机和涡轮螺旋桨式飞机则使用航空煤油。航空活塞式发动机与一般汽车发动机工作原理相同，只是功率较大，自重轻一些，因而对航空汽油的质量要求和车用汽油有类似之处。

根据发动机的工作条件，航空汽油应具备以下使用性能：

(1) 适当的蒸发性能和可靠的燃料供给性能；

(2) 燃烧时没有爆震、噪声和早燃现象；

(3) 良好的抗氧化安定性；

(4) 不含水分和机械杂质，对发动机和金属设备没有腐蚀作用；

(5) 排出的污染物少。

此外还有一些其他要求，其中燃烧性能尤为重要。

一、蒸发性

1. 性能要求

在一定温度下，汽油由液体状态转化为气体状态的性能，叫做汽油的蒸发性，表示汽油在汽化器中蒸发的难易程度。

汽油在发动机气缸中的燃烧，需由液态通过汽化器转变为气态，并与空气按一定比例混合后进入燃烧室燃烧。汽油在汽化器中的蒸发完全程度及与空气混合的均匀程度，都与汽油的蒸发性能有关，如果汽油的蒸发性能太强，汽油在到达汽化器前的供油管路中就会蒸发，形成气阻，使汽油不能顺利进入气化器，严重时会中断供油，使发动机停止工作。气阻现象对飞行用航空汽油有特殊意义。如果汽油含重组分过多，蒸发性太差也是不行的。汽油中不易蒸发的重质部分，在混合气中呈液滴状，液滴易附着在导管壁上形成液膜，慢慢流入气缸中。这样使得混合气中汽油含量减少，组成分布不均匀，导致各个气缸中混合气组成不同，发动机运转不稳定。液膜流入气缸后，会冲去气缸壁上的润滑油，并流入润滑油箱，稀释了润滑油，导致发动机磨损加剧、功率下降、燃料消耗量增大。

因此，汽油的蒸发性能直接影响汽油的燃烧速度和燃烧完全程度，从而影响发动机的功率和经济性。近代航空汽油机燃料蒸发形成混合气的时间极短，因此，要求航空汽油具有良好的蒸发性，保证发动机在各种条件下启动容易，加速迅速，燃烧完全。但蒸发性又不宜太好，否则会造成航空汽油在储存中损耗加大。

2. 质量指标

航空汽油的蒸发性能由馏程和饱和蒸气压指标来评定。

(1) 馏程：馏程是指油品在规定条件下蒸馏，从初馏点到终馏点的温度范围。

航空汽油的馏程能大体表示该油品的沸点范围和蒸发性能。通常航空汽油的馏程用初馏点，10%、50%、90%的馏出温度，终馏点，残留量和损失量等来表示。各点温度反映了不同条件下航空汽油的蒸发性能与航空汽油使用性能的关系，其主要蒸发温度的意义如下：

① 航空汽油的初馏点和10%馏出温度(T10)：判断汽油中轻组分的含量，它反映发动机燃料的启动性能和形成气阻的倾向。其值越低，则表明汽油中所含低沸点组分越多、蒸发性越强、启动性越好，在低温下也具有足够的挥发性以形成可燃混合气而易于启动。但是也不能过低，否则轻组分过多，在炎热的夏季或地大气压下工作时，易于在输油管道汽化形成气泡而影响油品的正常输送，即产生气阻。我国航空汽油10%馏出温度不得高于80℃。表2-10和表2-11列出了10%馏出温度与发动机启动时间、启动耗油量和最低启动气温间的关系。如果10%馏出温度过低，就容易出现气阻现象。表2-12列出汽油10%馏出温度与产生气阻的油温间的关系。这对航空汽油尤为重要，因而航空汽油75号、95号不仅规定10%馏出温度温度以保证启动性能，同时还规定初馏点不能低于40℃以保证不产生气阻。

表 2-10 汽油 10%馏出温度对发动机启动时间和启动油耗量的影响

汽油 10%馏出温度/℃	大气和发动机的温度/℃	0	-6	-16
72	启动时间/s	9.4	29	225
	启动时的耗油量/mL	8.7	30	399
79	启动时间/s	10.5	45	515
	启动时的耗油量/mL	10	48	698

表 2-11 汽油 10%馏出温度与保证发动机冷启动最低启动气温间的关系 ℃

10%馏出温度	48	59	64	68	75	77	86
大气温度	-27~-26	-22~-21	-19~-18	-17~-16	-13~-12	-12~-11	-8~-7

表 2-12 汽油 10%馏出温度与形成气阻时油温间的关系 ℃

汽油 10%馏出温度	40	50	60	70	80
开始产生气阻时的油温	-13	7	27	47	67

② 50%馏出温度(T50)：表示汽油的平均蒸发性能，它直接影响发动机启动后加速性能和变速性能。冷发动机经预热，方能转入正常运转。在预热阶段因进气管温度低，汽油大部分以液膜状进入气缸，导致燃料不完全，并且稀释润滑油。汽油的 50%馏出温度低，其轻组分较多，在正常温度下可以迅速蒸发，使得可燃气体混合均匀，从而能缩短汽油机的预热时间，燃料耗量、润滑油的稀释程度和发动机磨损就越低。表 2-13 中的数据说明汽油 50%馏出温度对发动机预热时间的影响。

表 2-13 汽油 50%馏出温度对发动机预热时间的影响

汽油 50%馏出温度/℃	发动机预热时间/min
104	10
127	15
148	>28

汽油 50%馏出温度的高低还直接影响发动机的加速性及工作稳定性。发动机加速时需开大油门，增加混合气浓度和进气量，50%馏出温度低，发动机的加速性和稳定性就好。如果 50%馏出温度过高，当发动机需要由低速转换为高速，供油量急剧增加时，部分汽油将来不及充分汽化，导致燃烧不完全，使发动机在加速初期不能发出需要的功率，出现功率反而降低的情况，严重时甚至会突然熄火。因此，航空汽油规定 50%馏出温度不得大于 105℃。

③ 90%馏出温度(T90)和终馏点(或干点)：表示汽油中重组分(高沸点组分)含量的多少，决定着汽油在气缸中蒸发的完全程度。若 90%馏出温度(T90)和终馏点温度过高，说明汽油中含有重质组分过多，不易保证汽油在使用条件下完全蒸发和完全燃烧，混合气中有一些悬浮的油滴进入燃烧室，这些没有被燃烧的油滴形成液膜流入气缸后，会沿气缸和缸壁间的间隙进入曲轴箱，使气缸和缸壁间的润滑油被冲洗掉，从而使得气缸的密封性下降，气缸的最大压力下降，发动机的输出功率减小，发动机的功率和经济性下降。

气缸和缸壁间的润滑油被冲洗掉后，气缸和缸壁间的磨损相应增大。液膜进入曲轴箱，对润滑油产生稀释作用，使润滑油黏度下降。气缸和缸壁间的密封作用是靠润滑油实现的，润滑油黏度下降，势必造成润滑油从摩擦部位的流失增加，润滑油的密封性随之下降；此外，润滑油黏度下降，还会使润滑油的润滑性下降，发动机运动部件的磨损增大，黏度小的润滑油易于窜入燃烧室被烧掉，因而润滑油消耗量随之加大。总之，液膜的产生会使耗油率上升，输出功率下降，气缸积炭增多，使得排气冒黑烟，运动部件的磨损增大。汽油终馏点与耗油量、活塞磨损的关系如表 2-14 所示，数据表明，汽油终馏点温度高于 205℃时，发动机马力显著降低，并产生爆震，使磨损增加。因此，汽油质量指标中对 90%馏出温度和终馏点都作了相应规定。航空汽油 75 号、95 号规定 90%馏出温度不高于 145℃，终馏点温度不高于 180℃。100 号规定 90%馏出温度不高于 135℃，终馏点温度不高于 170℃。

表 2-14　汽油终馏点与耗油量、活塞磨损的关系

汽油终馏点/℃	175	200	225	250
活塞磨损/%	97	100	200	500
汽油消耗量/%	98	100	107	140

④ 残留量：反映汽油中重质馏分和在储存过程中氧化生成胶质物质的含量。这些物质会增加气缸内结焦量或粘在气门和电喷喷嘴上，影响发动机的正常使用。因此，残留量要有一定的限制，不允许过多。航空汽油限制残留量不大于 1.5%(体积分数)。

另外，航空汽油在正常储存中，由于轻质组分蒸发，其初馏点和 10%馏出温度会升高，如果燃料的初馏点和 10%馏出温度降低，则说明该燃料中混入了轻质燃料。同理，燃料的 90%馏出温度和终馏点显著升高，则说明该燃料中混入了重质燃料。

(2) 饱和蒸气压：在一定的温度下，某物质处于气液平衡两相状态时的压力，称为饱和蒸气压，简称蒸气压。

它是汽油蒸发达到平衡后汽油蒸气对容器器壁产生的压力。用来衡量汽油在汽油机燃料供给系统中是否易于产生气阻，评价其汽化性能、启动性能的指标，同时还可相对地衡量汽油在储存运输中的损耗倾向。蒸气压过大的汽油，在炎热的夏天或高原地区使用时，易形成气阻而影响正常供油。飞机起飞时，由于飞行高度增加，大气压力迅速降低，引起汽油沸点也很快降低，而汽油温度下降较慢，从而造成导油管中出现气阻而中断供油的恶性事故，因而航空汽油质量标准规定了严格的蒸气压标准，不得大于 27~48kPa。我国为了既达到增加汽油产量，又满足减少“气阻”的发生，按不同使用季节规定相应的蒸气压标准。在夏季，特别是在炎热的地区，用桶储存高蒸气压汽油时，要采取降温措施，最好在库内存放，以防增大损耗和油桶被蒸气胀裂。还应采取改善进油管道的布置，减少输油管的弯角，提高油泵压力等方法。

汽油的饱和蒸气压越大，蒸发性越强，产生气阻的起始温度越低，容易汽化，利于发动机冷启动，效率高，油耗低；但蒸气压过大，容易使汽油在输油管中过早汽化产生气阻而不能通畅供油，蒸发损耗以及火灾危险性也越大。表 2-15 中介绍了大气温度与汽油不会产生气阻的最高蒸气压之间的关系。

表 2-15　大气温度与汽油不产生“气阻”的饱和蒸气压的关系

大气温度/℃	10	16	22	28	33	38	44	49
不产生“气阻”的最高蒸气压/kPa	97	84	76	69	56	48	41	36

显然，随着大气温度的升高，只有控制车用汽油保持较低的蒸气压，才能保证汽油机供油系统不发生气阻，这与启动性能要求是矛盾的。

3. 分析检验方法

（1）航空汽油馏程的检验方法

石油产品馏程测定按《石油产品常压蒸馏特性测定法》（GB/T 6536—2010）进行。为了适合我国国情，该标准试验方法修改采用美国试验与材料协会标准《石油产品常压蒸馏试验法》（ASTM D86：2007a）。该标准规定了使用实验室间歇蒸馏仪器定量测定常压下石油产品蒸馏特性的方法。包括手动仪器和自动仪器的测定方法。

根据航空汽油特性，从开始加热到初馏点的时间应控制在 5~10min，从初馏点到 5%回收体积的时间应控制在 60~100s，从 5%回收体积到蒸馏烧瓶中 5mL 残留物的均匀平均冷凝速率应为 4~5mL/min，从蒸馏烧瓶中 5mL 残留物到终馏点的时间应小于等于 5min。具体实验操作过程见实训 2-1。

（2）蒸气压的检验方法

航空汽油的蒸气压按《石油产品蒸气压测定法　雷德法》（GB/T 8017—2012）测定。该方法适用于测定汽油、易挥发性原油及其他易挥发性石油产品的蒸气压；不适用于测定液化石油气的蒸气压。

试样在 37.8℃下用雷德式饱和蒸气压测定器所测出的蒸气最大压力，称为雷德饱和蒸气压。具体实验操作过程见实训 2-2。

二、抗爆性

1. 性能要求

内燃机的热功效率与它的压缩比直接有关。随着内燃机压缩比增大，内燃机的平均指示压力增高，燃料消耗率降低。即压缩比大的发动机，其功率和经济性好，表 2-16 表明了这一关系。但提高汽油机压缩比受到制造发动机的材质和汽油抗爆性的限制。

表 2-16　汽油机压缩比与功率和耗油率的关系

压缩比	功率/%	耗油率/%
6.0	100	100
7.0	108	93
8.0	114	88
9.0	118	85
10.0	120	82

有的汽油在低压缩比汽油机中能够正常工作，但在高压缩比汽油机中，会出现气缸壁温度猛烈升高，发出金属敲击声，排出大量黑色烟雾状废气，发动机功率下降，耗油率增加等现象，严重时出现气缸零件烧坏、轴承震裂等问题，这一现象称为爆震。此时，汽油机的压

缩比虽高，其热效率非但未提高，反而有所下降，其原因是由于汽油的抗爆性太差。具有良好抗爆性的汽油，即使在高压缩比的汽油机中工作，也不会产生爆震现象。因此，不同压缩比的汽油机，必须使用抗爆性与其相匹配的汽油，才不会出现爆震。

汽油机压缩比与汽油辛烷值有关。当发动机的压缩比增大时，所需汽油的辛烷值也随之增加。一般来说，发动机压缩比增加 1 个单位，相当于需要提高燃料的辛烷值大约 1~6 个单位。

(1) 产生爆震燃烧的原因

汽油机的爆震是由于汽油的不正常燃烧所引起的。它发性在燃烧过程的后期，汽油机产生爆震燃烧的根本原因是未燃混合气产生自燃。汽油在汽油机中正常燃烧时，汽油先在进气道中形成可燃混合气，进入气缸后，被炽热的气缸壁和活塞头加热，加上活塞从下止点向上止点运动，体积不断缩小，可燃混合气被压缩而使温度达到 200℃以上，混合气中的烃类被氧化，形成过氧化物；当火花塞发出电火花后，火花塞周围的烃类，因受热使得过氧化物积累速度加快；当过氧化物含量达到一定程度时，开始迅速燃烧，出现火焰，火焰呈球面并以 20~40m/s 的正常速度向前推进；燃烧产物向前膨胀时，未燃气体受压缩，并受到火焰辐射，温度迅速上升，过氧化物积累速度也加快，当焰峰到达时开始燃烧。正常燃烧时，火焰传播速度大致大致不变，燃烧平稳，气缸内温度、压力均衡上升。

在燃烧过程中，如果在火焰尚未达到的区域中过氧化物含量过高，温度已超过烃类的自燃点时，未燃气体中出现多个燃烧中心，开始自燃，使得火焰传播速度突增到 1000m/s 以上，此时，火焰以爆炸形式进行，温度和压力急剧上升，气缸中瞬间压力为正常的 2~4 倍，瞬间局部温度有时可达 3000℃。燃烧膨胀的气体撞击活塞头和气缸壁，如同锤子猛烈敲击而发出金属撞击声，严重时会毁坏发动机的零件，同时由于火焰传播速度太快，有些部位的燃料来不及完全燃烧而被排出，以致排气管冒黑烟，这就是爆震现象。

由此可见，汽油机发生爆震主要与汽油性质有关。如果汽油很易氧化，形成的过氧化物不易分解，自燃点很低，就比较容易产生爆震现象；反之，如果汽油不易氧化或形成的过氧化物容易分解而不易积聚或自燃点很高，则爆震现象易发生。同时汽油机压缩比过大，汽缸温度过高，也容易引起爆震现象。

(2) 爆震燃烧的危害

汽油机在正常燃烧时，燃烧室的最高温度为 1800~ 2000℃，最大压力 2940 ~3920kPa，火焰传播速度 15~35m/s；而在爆震燃烧时，燃烧室的最高温度为 2000~2500℃；瞬间压力可高达 9800kPa，爆震冲击波的传播速度高达 1300~2300m/s，由于爆震燃烧时的温度、压力及冲击波的传播速度都远高于正常燃烧，因此爆震燃烧会带来如下危害：

① 损坏机械

由于爆震燃烧产生的最大压力高出正常燃烧的 2 倍，发动机曲轴等动力传输系统承受的压力相应增大，容易导致机械的损坏；此外，爆震燃烧产生的冲击波在气缸内来回撞击气缸，使发动机出现振动也容易损坏机械。

② 燃料消耗增加

爆震燃烧产生的高温会导致燃料燃烧产物的裂解，如 CO_2 裂解为 O_2 和游离 C，裂解产物在排气行程中来不及燃烧而被排出气缸，从而使得燃料消耗增加。

③ 发动机输出功率下降

爆震燃烧产生的冲击波尽管压力很大，但它属瞬时冲击压，不能被发动机用于做功，相反，由于冲击波在气缸内来回撞击缸壁，反而会使发动机出现振动而消耗动力，发动机输出功率相应下降。发动机出现轻微爆震，其输出功率下降 1%~2%；发动机出现中等爆震，其输出功率下降 4%~5%；发动机出现强烈爆震，其输出功率下降 10%。

④ 排气冒黑烟

发动机爆震燃烧的高温裂解产物游离 C，在排气行程中来不及燃烧就被排出气缸，这不仅会导致燃料消耗增加，而且还会造成对环境的污染。

(3) 影响汽油抗爆性的因素

汽油抗爆性的好坏与其化学组成和馏分组成有关。

① 汽油化学组成

汽油化学组成的差别是造成汽油抗爆性不同的主要原因。汽油的抗爆性主要由其烃类组成和各类烃分子的化学结构决定。组成汽油的烃主要是含 5~11 个碳原子的烷烃、环烷烃、芳香烃和烯烃。由于各类烃的热氧化安定性不同，开始氧化的温度和自燃点有差别，所以辛烷值也不相同。表 2-17 中列出了碳原子个数相同的几类烃的抗爆性，对于碳原子数相同、相对分子质量相近的烃类的辛烷值：正构烷烃<环烷烃，烯烃<芳香烃和异构烷烃；对于同一族的烃类，相对分子质量越大，辛烷值越低。如芳香烃由于其分子结构中含有苯环，结构紧凑，热氧化安定性好，开始氧化时自燃的温度最高，所以其抗爆性最好，辛烷值多数都在 100 左右，且变化范围不大。

表 2-17　碳原子个数相同的几类烃的抗爆性比较

烃类名称	化合物名称	分子式	结构式	MON	结论
芳香烃	苯	C_6H_6		108	最高
	甲苯	C_7H_8	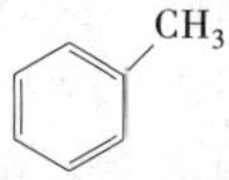	104	
异构烷烃	2，3-二甲基丁烷	C_6H_{14}	C　C C—C—C—C	95	较高
	2，3-二甲基戊烷	C_7H_{16}	C—C—C—C—C C　C	84	
环烷烃	环己烷	C_6H_{12}	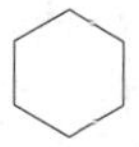	77	居中
	甲基环己烷	C_7H_{14}	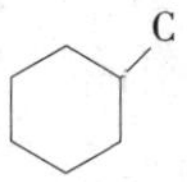	71	
烯烃	己烯-1	C_6H_{12}	C=C-C-C-C-C	80	较低
	庚烯-1	C_7H_{14}	C=C-C-C-C-C-C	54	
正构烷烃	正己烷	C_6H_{14}	C-C-C-C-C-C	26	最低
	正庚烷	C_7H_{16}	C-C-C-C-C-C-C	0	

汽油的组成不同，其抗爆性差别很大。那么，为什么不同族烃类其辛烷值差别如此之大呢？根据烃类氧化链反应学说可知不同烃类辛烷值的差别是由各族烃的氧化特点不同造成的。正构烷烃所生成的过氧化物容易分解成2个新自由基，因而过氧化物积累速度快，易自燃；芳香烃和高度分支的异构烷烃所形成的过氧化物分解时不易形成新自由基；而环烷烃介于两者之间。因而，烃类抗爆性以芳香烃和高度分支侧链的异构烷烃最好，环烷烃和烯烃次之，正构烷烃最差。

② 汽油馏分组成

表2-18列出了不同碳原子数正构烷烃的沸点和辛烷值关系。表中数据表明，同一类烃中，随分子中碳原子数的增加，沸点的升高，抗爆性变差；同一原油的汽油馏分越轻，辛烷值越高。因此，汽油在使用和储存过程中，轻组分的蒸发损失会引起汽油辛烷值的明显降低。

表2-18　不同碳原子数正构烷烃的沸点和辛烷值的关系

正构烷烃中碳原子数	C_4	C_5	C_6	C_7	C_8
沸点/℃	-0.5	36.5	68.7	98.4	125.7
辛烷值(马达法)	90.5	61.9	26	0	-17

2. 质量指标

汽油的抗爆性是表示汽油燃烧性能的指标，是表明汽油在燃烧室内燃烧时抵抗爆震的能力。汽油在贫混合气状态下运行时的抗爆性用辛烷值来表示，在富混合气时的抗爆性用品度来衡量。所以车用汽油和航空汽油抗爆性的表示方法有所不同。

车用汽油的抗爆性用辛烷值来表示，辛烷值越高，抗爆性越好。航空汽油的抗爆性除用辛烷值表示外，同时还必须用品度表示。这主要是因为辛烷值只能反映飞机在巡航时，发动机用贫混合气(过剩空气系数 $\alpha=0.8\sim1.0$)工作时的抗爆性。当飞机起飞、爬高或战斗时，为了得到最大功率，发动机必须用富混合气($\alpha=0.6\sim0.65$)工作，此时需要用品度来衡量汽油的抗爆性。

(1) 辛烷值(*ON*)

辛烷值是在规定的试验条件下与被测汽油抗爆性相同的标准燃料中所含异辛烷的体积分数。标准燃料由不同体积的异辛烷和正庚烷混配而成。异辛烷用作抗爆性优良的标准，辛烷值规定为100；正庚烷用作抗爆性低的标准，辛烷值规定为0。将两者按不同体积比进行混配，就可以得到辛烷值由0~100的各种标准燃料。

辛烷值测定是在标准试验条件下，把试油与已知辛烷值的标准燃料(参比燃料)在爆震试验机上进行比较，若爆震强度相当，则标准燃料中所含异辛烷的体积分数即为试油的辛烷值。依测定条件不同，主要有以下几种辛烷值。

① 研究法辛烷值(*RON*)

测定条件缓和，转速为600r/min，混合气为室温，不加热。这种辛烷值反映汽车在市区慢速行驶时汽油的抗爆性。

② 马达法辛烷值(*MON*)

测定条件较苛刻，发动机转速为900r/min，混合气温度149℃。它反映汽车在高速、重负荷条件下行驶时汽油的抗爆性。对同一种汽油，因马达法辛烷值测定条件比研究法辛烷值测定条件苛刻，马达法辛烷值低于研究法辛烷值5~10个单位，这个差数称为汽油的敏感性或敏感度。

③ 道路法辛烷值

也称行车辛烷值，用汽车进行实测或在全功率试验台上模拟汽车在公路上行驶条件进行测定。道路辛烷值也可用马达法和研究法辛烷值按经验公式计算求得，马达法辛烷值和研究法辛烷值的平均值可近似地表示道路辛烷值。

汽车在道路上行驶时对汽油辛烷值的要求，不能单独用*MON*或*RON*来描述，目前采用抗爆指数这一指标来表示汽油的抗爆性能。

抗爆指数等于马达法辛烷值和研究法辛烷值的平均值，它是反映汽车在行驶过程中汽油的抗爆性指标的，又被称为平均实验辛烷值或辛烷值指数。抗爆指数越高，汽油的抗爆性越好。

$$ONI=\frac{MON+RON}{2}$$

式中 *ONI*——抗爆指数；

MON——马达法辛烷值；

RON——研究法辛烷值。

（2）品度值

品度值指的是以富油混合气工作时发出的最大功率（超过这一功率便出现爆震）与工业异辛烷所发出的最大功率之比，用百分数表示。燃料的品度值愈高表示该燃料在富油混合气工作条件下可发出的功率愈高，抗爆性也愈好。

我国航空汽油根据辛烷值不同分为75号、95号和100号3个牌号，然而，除了用辛烷值表示外，同时，还用品度表示。75号航空汽油不要求品度，它只适用于初级教练机；95号航空汽油适用于运输机和直升机等中等负荷、高速活塞式航空发动机；100号适用于水上飞机和重负荷、高速度活塞式航空发动机。后两种要求品度不低于130。

3. 分析检验方法

辛烷值和品度都是在标准单缸发动机中，在严格的规定条件下，与一定的标准燃料相比较而测得的。

（1）辛烷值检验方法

航空汽油的辛烷值按《汽油辛烷值测定法（马达法）》（GB/T 503—1995）测定。该标准规定了用美国试验与材料协会ASTM辛烷值机测定汽油辛烷值（马达法）的步骤、运转工况、试验条件以及操作细则等。适用于汽车用汽油，以及点燃式航空发动机用汽油（辛烷值<100）的抗爆性能。其他类型的辛烷值机按甲苯标定燃料的标定值合格后，参照该方法进行汽油辛烷值测定。

（2）品度检验方法

品度的测定方法是《航空汽油爆震特性测定法（增压法）》（SH/T 0506—1998）。它是在增压航空发动机上分别用待测燃料和工作异辛烷作燃料，测定发动机平均气缸压力或指示功率，用待测燃料工作时的平均气缸压力或指示功率与用工业异辛烷工作时的平均气缸压力或指示功率之比，用百分数表示即为品度：

$$品度=\frac{用航空汽油工作时的气缸平均压力或指示功率}{用工业异辛烷工作时的气缸平均压力或指示功率}\times 100\%$$

测定品度时发动机的工作条件更为苛刻，测定装置主要包括具有直接喷油的单缸发动机，附有增压装置。测定时发动机转速保持在1800r/min，混合气浓度为$\alpha=0.60\sim0.85$。

4. 提高汽油辛烷值的途径

目前，提高汽油辛烷值的方法主要有以下两种：

(1) 改变汽油的化学组分

提高辛烷值的根本措施是改变汽油的化学组成，增加高辛烷值的芳香烃和异构烷烃的含量。当碳原子数相同时，正构烷烃、正构烯烃易氧化，辛烷值低，使用含这类烃较多的汽油，易形成低自燃点的不稳定过氧化物，产生爆震现象；而异构烷烃、芳烃和环烷烃不易氧化，辛烷值高，自燃温度高，不易引起汽油机爆震。汽油中最理想的高辛烷值组分是异构烷烃，它不但辛烷值高、抗爆性能好，而且敏感性低、发动机运行稳定。

直馏汽油的辛烷值较低，仅为40~60，但经过二次加工后的同种原油，其辛烷值按催化裂化汽油、催化重整汽油、烷基化汽油的次序依次升高。这是由于催化裂化汽油含较多的烯烃、异构烯烃和芳烃，催化重整汽油含较多的芳烃，而烷基化汽油几乎是100%的异构烷烃所致。因此，可以通过与高辛烷值组分调和或经催化裂化、异构化、加氢裂化和催化重整等等炼制过程生产出高辛烷值的汽油。

(2) 加入抗爆剂

加入抗爆剂是提高汽油辛烷值的常用方法，在禁止使用对环境污染严重的四乙基铅以后，近年来最多使用的是甲基环戊二烯三羟基锰(MMT)和含氧化合物甲基叔丁基醚(MTBE)等，其中，MTBE对直流汽油、催化裂化汽油、宽馏分重整汽油和烷基化汽油均有良好的调和效应。其调和辛烷值高于本身的净辛烷值(*RON*为117，*MON*为101)，特别是直馏汽油和烷基化汽油调和效果最好，通常*RON*可分别达到133和130，*MON*分别达到115和108，此外，它还能提高汽油的氧含量，使其燃烧更充分，因而可减少CO等汽车尾气污染物的排放。

但是研究发现，MTBE能对地下水造成不可逆污染(自然条件下难降解)，使水有难喝的味道，危害人类健康，因此发达国家已立法限期禁止使用MTBE，寻找MTBE的替代品是当务之急。

三、安定性

1. 性能要求

汽油的氧化安定性是指汽油在常温下储存或使用过程中，抵抗氧化生胶而保持自身性质不发生永久性变化的能力。

汽油在长期储存中，会逐渐发生氧化。烃类的氧化反应是链反应，最初由少量活泼的烃因光照或受热发生分解，产生性质活泼的自由基，自由基极易与氧作用，生成一系列的氧化中间产物。最初的氧化产物主要是自由基和过氧化物，都能溶解在燃料中，因此看不出燃料有什么显著变化。进一步氧化会生成醇、醛、酮和酸性物质，使燃料的酸度有一定增加。随着反应的继续进行，一些物质经过聚合作用，就产生了胶质。胶质是一种相对分子质量很大的深褐色氧化产物，它也呈溶解状态，使燃料的颜色逐渐变深。随着氧化和聚合加深，胶质便愈来愈多，最后胶质便聚合成黏稠的胶状沉淀物。因此，氧化安定性良好的汽油，长期储存也不易发生显著的质量变化。氧化安定性差的汽油，在储存和使用过程中，容易发生氧化、缩合和聚合反应，生成酸性物质和胶状物质相对分子质量很大，颜色为深褐色。所以，氧化安定性差的汽油在储存和使用一定时间后，最明显的外观变化是汽油颜色变黄变深，并产生黏稠沉淀物(加有四乙基铅的汽油中还出现灰白色沉淀)的现象。应当注意的是，随着氧化的进行，实际胶质是持续增加，而酸度往往是波动性增加的。

油品严重氧化会给使用带来很大危害。例如，在油罐中，会使新加入的燃料迅速变质，降低新油的储存期；在油箱、滤网、汽化器中形成黏稠的胶状物，会堵塞油路，严重时会影响供油量，降低发动机功率和经济性；沉积在火花塞上的胶质在高温下会形成积炭而引起短路，使发动机熄火；沉积在进气、排气阀门上会结焦，导致阀门关闭不严密，甚至粘住，或积碳着火烧坏阀门；沉积在气缸盖和活塞上将形成片状积炭，造成气缸散热不良、温度升高，以致引起表面着火，增大爆震燃烧的倾向。氧化生成的酸性物质，会增强燃料的腐蚀性，缩短发动机的寿命。总之，使用安定性差的汽油，会严重破坏发动机的正常工作，降低燃料的储存期。

2. 影响汽油安定性的主要因素

燃料是否易于氧化，首先与其化学组成有关，其次温度、空气、金属、水分等外界条件对燃料的氧化也有很大影响，起加速氧化的作用。

(1) 汽油组成对其安定性的影响

汽油在储存中的氧化反应也属于自由基的链反应。汽油中的不安定组分是汽油储存中变质的根本原因。燃料中各种烃在液相中抵抗氧化的能力各不相同，芳香烃、烷烃、环烷烃安定性好，在常温液相时均不易和空气中的氧反应，产生胶质的倾向小，储存中不易氧化变质。不饱和烃在常温液相时易和空气中的氧反应，是燃料氧化变质的主要原因。

汽油中最不安定的烃类是二烯烃、侧链上带双键的芳香烃和烯烃；非烃类中最不安定的是苯硫酚、吡咯等。这些组分存在于催化裂化汽油、热裂化汽油和焦化汽油等二次加工汽油中，含量不多，但用一般精制方法不易全部除净。它们不仅本身在常温下容易氧化，而且对油品的氧化链反应起引发剂作用，储存中容易氧化产生胶质和有机酸，因而危害很大。

二次加工汽油中含有百分之几的二烯烃和大量的烯烃。具有共轭双键的二烯烃在常温下很容易生产过氧化物，进而引发烯烃的氧化反应；二烯烃与苯硫酚共存时，异常活泼，极易引起反应。苯硫酚在焦化汽油和催化汽油中的含量仅为万分之几到十万分之几，但它在常温下能分解生成自由基，活性极强，引发烯烃在常温下也快速氧化。苯硫酚自身在氧化反应初期生成自由基，活性极强，引发的氧化链反应却继续进行下去。例如，某焦化汽油中含苯硫酚为 0.0091%(质量分数)，取样后在常温下仅 0.5h 就分解掉一半，4h 后已全部分解，可是它所引发的氧化链反应却越来越严重地进行下去。例如，甲基苯硫酚与苯乙烯共存时，苯乙烯生成胶质的速度增大 15 倍，所生成的氧化产物对烃类氧化反应还有催化作用，更加速了汽油的生胶过程。

二次加工汽油中含有比苯硫酚更少的吡咯类化合物，在常温下氧化生成极易分解成自由基的过氧化物，从而引发了烃类氧化的链反应。其氧化生成物除胶质外，还有不可溶的深色产物和沉渣，使汽油变黑。二次加工汽油中所含有的吡咯类化合物还能加速油品中所生成的过氧化物的分解，起到催化剂作用。因而，吡咯类化合物的含量虽少，却能使汽油变得极不安定。

催化裂化汽油和焦化汽油中含有微量酚类。酚本身能在空气中氧化，颜色逐渐由红色变为深褐色。汽油在储存过程中，不安定的烃类所氧化生成的醛、酮类氧化物，与酚类能起到缩合反应，生成树脂状的深色不可溶物质。

除了不饱和烃对燃料安定性有不利影响外，含硫或含氮的化合物也能引起燃料变色或变质(产生胶质或沉淀)降低燃料安定性。

(2) 储存条件对汽油安定性的影响

汽油储存过程中的安定性受外界影响很大，是燃料氧化的外因。同一汽油在不同外界条件下，其实际胶质的增长速度有显著的差别。影响汽油安定性的外界条件主要有储罐空间的氧浓度、大气温度、金属催化作用、光照和水分等。

① 储罐空间的氧浓度

汽油能溶解一定的氧气，溶解的氧促使汽油氧化，所以，储存过程中汽油的胶质生成量与储罐空间中气体的氧浓度密切相关。例如，用浮顶油罐储存某种汽油，经16周以后，储罐空间中氧浓度近似为零，此时汽油实际胶质为9mg/100mL；而同一汽油储存在有呼吸阀的油罐中，油罐上层空间的氧浓度经常保持在7%(体积分数)以上，经16周后，汽油实际胶质达17mg/100mL，比浮顶油罐储存汽油的实际胶质大一倍，继续储存到32周以后，实际胶质增加到106mg/100mL。因此汽油在储存中应尽量隔绝空气。有的汽油在长期储存中采用以氮气置换油罐空间中空气的措施，氮气还具有置换汽油中溶解氧的作用，使汽油储存期可达10年以上。在一般储存条件下，难以做到油罐充氮，为了减少空间氧浓度，应尽量减少储罐呼吸次数，储罐应装到最大安全容量，以减少油面上方空间的容积，也可以采用相对密封等措施。

② 大气温度

储存温度对汽油氧化速度和四乙基铅分解速度影响很大。温度升高时，燃料的氧化速度加快。氧化过程是化学反应，一般化学反应都随温度的升高而加速。试验表明，温度每升高10℃，氧化生成胶质速度增加2.4~2.6倍。地面油罐每经历一个夏季，所储汽油质量明显下降。其原因是气温高，更重要的是夏季日夜温差大，容易发生“小呼吸”，燃料表面积大，容器剩余空间大，大小呼吸次数多等，都促使燃料与空气接触的机会增多，储罐呼吸量增加，使储罐空间具有较高的氧浓度，加速了氧化反应过程。为了减少气温的影响，常采用洞库或半地下库储存汽油。洞库常年气温变化很小，昼夜温差也小，通常油温能保持在10~15℃之间，从而减少了因温差引起的油罐呼吸作用。为减少与空气接触的机会，减缓燃料的氧化，储油容器应盛装至安全容量，并减少倒装次数。

③ 金属催化作用

汽油在储存、运输和使用过程中不可避免地与各种金属接触，很多金属对汽油氧化有明显的催化加速作用，使氧化速度加快。不同金属的催化作用也不同，其中以铜的催化作用最大，据文献记载，铜能使汽油胶质生成量增大6倍。金属对汽油催化作用的强弱顺序依次为铜、铅、锌、铝、铁、锰，这些金属在汽油中的浓度达到$(0.1\sim1)\times10^{-6}$mol/L时，就具有催化作用，而铜的浓度超过0.01×10^{-6}mol/L时，就会对汽油的安定性有危害。炼油厂用铜质采样器所取汽油的实际胶质明显高于非铜采样器所取油样，特别是含硫原油所生产的汽油对铜最为敏感。如果汽油中含有腐蚀性酸或碱，并与水和金属共存，则大大增加了金属离子的浓度，从而加剧了金属的催化氧化作用。据研究表明，油箱内没有涂环氧树脂清漆的，由于铜、铅的催化作用，在同样条件下，实际胶质增大46~55倍。可见，金属对氧化的催化作用是很大的。

④ 光照

光线本身是一种能量，照射燃料会加速燃料的分解，因此，光照对氧化有加速作用。汽油在阳光照射下，吸收能量，烃类分子被活化，开始新的氧化链反应，其中，以紫外光的影响最大。一些车用汽油中加有甲基环戊二烯三羰基锰(MMT)抗爆剂，MMT受光照同样会分解生成沉淀，并引发氧化链反应。

航空活塞式发动机燃料中烯烃很少，但加有四乙基铅，四乙基铅受光照很容易分解，不仅产生灰白色的沉淀，同时分解产生自由基引发烃类的氧化链反应。

⑤ 水分

水分存在也会加速燃料氧化，抗氧防胶剂在水中有一定的溶解度，有水存在时，水能将燃料中的抗氧防胶剂抽提出来，降低燃料的安定性，促进胶质、酸度增长。表2-19是某汽油在无水和有水条件下储存时，胶质的变化情况。可见，水分对孜质的增长影响极大。

表2-19 水分对汽油生成胶质的影响 mg/100mL

储存条件	储存中汽油的胶质			
	初始	1个月后	3个月后	6个月后
无水时	4	4	6	8
有水时	4	6	11	22

目前，根据不同油料的氧化安定性好坏，分别给不同油料规定了储存期，在正常储存期内，一般不会出现严重的氧化变质。但不同炼油厂、不同批次的油料安定性各不相同，储存条件也千差万别，特别是近年来由于原油质量不断下降，液体燃料的安定性总体上呈下降的趋势。因此，即使在储存期内也可能出现严重氧化变质的情况，定期化验对确保燃料质量至关重要。

3. 质量指标

由于汽油氧化变质与油中存在的不饱和烃和非烃类化合物有关，氧化反应经历一定的过程，结果生成胶质。因而，用不饱和烃含量、硫含量、氧化难易和胶质含量等表示汽油安定性的优劣。评定汽油安定性的指标有实际胶质、氧化安定性、碘值、硫含量、酸度等，一般以实际胶质和氧化安定性为主。具体指标有：

(1) 实质胶质

汽油在储存和使用过程中形成黏稠、不易挥发的褐色胶状物质称为胶质。根据溶解度的不同，胶质可分为三种类型：不溶性胶质(或称沉渣)，它在汽油中形成沉淀，可用过滤方法分离出来；可溶性胶质，它以溶解状态存在于汽油中，但可通过蒸发的方法使其作为不挥发物质残留下来，实际胶质法测定的就是这种物质；粘附胶质，其特点是粘附在容器壁上，并且不溶于有机溶剂。以上三种胶质合称为总胶质。实际胶质主要指第二类胶质，此外还包括测试过程中产生的胶质。

实际胶质是指在试验条件下测得的汽油蒸发残留物中不溶于正庚烷的部分，一般用mg/100mL表示，是液体燃料在储存过程中抗氧化安定性的重要质量控制指标之一。用以评定燃料使用时在发动机中(进气管和进气阀上)生成胶质的倾向；裂化汽油抗爆性变差的趋势，因为随实际胶质的增高，裂化汽油辛烷值相应降低；实际胶质也是发动机燃料储存的重要指标，据此可判断其能否使用和继续储存，因此应定期测定实际胶质。航空汽油质量指标要求实际胶质不大于3mg/100mL。

(2) 氧化安定性

航空燃料的氧化安定性用潜在残渣法，其测试结果可用于预示该燃料油的储存安定性。在这些试验中燃料形成胶质及沉淀物的倾向性未和在不同储存条件下胶质和沉淀物形成的现场性能(现场性能变化可以非常的大)相关联。航空汽油质量指标要求潜在胶质含量不大于6mg/100mL，另外，95号和100号航空汽油要求显见铅沉淀不大于3mg/100mL。

(3) 碘值

碘值表示汽油中不饱和烃的含量，不能表示不饱和烃的结构，若燃料中含极少量的二烯烃，碘值尽管小，但燃料的化学安定性却很差。因此，碘值不能单独用来表示燃料的安定性好坏。

不饱和烃与碘发生加成反应，不饱和烃分子中的一个双键定量的消耗一个碘分子，测定结果以100g油样所消耗碘的质量来表示，并将其称为碘值，即g I_2/100g。汽油的碘值大，表明其不饱和烃的含量多，其抗氧化安定性差。航空汽油规定碘值不能大于12g I_2/100g。

(4) 硫含量

汽油中的硫化物易氧化，促使油品变质，并会引起设备腐蚀等问题。燃料油燃烧后，“非活性硫”也可以转化为“活性硫”，即全部硫化物均具有潜在的腐蚀性，因此，必须限制汽油中的硫含量。航空汽油规定硫含量(质量分数)不大于0.05%。

(5) 酸度

成品汽油中所含有机酸极少，其酸度通常接近零。但在储存和使用中，由于汽油中不安定组分氧化而生成过氧化物，过氧化物分解，部分生成有机酸，因而，汽油储存中酸度的增长是汽油变质的一个重要标志。所以，酸度也是一个表示汽油安定性的重要质量标准。航空汽油规定酸度(以KOH计)不大于1.0mg/g。

4. 分析检验方法

(1) 实际胶质的检验方法

航空燃料实际胶质的测定按《燃料胶质含量的测定(喷射蒸发法)》(GB/T 8019—2008)进行。该标准在采用ASTM D381：2004时，进行了少量修改。规定了航空燃料的实际胶质以及车用汽油和其他挥发性馏分(包括含有醇类、醚类含氧化合物以及沉积物抑制添加剂的产品)在试验时胶质含量的测定方法。并对非航空燃料残渣中正庚烷不溶解部分的测定方法有明确规定。具体实验操作过程见实训2-3。

(2) 氧化安定性检验方法

航空燃料氧化安定性按《航空燃料氧化安定性测定法(潜在残渣法)》[SH/T 0585—1994(2004)]测定。该标准规定了用潜在残渣法测定试样氧化安定性的方法。适用于活塞式航空发动机和航空涡轮发动机燃料，不适用于测定燃料组分的安定性，尤其是低沸点不饱和烃含量高的燃料组分。具体实验操作过程见实训2-4。

(3) 碘值

航空燃料碘值的测定方法按《轻质石油产品碘值和不饱和烃含量测定法(碘-乙醇法)》[SH/T 0234—1992(2004)]进行。该标准规定了用碘-乙醇法测定试样的碘值和不饱和烃含量的方法，适用于航空汽油、喷气燃料和其他轻质燃料。

（4）硫含量

硫含量的检测方法很多，主要有《石油产品硫含量测定（燃灯法）》[GB/T 380—77（1988）]、《石油产品硫含量的测定　波长色散X射线荧光光谱法》（GB/T 11140—2008）、《石油和石油产品硫含量的测定　能量色散X射线荧光光谱法》（GB/T 17040—2008）、《轻质石油产品中总硫含量测定法（电量法）》（SH/T 0253—1992）、《轻质烃及发动机燃料和其他油品的总硫含量测定法（紫外荧光法）》（SH/T 0689—2000）等5种方法。但当测试结果发生争议时，以GB/T 380燃灯法为仲裁方法。该法适用于测定雷德蒸气压力不高于80kPa（600mmHg）的轻质石油产品（汽油、煤油、柴油等）的硫含量。燃灯法测定硫含量属于间接测定法。它是将试样完全燃烧产物用溶液吸收，转化为可进行滴定分析的物质，进而将结果换算成试样硫含量的方法。具体实验操作过程见实训2-5。

（5）酸度

酸度是检测燃料中为机酸和有机酸的总含量，由于液体燃料要求水溶性酸碱合格，也即不允许含无机酸，故酸度检测的是液体燃料中的有机酸含量。测定方法按《汽油煤油柴油酸度测定法》[GB/T 258—77（1988）]进行。适用于测定未加乙基液的汽油、煤油和柴油的酸度。结果用中和100mL燃料所需KOH的毫克数表示，具体实验操作过程见实训2-6。

5. 改进安定性的方法

汽油的氧化变质取决于汽油的化学组成，同时又被各种外界条件所加速。采用降低储油温度、减少温差变化、降低储罐空间氧浓度、避免与金属接触和避光储存等措施可以延缓汽油的变质，但不能解决根本问题，而选用不同精制方法除去汽油中不安定组分的根治方法又很难完全实现。所以，通常采用较经济的方法是适当精制汽油，以除去不安定组分，然后加入添加剂来改进汽油的安定性。

汽油中一般同时加入几种作用不同的添加剂，它们彼此相互补充，表现出一种总的稳定效能，并能减少添加剂的总用量。二次加工汽油中加入的添加剂通常有抗氧剂和金属钝化剂。

（1）抗氧剂

汽油中常用的抗氧剂是2，6-二叔丁基对甲酚（代号为T501），*N*，*N*-二仲丁基对苯二胺（又名5号防胶剂）。

① 作用机理

抗氧剂的作用机理是与自由基作用，中断链反应。抗氧剂本身易提供活泼氢原子，该氢原子与自由基反应生成较稳定的分子，同时产生能量很小的抗氧剂自由基，由于该自由基能量很小，不足以产生新的自由基，从而使得烃类氧化链反应中断，抑制了烃类的氧化。

② 注意事项

加了抗氧剂的燃料能延长储存期，但由于抗氧剂在储存中会被逐渐消耗掉，因而不能无限期延长储存期。抗氧剂微溶于水，储存中应防止水分进入。

（2）金属钝化剂

汽油中常用的金属钝化剂是*N*，*N*-二亚水杨酸-1，2-丙二胺（代号为T1201）。

① 作用机理

金属钝化剂的作用机理是屏蔽金属离子。金属能吸附并分解燃料中的抗氧剂，促进燃料氧化，而金属钝化剂能与具有氧化催化效应的可溶性金属离子生成络合物，使金属失去吸附和分解抗氧剂的活性，达到提高汽油氧化安定性的目的。这类添加剂加入的时间对添加效果影响很大。一般在油品精制后，尚未与空气接触的情况下加入效果最好。当汽油已与空气接触，不安定组分已开始氧化后再加入添加剂，则加入量需大大增加，有的甚至无效。

② 注意事项

金属钝化剂本身无抗氧作用，它只能与抗氧剂一同使用，提高抗氧剂的抗氧效果，减少其用量。

此外，采取降低储存温度、减少温差变化、避免与金属接触和避光储存均能延缓汽油变质。

四、腐蚀性

1. 性能要求

汽油在运输、储存和使用过程中，不可避免地要与各种金属接触。在此过程中，对所接触的运输设备、储油容器和发动机零部件等造成破坏的能力，称为汽油的腐蚀性。为保证汽油机和储运设备正常工作并延长其使用寿命，要求汽油对金属没有腐蚀性。

2. 引起汽油腐蚀性的原因

汽油中的烃类并不腐蚀金属，汽油对金属的腐蚀主要是由活性硫化物、水溶性酸或碱、有机酸等非烃类杂质所造成的。

（1）硫及硫的化合物

汽油中的硫及硫的化合物，通常有元素硫、活性硫化物和非活性硫化物 3 类。元素硫在汽油中是以游离状态存在的硫，它对金属的腐蚀性非常强烈，在常温下，元素硫就可以与金属铜发生化学反应，从而使铜被腐蚀。在高温条件下，元素硫可以与铁发生化学反应，其结果是使铁质零件过早失效。在温度超过 150℃时的条件下，硫还可以与某些烃类发生化学反应，生成具有强烈腐蚀性的硫化氢。活性硫化物是指能够直接腐蚀金属的硫化物。它的种类较多，如硫化氢、硫醇、二氧化硫、三氧化硫和硫酸等。原油中一般是不含硫化氢的，但在炼油过程中由于某些化学反应就生成了硫化氢，它微溶于汽油。硫化氢对大多数常用金属都有着强烈的腐蚀性，因而汽油中是不允许其存在的。

直馏和二次加工汽油中的活性硫化物主要是低分子硫醇，催化裂化汽油中硫醇性硫含量高达 300μg/g 以上，用一般碱洗精制方法不能全部除去。汽油中硫醇性硫含量超过 0.006% 时，汽油具有恶臭味，并会引起金属腐蚀，它不仅腐蚀像铜、银、铝和铁这样一些常用金属，生成硫醇盐，还可促使汽油胶质的生成，危害甚大。苯硫酚氧化生成的磺酸，对金属也有强烈的腐蚀作用。

汽油中含有的全部硫化物都可认为具有潜在的腐蚀性。汽油在发动机中燃烧后，硫化物全部转化成 SO_2 和 SO_3，它们也可以由油品在硫酸精制等加工过程中由一些硫酸酯分解产生的。它们对金属都有强烈的腐蚀作用，它们与排气管中的凝结水相遇，形成强腐蚀性的亚硫酸和硫酸；SO_2 和 SO_3 还可能顺气缸壁渗入曲轴箱，进入润滑油，遇水化合而腐蚀润滑系统。

非活性硫化物是指不直接对金属起腐蚀作用的硫化物，如硫醚、二硫化物和噻吩等。由于它们的化学性质不活泼，所以不直接腐蚀金属。但它们在汽油发动机中燃烧后，都会生成二氧化硫和三氧化硫，不仅污染大气，腐蚀气缸和活塞并增大磨损，而且窜入曲轴箱遇冷凝水后会生成亚硫酸和硫酸，既腐蚀零件，又使汽油机油中的某些组分被磺化或酯化，生成具有强烈腐蚀作用的磺酸、酸性硫酸酯及胶状物质，造成汽油机泄过早失效。

（2）水溶性酸或碱

汽油中的水溶性酸碱主要是无机酸和无机碱。水溶性酸是指能够溶于水的酸和低分子有机酸，如硫酸、盐酸以及甲酸、乙酸和丙酸等；水溶性碱是指能够溶于水的碱，如氢氧化钠、氢氧化钾和碳酸钠等。原油中是不含水溶性酸或碱的，但原油在炼制过程和成品油在输转、储存过程中，就可能使石油产品中残留水溶性酸或碱。或者由于石油产品储存时间过长或保管不善，烃类被氧化也会生成少量能溶于水的小分子有机酸，导致出现水溶性酸。水溶性酸的化学性质活泼，几乎能与各种金属直接发生化学反应生成盐类而引起金属腐蚀。水溶性碱能对铝产生腐蚀作用，生成氢氧化铝的胶体物质，堵塞油道和喷管或喷油器。水溶性酸或水溶性碱除了对金属有腐蚀作用外，还能促使汽油中的各种烃氧化、分解和胶化。因此，航空汽油中绝对不允许存在水溶性酸或碱。

（3）有机酸

汽油中的有机酸主要是指汽油在储存和使用过程中，由于汽油中的不安定组分氧化变质而生成的一些酸性物质。包括精制时残余的和氧化生成的酸性物质，主要有环烷酸、脂肪酸、酚类及硫酚等。汽油中有机酸的数量随原料与油品的精制程度而变化，以及随汽油储存时间的延长而增加，在汽油中数量可以达到很大。有机酸分子越小，它的腐蚀程度越大，其中有一部分能溶于水，因此，若汽油含微量水分或储罐中有积水时，水层中聚集的酸可以达到一定的浓度，对金属可产生强烈的电化学腐蚀。所以，储存液体燃料时，要尽量避免水分的混入。

表 2-20 列出汽油酸度、胶质和金属铅被腐蚀的关系。腐蚀程度用每 100cm^2 铅表面上被腐蚀而损失掉的铅的克数来表示。表中数据表明，随储存时间增长，酸度和胶质迅速增加，对金属腐蚀也日趋严重。

表 2-20 汽油储存时间与酸度、胶质和金属被腐蚀程度的关系

储存时间/d	酸度/(mgKOH/100mL)	胶质/(mg/100mL)	腐蚀程度(铅损失)/(g/100cm^2)
538	4	124	0.55
528	9	178	1.1
538	11	203	1.6
535	21	325	2.6
710	208	1000	13.2

腐蚀作用不但会使机械设备受到损坏，影响使用寿命，而且由于金属被腐蚀后多生成不溶于油品的固体杂质，所以还会影响油品的洁净度和安定性，从而给储存、运输和使用带来更多的危害。例如，腐蚀残渣会堵塞过滤器和喷嘴，并促进胶质和残炭的生成。此外，水溶性酸或碱还能与大气中的水分、氧气相互作用，在受热时会逐渐引起油品特别是催化油品氧化，生成胶质。

3. 质量指标

评定汽油腐蚀性的质量指标有铜片腐蚀、硫含量、酸度和水溶性酸或碱等。

(1) 铜片腐蚀

铜片腐蚀是定性检验油品有无“活性硫”的试验，用以评定油品对金属铜腐蚀性的简单方法。通过铜片试验，可以判断油品是否含有活性硫，预测油品在储运和使用时对金属铜的腐蚀性。航空汽油的铜片腐蚀结果要求不大于1级。

(2) 硫含量

硫含量是检测燃料中的硫及其衍生物含量的总硫量(活性硫化物和非活性硫化物之和)，以质量分数表示。由于航空汽油要求铜片腐蚀试验合格，因而硫含量主要检测的是非活性硫化物。

(3) 水溶性酸或碱

水溶性酸或碱试验属于定性分析实验，是检测燃料中是否有溶于水的无机酸、低分子有机酸或无机碱，用以判断油品在酸碱精制过程中是否水洗完全的标准，因这些组分会对金属产生强烈腐蚀，检测结果对保证发动机正常工作，延长使用寿命及防止油品安定性下降等具有实际意义。航空汽油要求不含水溶性酸、碱，凡水溶性酸或碱检验不合格的油品均不能按成品出厂。

4. 分析检验方法

(1) 铜片腐蚀

航空汽油的铜片腐蚀试验按《石油产品铜片腐蚀试验法》[GB/T 5096—1985(1991)]进行。该标准等效采用ASTM D130—1983《石油产品铜片腐蚀试验法》，主要适用于测定航空汽油、喷气燃料、车用无铅汽油、天然汽油或具有雷德蒸气压不大于124kPa(930mmHg)的烃类、溶剂油、煤油、柴油、馏分燃料油、润滑油和其他石油产品。其测定方法是将一块已磨光的铜片浸没在30mL试样中，并按航空汽油产品标准加热到100℃，经2h后，取出铜片，经洗涤后，根据航空汽油使铜片发生的颜色变化与腐蚀标准色板进行比较，确定腐蚀级别。具体实验操作过程见实训2-7。

(2) 水溶性酸或碱

油品水溶性酸、碱的测定按《石油产品水溶性酸及碱测定法》(GB 259—1988)进行，该标准参照采用前苏联国家标准ГОСТ 6307—1975《石油产品水溶性酸和碱测定法》，主要适用于测定液体石油产品、添加剂、润滑脂、石蜡、地蜡及含蜡组分中的水溶性酸、碱。

五、洁净性

1. 性能要求

航空汽油中的水分和机械杂质通常都是在储存、运输、加注和使用过程中混入的，因而在储运、加油等过程中，必须十分重视，严防混入水分和机械杂质。

汽油中若含有机械杂质，会使过滤器、喷嘴、阀等堵塞，影响甚至中断供油。机械杂质还会造成精密零件的磨损。目前汽油机采用电脑控制喷油，特别是采用缸内喷油技术的电喷汽油机高压油泵和喷油器都是很精密的部件，如被机械杂质磨划而引起的划痕都会使工作性能严重恶化。同时机械杂质还会引起柱塞和喷油器中的喷针卡死，出油阀关闭不严和喷嘴上的喷孔堵塞等恶劣的后果。

汽油中的水分有些是炼制过程带入的，而更多的是在储运和使用过程中受到外界污染而混入的。汽油含水主要破坏其低温流动性和燃料燃烧性，水的密度大于汽油，因此沉降分离出来的游离水可停留在油路的弯曲处或滤清器中，引起供油不连续；当温度低于水的凝点时，水就会凝聚结冰，形成冰粒，引起油路堵塞，导致发动机无法正常工作。水分的存在还会加速燃料的氧化，影响储存安定性，原因是水能溶解新加入的抗氧化防胶剂，并将其从燃料中抽提出来，使其失去抗氧化作用。水分还会带入可溶性的盐类从而增加灰分，引起积碳增加，加剧机件腐蚀、磨损。另外，水分还会大大地促进硫的燃烧产物对于气缸、活塞等引起酸腐蚀作用。

2. 质量指标

机械杂质和水分是评价航空汽油清洁性的两项重要质量指标。另外，航空燃料水反应试验是检测喷气燃料和航空汽油洁净性指标的一个重要方法。

（1）机械杂质和水

机械杂质是指存在于油品中所有不溶于规定溶剂的沉淀或悬浮状物质。汽油中的机械杂质主要有沙子、尘土、铁锈、铁屑等。航空汽油中不允许含有机械杂质和水。

（2）水反应

测定航空汽油的水反应，测试结果中水反应体积的变化表明燃料中存在着水溶性组分如醇类的多少。航空汽油质量指标要求水反应中体积变化不大于±2mL。

3. 分析检验方法

（1）机械杂质及水分

航空汽油机械杂质及水分的检测采用目测法，即将试样注入100mL的玻璃量筒中，静置后观察，应当透明，没有悬浮和沉降的机械杂质，检测结果应为“无”。

（2）水反应

航空汽油的水反应试验采用《航空燃料水反应试验法》（GB/T 1793—2008），该标准规定了航空汽油和航空涡轮燃料中水溶性组分的检验以及这些组分对体积变化和油水界面影响的测定方法。具体实验操作过程见实训2-8。

六、其他指标

1. 四乙基铅含量

航空汽油挥发性比车用汽油低，较不容易汽化。今天的航空汽油与20世纪50年代和60年代初推出时没有大分别，仍然靠添加高毒性的四乙基铅（Tetraethyl lead，TEL）来增加辛烷值，化学式为$Pb(C_2H_5)_4$，相对分子质量是323.44，无色油状液体，有芳香气味，剧毒，沸点约195℃（分解）。不溶于水、稀酸和碱溶液，溶于有机溶剂。易燃，遇明火、高热能引起燃料爆炸。遇水或受热分解放出有毒的腐蚀性气体，燃烧分解产物为CO、CO_2、HCl。主要由氯乙烷与铅钠合金作用而成。此添加物早于20世纪80年代就从车用汽油中消失。

四乙基铅主要通过吸入、食入、经皮肤吸收而影响人们健康。它为剧毒的神经毒物，易侵犯中枢神经系统。急性中毒初期症状有睡眠障碍、全身无力、情绪不稳、植物神经功能紊乱，往往有血压、体温、脉率低现象等。严重者发生中毒性脑病，出现精神异常、昏迷、抽搐等，可有心脏和呼吸功能障碍，高浓度下可立即死亡。慢性中毒主要表现为神经衰弱综合症和植物神经功能紊乱，可导致脑电图异常。国家对四乙基铅标准限定值要求，《地表水环境质量标准》（GB 3838—2002）中的标准限值为0.0001mg/L，《工业场所有害因素职业接触限值》（GBZ 2—2007）中的规定是时间加权平均容许浓度0.02mg/m³（皮）。

四乙基铅常常在生产中作为抗爆剂被添加。发动机长期使用这种高含铅的航空汽油，会提高对燃料辛烷值的要求，缩短火花塞寿命，对滑油系统会造成不利影响，会产生高燃点的固态铅氧化物，此类铅氧化物会堆积在气缸壁内严重影响飞行安全。而且，四乙基铅及其燃烧后的生成物是剧毒物质，含铅的尾气排放到空气中，会污染环境，进入人体，会引起幻视、幻听，干扰人体新陈代谢活动，严重时甚至使人昏迷乃至死亡。而作为清洁剂被添加的二溴磷，虽然可以避免铅氧化物堆积在汽缸壁上，但对臭氧层破坏巨大，具有致癌性，两者均会对人体以及环境(空气、水、土壤)造成危害。鉴于此，1996 年美国环境保护局发布了禁止公路交通工具使用含铅汽油的禁令，但由于没有足够可靠的无铅产品替代，航空汽油含铅问题到目前暂时未受制约。目前，美国通航每年的铅排放量约为 700t，占铅污染总量的 40%，是金属行业的近 1 倍，制造行业的近 3 倍，严重的铅污染显然已经越来越引起各类环保组织以及人们的不满。因此，FAA 要求，到 2018 年大部分通用机队要使用无铅燃油，替代现有的 100 号航空汽油。然而，无铅航空汽油也必将对炼油厂提出更高、更苛刻的生产运输要求。

(1) 质量指标

四乙基铅含量可以用每加仑汽油含有千分之一公升为单位表示。最大的铅含量是体积比约为 1∶630，即在每加仑汽油中，加入 6cc 的四乙基铅。

Avgas 80/87 1 加仑最大含铅量为 0. 5g，只用于压缩比非常低的引擎。

Avgas 100/130 是一种高辛烷值的航空汽油，每加仑最大含铅量为 4g。

100LL(Low Lead，低含铅量)就是用于取代 Avgas100/130。Avgas 100LL 每加仑最大含铅量为 2g，是现今最常用的航空汽油。

现行国产 95 号、100 号航空汽油的生产由于含铅量过高，而导致使用过程中存在安全及环境隐患。目前，航空汽油的质量要求 95 号四乙基铅含量不大于 3. 2g/kg，100 号不大于 2. 4g/kg。

(2) 分析检验方法

航空汽油中四乙基铅含量检测按照《汽油中四乙基铅含量测定法(络合滴定法)》[GB/T 2432—81(1988)]。

2. 芳烃含量

航空汽油中烃类组成数据是产品的一个重要指标，也是石油炼制和石油加工过程不可缺少的基础数据。其中，芳烃是具有较高辛烷值和热值的汽油调和组分。但其碳氢比较高，燃烧时易生成沉淀物，会增加 NO_x、VOC 及 CO 的排放。同时随芳烃含量增高，汽油尾气中致癌物苯含量也增多。

(1) 质量指标

近年来，随着环保要求的不断深入，我国航空汽油 75 号要求控制芳烃含量不大于 30%(体积分数)，95 号、100 号要求芳烃含量不大于 35%(体积分数)，这是既考虑了减少排放有害污染物的要求，又照顾到维持辛烷值达到必要的水平。

(2) 分析检验方法

航空汽油中芳烃含量按照《液体石油产品烃类的测定　荧光指示剂吸附法》(GB/T 11132—2008)实验方法为准。该标准修改采用了 ASTM D 1319—2003《液体石油产品烃类测定法(荧光指示剂吸附法)》。标准规定了沸点低于 315℃的石油馏分中烃类的测定方法。测定浓度范围：芳烃的体积分数为 5%~99%，烯烃的体积分数为 0. 3%~55%，饱和烃的体积分数为1%~95%；也可用于浓度超出上述范围的样品，但是没有确定精密度。不适用于含有影响烃类色层读数的深色组分的样品。该标准还适用于含有某些含氧化合物调合组分的样品。这些含氧化合物为：甲醇、乙醇、甲基叔丁基醚(MTBE)、叔戊基甲醚(TAME)和乙基叔丁基醚(ETBE)，它们在一般调合产品中的浓度不会影响烃类测定，随醇类洗脱剂一起而不被检测，其他含氧化合物必须一一验证。当分析含有含氧化合物调合组成的样品时，其结果应以全样品为基准进行修正。

实训2-1 石油产品馏程的测定

一、目的意义

掌握测定馏分燃料如天然汽油(稳定轻烃)、轻质和中间馏分、车用火花点燃式发动机燃料、航空汽油、喷气燃料、柴油和煤油，以及石脑油和石油溶剂油产品的馏程，熟悉馏分燃料等油品的规格；学习电炉加热调节使馏出速度符合规格；了解馏出速度对馏出温度的影响。会判断测定结果的可靠性。了解大气压力变化对馏程测定的影响，并能运用修正公式对实测结果进行修正。

注：本方法不适用于含有较多残留物的产品。建立本方法精密度的样品其残留物体积分数均不大于2%。

二、方法原理

参考标准：《石油产品常压蒸馏特性测定法》(GB/T 6536—2010)

在一定压力下，液体被加热时，其蒸气压随温度升高而逐渐增大，当蒸气压与外界压力相等时，液体开始沸腾，此时温度称为沸点。石油及其产品是一个以烃类化合物为主的复杂混合物，其沸点表现为一个很宽的温度范围。初馏点与终馏点就代表油品的沸点范围，也叫沸程或馏程，如汽油的馏程约为40~200℃。

石油及其产品的馏程不但与外压有关，而且与所用仪器、测定方法等有关。现用测定方法是在恩氏蒸馏的基础上修订的。实际在蒸馏时，存在一定的精溜作用，加上温度的测定和体积的计算都带有一定的系统误差，所以在测定馏程时，必须严格遵守国家标准规格的仪器、测定方法去做，才能得到正确的结果。

三、术语与定义

1. 装样体积(charge volume)

在规定的温度下装入蒸馏烧瓶中的试样体积，此体积为100mL。

2. 分解(decomposition)

烃分子经热分解或裂解生成比原分子具有更低沸点的较小分子的现象。

注：热分解特性表现为在蒸馏烧瓶中出现烟雾，且温度计读数不稳定，即使在调节加热后，温度计读数通常仍会下降。

3. 分解点(decomposition point)

与蒸馏烧瓶中液体出现热分解初始迹象相对应的校正温度计读数。

注：在本方法试验条件下测定的试样分解点不一定与其他应用条件下试样的分解温度相当。

4. 干点（dry point）

最后一滴液体（不包括在蒸馏烧瓶壁或温度测量装置上的任何液滴或液膜）从蒸馏烧瓶中的最低点蒸发瞬时所观察到的校正温度计读数。

注：在使用中一般采用终馏点，而不用干点。对于一些有特殊用途的石脑油，如油漆工业用石脑油，可以报告干点。当某些样品的终馏点测定精密度不是总能达到所规定的要求时，也可以用干点代替终馏点。

5. 动态滞留量（dynamic holdup）

在蒸馏过程中出现在蒸馏烧瓶的瓶颈、支管和冷凝管中的物料。

6. 露出液柱影响（emergent stem effect）

将全浸玻璃水银温度计在局浸条件下使用时产生的温度计读数偏差。

注：在局浸条件下，部分水银柱即水银柱露出部分处于其浸没部分低的温度，从而导致水银柱收缩，造成温度计读数偏低。

7. 终馏点（final boiling point，FBP）

终点（end point，EP）

试验中得到的最高校正温度计读数。

注：终馏点或终点通常在蒸馏烧瓶底部的全部液体蒸发之后出现，常被称为最高温度。

8. 轻组分损失（front end loss）

指试样从接受量筒转移到蒸馏烧瓶的挥发损失，蒸馏过程中试样的蒸发损失和蒸馏结束时蒸馏烧瓶中未冷凝的试样蒸气损失。

9. 初馏点（initial boiling point，IBP）

从冷凝管的末端滴下第一滴冷凝液瞬时观察到的校正温度计读数。

10. 蒸发百分数（percent evaporated）

回收百分数与损失百分数之和。

11. 损失百分数（percent loss）

（1）观测损失（observed loss）

100%减去总回收百分数。

（2）校正损失（corrected loss）

经大气压修正后的损失百分数。

12. 回收百分数（percent recovered）

在观察温度计读数的同时，在接受量筒内观测到的冷凝物体积，以装样体积分数表示。

13. 最大回收百分数（percent recovery）

按测试过程所述得到的最大回收百分数。

（1）校正回收百分数（corrected percent recovery）

用计算式附 2-4 对观测损失与校正损失之间的差异进行校正后的最大回收百分数。

（2）总回收百分数（percent total recovery）

按照测试过程得到的最大回收百分数与蒸馏烧瓶中残留百分数之和。

14. 残留百分数(percent residue)

按照测试过程所测定的蒸馏烧瓶中残留物体积，以装样体积百分数表示。

15. 变化率(rate of change)

斜率(slope)

每蒸发百分数或每回收百分数所对应的温度变化。

16. 温度滞后(temperature lag)

有温度测量装置测得温度读数与真实温度出现之间的时间偏差。

17. 温度测量装置(temperature measurement device)

仪器设备中所规定的温度计或温度传感器。

18. 温度读数(temperature reading)

由温度测量装置或系统得到的并与下面所述温度计读数相当的温度。

校正温度读数(corrected temperature reading)

温度读数经大气压修正后的温度。

19. 温度计读数(thermometer reading)

温度计结果(thermometer result)

在试验条件下，用规定温度计测得的在蒸馏烧瓶支管下方颈部的饱和蒸汽温度。

校正温度计读数(corrected thermometer reading)

温度计读数经大气压修正后的温度。

四、仪器、材料和试剂

1. 石油产品馏程测定器

蒸馏仪器的基本元件是蒸馏烧瓶、冷凝器和相连的冷凝浴、用于蒸馏烧瓶的金属防护罩或围屏、加热器、蒸馏烧瓶支架和支板、温度测量装置和收集馏出物的接收量筒。

(1) 手动蒸馏仪器如附图 2-1 和附图 2-2 所示。

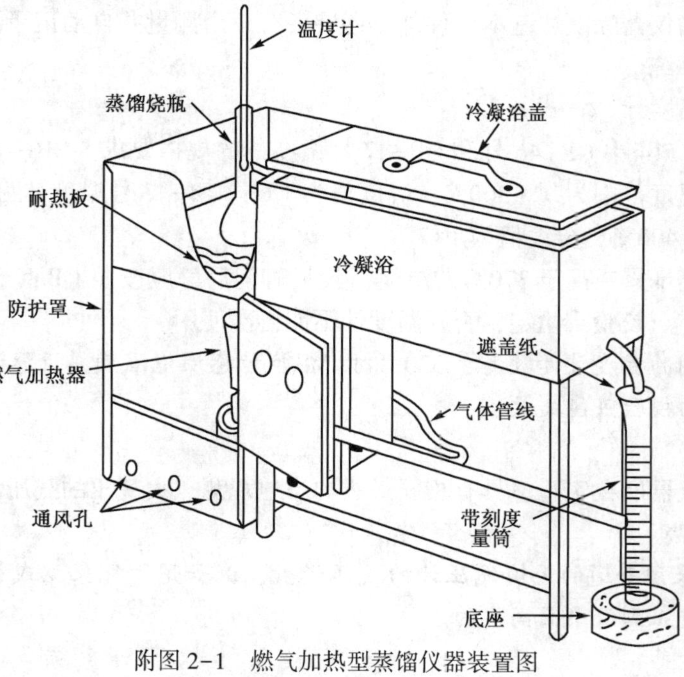

附图 2-1 燃气加热型蒸馏仪器装置图

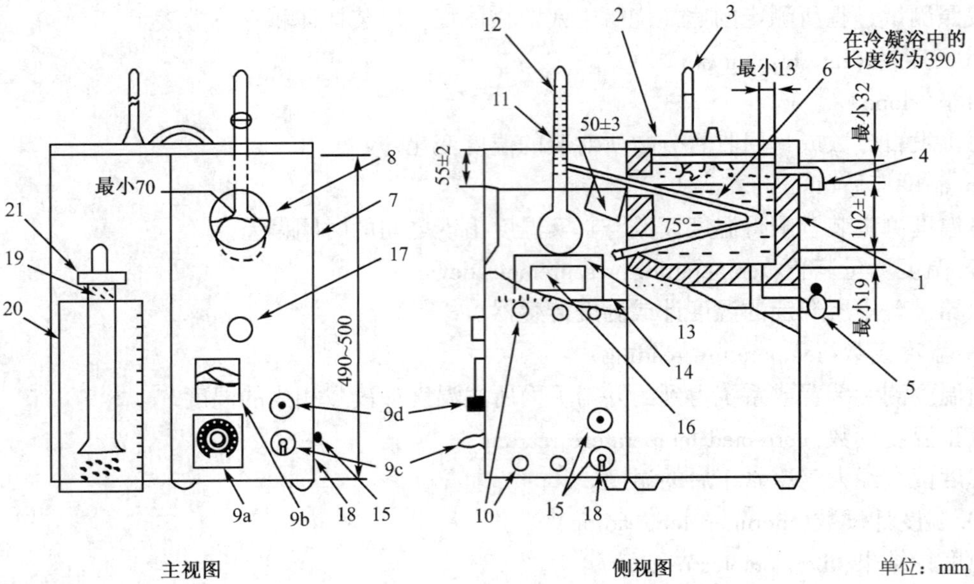

附图 2-2 电加热型蒸馏仪器装置图

1—冷凝浴；
2—冷凝浴盖；
3—冷凝浴温度传感器；
4—冷凝浴溢流口；
5—冷凝浴排液口；
6—冷凝管；
7—防护罩；
8—视窗；
9a—调压器；
9b—电压表或电流表；
9c—电源开关；
9d—电源指示灯；
10—通风孔；
11—蒸馏烧瓶；
12—温度传感器；
13—蒸馏烧瓶支板；
14—蒸馏烧瓶支架台；
15—接地线；
16—电加热器；
17—调节支架台水平的操作孔；
18—电源线；
19—接收量筒；
20—接收量筒冷却浴；
21—接收量筒遮盖物

（2）自动蒸馏仪器除上述基本元件外，还装备有一个测量并自动记录温度及接收量筒中相应回收体积的系统。

2. 玻璃水银温度计

应符合 GB/T 514 中 GB-46 号和 GB-47 号温度计的规格要求。GB-46 号温度计为低温范围温度计，测温度范围为-2~300℃，分度值为 1℃；GB-47 号温度计为高温范围温度计，测温度范围为-2~400℃，分度值为 1℃。

当温度计持续暴露在高于 370℃的温度下较长时间后，应按照 GB/T 514 和 JJG 50 的规定对温度计进行零点校验或检定，否则温度计不能再次使用。

注：当所观测的温度计读数高于 370℃时，温度计感温泡温度接近感温泡玻璃稳定的极限范围，温度计的校验可能失效。

3. 气压计

能够测量与仪器所在实验室具有相同海拔的当地观测点大气压的气压测量装置，测量精度为 0. 1kPa 或更高。

【警告】不能采用普通的无液气压计的气压读数，例如用于气象站或机场的气压计，由于其读数是经预校正到海平面高度的。

4. 安全装置

自动仪器建议配有自动关闭电源、且在万一着火时能向蒸馏烧瓶放置室内喷洒惰性气体或蒸气的装置。

注：有些火灾原因是由于蒸馏烧瓶破裂、电路短路或试样从蒸馏烧瓶口溢出和洒出所造成的。

5. 量筒

容量100mL，分度值为1mL，容量公差为±1.0mL；容量5mL，分度值为0.1mL，刻线从0.1mL开始。

6. 秒表、沸石

7. 脱脂棉、滤纸

8. 碎冰或雪

五、取样、样品储存和样品处理

1. 确定样品组别

被测样品所属组别的特性见附表2-1，当试验步骤与组别相对时，将予以说明。

附表2-1 组别特性

样品特性	0组	1组	2组	3组	4组
馏分类型	天然汽油				
蒸气压(37.8℃)/kPa (试验方法GB/T 8017)		≥65.5	<65.5	<65.5	<65.5
蒸馏特性：初馏点/℃ 终馏点/℃		≤250	≤250	≤100 >250	>100 >250

2. 取样：取样应根据GB/T 4756的要求进行。详见附表2-2。

附表2-2 取样、样品储存和样品处理

项 目	0组	1组	2组	3组	4组
样品瓶温度/℃	<5	<10			
样品储存温度/℃	<5	<10[a]	<10	环境温度	环境温度
分析前样品处理后温度/℃	<5	<10	<10	环境温度或高于倾点9~21℃[b]	环境温度或高于倾点9~21℃[b]
取样时含水	重新取样	重新取样	重新取样	按5.含水样品规定干燥	
重新取样后仍含水[c]	依照5.含水样品规定操作				

注：a.在特定情况下，样品也可以在低于20℃下储存；

b.如样品在环境温度下为(半)固体，见九、实验步骤3(2)；

c.如已知样品含水，可省略重新取样步骤，直接按5.含水样品干燥样品。

(1) 0组：将样品瓶的温度调整至5℃以下，最好将经冷却的液体样品装入样品瓶中，并弃去初始样品。如果不可能实现，例如所采取的样品处于环境温度，则将所采取的样品置于预先冷却至低于5℃的样品瓶中，并以搅动最小的方式进行取样。立即用密合的塞子封好样品瓶，并将其置于冰浴或冰箱中。

(2) 1组：按照0组所述，在10℃以下采取样品，如果不可能实现，例如所采取的样品处于环境温度，则将所采取的样品置于预先冷却至低于10℃的样品瓶中，并以搅动最小的方式进行取样。立即用密合的塞子封好样品瓶。

【警告】不要完全充满并紧密封合冷的样品瓶，因受热后有可能会造成样品瓶破裂。

(3) 2组、3组和4组：在环境温度下采取样品，取样后立即用密合的塞子封好样品瓶。

(4) 如果实验室收到的样品是其他人采取的，不知其取样过程是否符合上述规定，可假设样品的取样符合要求。

3. 样品储存

如果取样后不立即开始试验，样品应按附表2-2的规定进行储存。所有样品在储存时应避开阳光直射及热源。

4. 分析前的样品处理：在打开样品瓶之前，样品应经处理调整至附表2-2所规定的温度。

(1) 0组：在打开样品瓶之前，样品应调整至低于5℃。

(2) 1组和2组：在打开样品瓶之前，样品应调整至低于10℃。

(3) 3组和4组：如果在环境温度下样品不呈液态，在分析之前应将其加热至高于其倾点(按GB/T 3535或SH/T 0771测定)9~21℃。如果试样在储存过程中有部分或完全固化，在打开样品瓶之前，在样品熔化后应将其剧烈摇动使其均匀。

(4) 如果样品在环境温度下不呈液态，则附表2-3中所规定的蒸馏烧瓶和样品的温度范围不适用。

5. 含水样品

(1) 如果待测样品含有可见水，则不适于测定。如果样品含水应另取一份无悬浮水的样品。

(2) 0组、1组和2组：如果不能得到无悬浮水的样品，可按如下所述除去样品中的悬浮水：将样品保持在0~10℃之间，每100mL样品中加入约10g无水硫酸钠，振荡混合物约2min，然后将混合物静置约15min。当样品中无可见悬浮水时，用倾析法倒出样品，将其保持在1~10℃之间待分析用。在结果报告中应注明试样曾用干燥剂干燥过。

注：对1组和2组浑浊样品中的悬浮水采用加入无水硫酸钠，然后用倾析法将液体样品与干燥剂分离的方法，除去悬浮水，此脱水步骤对试验结果不会造成显著的影响。

(3) 3组和4组：如果没有有含水的样品，可将含悬浮水的样品与无水硫酸钠或其他合适的干燥剂一起振荡，用倾析法将样品从干燥剂中分离出来，以除去悬浮水。在结果报告中应注明试样曾用干燥剂干燥过。

六、仪器准备

1. 参考附表2-3准备仪器，对应指定的组别选择合适的蒸馏烧瓶、温度测量装置和蒸馏烧瓶支板。将接收量筒、蒸馏烧瓶和冷凝浴(附表2-5试验条件)调节到规定温度。

2. 采取任何必要的措施，使冷凝浴和接收量筒的温度保持在规定的温度下。接收量筒应浸没在一个冷却浴中，并使浸入液面至少达到量筒的100mL刻线，也可将整个接收量筒用空气循环室包围起来。

(1) 0组、1组、2组和3组：用作低温浴的合适介质包括，但不限于：碎冰和水、冷冻的盐水、冷冻的乙二醇等。

(2) 4组：用于环境温度或高于环境的浴的合适介质包括，但不限于：冷水、热水或加热的乙二醇等。

3. 用缠在细绳或铁丝上的无绒软布将冷凝管内的残留液体除去。

附表 2-3　仪器准备

项　　目	0组	1组	2组	3组	4组
蒸馏烧瓶/mL	100	125	125	125	125
蒸馏用温度计编号	GB-46	GB-46	GB-46	GB-46	GB-47
蒸馏用温度计范围	低	低	低	低	高
蒸馏烧瓶支板孔径/mm	32(A型)	38(B型)	38(B型)	50(C型)	50(C型)
试验开始时温度					
蒸馏烧瓶/℃	0~5	13~18	13~18	13~18	不高于环境温度
蒸馏烧瓶支板和防护罩	不高于环境温度	不高于环境温度	不高于环境温度	不高于环境温度	—
接收量筒和100mL试样的温度/℃	0~5	13~18	13~18	13~18[a]	13~环境温度[a]

注：a. 见九、实验步骤3(2)中的情况(指环境温度下样品不是液态的情况)。

七、校准和标准化

1. 温度测量系统

使用所规定的玻璃水银温度计以外的温度测量系统时，其温度滞后、露出液柱影响和精度应与规定的玻璃水银温度计相同。应在不超过6个月的时间间隔对这些温度测量系统的校准予以验证，并且在系统进行更换或修理后也需校验。

(1) 使用标准精密电阻对电路和/或算法的精度和校准进行验证。当进行验证时，不可采用算法对温度滞后和露出液柱的影响进行修正(见仪器说明书)。

(2) 对温度测量装置的校验可按本方法1组的要求对甲苯进行蒸馏，并与附表2-4中规定的50%回收温度相比较。

附表 2-4　校验液真实沸点和用本方法测得50%回收体积时的最低沸点和最高沸点[a]

项　　目		手动法		自动法	
		测得50%回收体积时		测得50%回收体积时	
		最低沸点/℃	最低沸点/℃	最低沸点/℃	最低沸点/℃
甲苯	真实沸点/℃	1组、2组和3组			
	110.6	105.9	111.8	108.5	109.7
十六烷	真实沸点/℃	4组			
	287.0	272.2	283.1	277.0	280.0

注：a. 本表所列用手动方法和自动方法得到温度值，在99%样本范围和99%公差区间内，其公差值为3σ。

如果在所使用的相关仪器中测定的温度读数未达到附表2-4规定的值，则认为此温度测量装置不合格，不能用于本方法。

注：采用甲苯作校验液，它对电子温度测量系统模拟玻璃液体温度滞后的程度无法给出任何信息。

应使用分析纯的甲苯和十六烷作为校验液。但只要可确保不会降低本方法的测定精度，也可使用其他级别的试剂。

注：使用局浸温度计测量时，甲苯在 101.3kPa 时的参考沸点为 287.0℃。由于本方法使用的温度计是在全浸条件下校正的，一般来说测定结果会偏低，并受温度计类型和测量状况的影响，不同支的温度计的测定结果也会不同。

(3) 测定温度滞后的步骤详见 GB/T 1884 附录 B。

(4) 估计露出液柱影响的步骤参见 GB/T 1884 附录 C。

(5) 采用十六烷对温度测量系统的高温校准进行验证。在 50%回收体积时，温度测量系统应显示与附表 2-4 中 4 组的蒸馏条件和相关仪器所对应温度相当的温度结果。

注：由于十六烷的熔点高，采用 4 组的校验蒸馏过程需在冷凝温度大于 20℃ 的条件下进行。

2. 自动方法

(1) 液位跟踪器：自动蒸馏测定仪中的液位跟踪器或记录装置对 5mL 和 100mL 之间各体积应有 0.1mL 或更好的分辨率，最大误差为 0.3mL。应根据仪器说明书，在不超过 3 个月的时间间隔对仪器的校准进行验证，并在系统经过更换和修理后也需进行校验。

注：典型的校验步骤应包括当接收量筒中分别有 5mL 和 100mL 样品时输出值的校验。

(2) 大气压：自动仪器测量的大气压读数应用气压计进行校验，校验周期不应超过 6 个月，在系统经过更换或修理之后也需进行校验。

八、准备工作

1. 温度计擦拭方法：当温度冷却至室温后，用棉花沾汽油或酒精擦拭，如不干净则可用苯、酒精混合液或用去污粉擦，注意用手指垫住水银球，以免水银球焊接处折断。

2. 若蒸馏烧瓶的瓶底稍有积炭，对蒸馏没有影响，并能防止突沸现象，所以每次蒸馏后不必都将积炭除净。如积炭很厚，可用铬酸洗液或碱液洗涤除去。用过的蒸馏瓶先用轻汽油洗涤，注意洗净支管，再用空气吹干或烘干。

3. 蒸馏前，用缠在细绳或铁丝上的无绒软布或棉花将冷凝管内的残留液体和空气中冷凝下来的水分除去。擦拭方法是将金属丝没有布片一端由冷凝管上端插入，当金属丝从下端穿出时，将金属丝连同布片一起由下端拉出来。

九、实验步骤

1. 检查仪器设备合乎标准后，记录环境大气压。

2. 0 组、1 组和 2 组：将低温范围温度计，用密合软木塞或硅酮橡胶塞或由其他相当的聚合材料制成的塞子，紧紧地装配在样品容器的颈部，并使样品的温度达到附表 2-3 规定的温度。

3. 0 组、1 组、2 组、3 组和 4 组：按附表 2-3 的规定检查样品温度，精确量取试样至清洁、干燥的接收量筒的 100mL 刻线处，然后将试样尽可能全部转移至蒸馏烧瓶中，注意转移样品时，应使蒸馏烧瓶支管向上，以免试样从蒸馏烧瓶支管中流失。

注：使试样温度与接收量筒周围冷却浴的温度差尽可能小是很重要的，5℃温差就会造成0.7mL体积差异。

（1）3组和4组：在环境温度下如果样品不是液态，在分析之前应将样品加热至高于其倾点（按GB/T 3535—2006或SH/T 0771—2005测定）9~21℃之间。在待测阶段如果样品部分或全部呈固态，应在样品熔化之后剧烈振荡，以确保样品均匀。

（2）如果3组和4组样品在环境温度下不是液态，则不用参考附表2-3中规定的接收量筒和样品的温度范围。在分析前，将接收量筒加热到与样品温度基本相同。将加热的样品精确地倒至接收量筒100mL刻线处，然后将接收量筒中的试样尽可能全部转移至蒸馏烧瓶中，确保没有试样流入蒸馏烧瓶支管。

注：转移中任何物质的挥发都会引起损失。在接收量筒中的任何残留物质都会影响初馏点时观测到的回收体积。

4. 如果试样预期会出现不规则沸腾（突沸），可向试样中加入少量沸石。在任何蒸馏过程中均可加入少量沸石。

5. 通过GB/T 1884—2000中规定的紧密配合装置将温度传感器定位于蒸馏烧瓶颈部的中心位置。如果使用温度计，用硅酮橡胶塞或由其他相当的聚合材料制成的塞子，使温度计感温泡位于瓶颈的中心，温度计毛细管的底端应与蒸馏烧瓶支管内壁底部的最高点齐平（附图2-3）。如果使用热电偶或电阻温度计，应根据仪器说明书进行装配。

注：如果在与中心定位装置相配合的表面使用了真空脂，其用量应尽可能少。

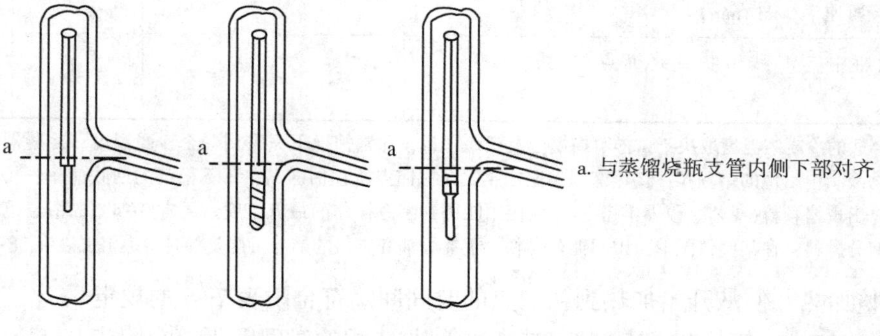

附图2-3 温度计在蒸馏烧瓶中的位置

6. 用密合的软木塞、硅酮橡胶塞或由其他相当的聚合材料制成的塞子，将蒸馏烧瓶支管紧紧地与冷凝管相连。调节蒸馏烧瓶使其处于直立的位置，并使蒸馏烧瓶支管伸到冷凝管内25~50mm。但注意不要与冷凝管的内壁相接触，在安装时注意防止支管被折断。升高并调节蒸馏烧瓶支板使其紧紧地接触蒸馏烧瓶的底部。

7. 将先前量取过试样、未经干燥的接收量筒放入冷凝管末端下方已控温的冷却浴中。冷凝管的末端应位于接收量筒的中心，且伸入量筒中至少25mm，但不能低于量筒的100mL刻线。

8. 初馏点测定

（1）手动法：用一张吸水纸或类似的材料盖住接收量筒，以减少蒸馏中的蒸发损失和防止冷凝管上凝结的水珠落入量筒中，用于覆盖的纸或材料应裁为紧贴冷凝管以便将量筒盖严。如果使用接收导流器，使导流器的尖端恰好接触接收量筒内壁；如果未使用接收导流器，应使冷凝管滴液尖端不接触接收量筒内壁。接上电源，用自耦变压器调节电流，开始对蒸馏烧瓶加热，同时开动秒表记录时间。观察并记录初馏点，精确至0.5℃。如果未使用接收导流器，当观测到初馏点后，应立即移动接收量筒，以使冷凝管滴液尖端接触到量筒内壁。让冷凝液沿量筒壁流下，便于读取量筒内体积。

（2）自动法：采用仪器制造商提供的装置以减少蒸馏过程中的蒸发损失。使接收导流器的尖端恰好接触接收量筒内壁，开始加热蒸馏烧瓶和试样。注明蒸馏开始时间。记录初馏点，精确至0.1℃。

附表 2-5　试验条件

项　目	0组	1组	2组	3组	4组
冷凝浴温度[a]/℃	0~1	0~1	0~5	0~5	0~60
接收量筒周围冷却浴温度/℃	0~4	13~18	13~18	13~18	装样温度±3
从开始加热到初馏点的时间/min	2~5	5~10	5~10	5~10	5~15
从初馏点到 5%回收体积的时间/s 10%回收体积的时间/min	 — 3~4	 60~100 —	 60~100 —	 — —	 — —
从5%回收体积到蒸馏烧瓶中5mL残留物的均匀平均冷凝速率/(mL/min)	—	4~5	4~5	4~5	4~5
从10%回收体积到蒸馏烧瓶中5mL残留物的均匀平均冷凝速率/(mL/min)	4~5	—	—	—	—
从蒸馏烧瓶中5mL残留物到终馏点的时间/min	≤5	≤5	≤5	≤5	≤5

注：a. 合适的冷凝浴温度取决于试样蒸馏馏分及其蜡含量，通常情况下只采用一个冷凝温度。冷凝器中蜡的形成缘于：①馏出物液滴中出现的蜡颗粒；②蒸馏损失比按照试样初馏点所预估的高；③不稳定的回收速率；④用无绒的布擦除残留液体时出现蜡颗粒（见六、仪器准备3）。应使用能得到满意操作的最低温度。通常0~4℃的浴温范围适用于煤油和轻质中间馏分燃料；在某些情况下，中间馏分燃料、重馏分油和类似的馏分可能要保持冷凝浴温度在38~60℃的范围。

9. 调整加热，使从开始加热到初馏点的时间间隔符合附表2-5的规定。

10. 调整加热，使从初馏点到5%或10%回收体积的时间间隔符合附表2-5的规定。

11. 继续调整加热，使从5%或10%回收体积到蒸馏烧瓶中残留5mL液体时的均匀平均冷凝速率为4~5 mL/min（此速度约相当于每10s流出20~25滴，视液滴大小而定）。

【警告】由于蒸馏烧瓶结构和试验条件，若温度传感器周围的蒸气和液体未达到热力学平衡，蒸馏速率会影响测量的蒸气温度。因此，在整个试验过程中应尽可能保持蒸馏速率均匀。

注：当测定汽油试样时，当蒸气温度达到160℃时，有时会发现冷凝物突然形成不可溶的液体相，并且在温度测量装置上和蒸馏烧瓶的颈部堆积（起泡）。这种现象会伴随蒸气温度的快速下降（大约3℃）和回收速率下降的现象出现。这种现象可能是由于试样中有痕量水所致，一般会持续约10~30s，之后温度再次回升且冷凝物再次开始平稳的流动。这点通常俗称为“暂停点”。

12. 若蒸馏过程未能符合上述9、10、11的规定，应重新进行蒸馏。

13. 如果观察到分解点，应停止加热，并按照步骤 17 进行。

14. 在初馏点和终馏点之间，观察并记录计算和报告出规格所要求的，或事先确定的试验结果所需的数据。这些观察到的数据可包括在规定的回收百分数时的温度读数和/或在规定温度读数时的回收百分数。

（1）手动法：记录接收量筒的体积读数，精确至 0.5mL；记录温度读数，精确至 0.5℃。

（2）自动法：记录接收量筒的体积读数，精确至 0.1mL；记录温度读数，精确至 0.1℃。

（3）0 组：如果未指明有特殊数据要求，记录初馏点、终馏点和从 10%~90%回收体积之间每 10%回收体积倍数时的温度读数。

（4）1 组、2 组、3 组和 4 组：如果未指明有特殊数据要求，记录初馏点、终馏点和/或干点，在 5%、15%、85%和 95%回收体积时的温度读数，以及 10%~90%回收体积之间每 10%回收体积倍数时的温度读数。

当用高温范围温度计测量 4 组油品（如喷气燃料或类似产品时），有关的温度计读数可能会被中心定位装置所遮挡。如果需要这些数据，应按 3 组的规定另做一个蒸馏试验。这样可以用低温范围温度计上的读数代替所遮挡的高温范围温度计上的读数予以报告，但需在试验报告中注明。如果按协议，被遮挡的温度计读数可以放弃，在试验报告中也应注明。

（5）如果试样的蒸馏曲线在规定报告的蒸发体积或回收体积区域出现一个快速变化的斜率，若需报告规定蒸发体积或回收体积时相应的温度读数，记录每 1%回收体积的温度读数。如果对上述（3）或（4）中规定的数据点用式（附 2-1）计算的特定区域斜率变化 C 大于 0.6，则认为此斜率变化迅速：

$$C=(C_2-C_1)/(V_2-V_1)-(C_3-C_2)/(V_3-V_2) \qquad (附 2-1)$$

式中 C_1——测定点前一个体积分数所对应的温度读数，℃；

C_2——测定点体积分数所对应的温度读数，℃；

C_3——测定后前一个体积分数所对应的温度读数，℃；

V_1——测定点前一个体积分数，%；

V_2——测定点体积分数，%；

V_3——测定点后一个体积分数，%。

15. 当蒸馏烧瓶中残留液体约为 5mL 时，最后一次调整加热，使蒸馏烧瓶中 5mL 残留液体蒸馏到终馏点的时间符合表 5 规定的范围。如果未满足此条件，需对最后加热调整进行适当修改，并重新试验。

注：由于蒸馏烧瓶中剩余 5mL 沸腾液体的时间难以确定，可用观察接收量筒内回收液体的数量来确定。这点的动态滞留量约为 1.5mL。如果没有轻组分损失，蒸馏烧瓶中 5mL 的液体残留量可认为对应于接收量筒内 93.5 mL 的量。这个量需根据轻组分损失估计值进行修正。如果实际的轻组分损失与估计值相差大于 2mL，应重新进行试验。

16. 根据需要观察并记录终馏点和/或干点，并停止加热。在达到干点前，瓶内尚有微量液体烃类和胶状物质，因局部过热而分解，生成的气体与烃类蒸气在瓶内形成白雾，并在瓶底上沉积一些炭渣。

17. 加热停止后，使馏出液完全滴入接收量筒内。

（1）手动法：当冷凝管中连续有液滴滴入接收量筒时，每隔 2min 观察并记录冷凝液体积，精确至 0.5mL，直到两次连续观察的体积相同。准确测量接收量筒内液体的体积，记录并精确至0.5mL。

(2)自动法：仪器将连续监测回收体积，直至在2min之内回收体积的变化小于0.1 mL，准确记录接收量筒内液体的体积，并精确至0.1mL。

18. 记录接收量筒内液体体积相应的回收百分数。如果由于出现分解点蒸馏提前终止，那么从100%中减去回收百分数，报告此差值作为残留百分数和损失百分数之和，并省略步骤19。

19. 待蒸馏烧瓶冷却之后，且未观察到再有蒸气出现时，从冷凝管上拆下蒸馏烧瓶，然后取下瓶塞和温度计。将其内容物(沸石除外)倒入一个5mL带刻度量筒中，将蒸馏烧瓶倒悬在量筒之上，让蒸馏烧瓶内液体滴下，直至观察到量筒内液体体积无明显增加，蒸馏烧瓶支管中的液体亦应倒入这个量筒中。测量带刻度量筒中液体的体积，精确至0.1mL，记作残留百分数。

(1)如果5mL带刻度量筒在1mL以下无刻度，而液体体积不到1mL，则先向量筒中加入1mL较重的油，以便较好地测量回收液体的体积。

如果得到的残留物比预期的多，且蒸馏不是在终馏点之前被人为终止的，检查蒸馏过程中加热是否足够，且试验过程中各条件是否满足附表2-5的规定，如果没有，应重做试验。

注：①用本方法测定汽油、煤油和柴油馏分所得蒸馏残留物体积分数的典型值分别是0.9%~1.2%、0.9%~1.3%和1.0%~1.4%。

②本方法不适用于分析含有较多残留物的馏分燃料。

(2)0组：将5mL带刻度量筒冷却至低于5℃，记录带刻度量筒内液体的体积，精确至0.1mL，作为残留百分数。

(3)1组、2组、3组和4组：记录5mL带刻度量筒内液体的体积，精确至0.1mL，作为残留百分数。

20. 如果需测定规定校正温度读数时的蒸发百分数或回收百分数，则按GB/T 1884—2000附录D中的规定修改试验步骤。

21. 检查冷凝管和蒸馏烧瓶支管中的蜡状或固体沉积物，如果有沉积物，按附表2-5中的脚注调整后重新试验。试样100mL减去馏出液和残留物的总体积之差就是蒸馏损失。其中蒸馏瓶与冷凝管内壁沾去的部分损失是固定的，其它部分损失是试样中含有石油气体或轻组分在蒸馏时未冷凝造成的。另一部分是干点时油品分解引起的。

十、计算

1. 总回收百分数为最大回收百分数和残留百分数之和。用100%减去总回收百分数得到损失百分数。

2. 不用对大气压作弯月面凹降修正，不用调校大气压至海平面读数。

注：从气压计得到的读数不用修正到标准温度和标准重力下。即使不做这些修正，在地球上两个不同地点的实验室，对同一样品所得的校正温度读数，通常在100℃时相差小于0.1℃。早期几乎所得的所有数据都是在未做标准温度和标准重力修正的大气压下报告的。

3. 将温度读数修正到101.3kPa标准大气压，每个温度读数的修正值可按式(附2-2)中给出的悉尼扬(Sydney Young)公式得到，或可使用附表2-6进行修正：

$$C_C = 0.0009(101.3 - P_k)(273 + t_C) \quad \text{(附 2-2)}$$

式中 C_C——待加(代数和)到观测温度读数上的修正值,℃;

P_k——在试验当时和当地的大气压，kPa;

t_C——观测温度读数,℃;

将所得修正值对观测温度读数进行修正，并根据所使用的仪器，将结果修约至0.5℃或0.1℃，后续的计算和报告都应使用经过大气压修正的校正温度读数。

注：当产品的定义、规格或当事方协议中明确规定不需要进行大气压修正或修正值是基于其他基础气压时，温度读数不必修正到101.3 kPa。

附表2-6　近似的温度读数修正值

温度范围/℃	每1.3 kPa压差的修正值[a]/℃	温度范围/℃	每1.3 kPa压差的修正值[a]/℃
10~30	0.35	>210~230	0.59
>30~50	0.38	>230~250	0.62
>50~70	0.40	>250~270	0.64
>70~90	0.42	>270~290	0.66
>90~110	0.45	>290~310	0.69
>110~130	0.47	>310~330	0.71
>130~150	0.50	>330~350	0.74
>150~170	0.52	>350~370	0.76
>170~190	0.54	>370~390	0.78
>190~210	0.57	>390~410	0.81

注：a.大气压低于101.3 kPa时应加上修正值，大气压高于101.3kPa时应减去修正值。

4.当温度读数修正到101.3kPa时，将实际损失百分数也修正到101.3kPa。校正损失L_c用式(附2-3)计算，或可从GB/T 6536附录E的表E.1中读出：

$$L_c = 0.5 + (L - 0.5)/[1 + (101.3 - P_k)/0.8] \quad (附2-3)$$

式中 L_c——校正损失,%;

L——观测损失,%;

P_k——在试验当时和当地的大气压，kPa。

用式(附2-4)计算相应的校正回收百分数：

$$R_c = R_{max} + (L - L_c) \quad (附2-4)$$

式中 R_c——校正回收百分数,%;

R_{max}——最大回收百分数,%;

L——观测损失,%;

L_c——校正损失,%。

5.要得到在规定温度读数时对应的蒸发百分数，将损失百分数加到规定温度时得到的每个观测回收百分数上，并报告这些结果作为相应的蒸发百分数，见式(附2-5)：

$$P_e = P_r + L \quad (附2-5)$$

式中 P_e——蒸发百分数,%;

P_r——回收百分数,%;

L——观测损失,%。

6. 要得到在规定蒸发百分数时对应的温度读数，如果在规定的蒸发百分数时，没有在0.1%体积内记录的温度数据，可采用下面两个步骤中的任一步骤，并在结果报告中注明是使用了计算法还是图解法。

(1) 计算法：先从每个规定的蒸发百分数之中减去观测损失，以得到相应的回收百分数，再用式(附2-6)计算所需的温度读数：

$$T=T_L+(T_H-T_L)(R-R_L)/(R_H-R_L) \quad (附2-6)$$

式中 T——在规定蒸发百分数时的温度读数,℃;

T_L——在 R_L 时记录的温度计读数,℃;

T_H——在 R_H 时记录的温度计读数,℃;

R——与规定蒸发百分数相应的回收百分数,%;

R_H——邻近并高于 R 的回收百分数,%;

R_L——邻近并低于 R 的回收百分数,%。

由计算法得到的数值受蒸馏曲线的非线性程度影响，在试验任何阶段连续的数据点之间的间隔不能大于(九、14)规定的数据间隔。在任何情况下都不要做外推计算。

注：计算法的示例参见 GB/T 6536 附录 F。

(2) 图解法：使用有均匀细刻线的图纸，将每个经大气压修正(如需要，见十、3)的温度读数，对其相应的回收百分数作图。在0%回收百分数处绘出初馏点连接各点绘制一条平滑曲线。对每个规定蒸发百分数减去损失百分数得到其相应的回收百分数，从绘制的曲线中得到此回收百分数所对应的温度读数。用图解法内插得到的数据受人为绘制曲线的精确度影响。

(3) 对于大部分的自动仪器，温度-体积数据以0.1%体积或更小的间隔采集并存储在存储器中。要报告在规定蒸发百分数时的温度读数，不需使用本节(1) 和(2) 的步骤，从数据库中直接得到与规定蒸发百分数最接近且相差在0.1%体积之内的相应温度。

十一、报告

1. 报告示例见 GB/T 6536 附录 G。

2. 大气压，精确至0.1kPa。

3. 以百分数形式报告所有体积读数。

(1) 手动法：精确至0.5;

(2) 自动法：精确至0.1。

4. 报告所有温度读数。

(1) 手动法：精确至0.5℃;

(2) 自动法：精确至0.1℃。

(3) 温度读数经大气压修正后，下述数据报告前不需做进一步的计算，初馏点、干点、终馏点、分解点和所有回收百分数相对应的温度读数。

(4) 报告中应指明温度读数是否经过大气压修正。

5. 在温度读数未被修正到101.3kPa时，根据要求分别报告残留百分数和损失百分数。

6. 计算蒸发百分数时，不要采用校正损失。

7. 当测定试样为汽油或0组或1组其他产品，或者试样蒸馏测定的损失百分数大于2.0%时，建议报告温度读数和蒸发百分数之间的关系。对其他情况，可报告温度读数以蒸发百分数或回收百分数的关系。每份报告应明确指出所采用的对应关系。

手动法：如果结果是以蒸发百分数对温度读数给出的，报告时采用了计算法还是图解法(见十、6)。

8. 报告是否使用了四、5(2) 和(3)中所述的干燥剂。

9. GB/T 6536附录F中表F.1为报告数据示例。表中给出了回收百分数所对应的温度读数及校正温度读数的数据，还给出了损失百分数、校正损失及蒸发百分数所对应的校正温度读数的数据。

十二、精密度和偏差

1. 精密度

GB/T 6536的精密度是在26个实验室对14个汽油样品、在4个实验室对8个煤油样品采用手动法、在3个实验室对6个煤油样品采用自动法、在5个实验室对10个柴油样品分别采用手动法和自动法进行实验室统计试验得到的结果所确定的。GB/T 6536附录H中表H.1给出了不同组产品、不同蒸馏方法精密度所处章条及所使用的表的信息。

2. 温度变化率或斜率

(1) 确定一个结果的精密度，通常需确定此点的温度变化率或变化斜率。这个以S_c表示的变量等于每回收百分数或每蒸发百分数的温度变化。

(2) 对1组的手动法和所有组的自动法，初馏点和终馏点精密度不需要计算温度变化率。

(3) 除(2)和(4)规定之外，蒸馏过程中任意点的斜率均可用式(附2-7)计算，所使用的数据见附表2-7。

$$S_c=(T_u-T_L)/(V_u-V_L) \quad (附2-7)$$

式中 S_c——斜率,℃/%；

T_u——较高的温度,℃；

T_L——较低的温度,℃；

V_u——T_u相对应的回收百分数或蒸发百分数,%；

V_L——T_L相对应的回收百分数或蒸发百分数,%。

终馏点V_{EP}相对应的回收百分数或蒸发百分数见附表2-7。

附表 2-7　确定 S_c 斜率的数据点　　%

斜率点[a]	IBP	5	10	20	30	40	50	60	70	80	90	95	EP
T_L 数据点[b]	0	0	0	10	20	30	40	50	60	70	80	90	95
T_u 数据点[c]	5	10	20	30	40	50	60	70	80	90	90	95	V_{EP}
V_u-V_L	5	10	20	20	20	20	20	20	20	20	10	5	$V_{EP}-95$

注：a. 在规定回收百分数或蒸发百分数的所求斜率点；

b. 在相应回收百分数或蒸发百分数所对应的较低温度点；

c. 在相应回收百分数或蒸发百分数所对应的较高温度点。

（4）如果终馏点出现在95%回收或蒸发百分数之前，终馏点的斜率用式(附 2-8)进行计算：

$$S_c=(T_{EP}-T_{HR})/(V_{EP}-V_{HR}) \quad (附 2-8)$$

式中　T_{EP} 或 T_{HR}——下标规定的回收百分数的温度,℃；

V_{EP} 或 V_{HR}——下标规定的回收百分数,%；

EP——终馏点；

HR——在终馏点之前的最高读数，80%或 90%。

（5）对于10% ~85%回收百分数之间未列于附表 2-7 中的数据点用式(附 2-9)计算温度变化率：

$$S_c=0.05[T_{(V+10)}-T_{(V-10)}] \quad (附 2-9)$$

（6）对 1 组样品，其精密度数据是基于蒸发百分数数据计算的斜率得到的。

（7）对 2 组、3 组合 4 组样品，精密度数据(附表 2-9、附表 2-10)是基于回收百分数数据计算的斜率得到的。

（8）当结果以回收百分数报告时，计算精密度所用的斜率由回收百分数确定。当结果以蒸发百分数报告时，精密度计算所用的斜率由蒸发百分数确定。

3. 手动法

（1）重复性(95%置信水平)

① 0 组：终馏点重复测定的两个结果之差不应超过 3.5℃。对每个规定体积分数所对应温度读数重复测定的两个结果之差，不应超过在规定体积分数处相应 2mL 馏出液变化所对应的温度变化值。附录 I 给出了此温度变化值的计算示例。

② 1 组：由同一实验室的同一操作者，使用同一仪器，对相同试样所得的连续试验结果之差不应超过附表 2-8 中规定的值。

（2）再现性(95%置信水平)

① 0 组：再现性未确定。

② 1 组：由不同实验室的不同操作者，使用不同仪器，对相同试样所得的两个单一和独立的试验结果之差，不应超过附表 2-8 中规定的值。

③ 2 组、3 组合 4 组：由不同实验室的不同操作者，使用不同仪器，对相同试样所得的两个单一和独立的试验结果之差，不应超过附表 2-9 中规定的值。

附表 2-8 1组的重复性和再现性

体积分数/%	手动法重复性 r^a/℃	手动法再现性 R^a/℃	自动法重复性 r^a/℃	自动法再现性 R^a/℃
初馏点	3.3	5.6	3.9	7.2
5	$1.9+0.86S_c$	$3.1+1.74S_c$	$2.1+0.67S_c$	$4.4+2.0S_c$
10	$1.2+0.86S_c$	$2.0+1.74S_c$	$1.7+0.67S_c$	$3.3+2.0S_c$
20	$1.2+0.86S_c$	$2.0+1.74S_c$	$1.1+0.67S_c$	$3.3+2.0S_c$
30~70	$1.2+0.86S_c$	$2.0+1.74S_c$	$1.1+0.67S_c$	$2.6+2.0S_c$
80	$1.2+0.86S_c$	$2.0+1.74S_c$	$1.1+0.67S_c$	$1.7+2.0S_c$
90	$1.2+0.86S_c$	$0.8+1.74S_c$	$1.1+0.67S_c$	$0.7+2.0S_c$
95	$1.2+0.86S_c$	$1.1+1.74S_c$	$2.5-0.67S_c$	$2.6+2.0S_c$
终馏点	3.9	7.2	4.4	8.9

注：a. S_c 为依据十二、2 计算得到的斜率。

附表 2-9 2组、3组和4组重复性和再现性(手动法)

体积分数/%	重复性 r^a/℃	再现性 R^a/℃
初馏点	$1.0+0.35S_c$	$2.8+0.93S_c$
5~95	$1.0+0.41S_c$	$1.8+1.33S_c$
终馏点	$0.7+0.36S_c$	$3.1+0.42S_c$
温度读数相应的体积分数	$0.7+0.92/S_c$	$1.5+1.78/S_c$

注：a. S_c 为依据十二、2 计算得到的斜率。

4. 自动法

（1）重复性(95%置信水平)

① 0 组：终馏点重复测定的两个结果之差不应超过 3.5℃。对每个规定体积分数所对应温度读数重复测定的两个结果只差不应超过在规定体积分数处相应 2mL 馏出液变化所对应的温度变化值。

② 1 组：由同一实验室的同一操作者，使用同一仪器，对相同试样所得的连续试验结果之差，不应超过附表 2-8 中规定的值。

③ 2 组、3 组合 4 组：由同一实验室的同一操作者，使用同一仪器，对相同狗屎样所得的连续试验结果之差不应超过附表 2-10 中规定的值。

（2）再现性(95%置信水平)

① 0 组：再现性未确定。

② 1 组：由不同实验室的不同操作者，使用不同仪器，对相同试样所得的两个单一和独立的试验结果之差，不应超过附表 2-8 中规定的值。

③ 2 组、3 组和 4 组：由不同实验室的不同操作者，使用不同仪器对相同试样所得的两个单一和独立试验结果之差，不应超过附表 2-10 中规定的值。

附表 2-10　2 组、3 组和 4 组重复性和再现性(自动法)

体积分数/%	重复性 r^{a}/℃	再现性 R^{a}/℃
初馏点	3.5	8.5
2	3.5	$2.6+1.92S_c$
5	$1.1+1.08S_c$	$2.0+2.53S_c$
10	$1.2+1.42S_c$	$3.0+2.64S_c$
20~70	$1.2+1.42S_c$	$2.9+3.97S_c$
80	$1.2+1.42S_c$	$3.0+2.64S_c$
90~95	$1.1+1.08S_c$	$2.0+2.53S_c$
终馏点	3.5	10.5

注：a. S_c 为依据十二、2 计算得到的斜率。

5. 偏差

(1) 绝对偏差：由于使用全浸式玻璃液体温度计或模拟此玻璃液体温度计的温度传感系统，本方法所得到的蒸馏温度比真实温度稍低一点。偏差的大小取决于被测产品类型和所使用的温度计。

(2) 与其他方法的相对偏差：本方法测得的蒸馏特性的经验结果与用 ASTM D 2892 所得实沸点蒸馏曲线结果之间存在偏差。此偏差的大小及其余精密度的关系尚未作过精确的研究。

手动法与自动法的相对偏差：根据采用手动仪器和自动仪器进行试验的实验室间的研究证明，没有统计数据结果可以说明手动法与自动法的测定结果之间存在偏差。

十三、影响因素及注意事项

1. 蒸馏速度对馏出温度的影响

测定馏程要严格控制加热速度，不然将对测定结果有很大的影响。因为石油产品馏程的测定是条件试验，根据蒸馏油品馏分轻重的不同，所规定的加热速度也不同。在蒸馏过程中，如果加热速度过快，会产生大量气体，来不及从蒸馏瓶支管逸出时，瓶中的气压大于外界的大气压，读出的温度并不是在外界大气压下试样沸腾的温度，往往要比正常蒸馏温度偏高一些。若加热速度始终过快，最后还会出现过热现象，使干点提高而不易测准。当加热速度过慢时，则各馏出温度都偏低。

2. 温度计的安装对试验结果的影响

馏程测定法对温度计的安装位置作了规定。因为如果温度计插高了，会因瓶颈的蒸气分子少及受冷空气的影响，使馏出温度偏低；如果温度计插低了，则因高沸点蒸气或因跳溅液滴溅在水银球上而使馏出温度偏高；温度计插歪了，由于瓶壁与瓶轴心有一定温差，使馏出温度偏低。当水银球偏向支管时，因水银球靠近瓶壁，此处气流速度较快，与携带上来液滴接触较多，导致指示温度偏高。

3. 大气压力对馏出温度的影响

大气压力对油品的汽化有很大影响，油品的沸点随大气压的升高而升高，随大气压的降低而降低。在测定馏程时，对同一油品若在不同大气压下进行测定，则所测得结果也不同。

因此，对馏程测定规定在一定大气压下馏出温度不进行修正，而高于或低于规定大气压力范围时则必须进行修正。

4. 取样和收集蒸馏残留物及馏出液时，均应依据附表 2-3 及附表 2-5 的要求。对于 100mL 汽油来说，17℃和 23℃取样时，体积可相差 0.2~0.3mL。

5. 蒸馏瓶支管插入冷凝管中长度严格为 25~50mm，插入长度范围相差太大，造成初馏点读数可相差 1~2℃，一般以 30mm 为宜，在作平行试验时，更应注意两次插入深度要相近。

6. 正确选用石棉垫(或硅化板)，是控制蒸馏速度的关键。不同孔径的石棉垫(或硅化板)是根据油品的轻重及蒸馏时所需热量的多少，保证必要的加热面以达到规定的蒸馏速度，可保证蒸馏瓶最后的油面高于加热面，以防过热。

7. 经常检查仪器的严密程度，防止漏气。试验前必须擦拭冷凝管内壁，清除前次试验留有的液体。

8. 注入烧瓶的试油温度和收集的馏出液温度应基本一致。此外，影响馏程测定的影响因素还有试油中是否含有水，冷凝器中冷却剂温度的调节等。

9. 蒸馏的油样处理：蒸馏完毕，油样不得倒入水池或下水道，必须待油温降至 100℃以下，再倒入废油桶内，如不慎洒在地面上，应及时用沙土等处理干净。

实训 2-2　石油产品蒸气压测定（雷德法）

一、目的意义

蒸气压是挥发性液体的重要物理性质，要求掌握航空汽油蒸气压的测定原理，熟悉蒸气压测定仪器结构及操作方法，了解蒸气压测定过程中的注意事项。

二、方法原理

参考标准：《石油产品蒸汽压测定法　雷德法》(GB/T 8017—2012)

蒸气压对于航空汽油来说是非常关键的因素，影响其启动、升温和高温或者高纬度操作时的气阻趋势。

1. 应用范围

(1) A 法适用于测定蒸气压小于 180kPa 的汽油，包括仅含甲基叔丁基醚(MTBE)的汽油，以及其他石油产品。

A 法的改进步骤适用于 35~100kPa 的汽油和添加含氧化合物汽油的样品。

(2) B 法及其改进步骤采用半自动水平浴测定仪，同样适用于测定 A 法及其改进步骤所适用汽油及其他石油产品。但在确定其精密度的实验室间比对试验中，仅采用了汽油和添加含氧化合物汽油的样品。

(3) C 法适用于测定蒸气压大于 180kPa 的样品。

(4) D 法适用于测定蒸气压约为 50 kPa 的航空汽油。

注：由于汽体室中原有大气压抵消了外部大气压，因此雷德法蒸气压是在 37.8℃下的绝对蒸气压。以千帕表示。雷德法蒸气压不同于试样的真实蒸气压，这是由于局部空间内一

些相对分子质量较轻的试样的蒸发以及水蒸汽和空气的存在。

(5) 本方法不适用于液化石油气蒸气压的测定，液化石油气蒸气压的测定方法参见 GB/T 6602 或 ASTM D6897。原油蒸气压测定的精密度本方法尚未确定。GB/T 11059 是测定原油蒸气压的方法，IP 481 是测定原油空气饱和蒸气压的方法。

2. 术语与定义

(1) 波登弹簧压力计(bourdon spring gauge)

一种压力测量装置，该装置使用了一根波登管和指示器相连接。

(2) 波登管(bourdon tube)

在一定压力下可弯曲到一定弧度，并在大气压下可恢复到伸直状态的扁平金属管。

(3) 汽油-含氧化合物的混合物(gasoline-oxygenate blend)

点燃式发动机燃料，主要组成是汽油和一种或多种含氧化合物的燃料。

(4) 含氧化合物(oxygenate)

可以用作燃料或燃料添加剂的含氧的无灰有机化合物，如醇或醚。

(5) 雷德蒸气压(reid vapor pressure，RVP)

采用规定的试验方法测定汽油和其他挥发性石油产品蒸气压，所得到的经修正后的总压力读数。

(6) 蒸气压(vapor pressure)

当液体在达到所液平衡时气相所产生的压力。

3. 方法概述

(1) 将蒸气压测定仪的液体室充入冷却的试样，并与在浴中已经加热到 37.8℃ 的气体室相连。将安装好的测定仪浸入 37.8℃ 浴中，直到观测到恒定压力。此读数经适当校正后，即报告为雷德法蒸气压。

(2) 所有四种方法采用相同容积的液体室和气体室。B 法采用半自动水平浴测定仪，浸入水平浴中，并在旋转中达到平衡。B 法也可使用波登弹簧压力计或压力传感器。C 法采用双开口液体室。D 法对液体室和气体室容积之比有更苛刻的限制。

(3) A 法和 B 法的改进步骤针对添加含氧化合物汽油样品的测定，测定过程中应保证气体室、液体室和样品转移装置的内部干燥无水。

三、仪器、设备

1. A 法用蒸气压测定仪器

(1) 蒸气压测定仪器

蒸气压测定仪由两个室组成：上室为气体室，下室为液体室，两室应符合下面规定。

① 气体室

如附图 2-4 所示，气体室应是内径为 51mm±3mm，长度为 254mm±3mm 的圆筒形容器，其两端内表面稍微倾斜，以便处于垂直位置时从任一端都能完全排空液体。气体室的一端有一个内径不小于 4.7mm 的接头，以便连接压力表，并备有一个 6.35mm 的压力表接头，在气体室的另一端有一个直径约为 12.7mm 的开口以同液体室连接。应注意开口端的接头不得妨碍液体从室内全部排空。

② 液体室(单开口式)

如附图 2-4 所示，液体室应是与气体室内径相同的圆筒形容器，其容积应满足气体室与液体室的容积比在 3. 8~4. 2 的要求。液体室的一端有一个直径为 12. 7mm 的开口，以便与气体室连接，这一端的内表面应倾斜，以便倒置时能完全排空液体。在液体室的另一端应是完全封闭的。

③ 航空汽油

对于航空汽油的试验，匹配好的液体室和气体室的容积比应在 3. 95~4. 05 之间。

④ 液体室(双开口式)

用于从密封的容器中取样的装置，如附图 2-4 所示，除在靠近底部装有一个 6. 35mm 的阀 B 和在两室连接处有一个 12. 7mm 的直通式全开阀 A 处外，与 B. 1. 2 所述的液体室基本相同。液体室的体积只包括两阀之间的容积，应符合 B. 1. 2 对体积比的要求。

【警告】为保持气体室和液体室正确的体积比，匹配好的两个室在未经重新校验下不能互换，以保证体积比在要求的范围内。

⑤ 在测定双开口式液体室的容积时(附图 2-4)，液体室的容积应从阀 A 的关闭点以下算起，而在阀 A 关闭点以上的容积，包括连接液体室的接头部分，应视为气体室容积的一部分。

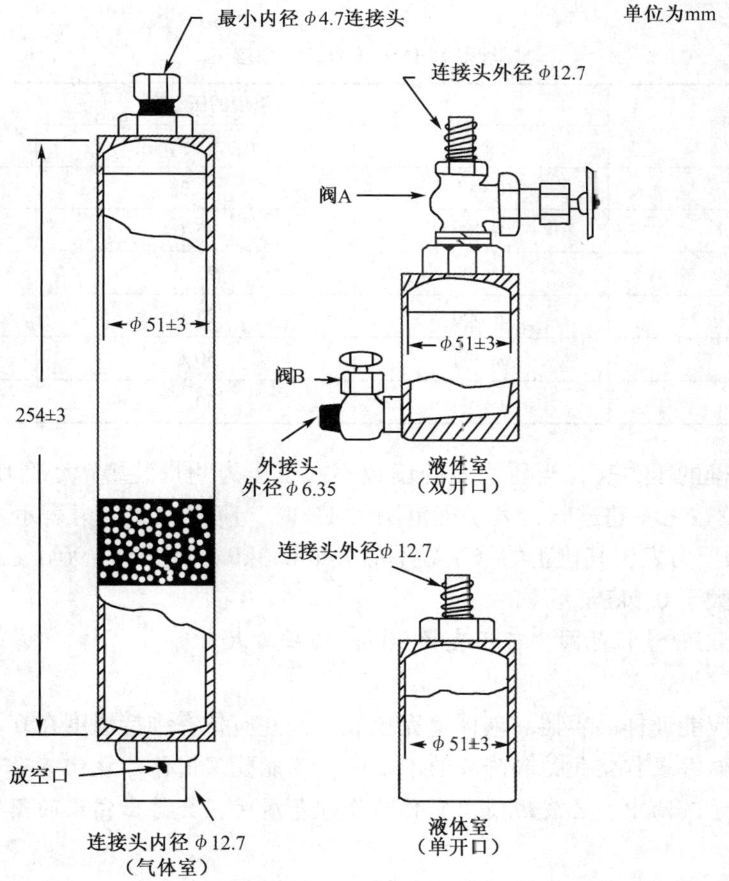

附图 2-4 蒸气压测定仪

⑥ 气体室和液体室的连接方法

只要在连接操作中不使液体试样损失，在试样条件下没有渗漏，任何连接方法都可采用。为了避免组装时液体排出，接头的公螺纹应装在液体室上。为了避免螺纹配件组装时空气压缩，可采用排气孔以保证在封闭时气体室内为大气压力。

【警告】有些蒸气压测定仪忽略了空气压缩造成的结果影响。因此在使用仪器之前，应确定两室连接的动作不会使气体室中的空气压缩。可采用密封好的塞盖盖住液体室，再用正常方式连接仪器。采用0~35kPa的压力表时，只要在压力表上观测到压力增加，就表明仪器不完全符合本标准的要求。

⑦ 气体室和液体室的容积

为了确定两室的容积比是否在规定的3.8~4.2范围内，可量取比装满的液体室和空气室所需量还多一定量的水，用水装满液体室，则水的最初体积与剩下体积之差即为液体室的容积。然后把液体室和气体室连接上后，用更多的水将气体室装满至压力表连接处的底座，水的体积差则为气体室的容积。

(2) 压力表

试验用波登弹簧压力计：直径100~150mm，它装有一个6.35mm的公螺纹接头，波登管与气体室的连通管直径不小于4.7mm。压力表的量程和刻度按试验样品的蒸气压规定见附表2-11。

附表2-11　压力表和刻度　　kPa

雷德蒸气压	采用的压力表		
	量程	最大数字刻度	最大细刻度
≤27.5	0~35	5.0	0.5
20.0~75.0	0~100	15.0	0.5
70.0~180.0	0~200	25.0	1.0
70.0~250.0	0~300	25.0	1.0
200.0~357.0	0~400	50.0	1.5
≥350.0	0~700	50.0	2.5

只能使用准确的压力表，当压力表的读数不同于压力测量装置(大于180kPa时，用净重测定器)时，读数之差超过压力表量程范围的1%时，应认为此压力表示不准确的。例如对于0~30kPa的压力表，其校正的修正数不应大于0.3kPa；对于0~90kPa的压力表，其校正的修正数不应大于0.9kPa。

注：在0~35kPa量程范围，可用直径90mm的压力表。

(3) 冷浴

冷浴的尺寸应能使样品容器和液体室完全放入，并应备有维持温度在0~1℃的装置。

注：在样品储存或作空气饱和阶段的准备时，不能使用固体二氧化碳冷却样品。二氧化碳能大量地溶解于汽油中，已发现使用它作为冷却介质时，会得出错误的蒸气压数据。

(4) 水浴

水浴的尺寸应使蒸气压测定仪浸没到气体室顶部以上至少25.4mm处。并有一个维持水浴温度在37.8℃±0.1℃的设施。为了检测这个温度，水浴的温度计应在蒸气压测定过程中浸入到 37℃ 刻度处。

(5) 温度计

符合 GB/T 514 标准中 GB-54 号要求的温度计。

(6) 压力测量装置

压力测量装置的量程应适于校验所使用的压力表。此压力表测量装置应具有 0.5kPa 的最小精度，其细分刻度不应大于 0.5kPa。

当不采用水银压差计作为压力测量装置时，则所用压力测量装置采用可溯源的国家认可标准的方法予以定期检查。以保证该装置仍然上述规定要求的精度之内。

(7) 净重测定器

校正大于 180kPa 的压力表读数，可用净重测定器来代替压力测量装置。

(8) 试样转移连接装置

此装置用于将液体从试样容器移除，而不会影响蒸汽空间。紧密装在试样容器口上的塞盖上有两个孔，各插一根管，其中短管用于输送试样，而另一长管达到容器底部(附图 2-5)。

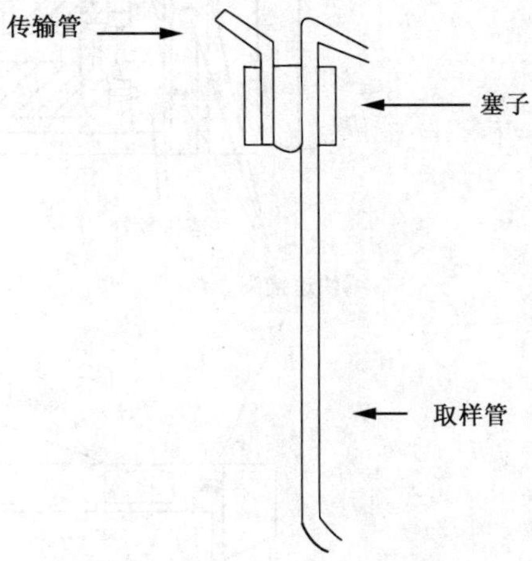

附图 2-5 样品转移连接装置

2. B 法用蒸气压测定仪(水平浴)

(1) 蒸气压测定仪

与 A 法中蒸气压测定仪器相同。

(2) 压力计(表或压力传感器)

压力测量系统可以是波登弹簧管压力计、压力表或者是合适的压力传感器或数字式压力读取装置。此压力测量系统应远离蒸气压测定仪，并应配备快速接头。

(3) 冷浴

【警告】为保持气体室和液体室正确的容积比，匹配好的两个室在未经重新校验下不能互换，以保证容积比在要求的范围内。

(4) 水浴

水浴的尺寸应能让蒸气压测定仪水平浸入。测定仪能在其轴上正反回转 350°，浴中恒温 37.8℃±0.1℃。为检查温度精度，在蒸气压测定过程中，浴中的温度计应浸入到 37℃ 刻线(附图 2-6)。

(5) 温度计

符合 GB/T 514 标准中 GB-54 号要求的温度计。

(6) 压力测量装置

与 A 法压力测量装置相同。

(7) 驱动联轴节

用于 B 法蒸气压测定仪同压力测量装置的连接。

(8) 气体室保护管

内径 3mm，长 114mm，插在气体室压力测量端，用于防止液体进入蒸汽压测量接口(附图 2-7)。

(9) 试样转移连接装置

与 A 法试样转移连接装置相同。

3. C 法和 D 法所用仪器与 A 法相同。

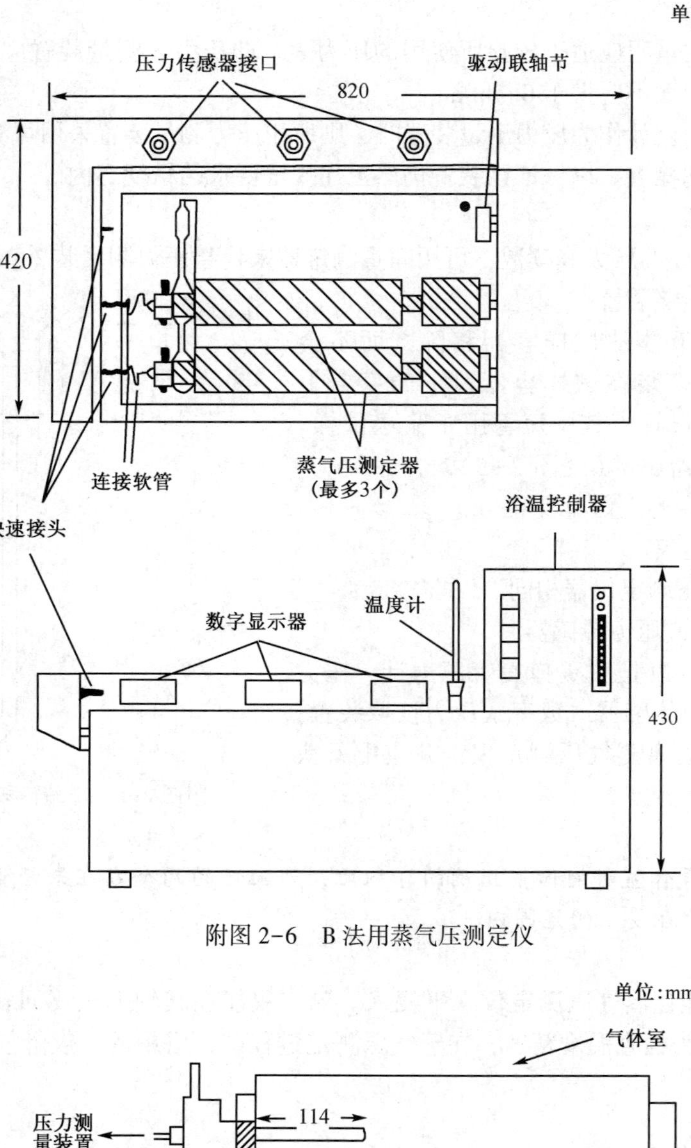

附图 2-6　B 法用蒸气压测定仪

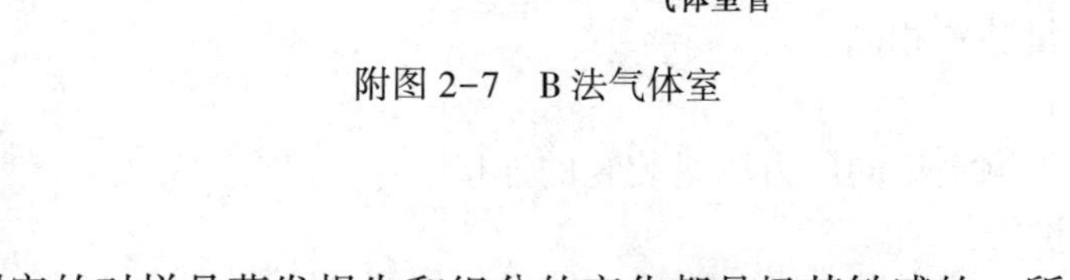

附图 2-7　B 法气体室

四、取样

1. 蒸汽压的测定的对样品蒸发损失和组分的变化都是极其敏感的，所以要求在样品的操作中采取必要措施并谨慎操作。本章内容适用于除蒸汽压高于 180kPa 样品之外的所有其他样品蒸汽压的测定。

2. 注：采样、封样等步骤严格按照 GB/T 4756 进行，取样量控制在取样容器体积的 70%~80%。

3. 试样容器的尺寸：测定蒸气压的试样应从 1L 样品容器所盛装的样品中移取，样品容器中应盛装 70%~80%的样品量。

本方法的精密度是从 1L 容器中提取样品试验确立得到的。但如果能够对测定精密度可能会受的影响有所认识，也可采用符合 GB/T 4756 中规定的其他容量的样品容器。进行仲裁试验时，应采用 1L 容量的容器。

4. 雷德法蒸气压的测定应采用第一次从样品容器中提取的试样。容器中剩下的样品不得用于第二次的蒸气压试验。如果要进行第二次试验，应使用新的样品。

（1）样品在试验前应防止过分受热。

（2）有泄漏迹象的容器中的样品不得用于试样。应弃去此样品，并采取新的样品。

5. 样品处理温度：样品容器在开启之前，一定要将该容器及其中的样品冷却到 0~1℃。要保证有充分的时间达到这一温度，其方法是直接测量与样品容器同时放入冷浴的相似容器中类似液体的温度。

五、测定步骤

（一）A 法：用于雷德蒸汽低于 180kPa 石油产品的测定

1. 准备工作

（1）确认容器中试样的装入量

当样品温度达到 0~1℃之间时，将容器从冷浴或冰箱中取出，并用吸湿材料擦干。如果容器不是透明的，先启封，用适当的计量仪器来确认液体容积为容器的 70%~80%。如果容器是透明玻璃容器，用适当方式确认 70%~80%的装入量。

注：对于非透明容器，确认样品装入量为容器总容积 70%~80%的一个方法是采用一根探针，其上标有表示容器总容积 70%和 80%的划线。此探针的材料应确保在它侵入试样并抽出后其上有明显湿迹。为确认样品装入量，将探针垂直插入样品容器并接触到容器的底部，而后将探针抽出察看。对于透明的容器，合适的办法是采用刻度尺或者采用一个和样品容器相同的容器，其上刻有 70%和 80%的液面刻线，然后进行比较。

① 如果样品量不到容器的 70%，便不能使用。

② 如果容器中的样品量超过 80%，就倒出一些使之在 70%~80%的范围内。倒出的样品不得再返回容器。

（2）样品容器中样品的空气饱和

① 非透明容器：样品温度在 0~1℃之间时，将样品容器从冷浴中拿出。用吸湿性材料将其擦干，快速开关样品容器盖，注意不要让水进入。重新封盖容器后，剧烈摇动。再将其放回到冷浴至少达 2min。

② 透明容器：由于并未要求透明容器开盖来验证样品的装入量，所以在重新封盖样品容器之前，为使透明容器盛装样品进行与盛装在非透明容器中的样品相同的试验步骤，需重复两次上述①的步骤。

③ 再重复上述①的步骤两次，将样品容器放回到冷浴，直到试验步骤开始。

(3) 液体室的准备

① 未添加含氧化合物的样品：将打开并直立的液体室和样品转移的连接装置(附图2-5)完全侵入0~1℃冷浴中，放置10min以上，使液体室和样品转移连接装置均达到0~1℃。

② A法改进步骤：将密封并直立的液体室和样品的转移连接装置(附图2-5)完全侵入0~1℃冰箱或冷浴中，冷浴液面不要没过液体室螺口的顶部，放置20min以上，使液体室和样品转移连接装置均达到0~1℃。

【警告】应保证液体室和样品转移连接装置的干燥。

注：可匹配的橡胶塞密封液体室后再置入冷浴中，可将样品转移连接装置装入密封塑料袋中置于冷浴，以保证内部绝对干燥。

(4) 气体室的准备

① 未添加含氧化合物的样品：气体室和压力表按8.2.6清洗以后，将压力表和气体室连接。将气体室侵入37.8℃±0.1℃的水浴中，使水浴的液面高出气体室顶部至少24.5min，并保持在10min以上，液体室充满试样之前不要将气体室从水浴中取出。

② A法改进步骤：气体室和压力表按要求洗清以后，将压力表和气体室连接。将密封的气体室侵入37.8℃±0.1℃的水浴中，使水浴的液面高出气体室顶部至少24.5min，并保持在20min以上，液体室充满试样之前不要将气体室从水浴中取出。

【警告】应保证气体室的干燥。

注：为保证气体室内部的绝对干燥，可用橡胶塞封堵气体室接口，或用备用液体室与气体室相连接，或采用与气体室螺口相匹配的密封接口。

2. 试验步骤

(1) 试样的转移

试验的各项准备工作完成以后，将冷却的试样容器从冷却浴中取出，开盖，插入经冷却的试样转移连接装置和空气管(附图2-8)。将经冷却的液体室尽快地放空，放在试样转移连接装置的试样转移管上，将整个装置很快倒置，最后液体室应保持直立位置，试样转移管应延伸到离液体室底部6mm处。试样充满液体室直至溢出，取出移液管，向试验台轻轻地叩击液体室以保证试样不含气泡。

对于测定添加含氧化合物的汽油样品的改进步骤，应用吸湿性材料将样品容器和液体室表面擦干，以杜绝样品转移过程中水进入样品容器和液体室中。

单位：mm

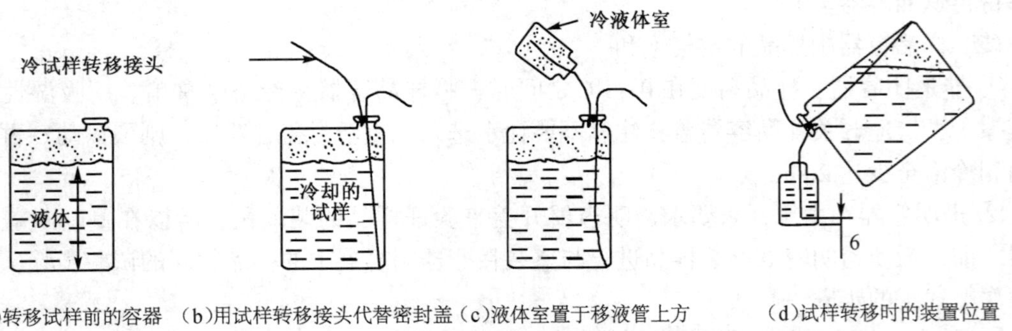

(a)转移试样前的容器 (b)用试样转移接头代替密封盖 (c)液体室置于移液管上方 (d)试样转移时的装置位置

附图2-8　从开式容器转移试样至汽油室的示意图

(2) 仪器的组装

立刻将气体室从水浴中取出，并尽快与充完样的液体室连接，不得有试样溅出，不得有多余动作。多余的动作可能导致室温空气与气体室内37.8℃的空气对流。从气体室由水浴中拿出到与液体室完成连接的时间不得超过10s。对于测定添加含氧化合物的汽油样品的改进步骤，将气体室从水浴中取出，迅速用吸湿材料将其外表面擦干，特别注意气体室和液体室的连接处的干燥。并在去除气体室的密封后尽快与充完样的液体室连接。

(3) 仪器置于浴中

将装好的蒸气压测定器倒置，使试样从液体室进入气体室。在气体室仍倒置的状态上，上下剧烈摇动8次。使压力表向上，将蒸气压测定仪浸入温度为37.8℃±0.1℃的水浴中。蒸气压测定仪应稍微倾斜，以便使液体室与气体室的连接处刚好位于水面下，并且仔细地检查连接处是否漏气和漏油。如未发现漏气或漏油，则把蒸汽测定仪浸在浴中，使水浴的液面高出空气室顶部至少25mm。在整个试验过程中，观察仪器是否漏气和漏液体，试验过程中发现有漏气漏液现象，此次试验作废。舍弃试样，用新试样重新试验。

注：液体的泄漏要比气体的泄漏更难于检测，由于两室的连接部通常处于水浴中，应特别注意。

(4) 添加含氧化合物汽油样品改进步骤的样品状态检查

如果是透明容器盛装样品，如有分层现象在样品转移之前就能观察到。如果样品盛装在不透明容器中，充分搅拌剩余样品，然后迅速将一部分剩余样品倒入一个干净的玻璃容器中，观察并正事样品是否出现分层状态。如果观察到剩余样品出现浑浊现象，可继续试验，出现此现象的样品，在试验结果后加“H”注明。如果样品出现分层状态，废弃试样和剩余样品，用新试样重新试验。

(5) 蒸气压的测定

① 将装配好的仪器放入水浴至少5min之后，轻轻敲击压力表，并观察其读数。将仪器从水浴中取出，重复上述“(3)仪器置于浴中”的步骤。在不少于2min的时间间隔中，敲击压力表，观察读数，重复“(3)仪器置于浴中”的步骤，直到完成不少于5遍的摇动和读数。继续此操作步骤，根据需要，知道最后两次相邻的压力读数相同并显示已达到平衡时为止。读取最后的压力，精确至0.25kPa。记录此数值作为试样未经校正的蒸气压。

② 迅速卸下压力表(见注1)，不要试图除去可能窝存于压力表中的任何液体，将压力表与压力测量装置相连。将压力表和压力测量装置处于同一稳定的压力之下，即压力值应在记录的未经校正蒸汽压的±0.1kPa之内，将压力表读数通压力测量装置读数相对照。如果在压力测量装置和压力表的读数之间观察到差值，当压力测量装置的读数较高时，就把此差值加到未经校正的蒸汽压上；当压力测量装置的读数较低时，就把未经校正的蒸汽压减去此差值。记录此结果作为试样的雷德蒸气压。

注1：在拆下压力表之前，应先冷却仪器组件，以方便拆卸工作，从而减少扩散到房间中的蒸气量。

注2：对于测定添加含氧化合物的汽油样品的改进步骤，如果子啊蒸气压测量过程中怀

疑出现分层，按以下过程可以确定试样的状态。为保持试样的试验温度，迅速将蒸气压测量装置从浴中取出，用吸湿性材料将气体室和液体室的外表面迅速擦干。使测量装置处于直立状态，断开气体室与液体室的连接，将液体室中的内容物导入干净透明的玻璃容器中，观察试样。如果试样不够清澈、透明并出现分层现象，用盖子盖住盛装试样的玻璃容器，将其加热到 37.8℃，充分搅拌试样后再观察试样状态。如果试样仍不清澈、透明并出现分层，则此次试验结果无效。

(6) 为下次试验准备仪器装置

① 用 32℃的热水灌满气体室而后排出，以彻底清除其中的残液。重复这一清洗步骤，至少五次。以同样的方式清洗液体室。对于添加含氧化合物汽油样品的试验，用以上方式清洗气体室后，接着再用干燥空气吹干。用石脑油冲洗液体室、气体室和输液管若干次，而后再用丙酮冲洗若干次，接着再用干燥的空气吹干。将液体室放入冷浴或冰箱备用；气体室的底部(与液体室连接处)也应适当密封，并将下述③步骤准备好的压力表与气体室连接。

② 如果在水浴中清洗气体室，当空气室通过水面时，要将气体室的底部和上部的口盖严，防止附着浮游试样的油膜。

③ 压力表的准备：将压力表从连接着压力测量装置的支管脱开。采用离心法清除压力表波登管中窝存的液体。完成此操作的方法如下：双手掌贴住表面，压力表的螺纹接口朝前，将手臂向上前方提高到 45°角伸开，手臂快速向下甩动达 135°左右的弧度。离心力加重力可甩掉窝存的液体。从夫这一操作至少三次，或直到液体完全从压力表排除。将压力表连上气体室(其与液体的接口已关闭)，并置于温度在 37.8℃的浴中，以备下一次试验使用。

【警告】气体室连同装配的压力表在水浴中停留的时间不得多于下次试验条件所需的时间，否则水蒸气可能冷凝在波登管中，从而导致结果有误。

(二) B 法：用于雷德蒸气压低于 180kPa 石油产品的测定(水平浴)

1. 取样

见四、中取样的要求。

2. 准备工作

与 A 法准备工作相同。按照 A 法进行气体室的准备时，将气体室与压力表或压力传感器连接。并将其水平浸入水浴中。对于添加含氧化合物的汽油样品，应按照 A 法改进步骤密封气体室后，将其水平完全浸入水浴中。

3. 试验步骤

(1) 试样的转移

同于 A 法中实验步骤(1)试样的转移。

(2) 仪器的组装

立刻将气体室从水浴中取出，使螺旋管在快速接头处断开。尽快将充完试样的液体室与气体室相连。不得有溅出或多余的动作，否则会造成室温空气同气体室内 37.8℃的空气对流。从气体室由水浴中取出到与液体室完成连接的时间，不得超过 10s。对于测定添加含氧化合物的汽油样品的改进步骤，与 A 法试验步骤中(2)仪器的组装相同。

(3) 仪器置于浴中

当仪器处于垂直状态时，立即在快速接头处连接上螺旋管。使仪器向下翻转 20°~30°角达 4~5s，让试样流进气体室，而又不至从气体室进入压力计(表或压力传感器)的管中。将仪器组件放入 37.8℃±0.1℃的水浴中，使液体室的底端连上驱动联轴节，而仪器的另一端安装在支撑轴承上。连通开关开始转动液体室和气体室组件。在整个试验过程中，观察仪器有无泄漏。一旦发现泄漏，试验作废。

(4) 添加含氧化合物汽油样品的改进步骤中样品状态检查

同于 A 法中实验步骤中(4)添加含氧化合物汽油样品改进步骤的样品状态检查。

(5) 蒸气压的测定

① 仪器组件在浴中停留了至少 5min 后，轻敲压力表，并观测数据。在不少于 2min 的时间间隔中，重复轻敲和观察读数，直到两次相邻的读数相同为止(采用传感器时，无需轻敲，而观测读数时间间隔依前述)。读取最后的压力计(表或压力传感器)上的压力值，精确到 0.25kPa，并将此值记录为未校正的蒸气压。

② 迅速将压力计(表或压力传感器)计从仪器上拆下，再将压力计或传感器连压力测量装置，将压力计(表或压力传感器)与压力测量装置相连。将压力计(表或压力传感器)和压力测量装置处于同一稳定的压力之下，此压力值应在记录的未经校正蒸气压的±0.1kPa 之内，将压力计(表或压力传感器)读数同压力测量装置读数相对照。如果在压力测量装置和压力计(表或压力传感器)的读数之间观察到差值，当压力测量装置的读数较高时，就把此差值加到未经校正的蒸气压上；当压力测量装置的读数较低时，就从未经校正的蒸气压减去此差值。记录此结果作为试样的雷德蒸气压。

注：见 A 法试验步骤中(5)蒸气压的测定中注 2。

(6) 为下次试验准备仪器装置

① 同于 A 法试验步骤中(6)为下次试验准备仪器装置①。

② 同于 A 法试验步骤中(6)为下次试验准备仪器装置②。

③ 压力计(表或压力传感器)的准备：在正常操作中，液体不得流入压力计(表或压力传感器)。如果液体进了压力计(表或压力传感器)，就要按 A 法试验步骤中(6)中③的程序清洗压力计。压力传感器没有凹槽，不会留存液体。要保证在 T 型把手的紧固件或螺旋管处没有液体，用干燥空气的强气流通过管路吹净。使压力计(表或压力传感器)连上气体室，此时空气室中的液体接口是关闭的。将其置于 37.8℃的浴中以备下次试验。

【警告】空气室连同配装的压力计(表或压力传感器)在水浴中停留的时间不得多于下次试验条件所需的时间，否则水蒸气可能冷凝在波登管中，从而导致结果有误。

(三)C 法：用于雷德蒸气压高于 180kPa 石油产品的测定

1. 概述

对于蒸气压高于 180kPa 产品，前文所述方法是危险而不准确的。因此，下述各条明确说明测定高于 180kPa 蒸气压的仪器和步骤上的变化。除非另有规定，否则从一、~B 法的试验步骤的所有要求都要执行。

注：如果有必要，A 法和 B 法都可用来测定蒸气压高于 180kPa 的产品。

2. 仪器装置

(1) 仪器设备中A法所述具有双开口液体室的仪器。

(2) 压力计的校准：为检测高于180kPa的压力计读数，采用净重测定器作为压力测量装置。在规定中出现的压力测量装置及其读数文字处，可分别用净重测定器和校准的压力计读数代替。

3. 安全注意

八、中第7条仪器的摇晃不适用。

4. 取样

(1) 四、取样中3~5条不宜采用。

(2) 样品容器的容量：从中移取试样的样品容器的容量不应小于0.5L。

5. 试验的准备

(1) A法准备工作中，(1)确认容器中试样的装入量和(2)样品容器中样品的空气饱和不适用。

(2) 从样品中移取试样的任何安全办法均可采用，只要保证液体室充入冷却的试样。下面(3)~(5)叙述了通过自感压力转移试验的步骤。

(3) 使样品容器的温度保持在足以获得超大气压，但基本上不超过37.8℃。

(4) 将液体室完全浸入，连同两个阀孔都浸入到冷浴中，使液体室温度达到0~4.5℃。

(5) 将一个合适的冰冷盘管与样品容器的出口阀相连。

注：做成冰冷盘管的方式：将一个总长8m，直径6.35mm的钢管浸入到一个冰水箱中。

6. 试验步骤

(1) A法试验步骤中(1)试样的转移和(2)仪器的组装不宜使用。

(2) 将冷却液体室的ϕ6.35阀门连上冰冷盘管。液体室的ϕ12.7阀门关闭，打开样品容器的出口阀门和液体室的ϕ6.35阀门。轻轻打开液体室的ϕ12.7阀，让液体室慢慢充液。让试样溢流，直到溢出量达到200mL或更多。控制好这一操作，使液体室的ϕ6.35阀不会发生明显的压力降。按照指示次序关闭液体室的ϕ12.7阀和ϕ6.35阀，接着关闭试样系统所有其他的阀门，使液体室和冷却盘管脱开。

【警告】易燃，远离热源，火花和明火。容器要关好，操作时要有足够的通风，要避免长时间呼吸其蒸气或喷雾。避免长时间重复接触皮肤。

【警告】除了其他注意事项之外，要采取安全措施处理在整个过程中排出的液体和蒸气。

由于液体室充满了试样，要防止破裂。要快速地将液体室接上气体室，并使ϕ12.7阀开着。

(3) 立刻连上液体室和气体室，打开液体室的ϕ12.7阀。在液体室充液之后，完成仪器的装配所需时间不得超过25s，操作程序如下：

① 将气体室从水浴中取出。

② 使气体室连接上液体室。

③ 打开液体室的ϕ12.7阀门。

(4) 如果采用净重测定器来代替压力测量装置，对未经校正的蒸气压加一个校正系数，以千帕表示。记录此值作为校正的压力读数，以代替A法和B法中蒸气压的测定中压力测量装置校正读数。

（四）D 法：用于雷德法蒸气压约为 50kPa 航空汽油的测定

1. 概述

为测定航空汽油的蒸气压，下述各条说明了仪器和方法上的变化。除非另有规定，从第一章到 A 法的测定中的要求都适用。

2. 仪器装置

气体室和液体室的容积之比应在 3.95~4.05 的范围之内。

3. 取样

见四、中取样的要求。

4. 试验的准备

检查压力计（或压力传感器），在每次蒸气压测定之前，采用压力测量装置检查压力计在 50kPa 的读数，以保证它符合仪器设备中压力表的要求。这一预备性的检查是对 A 法和 B 法中蒸气压的测定中校验之外的补充。

5. 试验步骤

见 A 法中试验步骤。

六、报告

1. 将 A 法和 B 法中蒸气压的测定中观测的结果，经过对压力表（计）和压力测量装置之间任一差异的校正后，精确到 0.25kPa，报告为试样的雷德法蒸气压。

2. 对于添加含氧化合物样品的试验结果报告，如果观察并证实样品或试样出现浑浊现象，需在试验结果后加“H”注明。

七、精密度和偏差

1. 精密度

用下述规定判断试验结果的可靠性（95%的置信水平）。

（1）重复性

同一操作者、使用同一仪器，对同一样品连续试验的两个结果之差不应超过附表 2-12 中的数值。

附表 2-12　重复性

方　法	范围/kPa	重复性/kPa
A 法	0~35	0.7
A 法	35~100（汽油）	3.2
A 法改进步骤	35~100	3.65
A 法	110~180	2.1
B 法	35~100（汽油）	1.2
B 法改进步骤	35~100	4.00
C 法	>180	2.8
D 法	约 50（航空汽油）	0.7

注：100~110kPa 试样重复性可参考 35~100kPa 试样重复性范围。

（2）再现性

不同实验室工作的不同操作者，使用不同仪器，对同一样品测定的两个单一和独立的试验救过之差不应超过附表 2-13 中的数值。

附表 2-13　再现性

方　　法	范围/kPa	再现性/kPa
A 法	0~35	2.4
A 法	35~100(汽油)	5.2
A 法改进步骤	35~100	5.52
A 法	110~180	2.8
B 法	35~100(汽油)	4.5
B 法改进步骤	35~100	5.38
C 法	>180	4.9
D 法	约 50(航空汽油)	1.0

注：100~110kPa 试样再现性可参考 35~100kPa 试样再现性范围。

2. 偏差

（1）绝对偏差

由于没有可接受的参比材料适于测定本方法的偏差，偏差无法确定。本方法的蒸气压和真实蒸气压之间的偏差也未确定。

（2）相对偏差

A 法和 B 法测定汽油的蒸气压结果没有明显的统计偏差。

八、注意事项

1. 概述

如果未按规定的步骤谨慎操作，就会造成蒸气压测定的明显误差。下列各项强调了严格遵守方法中列出的注意事项的重要性。

2. 检查压力计

为了确保更高的测定精密度（见 A 法蒸气压的测定），要在每次试验之后，采用压力测量装置校验所有压力计。使压力计处于垂直状态，并在对其轻敲之后，观察其读数。

3. 检查有无泄漏

在试验开始之前和试验过程中，检查整个仪器中的液体室和气体室有无泄漏（见 A 法仪器置于浴中的后注）。若有漏油漏气现象应舍弃试样，取新试样重做实验。

4. 取样

因为最初取样和样品的操作都极大地影响最终结果，所以要采取必要措施并谨慎操作，以避免样品的蒸发损失和组分的微小变化（见四、取样和 A 法中试样的转移）。在试验进行之前，绝不应使用雷德法仪器的任何部分作为样品容器。

5. 仪器的清洗

做完一次试验之后要彻底清理压力计、液体室和气体室，以保证其中没有残存的试样。

并为下一次试验作必要的准备(见A法和B法中为下次试验准备仪器装置)。

6. 仪器的组装

认真执行A法仪器的组装中的要求。

7. 仪器的摇晃

按A法仪器置于浴中要求剧烈摇晃仪器，以保证均衡。

8. 实验次序

如果要测定的项目较多，雷德蒸气压应是试样分析检验的第一个实验，以防止轻组分挥发损失。

实训2-3　燃料胶质含量的测定(喷射蒸发法)

一、目的意义

掌握航空燃料的实际胶质以及车用汽油和其他挥发性馏分(包括含有醇类、醚类含氧化合物以及沉积物抑制添加剂的产品)在试验时胶质含量的测定方法。

二、方法原理

参考标准：《燃料胶质含量的测定　喷射蒸汽法》(GB/T 8019—2008)。

将已知量的试样在控制的温度、空气或蒸汽流的条件下蒸发。若试样为航空燃料，则将所得残渣称重，并以“mg/100mL”报告。若为车用汽油，则将正庚烷抽提前和抽提后的残渣分别称重，所得结果以“mg/l00mL”报告。

实际胶质：航空燃料的蒸发残渣，未经进一步处理。

溶液洗胶质含量：非航空燃料的蒸发残渣经过正庚烷洗涤，除去洗涤液后的残渣量。

注：对车用汽油或非航空汽油，溶剂洗胶质以前被称作“实际胶质”。

未洗胶质含量：在试验条件下，非航空燃料的蒸发残渣量，未经进一步处理。

测定的实际胶质含量，不是指油品中含有胶状物的真正数量，只是作为评定发动机燃料在发动机作用时生成倾向的一个指标。故和用其他实验方法所测出的胶状物质(如硫酸胶质、硅酸胶质等)有所区别。

对于测定车用汽油中胶质含量的真正意义还未完全确定。但已证明，胶质含量过高会导致进气系统产生沉积物和使进气阀发生粘结。在大多数情况下，可以认为胶质含量低能够确保进气系统的安全。当然，使用者应该认识到，试验本身与进气系统沉积物并无相关性。对车用汽油来说，试验的基本目的是测定试样在试验以前或相对较缓和的试验条件下形成的氧化产物。由于许多车用汽油是人为掺进了非挥发性的油品或添加剂，所以用正庚烷将蒸发残渣中非挥发性的油品或添加剂抽提出来是非常必要的，以便测得有害的胶质物质。对于喷气燃料来说，胶质含量高说明燃料被高沸点油品或颗粒物质污染，这一情况通常反映出炼厂下游的输配过程处理不当。

三、仪器、材料和试剂

1. 仪器

（1）天平：感量 0. 1mg。

（2）烧杯：容量 100mL。

将烧杯编成组，每组的个数以蒸发浴中烧杯孔的个数而定，给各组中每个烧杯用数字或字母做标记。将质量最小的那个烧杯作为配衡烧杯。

（3）冷却容器：干燥器或其他能盖紧的容器。用来冷却称量前的烧杯，不必使用干燥剂。注意：使用干燥剂会导致结果有误。

（4）蒸发浴：可用实心金属块浴或液体浴电加热。浴应有两个或多个烧杯孔和排气口，在配上用 500～600μm 铜或不锈钢筛制成的锥形转接器后，每个排气口的流速应为(1000±150)mL/s。如果使用液体浴，应该用合适的液体装到距顶部 25mm 以内。可以用温度控制器或适当的液体回流来保持温度。

（5）流量计：能测量每个排气口空气或蒸汽的流量为 n×1000mL/s，其中 n 为仪器中烧杯孔的个数。可以用压力计测量每个排气口空气或蒸汽的流量为(1000±150)mL/s。

（6）烧结玻璃过滤漏斗：粗孔(最大孔径范围在 150～250μm)，容量 150mL。

（7）蒸汽：能够使用合适的方法在蒸发浴进气口处产生 232～246℃的所需蒸汽量。

（8）温度计：应符合 GB/T 514 中 GB-29 号温度计的技术要求。

（9）带刻度量筒：容量(50±0. 5)mL。

（10）转移工具：扁头不锈钢镊子或不锈钢钳子，用于取出烧杯和锥形转接器。

（11）烘箱：能控制温度在(150±2)℃。

2. 材料

（1）空气：压力不大于 35kPa 的过滤空气。

（2）蒸汽：无油污状残余物，压力不低于 35kPa 的蒸汽。

【警告】如果使用蒸汽加热器，按要求应使用保护设备以避免接触暴露的皮肤。

3. 试剂

（1）甲苯、丙酮：化学纯。

（2）正庚烷：分析纯。

（3）胶质溶剂：等体积甲苯和丙酮的混合物。

四、准备工作

1. 空气喷射装置的组装

（1）按附图 2-8 所示组装空气喷射装置。在室温下调节试验装置出口的空气流速为(600±90)mL/s。检查其余出口的空气流速是否一致。

注：常温常压下每个出口的读数为(600±90)mL/s 将保证在(155±5)℃的温度下输出量为(1000±150)mL/s。

（2）加热蒸发浴，直到浴的温度达到 160～165℃，将空气引入装置，直至每个出口的流速到达(1)所要求的流量。用规定的温度计测量每个孔的温度，温度计的感温泡应插到孔中烧杯的底部。温度超出 150～160℃范围的任何孔都不适用本方法。

2. 蒸汽喷射装置的组装

（1）按附图 2-9 所示组装喷射装置。

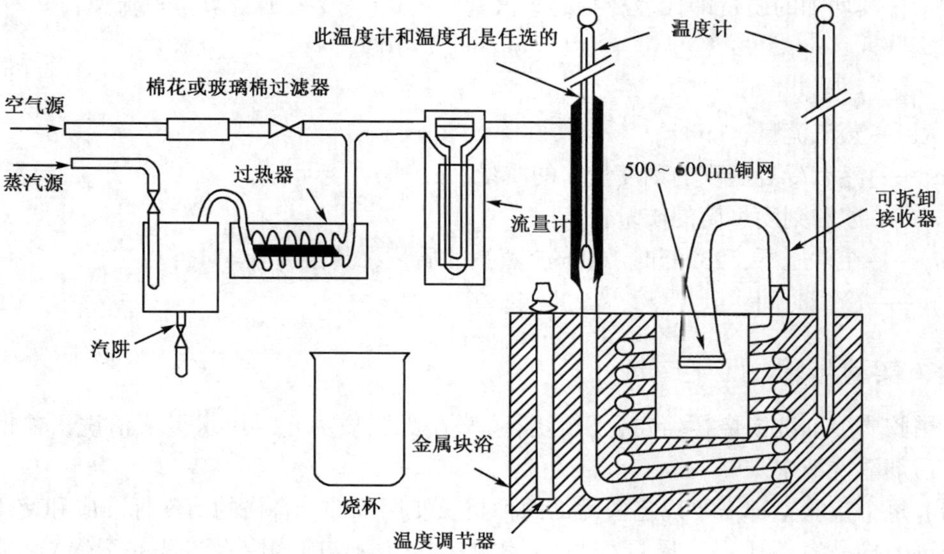

附图 2-9　喷射蒸发法胶质含量测定仪

【警告】试验过程中蒸发的样品和溶剂蒸汽极易燃烧和闪火，吸入对人体有害。蒸发浴必须安装一个有效的排气罩以控制这类蒸汽，减少热爆炸的风险。

（2）加热蒸汽浴，使装置进入操作状态。当温度达到 232℃时，将过热器加热，并慢慢地将干蒸汽引入系统，直至每个出口的流速达到(1000±150) mL/s 为止。调节浴温在 232～246℃的范围内。用温度计测量温度，温度计的感温泡应插到装上锥形转接器的每个浴孔的烧杯的底部。温度与 232℃相差大于 3℃的任何孔都不适用于本方法。

五、标准和标准化

1. 空气流量校正

（1）检验或校正空气流量以确保在常温和常压下所有出口达到(600±90) mL/s。查阅仪器说明书来完成空气流量的校正过程。

（2）一种校正空气流量的方法是用校正过的流量计与三、1.(5)中流量计所述的设备分开，直接检测在常温常压下每个出口的流量。为保证数据的准确，流量计的背压应小于 1kPa。

（3）作为选择，另一种校正空气流量的方法是测量和调节供给所有出口相应的总空气流量。总空气流量等于每个出口的空气流量乘以出口的个数(例如，仪器有 5 个孔，测得的总流量即为 3000 mL/s，也就是说每个孔的流量是 600 mL/s)。供给所有出口的总流量经过检测达到适当数值时，比较每个孔的相对流量，检查是否一致，与(1)中的要求相符。

2. 蒸汽流量校正

（1）检验或校正蒸汽流量以确保在常温和常压下所有出口达到(1000±150) mL/s。查阅仪器说明书来完成蒸汽流量的校正过程。

(2) 一种校正蒸汽流量的方法是在蒸汽出口处连接一铜管，并将铜管伸到一个装有碎冰并称过质量的2L带刻度的量筒中。使蒸汽排人量筒约60s。调节量筒位置，使铜管末端浸入水中的深度小于50mm，以防止过大的反压。经过适当的时间后，从量筒中移开铜管，称量筒质量，其增加的质量即代表冷凝的蒸汽量，按式(附2-10)计算蒸汽流速：

$$R=\frac{(m_1-m_2)\times1000}{m_k t} \tag{附2-10}$$

式中 R——蒸汽流量，mL/s；

m_1——盛有冷凝蒸汽的刻度量筒的质量，g；

m_2——冰和刻度量筒的质量，g；

m_k——在常压下，232℃时1000mL蒸汽的质量，其值为0.434g；

t——冷凝时间，s。

六、实验步骤

1. 用胶质溶剂洗涤烧杯(包括配衡烧杯)直至无胶质为止。用水彻底清洗，并把它们浸泡在去污剂清洗液中。

(1) 每个实验室都需要确定去污剂的种类及使用条件。合格的清洗标准应和使用铬酸洗液清洗过的样品容器所得的质量相当(新配的，浸泡6h用蒸馏水清洗并干燥)。进行比较时，可采用目测外观及在试验条件下测量玻璃器皿的加热失重。用去污剂清洗可以避免在操作腐蚀性铬酸洗液时的潜在危险和不便，实验室中首选去污剂清洗，后者可作为保留清洗方法。

(2) 用不锈钢镊子从清洗液中取出烧杯，并在后续的操作中也只许用摄子持取。先用自来水，然后用蒸馏水彻底洗涤烧杯，并放在150℃的烘箱中至少干燥1h。将烧杯放在天平附近的冷却容器中至少冷却2h。

2. 由附表2-14所给数据，选择车用汽油或航空燃料相应的操作条件。把蒸发浴加热到规定的操作温度。将空气或蒸汽引入装置，并调节流速至五、1.(1)或五、2.(1)中规定的流速。如果使用外部预热器则调节蒸发介质的温度，使试验孔达到规定的温度。

附表2-14 试验操作条件

样品类型	蒸发介质	操作温度/℃	
		浴	试验孔
航空汽油和车用汽油	空气	160~165	150~160
喷气燃料	蒸汽	232~246	229~235

3. 称量配衡烧杯和各试验烧杯的质量，称至0.1mg，并记录。

4. 如果样品中存在悬浮或沉淀的固体物质，则用适当的方法充分混匀样品容器内的物质，立即在常压下使一定量的样品通过烧结玻璃漏斗过滤，滤液按5~7中所述步骤处理。

5. 用刻度量筒称取(50±0.5) mL的试样，倒入每个称过的烧杯(配衡烧杯除外)中。每种待测的燃料各用一个烧杯。把装有试样的烧杯和配衡烧杯放入蒸发浴中，放进第1个烧杯和放进最后一个烧杯之间的时间要尽可能短。当使用空气蒸发试样时，应使用不锈钢镊子或钳子，放上锥形转接器。当用蒸汽蒸发时，允许用不锈钢镊子或钳子放进锥形转接器之前，把烧杯加热3~4min。而锥形转接器在接到出口前须用蒸汽预热，锥形转接器要放在热蒸汽顶端的中央，开始通入空气或蒸汽达到规定的流速，保持规定的温度和流速，使试样蒸发(30±0.5)min。

注：在引入空气或蒸汽流时，应该小心，避免飞溅。飞溅能使胶质测定结果偏低。

6. 加热结束时，用不锈钢镊子或钳子移走锥形转接器，将烧杯从浴中转移到冷却容器中。将冷却容器放在天平附近至少2h。按3所述称量各个烧杯，并记录其质量。

7. 盛有车用汽油残渣的烧杯，应按8~12所述步骤完成试验。其余的烧杯可收回进行清洗，以备再用。

如果用原始成品汽油的保留样做参比试验，则可通过称量残渣质量得到车用汽油受污染的定性证据。这个参比试验是重要的，因为车用汽油含有人为加入的非挥发性物质，如果要证明有污染发生，则要进一步研究。

8. 对未洗胶质含量结果小于0.5mg/100mL的非航空燃料，没有必要执行这部分洗涤步骤，也不用按9~12的步骤进行，因为溶剂洗胶质含量总是小于或等于未洗胶质含量。如果未洗胶质含量不小于0.5mg/100mL，向每个盛有残渣的烧杯加入25mL正庚烷并轻轻地旋转30s，使混合物静置10min。用同样的方法处理配衡烧杯。

9. 小心地倒掉正庚烷溶液，防止任何固体残渣损失。

10. 用第2份25mL正庚烷，按8和9所述步骤重新进行抽提。如果抽提液带色，则应重新进行第3次抽提。不能进行3次以上的抽提。

注：不能进行3次以上的抽提，因为部分不能溶解的胶质可能会由于机械操作而损失，这样会导致测得的溶剂洗胶质含量偏低。

11. 把烧杯(包括配衡烧杯)放进保持在160~165℃的蒸发浴中，不放锥形转接器，使烧杯干燥(5±0.5)min。

12. 干燥结束时，用不锈钢镊子或钳子从浴中取出烧杯，放进冷却容器中，并使其在天平附近冷却至少2h。按3所述方法称量各个烧杯，记录其质量。

七、计算

1. 航空燃料的实际胶质含量按式(附2-11)计算：

$$A=2000(B-D+X-Y) \tag{附2-11}$$

2. 车用汽油或其他非航空燃料的溶剂洗胶质含量按式(附2-12)计算：

$$S=2000(C-D+X-Z) \tag{附2-12}$$

3. 车用汽油或其他非航空燃料的未洗胶质含量按式(附2-13)计算：

$$U=2000(B-D+X-Y) \tag{附2-13}$$

式中　A——实际胶质含量，mg/100mL；

S——溶剂洗胶质含量，mg/100mL；

U——未洗胶质含量，mg/100mL；

B——六、6中记下的试样烧杯加残渣质量，g；

C——六、12中记下的试样烧杯加残渣质量，g；

D——六、3中记下的空烧杯质量，g；

X——六、3中记下的配衡烧杯质量，g；

Y——六、6 中记下的空烧杯质量，g；

Z——六、12 中记下的配衡烧杯质量，g。

八、报告

1. 对航空燃料实际胶质含量大于或等于 1mg/100mL 的结果，报告实际胶质含量结果，按照 GB/T 8170—2008 对数值进行修约，精确至 1mg/100mL；对于小于 1mg/100mL 的结果，报告实际胶质含量为“<1mg/100mL”。

2. 对非航空燃料溶剂洗胶质或未洗胶质含量大于或等于 0.5mg/100mL 的结果，报告溶剂洗胶质或未洗胶质含量结果，按照 GB/T 8170—2008 对数值进行修约，精确至 0.5mg/100mL；对于小于 0.5mg/100mL 的结果，报告“<0.5 mg/100mL”。如果未洗胶质含量小于 0.5mg/100mL，溶剂洗胶质含量也报告为“<0.5 mg/100mL”。

3. 对所有试样，如果蒸发前进行了过滤步骤(六、4)，则在胶质含量结果的数值后注明“过滤后”的字样。

九、精密度和偏差

1. 精密度

由实验室间统计测试结果得到的精密度见(1)和(2)以及附图 2-10 中的曲线(95%置信水平)。

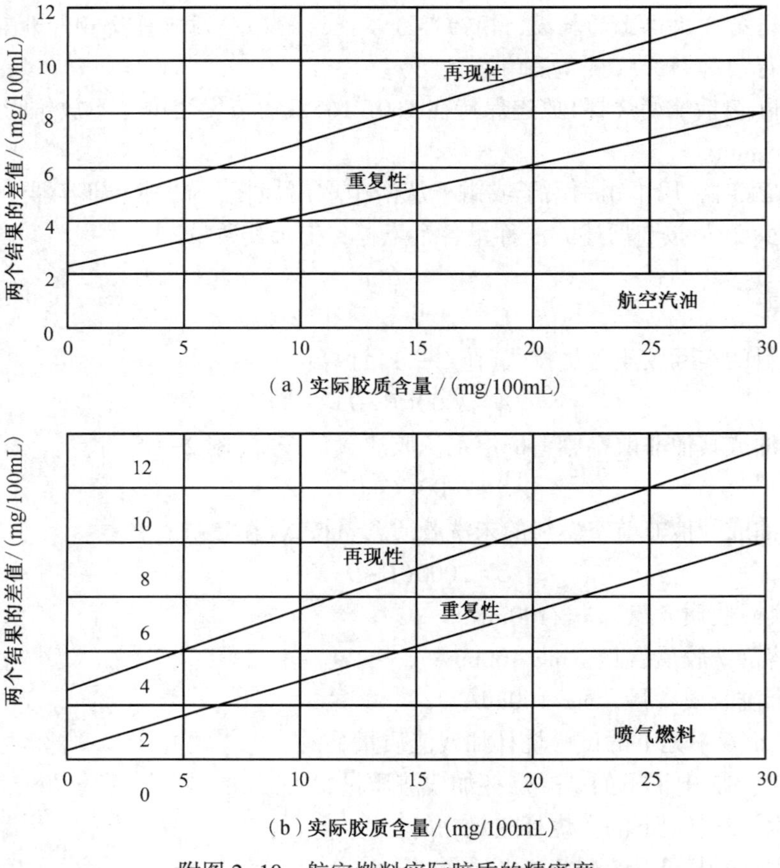

附图 2-10 航空燃料实际胶质的精密度

注：本方法给出的溶剂洗胶质含量和未洗胶质含量的精密度是用精制过的车用汽油（包括含有醇类和醚类含氧化合物以及沉积物抑制添加剂的产品）在 1997 年由实验室间统计研究测得的，溶剂洗胶质含量和未洗胶质含量的精密度分别是基于含有 0～15mg/100mL 和 0～50mg/100mL 胶质含量样品所得出的。

（1）重复性（r）：由同一操作者使用同一仪器，在相同的操作条件下，对同一样品进行的两个试验结果之差，对于航空汽油实际胶质含量不应超过式（附 2-14）规定的数值；对于喷气燃料实际胶质含量不应超过式（附 2-15）规定的数值；对于车用汽油未洗胶质含量不应超过式（附 2-16）规定的数值；对于车用汽油溶剂洗胶质含量不应超过式（附 2-17）规定的数值。

航空汽油实际胶质含量：$r=1.11+0.095X$ （附 2-14）

喷气燃料实际胶质含量：$r=0.5882+0.2490X$ （附 2-15）

车用汽油未洗胶质含量：$r=0.997X^{0.4}$ （附 2-16）

车用汽油溶剂洗胶质含量：$r=1.298X^{0.3}$ （附 2-17）

式中 X——重复测定结果的算术平均值。

（2）再现性（R）：由不同操作者在不同实验室，对同一样品进行测定，所得两个独立结果之差，对于航空汽油实际胶质含量不应超过式（附 2-18）规定的数值；对于喷气燃料实际胶质含量不应超过式（附 2-19）规定的数值；对于车用汽油未洗胶质含量不应超过式（附 2-20）规定的数值；对于车用汽油溶剂洗胶质含量不应超过式（附 2-21）规定的数值。

航空汽油实际胶质含量：$R=2.09+0.126X$ （附 2-18）

喷气燃料实际胶质含量：$R=2.941+0.2794X$ （附 2-19）

车用汽油未洗胶质含量：$R=1.928X^{0.4}$ （附 2-20）

车用汽油溶剂洗胶质含量：$R=2.494X^{0.3}$ （附 2-21）

式中 X——两个独立结果的算术平均值。

2. 偏差

因用本方法测定实际胶质、溶剂洗胶质或未洗胶质含量时，没有可接受的参比物质，故偏差未确定。

十、影响因素及注意事项

1. 按照操作规范，严格要求，操作好喷射蒸发法实际胶质的测定仪。

2. 本法与发动机燃料实际胶质测定法 GB/T 509—1988 都可以测定实际胶质，但一旦有争议，需要仲裁时，必须以本法为主。

3. 实际胶质也是发动机燃料在储存时氧化安定性的控制指标之一，实际胶质越大，氧化安定性越坏，对燃料在发动机中使用时形成的胶质速度就快，量大时，严重影响发动机油路和润滑系统的工作。

实训 2-4　航空燃料氧化安定性测定（潜在残渣法）

一、目的意义

要求掌握航空燃料氧化安定性测定法。

本试验的结果可用于预示该燃料油的储存安定性。在这些试验中燃料形成胶质及沉淀物的倾向性未和在不同储存条件下胶质和沉淀物形成的现场性能（现场性能变化可以非常的大）相关联。

本方法规定了用潜在残渣法测定试样氧化安定性的方法。

本方法适用于活塞式航空发动机和航空涡轮发动机燃料。

本方法不适用于测定燃料组分的安定性，尤其是低沸点不饱和烃含量高的燃料组分。

二、方法原理

参考标准：《航空燃料氧化安定性测定法（潜在残差法）》（SH/T 0585—1994）

引用标准：《石油液体手工取样法》（GB/T 4756—1998）

《汽油氧化安定性测定法（诱导期法）》（GB/T 8018—1987）

《燃料胶质含量的测定　喷射蒸发法》（GB/T 8019—2008）

术语与定义：

本方法所用术语均以经 x 小时氧化后，100mL 试样中下述各项的毫克数表示。x 为 100℃的加速氧化周期。

1. 沉淀物：氧化燃料中的沉渣和悬浮物，由氧化燃料和玻璃样品容器的洗液经过滤而得。

2. 不溶胶质：除去氧化燃料、沉淀物和可溶胶质后粘附在玻璃样品容器上的沉积物，不溶胶质由玻璃样品容器的质量增加而测得。

3. 可溶胶质：在规定的氧化周期结束时出现的变质产物。这类变质产物一部分溶解在氧化燃料中；一部分沉积在玻璃样品容器壁上，能溶于甲苯-丙酮溶液。将氧化燃料和洗玻璃样品容器的洗液一起蒸发，所得的不挥发残渣即可溶胶质。

4. 潜在胶质：可溶胶质与不溶胶质之和。

5. 潜在残渣总量：潜在胶质与沉淀物之和。

在规定的试验条件下，将装有 100mL 试样的氧弹充氧后放人氧化浴中，达到规定时间后，分别测定试样氧化生成的可溶胶质、不溶胶质和沉淀物的质量。

三、仪器、材料和试剂

1. 仪器

（1）氧弹、玻璃样品瓶和盖子、压力表及有关附件见 GB/T 8018—1987 附录 A。

（2）温度计：见 GB/T 8018—1987 附录 B。

（3）烘箱：温度范围 100~150℃。

（4）钳：耐腐蚀。

(5) 氧化浴：见 GB/T 8018 氧化浴，温度可恒温控制在 100℃ ± 0.1℃或维持其沸点处，该沸点应在 99.5~100.5℃之间。

(6) 微孔烧结玻璃坩埚：细孔，孔径不大于 5μm。

2. 材料

氧气：纯度不低于 99.6%。

注意：氧气在高温和高压下可引起爆炸及火灾，操作时应远离热源、火花和明火，消除一切火 种，特别是一些非防爆的电器和加热器。

3. 试剂

(1) 甲苯：化学纯。

(2) 丙酮：化学纯。

(3) 胶质溶剂：等体积甲苯、丙酮混合液。

注意：胶质溶剂易燃、有毒，应避免长时间吸入其蒸气或长时间与皮肤接触，并在良好的通风条件下使用。

四、取样、样品储存和样品处理

按 GB/T 4756—1998 取样。

五、准备工作

1. 彻底清洗玻璃样品瓶及盖子，以除去微量附着物。将玻璃样品瓶及盖子浸泡在加有去垢剂的清洁液中，用钢钳从清洁液中取出玻璃样品瓶及盖子(并且在以后的操作中只能用钢钳持取)，先用自来水，后用蒸馏水彻底洗涤，然后放入 100~150℃的烘箱中干燥 1h，将玻璃样品瓶和盖子放在干燥器中，冷却至少 2h，称量玻璃样品瓶质量，称精确至 0.1mg。

注：① 合格的清洁液应与铬酸洗涤效果相同，可以通过观察外观及在试验条件下玻璃器皿加热后的质量损失来 进行上述比较。

② 用铬酸洗液时，需将玻璃样品瓶和盖子浸泡在新配制的铬酸洗液中 6h，然后用蒸馏水冲洗并干燥。铬酸是一种公认的致癌物，具有强氧化性，与人体接触可引起严重烧伤，与有机物接触可引起火灾，吸湿性强，因此使用过程中切忌用手接触液体，需要穿防护衣和戴防护手套。

③ 实验表明，活塞式航空发动机燃料的不溶胶质可忽略不计，因此测定此类燃料时，玻璃样品瓶经胶质溶剂洗涤后，除非仍留有可见的不溶物质，否则玻璃样品瓶无需称重。若出现前者情况时，必须进行重复试验，并记下玻璃样品瓶质量。

2. 排净氧弹中所有燃料，先用浸有胶质溶剂的湿布擦拭氧弹及弹盖内表面，然后用干布擦拭，从 弹柄上拆除弹杆，同样用胶质溶剂擦拭弹柄、弹杆及针形阀，除去胶质及燃料。每次试验开始前，氧弹、阀和所有连接管线均需彻底干燥。

注意：前一次试验中，仪器内可能积聚已形成的易挥发的过氧化物。若不彻底清除，会产生潜在爆炸条件。

3. 如使用恒温控制的氧化浴，温度应控制在 100℃±0.1℃并在试验期间始终维持此温度范围。

4. 如使用沸水氧化浴，则通过加水或乙二醇之类更高沸点的液体，使温度控制在 99.5~

100.5℃之内。若温度偏离100℃，则根据附表2-15给出的修正因数修正 x 小时氧化期。

附表2-15 氧化期修正因数

温度/℃	修正因数
99.5	1.06
99.6	1.04
99.7	1.03
99.8	1.02
99.9	1.01
100.0	1.00
100.1	0.99
100.2	0.98
100.3	0.97
100.4	0.96
100.5	0.95

注：求操作温度下的修正氧化期时，可将100℃的规定氧化期乘以修正因数。

六、实验步骤

1. 将氧弹及待测燃料维持在15~25℃温度范围，将已称重的玻璃样品瓶加入100mL ± 1mL的试样，并放在氧弹中，盖好瓶盖，拧紧氧弹，通入氧气，直至表压达到689~703kPa（100~102psi），调节针形阀以不大于345kPa/min（50psi/min）的缓慢速度放空，释放压力时要均匀慢速，每次释放时间不少于15s，再次重复充气和放气步骤，以便赶净弹内原有气体。最后，将氧弹压力充至689~703kPa（100~102psi），并观察是否漏气，可忽略由于氧在试样中溶解而出现的迅速的压力降（一般不超过41.4kPa，即6psi）。如果10min内压力下降速度不超过13.8kPa（2psi），则认为系统无泄漏，可进行试验而不必重新升压。

2. 将装好试样的氧弹放入氧化浴中，放时要小心勿晃动，并记录氧弹浸入氧化浴中的起始时间，氧弹在浴中放置规定的 x 小时氧化期。如使用沸水氧化浴，并且试验开始后的温度偏离100℃，则用附表2-14所给的修正因数修正氧化时间 x 小时。

3. 待氧化结束后，从氧化浴中取出氧弹，在进气阀关闭情况下，迅速用水冷却至室温。调节针 形阀以不大于345kPa/min（50psi/min）的速度放掉氧弹中的压力（放压过程要缓慢匀速，操作过程不少于15s）。打开氧弹，取出玻璃样品瓶。

4. 如未见到玻璃样品瓶内有明显沉淀物，或规格上未明确要求测定其量，则可将氧化后的试样直接转移到烧瓶中，玻璃样品瓶用胶质溶剂洗涤两次以除去可溶胶质，胶质溶剂每次用量10mL将氧化后试样和洗涤液混合充分，并保留此混合液用于测定可溶胶质，然后将玻璃样品瓶按下面第6步所述过程进行试验。如果玻璃样品瓶内有沉淀物出现，并规格上要求测定其量，则通过微孔烧结玻璃坩埚过滤氧化后试样，并保存滤液。用胶质溶剂洗涤玻璃样品瓶两次，以除去可溶胶质和沉淀物，胶质溶剂每次用量10mL。将洗涤液经微孔烧结玻璃坩埚过滤，并把两种滤液充分混合，保留混合液用于测定可溶胶质。

注：在测定沉淀物前，微孔烧结玻璃坩埚与玻璃样品瓶用相同的称重方法称重，记下微孔烧结玻璃坩埚初始质量，并称精确至0.1mg。

5. 将微孔烧结玻璃坩埚放在 100~150℃的烘箱内干燥 1h，在天平附近的干燥器中冷却至少 2h，随后称重，记下增加的质量作为沉淀物(A)。

6. 将玻璃样品瓶放在 100~150℃的烘箱中干燥 1h，在天平附近的干燥器中冷却至少 2h，随后称重，记下增加的质量作为不溶胶质(B)。

7. 将前面第 4 步中所得混合液分成两等份(误差在 2mL 内)按照 GB/T 8019 的步骤和试验条件，测定其中的可溶胶质，只是每次试验的试样量不是 GB/T 8019 方法所规定的 50mL，而是整个混合液的一半，记下两个烧杯增加的质量之和，作为可溶胶质(C)。

七、精密度

按下述规定判断试验结果的可靠性(95%置信水平)。

1. 重复性：同一操作者重复测定的两个结果之差不应大于下列数值。

重复性(氧化 16h)	活塞式航空发动机燃料	航空涡轮发动机燃料
潜在胶质/(mg/100mL)		
≤5	2	2
>5~10	3	3
>10~20	4	5
沉淀物/(mg/100mL)		
≤2	1	

2. 再现性：不同操作者，在两个实验室各自提出的试验结果之差不应大于下列数值。

再现性(氧化 16h)	活塞式航空发动机燃料	航空涡轮发动机燃料
潜在胶质/(g/100mL)		
≤5	3	4
>5~10	4	5
>10~20	6	7
沉淀物/(mg/100mL)		
≤2	1	

八、报告

将分别测得的结果按附表 2-16 格式组合，计算其结果，并将该结果报告为此试验方法 x 小时的氧化性质。

附表 2-16　氧化性质

氧化性质报告项目	残渣组合	
	活塞式航空发动机燃料	航空涡轮发动机燃料
潜在胶质/(mg/100mL)	不溶胶质 B 与可溶胶质 C 之和($B+C$)	
沉淀物/(rag/100mL)	沉淀物 A(需要时测定)	
潜在残渣总量/(mg/100mL)		沉淀物 A(需要时测定)、不溶胶质 B 与可溶胶质 C 之和($A+B+C$)

实训 2-5　石油产品中硫含量的测定(燃灯法)

一、目的意义

要求了解硫含量测定的基本原理、意义及其条件性；掌握雷德蒸气压不高于 600 毫米汞柱的轻质石油产品(汽油、煤油、柴油等)的硫含量测定方法。

二、方法原理

引用标准：《石油产品硫含量测定法(燃灯法)》[GB/T 380—77(1988)]

燃灯法是将石油产品在灯中燃烧，用碳酸钠水溶液吸收生成的二氧化硫，再用标定后的盐酸溶液滴至中和终点(测定硫含量)。

基本原理为：试样中的硫化物在测定器的灯中完全生成二氧化硫，二氧化硫被过量的碳酸钠水溶液吸收而起反应。反应后，将剩余的碳酸钠用盐酸标准滴定液进行滴定(即采用回滴法)，根据盐酸标准溶液消耗的量计算式样中的硫含量。

$S + O_2 = SO_2\uparrow$ 燃烧　　$SO_2 + Na_2CO_3 = Na_2SO_3 + CO_2\uparrow$

$Na_2CO_3 + 2HCl = 2NaCl + H_2O + CO_2\uparrow$

Na_2CO_3 的余量用标准盐酸溶液滴定，采用混合指示剂控制终点。

三、仪器、材料和试剂

1. 仪器

(1) 石油产品硫含量测定器，如附图 2-11 所示。

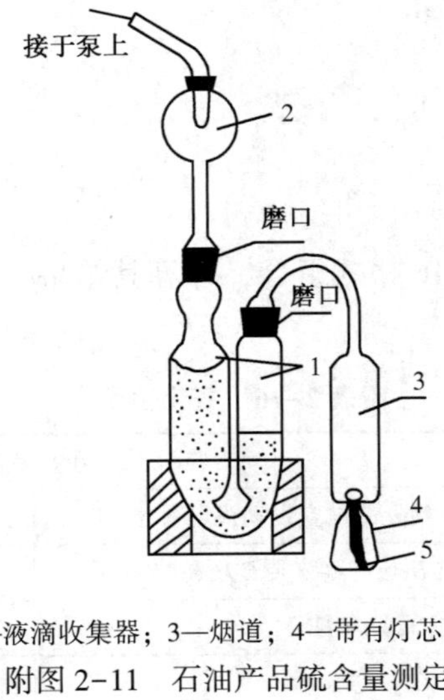

1—吸收器；2—液滴收集器；3—烟道；4—带有灯芯的燃烧灯；5—灯芯

附图 2-11　石油产品硫含量测定器

(2) 吸滤瓶：500~1000mL。

(3) 滴定管：25mL。

(4) 吸量管：2mL、5mL 和 10mL。

(5) 洗瓶。

（6）水流泵或真空泵。

（7）玻璃珠：直径5~6mm（或短玻璃棒，长8~10mm，直径5~6mm）。

（8）棉纱灯芯：带有灯芯管。

2. 试剂

（1）碳酸钠：分析纯，配成0.3%水溶液。

（2）盐酸：分析纯，配成0.05mol/L标准溶液。

（3）指示剂：预先配制0.2%溴甲酚绿乙醇溶液和0.2%甲基红乙醇溶液。使用时，用5份体积的溴甲酚绿溶液和1份体积的甲基红溶液混合而成（酸性显红色，碱性显绿色）。

（4）95%乙醇：分析纯。

（5）标准正庚烷。

（6）汽油：沸点范围80~120℃，硫含量不超过0.005%。

（7）石油醚：60~90℃，化学纯。

（8）试样。

四、准备工作

1. 含硫量的测定必须在空气流动的室内进行，但要避免剧烈的通风。

2. 仪器安装之前，将吸收器、液滴收集器及烟道仔细用蒸馏水洗净。灯及灯芯用石油醚洗涤并干燥。

3. 按下述操作，将试样装入灯中：

（1）在灯上燃烧无烟的石油产品，按下列数量注入清洁、干燥的灯（无需预先称量）中：含微量硫（硫含量在0.05%以下）的低沸点的产品（如航空汽油），其注入量为4~5mL；硫含量在0.05%以上及高沸点的产品（如汽油、煤油等）其注入量为1.5~3mL（具体数量视硫含量而定）。

将灯用穿着灯芯的灯芯管塞上。灯芯的下端沿着灯的底部周围放置。当石油产品把灯芯浸润后，即将灯芯管外的灯芯剪断，使与灯芯管的上边缘齐平。然后将灯点燃，调整火焰，使其高度为5~6mm。随后把灯火熄灭，用灯罩将灯盖上，在分析天平上称量，称准至0.0004g。依照同样方法将试样装入第二个灯中；将标准正庚烷或95%乙醇或汽油（不必称量）装入作空白试验的第三个灯中。

（2）单独在灯中燃烧而发生浓烟的石油产品（含多量芳香烃或不饱和烃的高温裂解产品、催化裂化产品等）以及高沸点的石油产品（如柴油），则取1~2mL注入于预先联通灯芯及灯罩一起称量（称准至0.0004g）过的洁净、干燥的灯中。

然后，往灯内注入标准正庚烷或95%乙醇或汽油，使成1∶1或2∶1的比例，在必要时可使成3∶1（体积比）的比例，使所组成的混合液在灯中燃烧的火焰不带烟。试样和注入标准正庚烷或95%乙醇或汽油所组成的混合液的总体积为4~5mL。依照同样方法将试样装入第二个灯中，将标准正庚烷或95%乙醇或汽油（不必称量）张茹作空白试验的第三个灯中。

4. 用橡皮管将吸滤瓶与水流泵或真空泵连接起来，并将玻璃三通栓的一端穿过胶塞插入瓶颈中，另两端用橡皮管和吸收器相连接。第三套吸收器也用橡皮管及玻璃弯管连接到吸滤瓶的胶塞上，一边三套仪器同时进行试验。

往吸收器1的大容器里装入用蒸馏水小心洗涤的玻璃珠或玻璃棒约达2/3的高度。并用吸量管准确地注入0.3%碳酸钠溶液10mL。在吸滤瓶与抽气泵及液滴收集器2与三通栓之间的橡皮管套上螺旋夹子。

五、实验步骤

1. 仪器装妥后，开动水流泵，使空气自全部吸收器均匀而和缓的通过。然后自灯 4 上取下灯罩，将所有灯点燃，放在各烟道 3 的下面，使灯芯管的边缘不高过烟道下边 8mm 处。点灯时须用不含硫的火苗，例如酒精灯火苗(不许用火柴点灯)。每个灯火焰高度，须调整为 6~8mm。调整火焰高度时，用针挑拨里面的灯芯。在所有的吸收器中，吸空气的速度要保持均匀，并用螺旋夹调整，使火焰不带黑烟。

2. 使每个灯里的试样完全燃尽。如果是用标准正庚烷或 95%乙醇或汽油稀释过的试样，当燃尽后，就再向灯中注入 1~2mL 标准正庚烷或 95%乙醇或汽油，使其全部燃尽。

3. 试样燃尽后再将灯熄灭，盖上灯罩，经过 5~6min 后，关闭水流泵。

4. 拆开仪器并以洗瓶中的蒸馏水喷射洗涤液滴收集器、烟道及吸收器上部。将洗涤的蒸馏水收集于曾在其中用 0.3%碳酸钠溶液吸收二氧化硫的吸收器中。在吸收器中加入 1~2 滴指示剂，如此时吸收器中的溶液呈红色，则认为此次试验无效，应重做试验。此时应减少燃烧的试样量。

5. 加入指示剂后，以 0.05mol/L 盐酸溶液滴定。为了在滴定时搅拌溶液，在吸收器的玻璃管处接上橡皮管，并用橡皮球或泵对溶液进行打气或抽气搅拌。

先将空白试液(标准正庚烷或 95%乙醇或汽油燃烧后所生成物质的吸收液)滴定至呈现红色为止，作为空白试验。

然后滴定含有试验燃烧生成物的各溶液。当溶液呈现出与已滴定的空白试验所呈现同样的红色时，即为滴定已到终点。

另用 0.3%碳酸钠溶液进行滴定，与空白试验进行比较。这两次所消耗的 0.05N 盐酸溶液的体积之差，如超过 0.05mL 即证明空气中已染有硫分。在此种情况下，该试验作废，待实验室通风后另行测定。

6. 试样的燃烧量依下法测定：

(1) 燃烧未稀释的试样时，当燃烧完毕后，将灯放在分析天平上称量(称准至 0.0004g)。并计算盛有试样的灯在试验前的质量与该灯在燃烧后的质量间的差数，作为试样的燃烧量。

(2) 燃烧稀释过的试样时，计算盛有试样灯的质量与未装试样的清洁、干燥灯的质量间的差数，作为试样的燃烧量。

六、计算

试样的硫含量 $X(\%)$ 按下式计算：

$$X=\frac{(V-V_1)K\times 0.008}{G}\times 100$$

式中 V——滴定空白试液所消耗盐酸溶液的体积，mL；

V_1——滴定吸收试样燃烧生成物的溶液所消耗盐酸溶液的体积，mL；

K——换算为 0.05mol/L 盐酸溶液的修正系数(盐酸的实际物质的量浓度与 0.05mol/L 之比值)；

0.0008——单位体积 0.05mol/L 盐酸溶液所相当的硫含量，g/mL；

G——试样的燃烧量，g。

七、精密度

重复测定两个结果间的差数，不应超过下列数值：

硫含量/%	允许差数
≤0.1	0.006%
>0.1	最小测定值的6%

八、报告

取重复测定两个结果的算术平均值，作为试样的硫含量。

九、影响因素及注意事项

1. 石油样在燃灯中能否燃烧是至关重要的一步，因此试验方法规定了燃烧时火焰的高度、空气通过的速度、燃烧时火焰不能带黑烟，以及保证式样要完全燃尽。

2. 燃灯法测定过程中，要注意周围环境的影响，点灯火源要注意不含硫，吸收液不含硫，一定要做空白试验。

实训 2-6 石油产品酸度测定测定

一、目的意义

掌握测定未加乙基液的汽油、煤油和柴油的酸度的方法。

二、方法原理

引用标准：《汽油、煤油、柴油酸度测定法》[GB/T 258—77(1988)]

用沸腾的乙醇抽出试样中的有机酸，然后用氢氧化钾乙醇溶液进行滴定，通过指示剂颜色的改变来确定其终点，由滴定用去氢氧化钾乙醇溶液的体积计算出试样的酸度。

中和100mL石油产品所需KOH的毫克数称为酸度。

三、仪器、材料和试剂

1. 酸度测定仪
2. 锥形烧瓶：250mL
3. 球形回流冷凝管：长约300mm
4. 量筒：25mL、50mL和100mL
5. 微量滴定管：2mL，分度为0.02mL；或5mL，分度为0.05mL
6. 电热板或水浴
7. 95%乙醇：分析纯。精制乙醇：用硝酸银和氢氧化钾溶液处理后，再经沉淀和蒸馏

选择95%乙醇，是因为有机酸在95%乙醇中溶解度很大，可以较彻底地把试样中的有机酸抽提出来。乙醇中含有5%的水分，同时加热沸腾，有利于有机酸的抽出。

8. 氢氧化钾：分析纯，配成0.05mol/L氢氧化钾乙醇溶液。

9. 碱性蓝 6B：配制溶液时称取碱性蓝 1g，称准至 0.01g。然后将它加在 50mL 的煮沸的 95%乙醇中，并在水浴中回流 1h，冷却后过滤。必要时，煮热的澄清滤液要用 0.05N 氢氧化钾乙醇溶液或 0.05N 盐酸溶液中和，直至加入 1~2 滴碱溶液能使指示剂溶液从蓝色变成浅红色而在冷却后又能恢复成为蓝色为止，有些指示剂制品经过这样处理变色才灵敏。碱性蓝指示剂适用于测定深色的石油产品。

10. 酚酞：配成 1%的酚酞乙醇溶液。酚酞指示剂适用于测定无色的石油产品或在滴定混合物中容易看出浅玫瑰红色的石油产品。

11. 甲酚红。配制溶液时，称取甲酚红 0.1g，称准至 0.001g。研细，溶于 100mL 95%乙醇中，并在水浴中煮沸回流 5min，趁热用 0.05N 氢氧化钾乙醇溶液滴定至甲酚红溶液由桔红色变为深红色，而在冷却后又能恢复成桔红色为止。

四、实验步骤

1. 取 95%乙醇 50mL 注入清洁无水的锥形烧瓶内。用装有回流冷凝管的软木塞塞住锥形烧瓶之后，将 95%乙醇煮沸 5min。

2. 在煮沸过的 95%乙醇中加入 0.5mL 的碱性蓝溶液(或甲酚红溶液)后，在不断摇荡下趁热用 0.05N 氢氧化钾乙醇溶液使 95%乙醇中和，直至锥形烧瓶中 1 的混合物从蓝色变为浅红色(或从黄包变为紫红色)为止。

在煮沸过的 95%乙醇中加入数滴酚酞溶液代替碱性蓝溶液(或甲酚红溶液)时，按同样方法中和至呈现浅玫瑰红色为止。

3. 将试样注入中和过的热的 95%乙醇中，试样的用量：汽油、煤油用 50mL，柴油用 20mL，而均在 20℃±3℃时来量取。在锥形烧瓶装上回流冷凝管之后，将锥形烧瓶中的混合物煮沸 5min(对已加有碱性蓝溶液或甲酚红溶液的混合物，此时应再加入 0.5mL 的碱性蓝溶液或甲酚红溶液)，就在不断摇荡下趁热用 0.05N 氢氧化钾乙醇溶液滴定，直至 95%乙醇层的碱性蓝溶液从蓝色变为浅红色(甲酚红溶液从黄色变为紫红色)为止，或直至 95%乙醇层的酚酞溶液呈现浅玫瑰红色为止。

在每次滴定过程中，自锥形烧瓶停止加热到滴定达到终点，所经过的时间不应超过 3min。

五、计算

试样的酸度 X(mg KOH/100mL)按下式计算：

$$X=\frac{100V\cdot T}{V_1}\qquad T=56.1\cdot N$$

式中 V——滴定时所消耗氢氧化钾乙醇溶液的体积，mL；

V_1——试样的体积，mL；

T——氢氧化钾乙醇溶液的滴定度，mg KOH/mL；

56.1——氢氧化钾的克当量；

N——氢氧化钾乙醇溶液的当量浓度，N。

六、精密度

重复测定两个结果间的差数，不应超过下列数值：

试样名称	允许差数/(mg KOH/100mL)
汽油、煤油	0.15
柴油	0.3

七、报告

取重复测定两个结果的算术平均值，作为试样的酸度。

八、影响因素及注意事项

1. 指示剂是判断终点和结果准确的基准物，选择适当的指示剂在油品的酸度测定中是一个十分重要的条件。因此所用指示剂的变色要和试样的颜色能区分开。

2. 氢氧化钾乙醇溶液，是便于和已抽提到乙醇中的有机酸在同一相中迅速、完全地进行反应，因此要定期标定。另外，氢氧化钾乙醇溶液浓度小可减少滴定的相对误差。

3. 加热煮沸有利于将试样的有机酸抽提到乙醇中。中和乙醇溶剂必须趁热滴定，一方面是为了避免 CO_2 对测定结果的影响，因为室温下空气中的 CO_2 极易溶于乙醇中，油品的酸度一般都很小，CO_2 的溶解会使测定结果偏高；另一方面是为了和后面中和试样的条件一致，否则会使测定结果偏低。趁热滴定还可避免某些油品和乙醇混合液形成乳化液而妨碍滴定时对颜色变化的判断。

实训 2-7　石油产品铜片腐蚀试验

一、目的意义

掌握测定航空汽油、喷气燃料、车用汽油、天然汽油或具有雷德蒸气压不大于 124kPa (930mm 汞柱) 的其他烃类、溶剂油、煤油、柴油、馏分燃料油、润滑油和其他石油产品对铜的腐蚀性程度。

注意：某些石油产品，特别是天然汽油，其蒸气压比车用汽油或航空汽油的蒸气压更高。因此，不要把装有高蒸气压的天然汽油或其他产品的试验弹放在100℃浴中。

二、方法原理

引用标准：《石油产品铜片腐蚀试验法》(GB/T 5096—1985)

把一块已磨光好的铜片浸没在一定量的试样中，并按产品标准要求加热到指定的温度，保持一定的时间。待试验周期结束时，取出铜片，经洗涤后与腐蚀标准色板进行比较，确定腐蚀级别。

三、仪器、材料和试剂

1. 铜片腐蚀测定仪。

2. 铜片：纯度大于99.9%的电解铜。宽为12.5mm，厚为1.5~3.0mm，长为75mm。铜片可重复使用，但当铜片表面出现有不能磨去的坑点或深道痕迹，或在处理过程中，表面发生变形时，就不能再用。

3. 试管：长150mm，外径25mm，壁厚1~2mm，在试管30mL处刻一环线。

4. 水浴或其他液体浴(或铝块浴)：能维持试验所需的温度。有合适的支架能支持试验弹保持在垂直的位置，并使整个试验弹能浸没在浴液中。有合适的支架能支持住试管在垂直位置，并浸没至浴液中约100mm深度。

注：光线对试验结果有干扰，因此，试样在试管中进行试验时，浴应该用不透明材料制成。

5. 磨片夹钳或夹具：供磨片时牢固地夹住铜片而不损坏边缘。并使其铜片表面能高出夹具表面。

6. 观察试管：扁平形。在试验结束时，供检验用或在储存期间供盛放腐蚀的铜片用。

7. 试验弹：用不锈钢制作，并能承受689kPa(5168mmHg)试验表压。

8. 温度计：全浸，最小分度1℃或小于1℃。供指示所需的试验温度用。所测温度点的水银线伸出浴介质表面应不大于25mm。

9. 洗涤溶剂：只要在50℃，试验3h不使铜片变色的任何易挥发、无硫烃类溶剂均可以使用。合适的溶剂有抗爆性试验用异辛烷或标准异辛烷。也可选用分析纯的石油醚(90~120℃)或符合《橡胶工业用溶剂油》(SH 0004—1990)要求的溶剂。

注：在有争议时，应该用分析纯异辛烷或标准异辛烷。

10. 磨光材料：65μm(240粒度)的碳化硅或氧化铝（刚玉)砂纸（或砂布)，105μm(150目)的碳化硅或氧化铝（刚玉)砂粒。

注：有争议时，用碳化硅材质的磨光材料。

11. 不锈钢镊子，脱脂棉，无灰滤纸，烧杯。

12. 腐蚀标准色板：由全色加工复制而成的。它是一块铝薄板上印刷四色加工而成的，腐蚀标准色板是由代表失去光泽表面和腐蚀增加程度的典型试验铜片组成(附表2-17)。为了保护起见，这些腐蚀标准色板嵌在塑料板中。在每块标准色板的反面给出了腐蚀标准色板的使用说明。

为了避免色板可能褪色，腐蚀标准色板应避光存放。试验用的腐蚀标准色板要用另一块在避光下仔细保护的(新的)腐蚀标准色板与它进行比较来检查其褪色情况。在散射的日光(或与散射的日光相当的光线)下，对色板进行观察：先从上方直接看，然后再从45°角看。如果观察到有任何褪色的迹象，特别是在腐蚀标准色板的最左边的色板有这种迹象，则废弃这块色板。

检查褪色的另一种方法：当购进新色板时，把一条20mm宽的不透明片(遮光片)放在这块腐蚀标准色板带颜色部分的顶部。把不透明片经常拿开，以检查暴露部分是否有褪色的迹象。如果发现有任何褪色，则应该更换这块腐蚀标准色板。

如果塑料板表面显示出有过多的划痕，则也应该更换这块腐蚀标准色板。

附表 2-17　腐蚀标准色板的分级

分级	名称	说明[a]
新磨光的铜片	—	注[b]
1	轻度变色	① 淡橙色，几乎与新磨光的铜片一样 ② 深橙色
2	中度变色	① 紫红色 ② 淡紫色 ③ 带有淡紫蓝色，或银色，或两种都有，并分别覆盖在紫红色上的多彩色 ④ 银色 ⑤ 黄铜色或金黄色
3	深度变色	① 洋红色覆盖在黄铜色上的多彩色 ② 有红和绿显示的多彩色(孔雀绿)，但不带灰色
4	腐蚀	① 透明的黑色、深灰色或仅带有孔雀绿的棕色 ② 石墨黑色或无光泽的黑色 ③ 有光泽的黑色或乌黑发亮的黑色

注：a. 铜版腐蚀标准色板是由表中这些说明所表示的色板组成的。

b. 此系列中所包括的新磨光铜版，仅作为试验前磨光铜片的外观标志。即使是一个完全不腐蚀的试样经试验后也不可能重现这种外观。

四、试片的制备

1. 表面准备

为了有效达到预期的结果，需先用碳化硅或氧化铝（刚玉）砂纸（或砂布）把铜片 6 个面上的瑕疵去掉。再用 65μm(240 粒度)的碳化硅或氧化铝（刚玉）砂纸（或砂布）处理，以除去在此之前用其他等级砂纸留下的打磨痕迹。用定量滤纸擦去铜片上的金属屑后，把铜片浸没在洗涤溶剂中。铜片从洗涤溶剂中取出后，可直接进行最后磨光，或储存在洗涤溶剂中备用。

2. 最后磨光

从洗涤溶剂中取出铜片，用无灰滤纸保护手指来夹拿铜片。取一些 105μm(150 目)的碳化硅或氧化铝（刚玉）砂粒放在玻璃板上，用一滴洗涤溶剂湿润，并用一块脱脂棉，蘸取砂粒。用不锈钢镊子夹持铜片，千万不能接触手指。先摩擦铜片各端边，然后将铜片夹在夹钳上，用沾在脱脂棉上的碳化硅或氧化铝（刚玉）砂粒磨光主要表面。磨时要沿铜片的长轴方向，在返回来磨以前，使动程越出铜片的末端。用一块干净的脱脂棉使劲地摩擦铜片，以除去所有的金属屑，直到用一块新的脱脂棉擦拭时不再留下污斑为止。当铜片擦净后，马上浸入已准备好的试样中。

注：为了得到一个均匀的腐蚀色彩铜片，均匀地磨光铜片的各个表面是很重要的。如果边缘已出现磨损(表面呈椭圆形)，则这些部位的腐蚀大多显得比中心厉害得多。使用夹钳会有助于铜片表面磨光。

五、取样

1. 对会使铜片造成轻度变暗的各种试样，应该储存在干净的、深色玻璃瓶、塑料瓶或其他不致影响到试样腐蚀性的合适容器中。镀锡容器会影响试样的腐蚀程度，因此，不能使用镀锡铁皮容器来储存试样。

2. 容器要尽可能装满试样，取样后立即盖上。取样时要小心，防止试样暴露于直接的阳光下，甚至散射的日光下。实验室收到试样后，在打开容器后尽快进行实验。

3. 如果在试样中看到有悬浮水(浑浊)，则用一张中速定性滤纸把足够体积的试样过滤到一个清洁、干燥的试管中。此操作尽可能在暗室或避光的屏风下进行。

注：在整个试验进行前、试验中或试验结束后，铜片与水接触会引起变色，使铜片评定造成困难。

六、实验步骤

1. 试验条件

不同的产品采用不同的试验步骤，分述如下。某些产品类别很宽，可以用多于一组的条件进行试验。在这种情况下，对规定的某一个产品的铜片质量要求，将被限制在单一的一组条件下进行试验。下面叙述的时间和温度大多数是通常使用的条件，见附表 2-18。

附表 2-18　不同的石油产品铜片腐蚀的实验条件

油品	实验温度/℃	实验时间	实验材料
航空汽油、喷气燃料	100±1	2h±5min	试管、试验弹
天然汽油	40±1	3h±5min	试管、试验弹
柴油、燃料油、车用汽油	50±1	3h±5min	试管
溶剂油、煤油、润滑油	100±1	3h±5min	试管

注：润滑油还可以在改变了的试验时间和温度下进行试验。为统一起见，建议从 120℃起，以 30℃为一个平均增量向上提高温度。

(1) 航空汽油、喷气燃料、天然汽油

把完全清澈和无任何悬浮水或无内含水的试样倒入清洁、干燥的试管中 30mL 刻线处，并将经过最后磨光的干净的铜片在 1min 内浸入该试管的试样中，用一个有排气孔(打一个直径为 2~3mm 小孔)的软木塞塞住试管。把该试管小心地滑入试验弹中，并把弹盖旋紧。将试验弹完全浸入已维持规定温度的水浴中，在浴中放置相应时间后，取出试验弹，并在自来水中冲几分钟。打开试验弹盖，取出试管，检查铜片。

(2) 柴油、燃料油、车用汽油、溶剂油、煤油、润滑油

把完全清澈和无任何悬浮水或无内含水的试样倒入清洁、干燥的试管中 30mL 刻线处，并将经过最后磨光的干净的铜片在 1min 内浸入该试管的试样中，用一个有排气孔(打一个直径为 2~3mm 小孔)的软木塞塞住试管。把该试管放到已维持规定温度的浴中。在试验过程中，试管的内容物要防止强烈的光线。在浴中放置相应时间后，取出试管，检查铜片。

2. 铜片的检查

把试管的内容物倒入 150mL 高型烧杯中，倒时要让铜片轻轻地滑入，以避免碰破烧杯。用不锈钢镊子立即将铜片取出，浸入洗涤溶剂中，洗去试样。立即取出铜片，用定量滤纸吸干铜片上的洗涤溶剂。把铜片与腐蚀标准色板比较来检查变色或腐蚀迹象。比较时，把铜片和腐蚀标准色板对光线成 45°折射的方式拿持，进行观察。

如果把铜片一放在扁平试管中，能避免夹持的铜片在检查和比较过程中留下斑迹和弄脏。扁平试管要用脱脂棉塞住。

七、结果表示与判断

1. 按附表 2-16 中所列的腐蚀标准色板进行分级，某一个腐蚀级表示试样的腐蚀性。

2. 当铜片是介于两种相邻的标准色板之间的腐蚀级时，则按其变色严重的腐蚀级判断试样。当铜片出现有比标准色板中 1b 还深的橙色时，则认为铜片仍属 1 级；但是，如果观察到有红颜色时，则所观察的铜片判断为 2 级。

3. 2 级中紫红色铜片可能被误认为黄铜色完全被洋红色的色彩所覆盖的 3 级。为了区别这两个级别，可以把铜片浸没在洗涤溶剂中。2 级会出现一个深澄色，而 3 级不变色。

4. 为了区别 2 级和 3 级中多种颜色的铜片，把铜片放入试管中，并把这支试管平躺在 315~370℃的电热板上 4~6min。另外用一支试管，放入一支高温蒸馏用温度计，观察这支温度计的温度来调节电炉的温度。如果铜片呈现银色，然后再呈现为金黄色，则认为铜片属 2 级。如果铜片出现如 4 级所述透明的黑色及其他各色，则认为铜片属 3 级。

5. 在加热浸提过程中，如果发现手指印或任何颗粒或水滴而弄脏了铜片，则需重新进行试验。

6. 如果沿铜片的平面的边缘棱角出现一个比铜片大部分表面腐蚀级还要高的腐蚀级别的话，则需要重新进行试验。这种情况大多是在磨片时磨损了边缘而引起的。

7. 结果判断：如果重复测定的两个结果不相同，则重新进行试验。当重新试验的两个结果仍不相同时，则按变色严重的腐蚀级来判断试样。

八、报告

按附表 2-16 级别中的一个腐蚀级报告试样的腐蚀性，并报告试验时间和试验温度。

九、影响因素及注意事项

1. 仪器在通电前，必须先在恒温浴缸内加好水，浴缸内未加液体时，切记不可通电工作，加热器切不可在无液体的空气中使用。

2. 铜片处理不恰当直接影响试验的结果，因此，均匀地磨光铜片的各个表面很重要，如果边缘已出现磨损，则这些部位的腐蚀大多显得比中心厉害得多，使用夹钳会有助于铜片的表面磨光，若铜片经磨光处理仍有痕迹则需要更换。

实训 2-8 航空燃料水反应试验

一、目的意义

掌握航空汽油和航空涡轮燃料中水溶性组分的检验以及这些组分对体积变化和油水界面影响的测定方法。

二、方法原理

引用标准：《航空燃料水反应试验法》(GB/T 1793—2008)

将装在洁净的玻璃量筒内的试样与磷酸盐缓冲溶液在室温下用标准的方法摇匀，检查玻璃量筒的洁净性。当测量航空汽油时，水层体积的变化表明燃料中存在着水溶性组分如醇类。当测量航空涡轮燃料时，界面现象表明存在着部分溶解污染物，如表面活性剂。这些影响界面的污染物容易使过滤分离器很快失去作用导致游离水和颗粒物的通过。

水反应体积变化：航空汽油水溶性组分存在的定性指示。

水反应界面状况评级：定性评定水和航空涡轮燃料混合物形成界面膜或沉淀的趋势。

水反应分离程度评级：定性评定未充分清洁的玻璃器具对在分离的燃料层和水层中形成乳状液和(或)沉淀的趋势。

膜：未粘附在玻璃量筒上的半透明薄层。

带状物：比头发状碎片粗的纤维和(或)多于10%的交织物。

碎片：头发状的纤维，其中少于10%被交织在一起。

三、仪器、材料和试剂

1. 具塞量筒：带玻璃塞，100mL，分度值1mL，100mL标记处与量筒的顶部之间的距离应在50~60mm。

2. 秒表

3. 容量瓶：100mL

4. 蒸馏水或同等纯度的水

5. 丙酮，工业己烷，正庚烷，石油醚

【警告】易燃，有害健康。

6. 玻璃器皿洗液：饱和浓硫酸(H_2SO_4)与重铬酸钾($K_2Cr_2O_7$)或重铬酸钠($Na_2Cr_2O_7$)的混合溶液。

7. 磷酸盐缓冲溶液(pH值=7)：将1.15g无水磷酸氢二钾(K_2HPO_4)和0.47g无水磷酸二氢钾(KH_2PO_4)溶解在100mL水中，若要准备更大量的磷酸盐缓冲溶液，需保持水溶液中的两种磷酸盐与上面所述相同。同样，实验室也可以使用商品缓冲溶液。

四、仪器清洗与样品准备

1. 进行试验之前应彻底清洗量筒。清洗过程如下：

(1) 用热自来水冲洗量筒和塞子，以除去油迹，必要时要刷洗。或者用工业己烷、正庚烷或石油醚除去量筒和塞子上所有的油迹。然后用自来水冲洗，最后再用丙酮冲洗。

(2) 按以上所述的步骤清洗后，将量筒和塞子浸入非离子型清洁剂溶液或玻璃器皿洗液中。每一实验室需要确定非离子表面活性剂的类型，并建立其使用的条件，达到与铬酸洗液相当的清洗效果。使用非离子表面活性剂可避免一些潜在的危害及处理腐蚀性的铬酸洗液的麻烦。后者仍保留在参比的清洗过程中，以作为首选的非离子洗涤剂溶液清洗过程的另一种选择。在用非离子洗涤溶液或玻璃清洗液清洗后，分别用自来水和蒸馏水冲洗，最后用磷酸盐缓冲溶液冲洗并干燥。

(3) 若玻璃量筒清洗不够彻底，试验可能会得出燃料被污染的错误指示。只能使用完全清洁干净的量筒。倒置清洗过的量筒，将清洗液彻底排除干净(没有液珠挂壁)的量筒才是完全清洁的。另外，分离程度评级(附表2-19)等于或小于2级则表明玻璃量筒完全清洁。

2. 样品准备

（1）试样至少为 100mL。要求使用清洁的容器。

（2）在任何情况下，采取的试样都不应进行预过滤。过滤介质可能会除去表面活性剂，而表面活性剂人检测是本试验方法的目的之一。如果试样被颗粒物污染，测试前可进行沉降。

注：测试结果容易受取样容器中的微量污染物影响。

五、试验步骤

1. 在室温下取 20mL 磷酸盐缓冲溶液倒入量筒中，记录体积，精确到 0.5mL。在室温下加 80mL 试样，塞上玻璃塞。

2. 上下摇动量筒 2min±5s，每秒 2~3 次，摇动幅度为 12~25cm。

注意：小心摇动量筒以避免产生旋涡，因为它会破坏可能形成的乳化。

3. 立即把量筒放在没有震动的平台上，静置 5min。

4. 不要拿起量筒，在散射光照射下，观察记录如下内容：

（1）水相体积的变化，精确到 0.5mL。

（2）按附表 2-19 确定两相分离程度。

（3）按附表 2-20 评级。

（4）对燃料层中出现轻微的混浊可不予考虑，此混浊对着白背景观察不到。

附表 2-19 分离程度

级别	现 象
1	在每一层中或燃料层上，完全不存在乳化物和(或)沉淀物
2	除了在燃料层中有小气泡或小水滴外，其他同 1 级
3	在每一层中或燃料层上有乳化物和(或)沉淀物，或者在水层中有小液滴，或小液滴粘附于量筒壁上(不包括燃料层上面的壁面)上

附表 2-20 界面情况

级别	现 象
1	清澈和清洁
1b	小的清澈的气泡遮盖估计不大于 50%的界面，界面处无碎片、带状物或膜
2	界面处有碎片、带状物或膜
3	有松散的带状物和(或)少量浮沫
4	有紧密的带状物和(或)较多浮沫

六、报告

1. 水相体积变化，精确到 0.5mL。

2. 界面情况评级(附表 2-20)。

3. 分离程度评级(附表 2-19)。

七、精密度和偏差

1. 精密度：水相体积的变化是航空汽油水反应和水溶性组分的定性指示，所以没有精密度的报告。

由于航空涡轮燃料水反应评定方法完全是定性的，因此对水反应的界面评级规定精密度是不切实际的，对附表 2-20 中界面评级规定一个编号以方便于定性评级。

2. 偏差：由于体积变化值和界面评级仅是根据本试验方法而定义的，该方法测试步骤没有偏差。

八、影响因素及注意事项

1. 实验仪器必须洁净干燥，不能引入杂质，特别是离子型杂质。

2. 摇动的速率与幅度对实验结果有影响。为了较好地消除人为因素的影响，一般取中间值控制，即摇动时间为 2min，摇动速率为 150 次/min，摇动幅度控制在 185mm，静置时间为 5min 进行实验。

第三章 航空涡轮燃料分析

第一节 国内喷气燃料规格

航空涡轮技术的发展，尤其是民用大型喷气涡轮发动机的迅猛发展，要求各国(至少在洲际航程内)航空涡轮燃料规格要尽量标准化，指标尽量相同或相近，可以通用互换。不像地面车辆速度低、行程短、单台加油量小，中小国家还可以保持各自相对独立的汽柴油标准。对于世界上大多数中小国家，喷气式飞机主要在国家间飞行，大型喷气客机往往跨洋洲际飞行。如果各个的航空涡轮燃料规格不能基本统一，民用航空业将受到极大制约。

我国在20世纪80年代前的航煤标准基本延续了前苏联的航煤标准，而在改革开发后航煤标准逐步向西方国家靠拢。现行主要有两个组织在制定和维护民用航空涡轮燃料方面起着关键的作用：美国材料与试验协会(ASTM)和英国国防部(MoD)。我国现行《3号喷气燃料》(GB 6537—2006)就是修改采用了上述标准。只有在独联体和部分东欧地区，喷气燃料仍使用GOST规格，其指标与上面两个国际组织的规格差别较大。

一、喷气燃料种类及牌号

喷气燃料按生产方法可分为直馏喷气燃料和二次加工喷气燃料两类。按馏分的宽窄、轻重又可分为宽馏分型、煤油型、重煤油型。国外还有将民用和军用喷气燃料分开的，我国则民用和军用喷气燃料使用同一品牌号。

我国喷气燃料有多种牌号。其中，1号(结晶点不高于-60℃)适用于寒冷地区；2号(结晶点不高于-50℃)适用于一般地区；3号(冰点不高于-47℃)用于国际通航，用出口和过境飞机加油，这3个牌号均可用于军用飞机和民航飞机，由于3号喷气燃料冰点合适，馏分较宽，因此应用最为广泛，在喷气燃料产品结构中占有较高比例(达95%以上)，有逐步取代闪电较低的1号、2号喷气燃料的趋势。此外，还有宽馏分型喷气燃料(60~280℃，结晶点不高于-40℃)、高闪点喷气燃料(馏程180~300℃，为柴油馏分，闪点高于60℃)及大密度喷气燃料(馏程195~320℃)等军队专用喷气燃料，分供战术技术储备、海上舰载飞机和远程作战飞机使用。

我国喷气燃料牌号及用途列于表3-1。

二、喷气燃料规格

1. 1号喷气燃料

建国初期，我国石油产品几乎全部依靠从前苏联进口，产品质量标准也完全按照前苏联的制定。1号喷气燃料代号RP-1，燃料的结晶点定为不高于-60℃，是我国20世纪50年代中期试产喷气燃料的第一个品种。

表 3-1 我国各牌号喷气燃料及主要用途

牌号	代号	类型	主要用途
1 号喷气燃料	RP-1	煤油型	民航、军用飞机通用
2 号喷气燃料	RP-2	煤油型	民航、军用飞机通用
3 号喷气燃料	RP-3	煤油型	民航、军用飞机通用
4 号喷气燃料	RP-4	宽馏分型	备用燃料，平时不生产
5 号喷气燃料	RP-5	重煤油型	舰载飞机用
6 号喷气燃料	RP-6	重煤油型	军用特种喷气燃料

1956 年用玉门原油试产成功，因发动机燃烧室镍铬合金火焰筒出现严重烧蚀和后来又出现飞机发动机高空"喘振"问题，未能顺利投产。随后用克拉玛依原油试产的 1 号喷气燃料，在加入抗烧蚀添加剂后，于 1961 年顺利通过了发动机台架试验和飞行试验，经国产航空油料鉴定委员会批准投产试用。1964 年，以这个喷气燃料的指标数据为依据，以苏联 T-1 和 TC-1 标准为蓝本，制定了我国第一个喷气燃料 GB 438—64。除了总硫含量较 TC-1 标准规定的稍低外，其余指标与前苏联 TC-1 早期指标完全相同，1977 年第一次修订后，由当时的国家标准计量局以《1 号喷气燃料》(GB 438—77)标准发布实施。

1 号喷气燃料在我国喷气燃料产量最多时也从未超过我国喷气燃料总产量的 15%，现在不到 9%。这是因为我国原油多为石蜡基，生产-60℃喷气燃料非常困难，不仅产量低，而且密度与结晶点之间的矛盾极难解决。采用其他工艺如脱蜡、加氢裂化等不仅成本高，而且产量有限。20 世纪 80 年代以来，由于高辛烷值汽油需要量增加，宽馏分重整装置逐渐增多，又出现了喷气燃料与宽馏分重整原料之间的矛盾。2 号及 3 号喷气燃料标准实施以后，1 号喷气燃料结晶点改为不高于-50℃，我国已很少生产 1 号喷气燃料。表 3-2 是 1 号喷气燃料的技术指标。

表 3-2 1 号喷气燃料的技术要求(GB 438)

项目		指标	试验方法
密度(20℃)/(kg/m³)		775~830	GB/T 1884、GB/T 1885
馏程/℃			GB/T 6536
初馏点	不高于	150	
10%馏出温度	不高于	165	
50%馏出温度	不高于	195	
90%馏出温度	不高于	230	
98%馏出温度	不高于	250	
终馏点	不高于	300	
残留量及损失量(体积分数)/%	不大于	2	
闪点/℃	不低于	28	GB/T 261

续表

项目		指标	试验方法
运动黏度/(mm^2/s)			
20℃	不小于	1.25	GB/T 265
-40℃	不大于	8.0	
结晶点/℃	不高于	-60	SY 2204(按未脱水法)
芳香烃含量(体积分数)/%	不大于	20	SY 2115
碘值/(gI/100g)	不大于	3.5	SY 2114
酸度/(mg KOH/100mL)	不大于	1	GB 258
总硫含量(质量分数)/%	不大于	0.2	GB 380
硫醇性硫(质量分数)/%	不大于	0.005	GB 1792
铜片腐蚀(100℃, 2h)/级	不大于		GB 5096
银片腐蚀(50℃, 4h)/级	不大于		SY 2223
净热值/(MJ/kg)	不小于	42.9	GB 384
燃烧性能(需满足下列要求之一)			
a. 无烟火焰高度/mm	不小于	25	GB 382
b. 萘系短含量(无烟火焰高度大于 20mm 时)/%(体积分数)	不大于	3.0	SY 2227
c. 辉光值	不小于	45	SY 2225
实际胶质/(mg/100mL)	不大于	5.0	GB/T 509
灰分(质量分数)/%	不大于	0.005	GB 508
水溶性酸和碱		—	GB/T 259
机械杂质及水分		—	
水反应			GB/T 1793
体积变化/mL	不大于	1	
界面情况/级	不大于	1b	
分离程度/级		实测	

2. 2号喷气燃料

2号喷气燃料代号 RP-2[GB 1788—1979(2004)]，是煤油型喷气燃料。我国曾先后用低硫石蜡基的玉门原油、大庆原油、扶余原油、华北原油、南阳原油等5种原油生产。2号喷气燃料质量最主要的特点是结晶点为-50℃。由于绝大部分2号喷气燃料由石蜡基原油生产，所以其燃烧性能指标普遍都较优异。

我国20世纪60年代开发的大庆油田，其产量在相当长的时间都占我国原油总产量半数以上，随后又开发的扶余油田、华北油田、南阳油田、长庆油田等皆为低硫石蜡基原油。这些原油含蜡量高，轻馏分少，按1号喷气燃料标准生产喷气燃料时冰点与密度矛盾尖锐。所以，比较而言，2号喷气燃料标准更符合我国实际情况。科研、生产使用表明，按 RP-2 标准生产的喷气燃料能同时满足民航和军用的需要。

2号喷气燃料由于主要用低硫石蜡基原油生产，烷烃含量高，硫、氮等非烃化合的含量低，所以一般不需要苛刻的精制即能满足其质量标准中各项指标要求，如大庆原油、扶余原油、华北原油皆以常压馏切割2号喷气燃料馏分加入添加剂后作为成品油出厂。由于未经精制，天然非烃化合物能保存下来，因而产品具有良好的抗磨-润滑性和材料相容性；又由于产品组成中烷烃含量高，因而产品的燃烧性能也较好。

随着国际交往和民航事业的发展，喷气燃料作为全球性产品，要求其质量标准具有国际通用性，2号喷气燃料的闪点为不低于28℃，不适应国际标准要求，现已逐渐被闪点为不低于38℃的3号喷气燃料所取代。我国20世纪90年代2号喷气燃料已基本停产。表3-3是2号喷气燃料的技术要求。

表3-3　2号喷气燃料的技术要求[GB 1788—79(88)]

项　目		指　标	试验方法
密度(20℃)/(kg/m³)		775~830	GB/T 1884、GB/T 1885
馏程/℃			GB/T 6536
初馏点	不高于	150	
10%馏出温度	不高于	165	
50%馏出温度	不高于	195	
90%馏出温度	不高于	230	
98%馏出温度	不高于	250	
终馏点	不高于	300	
残留量及损失量(体积分数)/%	不大于	2.0	
闪点/℃	不低于	28	GB/T 261
运动黏度/(mm²/s)			GB/T 265
20℃	不小于	1.25	
-40℃	不大于	8.0	
结晶点/℃	不高于	-60	GB/T 2430
芳香烃含量(体积分数)/%	不大于	20	SY 2115
碘值/(gI/100g)	不大于	3.5	SY 2114
酸度/(mg KOH/100mL)	不大于	1	GB/T 258
总硫含量(质量分数)/%	不大于	0.2	GB/T 380
硫醇性硫(质量分数)/%	不大于	0.005	GB/T 1792
铜片腐蚀(100℃，2h)/级	不大于		GB/T 5096
银片腐蚀(50℃，4h)/级	不大于		SH/T 0023
净热值/(MJ/kg)	不小于	42.9	GB/T 384
燃烧性能(需满足下列要求之一)			
a.无烟火焰高度/mm	不小于	25	GB/T 382
b.萘系烃含量(无烟火焰高度大于20mm时)/%(体积分数)	不大于	3.0	SH/T 0181
c.辉光值	不小于	45	GB/T 11128
实际胶质/(mg/100mL)	不大于	5.0	GB/T 509
灰分(质量分数)/%	不大于	0.005	GB 508

续表

项　目		指　标	试验方法
水溶性酸和碱		无	GB/T 259
机械杂质及水分		无	
水反应			GB/T 1793
体积变化/mL	不大于	1	
界面情况/级	不大于	1b	
分离程度/级		实测	

3. 3号喷气燃料

3号喷气燃料代号RP-3(GB 6537—2006)，为煤油型喷气燃料，是20世纪70年代末为适应国际通航和出口而开始研制，80年代初得到完善并投入大量生产的产品，其产量逐年增加。近年来，它已广泛用于出口、民航飞机和军用飞机。目前我国已从大庆原油、鲁宁管输原油、胜利大庆混合原油、新疆原油、玉门原油、大港原油等6种原料4种工艺生产这种燃料。现在国内基本全面供应3号喷气燃料，2005年仅民航就消耗3号喷气燃料930×10^4t。2010年民航3号喷气燃料消费量突破1600×10^4t。

3号喷气燃料质量标准最主要的改变是闪点较高(不低于38℃)，采用冰点代替结晶点做为燃料低温性能指标，并规定最高为-47℃。此外初馏点不控制，10%馏出温度不高于205℃，终馏点馏出温度不高于300℃，给不同原油生产喷气燃料和按不同的方案生产喷气燃料以较多的灵活性。硫醇性硫含量指标比较严格[不大于0.002%(质量分数)]；对产品的洁净度有明确要求。GB 6537基本与美国Jet A-1和国际航运协会标准(IATA)相同。表3-4是3号喷气燃料的国家标准技术要求。

表3-4　3号喷气燃料的技术要求

项　目		指　标	试验方法
外观		室温下清澈透明，目视无不溶解水及固体物质	目测
颜色	不小于	+25[a]	GB/T 3555
组成			
总酸值/(mg KOH/g)	不大于	0.015	GB/T 12574
芳烃含量(体积分数)/%	不大于	20.0[b]	GB/T 11132
烯烃含量(体积分数)/%	不大于	5.0	GB/T 11132
总硫含量(质量分数)/%	不大于	0.20[c]	GB/T 380、GB/T 11140、GB/T 17040、SH/T 0253、SH/T 0689
硫醇含量(质量分数)/%	不大于	0.0020	GB/T 1792
或博士试验[d]		通过	SH/T 0174
直馏组分(体积分数)/%		报告	
加氢精制组分(体积分数)/%		报告	

续表

项　目		指　标	试验方法
加氢裂化组分(体积分数)/%		报告	
挥发性			
馏程/℃			GB/T 6536
初馏点		报告	
10%回收温度	不高于	205	
20%回收温度		报告	
50%回收温度	不高于	232	
90%回收温度		报告	
终馏点	不高于	300	
残留量(体积分数)/%	不大于	1.5	
损失量(体积分数)/%	不大于	1.5	
闪点(闭口)/℃	不低于	38	GB/T 261
密度(20℃)/(kg/m^3)		775~830	GB/T 1884、GB/T 1885
流动性			
冰点/℃	不高于	-47	GB/T 2430、SH/T 0770[e]
黏度/(mm^2/s)			GB/T 265
20℃	不小于	1.25[f]	
-20℃	不大于	8.0	
燃烧性			
净热值/(MJ/kg)	不小于	42.8	GB/T 384[g]、GB/T 2429
烟点/mm	不小于	25.0	GB/T 382
或烟点最小值为20mm时，萘系芳烃含量(体积分数)/%	不大于	3.0	SH/T 0181
或辉光值	不小于	45	GB/T 11128
腐蚀性			
铜片腐蚀(100℃，2h)/级	不大于	1	GB/T 5096
银片腐蚀(50℃，4h)/级	不大于	1[h]	SH/T 0023
安定性			
热安定性(260℃，2.5h)			GB/T 9169
压力降/kPa	不大于	3.3	
管壁评级		小于3，且无孔雀蓝色或异常沉淀物	
洁净性			
实际胶质/(mg/100mL)	不大于	7	GB/T 8019、GB/T 509[i]
水反应			GB/T 1793
界面情况/级	不大于	1b	

续表

项目		指标	试验方法
分离程度	不大于	2[j]	
固体颗粒污染物含量/(mg/L)	不大于	1.0	SH/T 0093
导电性			
电导率(20℃)/(pS/m)		50~450[k]	GB/T 6539
水分离指数			SH/T 0616
未加抗静电剂	不小于	85	
加入抗静电剂	不小于	70	
润滑性			
磨痕直径 WSD/mm	不大于	0.65[l]	SH/T 0687

注：经铜精制工艺的喷气燃料，油样应按 SH/T 0182 方法测定铜离子含量，不大于 150μg/kg。

a. 对于民用航空燃料，从炼油厂输送到客户，输送过程中的颜色变化不允许超出以下要求：初始赛波特颜色大于+25，变化不大于 8；初始赛波特颜色在 25~15 之间，变化不大于 5；初始赛波特颜色小于 15 时，变化不大于 3；

b. 对于民用航空燃料的芳烃含量(体积分数)规定为不大于 25.0%；

c. 如有争议，以 GB/T 380 为准；

d. 硫醇性硫和博士试验可任做一项，当硫醇性硫和博士试验发生争议时，以硫醇性硫为准；

e. 如有争议，以 GB/T 384 为准；

f. 对于民用航空燃料，20℃的黏度指标不作要求；

g. 如有争议，以 GB/T 384 为准；

h. 对于民用航空燃料，此项指标可不作要求；

i. 如有争议，以 GB/T 8019 为准；

j. 对于民用航空燃料不要求报告分离程度；

k. 如燃料不要求加抗静电剂，此项指标不作要求，燃料离厂时要求大于 150pS/m；

l. 民用航空燃料要求 WSD 不大于 0.85mm。

4. 4 号喷气燃料

4 号喷气燃料代号 RP-4，是宽馏分型喷气燃料(GJB 2376—95)，对应美军的 JP-4，已通过全部试验鉴定程序和试用，但未大量投产使用。在 20 世纪 60 年代，我国曾用大庆原油，常压蒸馏精制工艺热裂化、延迟焦化汽柴油加氢工艺，热裂化汽柴油酸碱精制再蒸馏工艺等三种工艺，生产出供试车、试飞和试用的 4 号喷气燃料。

4 号喷气燃料质量上最主要的特点是：馏分宽，因而喷气燃料的收率高；密度允许不小于 0.750kg/m^3；冰点允许不高于-40℃；对闪点无要求。所有这指标的制订都是为了最大限度的增加喷气燃料的收率。我国宽馏分喷气燃料未正式生产使用时，国内一般情况下不会使用 4 号喷气燃料，而是作为特殊情况下的应急备用燃料。表 3-5 是 4 号喷气燃料的质量标准技术指标。

表 3-5　4 号喷气燃料的技术要求

项　　目		指　标
颜色		报告
总酸值/(mg KOH/g)	不大于	0.015
芳烃含量(体积分数)/%	不大于	22.0
烯烃含量(体积分数)/%	不大于	5.0
总硫含量(体积分数)/%	不大于	0.30
硫醇性硫(体积分数)/%	不大于	0.0020
或博士试验		通过
馏程/℃		
初馏点		报告
10%馏出温度		报告
20%馏出温度	不高于	145
50%馏出温度	不高于	190
90%馏出温度	不高于	245
终馏点	不高于	270
残留量(体积分数)/%	不大于	1.5
损失量(体积分数)/%	不大于	1.5
密度(20℃)/(kg/m^3)		771~802
蒸气压(37.8℃)/kPa	不大于	21
冰点/℃	不高于	-50
净热值/(MJ/kg)	不小于	42.8
氢含量(质量分数)/%	不小于	13.5
或烟点/mm	不小于	20
铜片腐蚀(100℃，2h)/级	不大于	1
热氧化安定性(260℃，2.5h)		
压力降/kPa	不大于	3.3
管壁评级	小于	3
实际胶质/(mg/100mL)	不大于	7
颗粒物含量/(mg/L)	不大于	1
过滤时间/min	不大于	10
水反应(界面评级)	不大于	Ib
水分离指数(MSEP)	不小于	70
电导率(常温)/(pS/m)	不小于	150~600

5.5 号喷气燃料

5 号喷气燃料代号 RP-5(GJB 570A-97)，是重煤油型喷气燃料。为满足我国舰载飞机发动机燃料的需要和高闪点喷气燃料的出口，1985 年南京炼油厂根据有关单位的安排，参照了美国军用喷气燃料(MIL-T-5624L)JP-5 的规格要求，采用分子筛脱蜡抽余油生产工艺，于1986年5月和1987年2月试生产了两批5号喷气燃料工业产品，并通过了联合化验，填补了我国喷气燃料系列产品的一项空白。150h的等效耐久台架试车及直升机上试飞的结果表明，5号喷气燃料质量稳定可靠，具有闪点高、冰点低、安全性好等特点，通过了国产航空油料鉴定委员会、原中国石油化工总公司的鉴定。

5号喷气燃料最主要的特点是闪点高，规定不低于60℃，密度大、冰点低、硫含量低，使用安全可靠。为了适应舰艇环境的要求。还规定了爆炸性试验。馏出规程的规定与3号喷气燃料类似，但是受闪点的限制，初馏点必须高于180℃，其他指标如芳烃、烟点、冰点并不如3号喷气燃料严格。由于5号喷气燃料的馏程加重，芳烃含量增加，烟点下降，冰点上升，生产5号喷气燃料得原料比生产3号喷气燃料的原料来源更少。随着我国炼油工业及精细化工的发展，生产工艺成熟、合理，产品质量稳定。生产过程符合环保要求，并可改善原油的合理加工和综合平衡。高闪点喷气燃料的投产，满足了我国国防急需，为我国海军航空兵提供了优质安全燃料，具有明显的社会效益和经济效益。表3-6是5号喷气燃料的质量标准技术要求。

表3-6　5号高闪点喷气燃料的技术要求

项　目		指　标	
		普通型	试验型
颜色		报告	报告
总酸值/(mg KOH/g)	不大于	0.015	0.015
芳烃含量(体积分数)/%	不小于	—	23
	不大于	25	27
烯烃含量(体积分数)/%	不大于	5	5
总硫含量(质量分数)/%	不大于	0.4	0.4
硫醇性硫(质量分数)/%	不大于	0.002	0.002
或博士试验		阴性	阴性
馏程/℃			
初馏点		报告	报告
10%馏出温度	不高于	205	205
20%馏出温度		报告	报告
50%馏出温度	不高于	报告	报告
90%馏出温度		报告	报告
终馏点	不高于	300	300
残留量(体积分数)/%	不大于	1.5	1.5
损失量(体积分数)/%	不大于	1.5	1.5
密度(20℃)/(kg/m^3)		782~842	782~842
冰点/℃	不高于	-46	-46
黏度(-20℃)/(mm^2/s)	不大于	8.5	8.5
净热值/(MJ/kg)	不小于	42.6	42.6
氢含量(质量分数)/%	不小于	13.5	13.3
	不大于		13.5

续表

项目		指标	
		普通型	试验型
烟点/mm	不小于	19	18
	不大于	—	21.0
铜片腐蚀(100℃，2h)/级	不大于	1	1
银片腐蚀/级	不大于	1	1
热氧化安定性(260℃，2.5h)			
压力降/kPa	不大于	3.3	3.3
管壁评级	小于	3	3
实际胶质/(mg/100mL)	不大于	7	7
颗粒物含量/(mg/L)	不大于	1.0	1.0
过滤时间/min	不大于	15	IS
水反应(界面评级)	不大于	Ib	Ib
水分离指数(MSEP)(不加剂或只加抗氧剂、钝化剂	不小于	90	90
过氧化值/(mg/L)	不大于	8	8

6.6号喷气燃料

6号喷气燃料代号RP-6(GJB 1603-93)，这个标准参照前苏联T-6制定的。为适应我国军用飞机特殊需要。在20世纪70年代和80年代初、开展了比重较大的喷气燃料试制、试产和试验鉴定工作，取得了许多进展和成绩。如利用大庆原油200~300℃馏分分子筛脱蜡工艺所产的副产物-脱蜡油，密度可达834.5kg/m^3，热值约为42800J/g，但黏度太大，-40℃黏度达35mm^2/s。用这种燃料进行了发动机试车，冷启动比较困难未能通过鉴定。以孤岛原油常二线馏分为原料，采用两段加氢工艺，试产密度为838.9kg/m^3，热值为42900J/g，-40℃黏度27.5mm^2/s的优质喷气燃料，通过了试车和试飞。

在6号喷气燃料研制时，因受原油和加工成本等限制，RP-6型喷气燃料的产量较低，只能作为特殊喷气燃料使用。现国内开展煤液化生产油品技术，其喷气燃料馏分是很好的大比重喷气燃料原料，可以扩大大比重喷气燃料产量。表3-7是6号喷气燃料的质量标准技术要求。

表3-7 6号喷气燃料的规格技术要求

项目		指标
外观		清澈透明
密度(20℃)/(kg/m^3)	不小于	835
馏程/℃		
初馏点	不低于	195
10%馏出温度	不高于	220
90%馏温度	不高于	290
98%馏温度		315

续表

项目		指标
闪点(闭口)/℃	不低于	60
运动黏度/(mm^2/s)		
20℃	不小于	4.5
-20℃	不大于	60
冰点/℃	不高于	-47
芳烃含量(体积分数)/%	不大于	10
碘值/(gI/100mL)	不大于	0.8
酸度/(mg KOH/100mL)	不大于	0.5
总硫含量(质量分数)/%	不大于	0.05
硫醇性硫(质量分数)/%	不大于	0.001
或博士试验		通过
铜片腐蚀(100℃, 2h)/级	不大于	1
净热值/(MJ/kg)	不小于	42.9
烟点/mm	不低于	20
萘系短含量(体积分数)/%	不大于	0.5
辉光值	不小于	45
实际胶质/(mg/100mL)	不大于	4
灰分(质量分数)/%	不大于	0.003
水溶性酸碱		无
固体颗粒物含量(mg/L)/%	不大于	1.0
水反应		
体积变化/mL	不大于	1
界面情况/级	不大于	Ib
静态热安定性		150~600
沉淀量/(mg/100mL)	不大于	6
过滤后燃料中可溶性胶质/(mg/100mL)	不大于	60
热氧化安定性(260℃, 2.5h)		
压力降/kPa	不大于	3.3
管壁评级	小于	3

7. 高密度烃类喷气燃料

在喷气燃料品种中，高密度燃料是一个特殊品种，它用于巡航导弹涡轮发动机上。做为一类特殊用途的燃料，高密度喷气燃料虽然用量很少，现今价格也很昂贵，但它又是不可缺少的，因而仍将继续发展和改进。

高密度燃料是指高体积热值的高能燃料，燃料的密度在900kg/m^{3}以上，体积热值不小于38.3MJ/L。在我国经常把RP-6型喷气燃料叫做大密度燃料，此名称意义含混。实际上，6号喷燃料的密度为不大于850kg/m^3，体积热值在36.5MJ/L以下，能量特性与5号喷气燃料基本相同。6号喷气燃料对闪点要求不如RP-5苛刻，为不低于38℃，因此又不宜列入高闪点喷气燃料。相对来说，6号喷气燃料的密度比我国现有的其他几种喷气燃料的为大，但为避免与国际上高密度燃料的含义相混，也许列为热安定燃料更适当一些。

8. 含合成烃的民用喷气燃料

国际上正积极开展替代能源的研究，并取得很大进展，目前国际民航主要标准ASTM D1655-09和DEF Stan 91-91/6均把合成喷气燃料列入可调和的组分。特别是ASTM把合成烃类单独起草一个标准ASTM D7566，即含合成烃类的航空涡轮燃料的规格标准，如表3-8所示。

含合成烃的民用航空喷气燃料是指含传统喷气燃料和合成石蜡煤油(Synthesized Paraffinic Kerosine，SPK)组分的喷气燃料。2013年中国民用航空局批准技术标准为CTSO-2C701《含合成烃的民用航空喷气燃料》。

含合成烃喷气燃料以及SPK组分应满足ASTM 2012年12月发布的ASTM D7566-12《含合成烃航空涡轮燃料的标准》，其燃料性能要求符合ASTM D1655或DEF STAN 91-91的Jet A-1与SPK组分调合，SPK组分的体积分数应不高于50%；调合中使用的添加剂应符合相关规范要求。所使用的SPK应按照费托合成产品加氢工艺(Fisher-Tropsch Hydroprocessed，FT)或酯类和脂肪酸类加氢工艺(Hydroprocessed Esters and Fatty Acids，HEFAs)生产。

符合GB 6537的3号喷气燃料与SPK调合，SPK组分的体积分数不高于50%；调合中使用的添加剂应符合GB 6537的要求，调合后含合成烃的喷气燃料除符合GB 6537表1中民用航空燃料的要求外，还应符合以下要求：

(1) 芳烃含量体积分数不低于8.0%(按GB/T 11132方法检测)；

(2) 馏出温度$T_{50}-T_{10}$不小于15℃，$T_{90}-T_{10}$不小于40℃。

表3-8是含合成烃的民用航空喷气燃料的质量标准技术要求。

表3-8 含合成烃的民用航空喷气燃料质量技术要求

生产单位及地址：
产品名称及批号：
生产工艺及调和比例：
生产日期：

分析项目	质量要求	实验方法
外观	清澈透明，目视无不溶解水及固体物质	目测

续表

分析项目		质量要求	实验方法
颜色		25	GB/T 3555
总酸值/(mg KOH/g)	不大于	0.015	GB/T 12574
芳烃含量(体积分数)/%		8.0~25.0	GB/T 11132
烯烃含量(体积分数)/%	不大于	5.0	GB/T 11133
总硫含量(质量分数)/%	不大于	0.20	GB/T 380、GB/T 11140、GB/T 17040、SH/T 0253、SH/T 0689
硫醇性硫(质量分数)/%	不大于	0.0020	GB/T 1792
或博士实验		通过	SH/T 0174
直馏组分(体积分数)/%		报告	
加氢精制组分(体积分数)/%		报告	
加氢裂化组分(体积分数)/%		报告	
SPK(体积分数)/%	不高于	50	
挥发性			
馏程			GB/T 6536
初馏点/℃		报告	
10%回收温度(T_{10})	不高于	205	
20%回收温度(T_{20})		报告	
50%回收温度(T_{50})	不高于	232	
90%回收温度(T_{90})		报告	
终馏点/℃	不高于	300	
残留量(体积分数)/%	不大于	1.5	
损失量(体积分数)/%	不大于	1.5	
$T_{90}-T_{10}$/℃	不低于	40	
$T_{50}-T_{10}$/℃	不低于	15	
闪点/℃	不低于	38	
密度(20℃)/(kg/m^3)		775~830	GB/T 1884、GB/T 1885
流动性			
冰点/℃	不高于	-47	GB/T 2430、SH/T 0770
黏度(-20℃)/(mm^2/s)	不大于	8.0	GB/T 265
燃烧性			
净热值/(MJ/kg)	不小于	42.8	GB/T 384、GB/T 2429
烟点/mm	不小于	25.0	GB/T 382
或烟点最小为20/mm			
萘系烃含量(体积分数)/%	不大于	3.0	SH/T 0181
或辉光值(体积分数)/%	不大于	45	GB/T 11128

续表

分析项目		质量要求	实验方法
腐蚀性			
铜片腐蚀(100℃，2h)/级	不大于	1	GB/T 5096
安定性			
热安定性(260℃，2.5h)			GB/T 9169
压力降 /kPa	不大于	3.3	
管壁评级/级		小于3，且无孔雀蓝色或异常沉淀物	
洁净性			
实际胶质/(mg/100mL)	不大于	7	GB/T 8019、GB/T 509
水反应			GB/T 1793
界面状况/级	不大于	1b	
分离程度/级	不大于	2	
固体颗粒污染物含量/(mg/L)	不大于	1.0	SH/T 0093
导电性			
电导率(20℃)/(pS/m)		50~450	GB/T 6539
水分离指数			SH/T 0616
未加抗静电剂	不小于	85	
加入抗静电剂	不小于	70	
润滑性			SH/T 0687
磨痕直径 WSD/mm	不大于	0.85	
抗静电剂 Stadis450/(mg/L)			
初次加入量	不大于	3.0	
累计加入量	不大于	5.0	
抗氧剂(加氢工艺)/(mg/L)		17.0~24.0	

第二节　世界航空涡轮燃料规格

航空燃气涡轮发动机的早期设计者认为，航空涡轮发动机在燃料的馏程方面比汽油和柴油发动机有大得多的承受能力，可以使用任何燃料。但实际上喷气式飞机和航空涡轮发动机的燃料系统对燃料的性质给予仍然是非常敏感的。为了保证安全，仍然需要对燃料的性质给予限制和规定。

第二次世界大战以后，美国的喷气式飞机，无论军用还是民用，无论数量还是性能都是世界最高水平，所以除了前苏联等国家外，世界航空涡轮燃料规格主要性能都向美国靠拢，美国民用航空业相继发展出了 JetA、JetB、JetA-1 航空涡轮燃料标准。而作为世界上最早研制航空涡轮发动机的国家之一的英国则保持了一定的独立性，在英国国防部支持下保持着 Bef Stan91-91 系列航空涡轮燃料标准，但在大部分规格指标上也逐步与美国靠拢，该标准也在世界上得到广泛应用。而前苏联为代表的华约国家则执行前苏联制定的航空涡轮燃料标准，与西方国家的标准有一定差别。

目前世界上现行的军用和民用航空涡轮燃料规格有50种以上，还有已经废止或不再执行的一些规格和指标，如一些东欧国家参照前苏联航煤标准制定的本国喷气燃料标准。这些标准更新频率较快，如ASTMD1655，有的定期更新，如DefSun91-91，有的根据国际航煤规格变化的情况和本国的技术进展来更新，如我国的GB 6537。本节主要列出世界上主要航空组织的最新版本供参阅。但是对于生产商和航空公司在使用这些标准时应当进行标准查新，以保证执行标准的合法性。

世界其他国家和地区的航空涡轮燃料的标准正在逐步向美国的JetA-1和英国的Def Stan91-91靠拢，即使俄罗斯在进入21世纪后也发布了类似西方的航煤标准GOSTR52050。除了一些严寒地区使用某些低闪点的航煤外(其用量也在逐步减少)，各主要航空组织和国家航空局发布的航煤标准主要性能基本一致。但是在少数指标上依然有一定差别，尤其在标准后面的各种注解、附录、添加剂和特定处理方式等方面。

一、美国航空涡轮燃料规格

1. ASTM喷气燃料规格

美国试验与材料协会(ASTM)包含许多委员会，其中负责石油产品和润滑剂的D-2委员会J分委会负责航空油料规格。ASTM是一个一致协商标准机构，这保证了规格影响的和对规格感兴趣的绝大多数群体的意见。这些群体包括：

(1) 独立炼油厂商；

(2) 石油炼制组织；

(3) 油品销售组织；

(4) 添加剂和设备供应商；

(5) 飞机和机体制造商；

(6) 飞机发动机制造商；

(7) 政府管理机构，如联邦航空局；

(8) 特殊利益群体和顾问。

如果需要技术数据来制定一个规格或开发一种试验方法D-2委员会还委托美国协同研究评议会(CRC)进行综合评价。

ASTM D1655《航空涡轮燃料标准规格》包括两种煤油型喷气燃料规格：JetA的JetA-1。美国或从美国出发的几乎所有商业航空班采用JetA。ASTM标准的后缀代表修订的年份，例如D1655-04代表2004修订版。

ASTM D6615规格主要是宽馏分喷气燃料(JetB)。ASTM D1655以前也包括JetB，但在2001年开始JetB成为一个独立规格ASTM D6615。加拿大通用标准委员会(CGSB)规格CGSB-3.22也涵盖宽馏分JetB，但这两个JetB规格有微小差别。

ASTM D1655航空涡轮燃料规格如表3-9所示。

表 3-9 ASTM D1655 航空涡轮燃料规格

发布单位		美国试验材料协会(ASTM)		
规格		D1655-09a	D1655-10	试验方法
最新更新日期		2009.7.1	2010.7.1	
级别/类型		JetA/A-1 煤油型[a]	JetB 宽馏分煤油型	ASTM
组成				
外观目视		C&B[b]	C&B[b]	
总酸值/(mg KOH/g)	不大于	0.1	—	D3242
芳烃(体积分数)/%	不大于	25	25	D1319
或总芳烃(体积分数)/%	不大于	26.5		D6379
总硫(质量分数)/%	不大于	0.3	0.3	D1266、D2622
				D4294、D5453
硫醇性硫(质量分数)/%	不大于	0.003	0.003	D3227
或博士实验		阴性	阴性	D4952
挥发性				
馏程/℃				D86、D2887[c]
10%馏出温度	不高于	205	—	
20%馏出温度	不高于	—	145	
50%馏出温度	不高于	报告	190	
90% 馏出温度	不高于	报告	245	
终馏点	不高于	300	—	
残留(体积分数)/%	不大于	1.5	1.5	
损失(体积分数)/%	不大于	1.5	1.5	
闪点/℃[d]	不低于	38	—	D56、D382[e]
密度(15℃)/(kg/m^3)		775~840	751~802	D1298、D4052
蒸气压(38℃)/kPa		—	14~21	D323、D5191
流动性				
冰点/℃[d]	不高于	-40Jet A	-50	D2386、D4305[f]、
		-40Jet A-1		D1298、D4052[g]
黏度(-20℃)/(mm^2/s)	不大于	8.0	—	D445
燃烧性				
净热值/(MJ/kg)	不小于	42.8	42.8	D3338、D4529、D4809[h]
烟点/mm	不小于			
或烟点/mm	不小于	25	25	D1322
和萘系烃含量(体积分数)/%	不大于	18	18	D1322
		3.0	3.0	D1840

续表

发布单位		美国试验材料协会(ASTM)		
规格		D1655-09a	D1655-10	试验方法
最新更新日期		2009.7.1	2010.7.1	
级别/类型		JetA/A-1 煤油型[a]	JetB 宽馏分煤油型	ASTM
腐蚀性				
铜片腐蚀(2h，100℃)/级	不大于	1	1	D130
安定性				
热安定性(JFTOT，260℃)				
压力降/mmHg	不大于	25	25[i]	D3241
管评级(目视)/级	小于	3[j]	3[j]	
污染物				
实际胶质/(mg/100mL)	不大于	7	7	D381
水反应(界面评级)	不大于	1b	1b	D1094
水分离指数(MSEP)				
未加抗静电剂	不小于	85	—	
加入抗静电剂	不小于	70	—	
导电性				
电导率/(pS/m)		—[k]	—[k]	D2624
添加剂				
防冰剂(体积分数)/%		协议[l]	协议[l]	
抗氧剂/(mg/L)	不大于	24	24	
防腐剂		协议	协议	
检漏剂/(μg/g)	不大于	1	1	
金属钝化剂/(mg/L)				
第一次添加	不大于	2.0	2.0	
累计添加	不大于	5.7	5.7	
抗静电剂		随机[m]	随机[m]	

注：a. 除了冰点为-47℃以外，Jet A-1 与 Jet A 相似；

b. 油料应清澈透明，目视无物质和不溶解水；

c. Jet A/ Jet A-1 可以使用模拟馏程试验方法 ASTM D2887，试验结果应关联转化成 D86，同时蒸馏残留和损失应报告为"N/A"；

d. 供应商和买方可以协商其他的闪点和冰点要求；

e. 用 D3828 试验方法获得的结果可能比 D56 方法得到的试验结果低 2℃；

f. 当使用 D4305 试验方法时，仅能使用程序 A，该方法不能用于黏度在-20℃大于 5.0mm²/s 的油样；

g. 对于宽馏分油料，用 D5972 方法获得的试验结果可能比 D2386 的结果要高；

h. 试验方法 D4809 为仲裁方法；

i. 对于无法满足在 260℃试验的油料，可以在 245℃下进行试验；在这种情况下报告两个温度下的试验结果；

j. 不允许出现孔雀蓝或其他不正常的颜色；

k. 如加入抗静电剂，电导率不应大于600pS/m；

l. 确认防冰剂 DiEGME 满足 D4171Ⅲ类型的要求，加入量 0.10%~0.15%（体积分数）；

m. 在生产处，Stadis 450 加注的最大浓度为 3.0mg/L，当再次加注时允许的最大累积浓度最大为 5.0mg/L。

2. 美国管道公司航空煤油标准规格

表 3-10 及表 3-11 是美国管道公司航空煤油标准规格。

表 3-10　美国管道公司航空煤油标准规格（1）

发布单位		Buckeye P/L	Colinial P/L	Explorer P/L	试验方法
规格		Fungible 航空煤油			
最新更新日期		2007.5	2007.6	2007.5	
级别/类型		182 级别煤油型	54 级别煤油型	51/54 号煤油型	ASTM
组成					
外观目视		C&B[a]	C&B[a]	C&B[a]	
总酸值/（mg KOH/g）	不大于	0.1	0.1	0.1	D3242
					D974[b]
芳烃（体积分数）/%	不大于	25			D1319
			25	25	D1266
总硫（质量分数）/%	不大于	0.30			D1552
			0.3000	0.30	D2622、D4292、D5453[c]
硫醇性硫（质量分数）/%	不大于	0.003[d]			D3227
或博士实验		阴性	0.003[d]	0.003[d]	D4952
			阴性	阴性	D156
颜色/塞波特	不小于	15	—	20[e]	D6045[f]
挥发性					
馏程					D86[g]
10%馏出温度/℉		400	400	400	
20%馏出温度/℉		报告	—	—	
50%馏出温度/℉		报告	报告	报告	
90%馏出温度/℉		报告	报告	报告	
终馏点/℉	不高于	572	572	572	
残留（体积分数）/%	不大于	1.5	1.5	1.5	
损失（体积分数）/%	不大于	1.5	1.5	1.5	
闪点/℉	不低于	108	108	108[h]	D56、D3828、D287
API 度（60℉）		37~513	37~51	37~51	D1298、D4052

续表

发布单位		Buckeye P/L	Colinial P/L	Explorer P/L	试验方法
规格		Fungible 航空煤油			
最新更新日期		2007.5	2007.6	2007.5	
级别/类型		182 级别煤油型	54 级别煤油型	51/54 号煤油型	ASTM
流动性					D2386
冰点/℃	不高于	-40	-40		D5972[i]
					D4305
					D5901
黏度(-20℃)/(mm^2/s)	不大于	8	8	8.0[j]	D445
燃烧性					D3338
净热值/(BTU/Ib)	不小于	18400	18400	18400	D4525、D4809
辉光值	不大于	—	—	45	D1740
或烟点/mm	不小于	25	25	25	D1322
或烟点/mm	不小于	18	18	18	D1322
和奈系烃含量(体积分数)/%	不大于	3	3	3	D1840
腐蚀性					
铜片腐蚀/级(2h，212℉)	不大于	1	1	1	D130
安定性					
热安定性(JFTOT，275℃)					
压力降/mmHg	不大于	25	25[k]	25[k]	D3241
管评级(目视)	小于	3[l]	3[l]	3[l]	
污染物					
实际胶质/(mg/100mal)	不大于	7	7	7	D381
颗粒污染/(mg/gal)		—	—	报告	D2276
水反应(界面评价)	不大于	1b	1b	1b 报告[m]	D1094
水分离指数(MSEP)	不小于	报告	85[m]	—	D3984
过滤时间/min		—	报告[n]	—	MIL-T-5624P
总固体		—			5624P、D5452
导电性					
电导率/(pS/m)		报告	报告[o]	报告	D2624
添加剂		—[p]	—[p]	—[p]	

注：a. 常温下清澈透明，目视无固体物质和不溶解水；

b. 在 Coloniala 规格中只允许使用 D974 试验该方法；

c. 在 Coloniala 规格中只允许使用 D5453 试验该方法；

d. 如果油料博士试验结果为阴性，可以取消硫醇性硫试验；

e. 在原始地点颜色最小为+20，在目的地颜色最小为+80；

f. 在 Explorer 规格中只允许使用 D6045 试验方法；

g. Buckeye 和 Coloniala 允许使用 ASTM D2887 模拟流程；

h. 在原始地点最小为 108℉，在目的地最小为 100℉；

i. 在 Buckeye 规格中只允许使用 D4305 和 D5901 试验方法；

j. -20℃时最大为 8.0mm^2/s，40℃时最大为 1.9mm^2/s；

k. 在 Buckeye 和 Coloniala 规格中，进口在 275℃下试验，目的地在 260℃下试验；

l. 不允许出现孔雀蓝或其他不正常的颜色；

m. 在原始地点要求水分离指数(MSEP)最小为 85，在目的地要求水分离指数(MSEP)最小为 75；

n. 仅 Coloniala 规格适用，试验限值见 MIL-T-5624P 的附录 A，对于 70. a(1) 和 70. 部分，非强制性要求；

o. Coloniala 要求在 21℃下报告电导率；

p. 允许使用 ASTM D1655 规格中从 5.2 到 5.2.2.1 部分规定的添加剂，禁止使用其他的添加剂。

表 3-11　美国管道公司航空煤油标准规格(2)

发布单位		Centennia	TEPPCO	KinderMorgan Plantation	试验方法
规格		Fungible 航空煤油			
最新更新日期		2006.4	2006.12	2007.2	
级别/类型		510/520 煤油型	15 煤油型	54/56 煤油型	ASTM
组成					
外观目视		C&B[a]	C&B[a]	C&B[a]	
总酸值/(mg KOH/g)	不大于	0.1	0.1	0.1	D3242、D974[b]
芳烃(体积分数)/%	不大于	25	25[c]	25	D1319、D2622、D5453
总硫(质量分数)/%	不大于	0.3	0.3	0.3	D7039[d]
硫醇性硫(质量分数)/%	不大于	0.003[e]	0.003[e]	0.003[e]	D3227
颜色/塞波特		报告			D156
挥发性					
馏程[c]					D86、D2887[e]
10%馏出温度/℉	不大于	400	401	400	
50%馏出温度/℉		报告	报告	报告	
90%馏出温度/℉		报告	报告	报告	
终馏点/℉	不大于	572	572	572	
馏出(体积分数)/%	不大于	1.5	1.5	1.5	
损失(体积分数)/%	不大于	1.5	1.5	1.5	
闪点/℉	不低于	100[g]	105[g]	108[g]	D56、D3828[h]、D287、D1298

续表

发布单位		Centennia	TEPPCO	KinderMorgan Plantation	试验方法
规格		Fungible 航空煤油			
最新更新日期		2006. 4	2006. 12	2007. 2	
级别/类型		510/520 煤油型	15 煤油型	54/56 煤油型	ASTM
API 度(60°F 以下)		37~51	37~51	37~51	D4062[i]
流动性					
冰点/℃	不高于	-40	-40	-40	D2386、D5972[j]
黏度(-20℃)	不大于	8	8	8	D445
燃烧性					
净热值(BTU/IB)	不小于	18400	42. 8MJ/kg	18400	D3388、D4529[k]、D4809、D1322
烟点/mm	不小于	25	25	25	D1322
或烟点	不小于	18	18	18	
和萘系烃含量(体积分数)/%	不大于	3	3	3	D1840
腐蚀性					
铜片腐蚀/级(2b, 100℃)		1A 或 1B	1	1	D130
安定性					
热安定性(JFTOT, 260℃)					
压力降/(mg Hg)	不大于	25[l]	25	25[l]	D3241
管评级(目视)	小于	3[m]	3[m]	3[m]	
污染物					
实际胶质(mg/100mL)	不大于	5. 0[n]	7	7	D381
颗粒污染(mg/gal)	不大于	报告	2	报告	D2276、D5452
膜片颜色		报告			MIL-T-5624P[o]
水反应(界面评级)	不大于	1b	1b	1b	D1094
水分离指数(MSEP)	不小于	85	85	85[p]	D3948
导电性					
电导率(pS/m)		报告	—	报告	D2624、D4308
添加剂		报告[q]	报告[q]	报告[q]	

注：a. 常温下清澈透明，目视无固体物质和不溶解水；

b. D974 未在 Centennial，TEPPCO 和 Kinder Morgan 公司规格中列出；

c. Kinder Morgan 可使用 D6379，芳烃浓度不大于 26. 5%(体积分数)；

d. Centennial 和 TEPPCO 未列出 D2622 和 D7039，Kinder Morgan 未列出 D5453 和 D7039 ；

e. 如果油料博士试验 ASTM D4952 方法结果为阴性，可以取消硫醇性硫试验；

f. 允许所有管线样品使 ASTM 02887 模拟馏程试验方法，试验限制见说明；

g. 在原始地点为最小的要求，在目的地最小要求为 100℉；

h. Plantation 将 D3828 作为替代方法；

i. D287 和 D4052 未在 Centennial 和 TEPPCO 公司规格中列出，D1298 和 D4052 未在 Kinder Morgan 公司规格中列出；

j. D5972 未在 Centennial，TEPPCO，Kinder Morgan 公司规格中列出；

k. Centennial 和 TEPPCO 未列出 D4529；

l. 对于 Centennial，TEPPCO 和 Plantation，在原始地点，JITOT 必须通过在 275℃ 下试验，在管道输送点，必须通过在 260℃ 下试验；

m. 不允许出现孔雀蓝或其他不正常的颜色；

n. 在表格中为原始地的最大值，在目的地胶质最大值为 7.0mg/100mL；

o. D2276 未在 Plantation 规格中列出，D5452 和 MIL-T-5624P 未在 Kinder Morgan 规格中列出，MIL-T-5624P 未在 Centennial 和 TEPP-CO 规格中列出；

p. 对于 Plantation 公司，原始地最小 85，输送后最小 75；

q. 允许使用 ASTM D1655 规格中从 5.2 到 5.2.2.1 部分规定的添加剂，禁止使用其他的添加剂。

3. 美国军用喷气燃料技术要求

表 3-12 及表 3-13 为美国军用喷气燃料技术要求。

表 3-12　美国海军喷气燃料技术要求

发布单位		美国海军		
规格		MIL-DTL-5624U		
最新更新日期		2008 年 11 月 04 日		
级别/类型		JP-4 宽馏分型煤油型	JP-5 煤油型	试验方法
北约代号		F-40	F-44	ASTM
组成				
外观目视		C&B[a]	C&B[a]	
总酸值/(mmKOH/g)	不大于	0.015	0.015	D3242
芳烃(体积分数)/%	不大于	25	25	D1319，D4292，D4266
总硫(质量分数)/%	不大于	0.4	0.3	D2622，D3120，D5453
硫醇性硫(质量分数)/%	不大于	0.002	0.002	D3227
或博士实验		阴性	阴性	D4952
颜色/塞波特		报告	报告	D156，D6045
挥发性				
馏程		报告	报告	D86，D2887[b]
初馏点/℃		报告	205(186)	
10%馏出温度 /℃	不高于	100	报告	
20%馏出温度 /℃	不低于	125	报告	
50%馏出温度 /℃	不低于	报告	报告	

续表

发布单位		美国海军		
规格		MIL-DTL-5624U		
最新更新日期		2008年11月04日		
级别/类型		JP-4宽馏分型煤油型	JP-5煤油型	试验方法
北约代号		F-40	F-44	ASTM
90%馏出温度/℃	不高于	270	300(330)	
终馏点/℃	不高于	1.5	1.5	
残留(体积分数)/%	不大于	1.5	1.5	
损失(体积分数)/%	不大于			
闪点/℃	不低于	—	60[e]	D56, D93, D3828
密度(15℃)/(kg/L)		0.751~0.802	0.788~0.845	D1298, D4052
或API度(60℉)		45.0~57.0	36.0~48.0	
蒸气压(37.8℃)/kPa		14~21	—	D323, D4953, D5160, D5191
流动性				
冰点/℃	不高于	-58	-46	D2386, D5972[d]
黏度(-20℃)/(mm^2/s)	不大于	—	8.5	D445
燃烧性				
净热值/(MJ/kg)	不小于	42.8	42.6	D3338, D4529, D4809
十六烷指数(计算)[e]			报告	D976, D4737
烟点/mm	不小于	20	19	D4322
氢含量(质量分数)/%	不小于	13.5	13.4[f]	D3343, D3701
腐蚀性				
铜片腐蚀(2h, 100℃)/级	不大于	1	1	D130
安定性				
热安定性(JFOTO, 260℃)				
压力降/mmHg	不大于	25	25	D3241
管评级(目视)	小于	3[g]	3[g]	
污染物				
实际胶质/(mg/100mL)	不大于	7	7	D381[h]
颗粒污染/(mg/L)	不大于	1	1	D2276, D5452[i]
过滤时间/min	不大于	10	15[j]	-9

续表

发布单位		美国海军		
规格		MIL-DTL-5624U		
最新更新日期		2008 年 11 月 04 日		
级别/类型		JP-4 宽馏分型煤油型	JP-5 煤油型	试验方法
北约代号		F-40	F-44	ASTM
水反应(界面评级)	不大于	1b	—	D1094
水分离指数(MSEP)	不小于	90[k]	90[k]	D3948
导电性				
电导率/(pS/m)		150~600[l]	—	D2624
添加剂				
防冰剂(体积分数)/%		0.10~0.15	0.10~0.15	D5006[m]
抗氧剂/(μg/g)		17.2	17.2	
防腐剂		24.0[n]	24.0[n]	
金属钝化剂		要求[p]	要求[p]	
抗静电剂		协议 要求	协议[q]	

注：a. 存在争议时，油料在 21℃的温度下应清澈透明，目视无固体物质和不溶解水；

b. 在 JP-5 规格中只允许使 D2887 试验方法，试验限制见说明；

c. 使用 D3828 获得的试验结果，通常比 D93 试验方法的结果低 1.7℃，使用 D56 获得的试验结果，通常比 D3828 试验方法的结果低 1℃；

d. D5972 只能被用于测试 JP-5 的冰点；

e. 在进行十六烷值计算时，通过 D86 或 D2887 试验方法获得到的中间馏分的温度，如果使用了 D86 试验方法值，应校正为标准气压表的压力；

f. 对于 JP-5，只能使用 D3701 测试氢含量；

g. 不允许出现孔雀蓝或其他不正常的颜色；

h. 在 D381 试验方法时，如果用空气代替了蒸汽，应当记录。如果用空气失败，油样应重新用蒸汽进行测试；

i. 应至少过滤 3.97L 的油样，根据 MIL-DTL-5624U 附录 A 中要求的程序计算过滤时间；

j. JP-5 不要求使用 MIL-DTL-5624U 附录 A 中章节 A.3.c；

k. 对油料中仅含抗氧剂和金属钝化剂时 MSEP 的限制；当第三种添加剂为防冰添加剂时，MSEP 不小于 85，当第三种添加剂为防腐剂时，MSEP 不小于 80，当四种添加剂都存在时，MSEP 不小于 70；

l. 油料在常温下，电导率必须在其范围之内；

m. 对于使用 DiEGME 标刻的折光计，应使用 D5006 试验方法；

n. 对于含有加氢处理成分的 JP-4 油料，应限制活性成分；对于不含任何加氢处理成分的 JP-4 油料，抗氧剂最大可以加到 24ug/g；

o. 所有 JP-5 油料都要求；

p. 允许的限制要求已经列出在最新版 QPL-25017 中；

q. 不应在 JP-5 中使用抗静电添加剂，除非从海军航空部得到书面同意。

表 3-13 美国空军喷气燃料技术要求

发布单位		美国空军		试验方法
规格		MIL-DTL-38219D	MIL-DTL-83133G	
最新更新日期		1998 年 8 月 21 日	2001 年 4 月 30 日	
级别/类型		JP-7 低挥发型煤油	JP-8 煤油型	
北约代号		F-34/F-35/F-37		ASTM
组成				
外观目视		C&B[b]	C&B[b]	
总酸值/(mg KOH/g)	不大于	—	0.015	D3242
芳烃(体积分数)/%	不大于	5	25	D1319
总硫(质量分数)/%	不大于	0.1	0.3	D4292[c]
硫醇性硫(质量分数)/%	不大于	0.001	0.002	D3227
或博士实验		阴性	阴性	D4952
颜色/赛波特		—	报告	D156、D6025
挥发性				
馏程				D86、D2887
初馏点/℃	不低于	182	报告	(仅用于 JP-8)
10%馏出温度/℃		最小 196	最大 205	
20%馏出温度/℃	不低于	206	报告	
50%馏出温度/℃		报告	报告	
90%馏出温度/℃	不高于	260	报告	
终馏点/℃	不高于	288	300	
残留(体积分数)/%	不大于	1.5	1.5	
损失(体积分数)/%	不大于	1.5	1.5	
闪点/℃[d]	不低于	60	38	D56、D93、D3828
密度(15℃)/(kg/L)		0.779~0.806	0.775~0.840	D1298、D4052
或 API 度(60℉)		44.0~50.1	37.0~51.0	D1298
蒸气压(149℃)/kPa	不大于	20.7	—	-5
蒸气压(260℃)/kPa	不大于	331	—	-5
流动性				D2386、D5901
冰点/℃	不高于	-43.3	-47	D5972(JP-8 使用)
黏度(-20℃)/(mm²/s)	不大于	8	8	D445、D2382 (JP-7 使用)
燃烧性				D3338、D4809 (JP-8 使用)

续表

发布单位		美国空军		试验方法
规格		MIL-DTL-38219D	MIL-DTL-83133G	
最新更新日期		1998年8月21日	2001年4月30日	
级别/类型		JP-7低挥发型煤油	JP-8煤油型	
北约代号		F-34/F-35/F-37		ASTM
净热值/(MJ/kg)	不小于	43.5	42.8	D976、D4737、D1322
十六烷指数(计算)		—	报告	D1322
烟点/mm	不小于		25	D1840
或烟点/mm	不小于		19	D3343[f]、D3701
和辉光值(体积分数)/%	不大于		3	
氢含量(质量分数)/%	不小于	14.4	13.4	
腐蚀性				
铜片腐蚀(2h, 100℃)/级	不大于	1b	1	D130
安定性				
热安定性(JFTOT, 260℃)				
压力降/mmHg	不大于	25	25	D3241[g]
管评级(目视)	不大于	12TDR	3[h]	
污染物				
实际胶质/(mg/100mL)	不大于	5.0[i]	7	D381
颗粒污染/(mg/L)	不大于	0.3[j]	1	D2276、D5452
过滤时间/min	不大于	—	15	-11
水反应(界面评级)	不大于	1b	1b	D1094
水反应分离	不大于	2	—	D1094
水分离指数(MSEP)	不小于	85	-12	D3948
导电性				
电导率/(pS/m)		-13	D2624	
添加剂				
防冰剂(体积分数)/%		0.10~0.15	0.10~0.15[n]	D5006
抗氧剂/(μg/g)		24.0	要求[o]	
防腐剂/(μg/g)		200~250[p]	要求[p]	
金属钝化剂		协议	协议	
抗静电剂		—	要求	

注：a. 加入热氧化安定性提高剂的 lP-8 被称为 lP-8 + 100，北约代号 F-3，允许加入最大 50%(体积分数)的 F 一 T

合成石蜡基煤油，该石蜡基煤油应满 MIL-DTL-83133G 附录 A 的要求；

b. 油料在 21℃的温度下应清澈透明；

c. 对于 JP-7 和 JP-8，允许使用 Dl266、D2622 和 03120 试验方法(也可使用 0129 和 D5453 方法)；

d. 对于 JP-7，只能使用 D93 试验方法；对于 JP-8，使用 D56 获得的试验结果，通常比 093 试验方法的结果低 1℃；使用 03828 获得的试验结果，通常比 093 试验方法的结果低 1.7℃；也可以使用 IP170 试验方法；

e. 根据 MIL-DTL-38219D 附录 A 或附录 C 的要求测试蒸气压；

f. 可以使用 03343 计算试验方法，或 03701 测量试验方法；

g. 对 JP-7 在 355℃温度下试验拙，JP-8 在 260℃温度下试验 2.5h；

h. 不允许出现孔雀蓝或其他不正常的颜色；

i. 如果用空气代替了蒸气，应当报告。如果用空气失败，油样应重新用蒸气进行测试；

j. 限值适用于生产原始地点，在目的地累计最大浓度为 0.5mg/L；

k. 最小样品体积 3.79L，根据中 MIL-DTL-83133G 附录 B 要求的程序计算过滤时间；

l. 对油料中仅包含抗氧剂和金属钝化剂时，MSEP 不小于 90；当第三种添加剂为防冰添加剂时，MSEP 不小于 85；当第三种添加剂为防腐剂或抗磨剂时，MSEP 不小于 80；当四种添加剂都存在时，MSEP 不小于 70；

m. 对于 F-34(JP-8)其电导率范围是 150~600pS/m，对于 F-35 其电导率范围是 50~ 600pS/m，对于 JP-8 + 100 其电导率范围是 150~700pS/m。油料在常温下，或 29.4℃，无论更低时，电导率必须在其范围之内；

n. 对于 F-34，必须添加防冰添加剂。对于 F-35，除非采购方明令加入，否则不应添加防冰添加剂；

o. 对于含有加氢处理成分的油料，必须加入；对于不含任何加氢处理成分的油料，可以随意；

p. 在 JP-7 油料中应加入 PWA-536 润滑添加剂；在 F-34 油料中应加入 MIL-PRF-25017 防腐剂。

4. 美国飞机发动机生产商的规格指标

表 3-14 是美国通用公司航空煤油质量标准要求。

表 3-14 美国通用公司航空煤油质量标准要求

发布单位		通用(GE)公司			
规格		D50TF2-S14			
最新更新日期		2005.2.9			
级别/类型		A/C 级	B 级宽馏分	D 级高闪点	试验方法
		煤油型[a]	煤油型	煤油型	ASTM
外观目视		C&B[b]	C&B[b]	C&B[b]	
总酸值/(mg KOH/g)	不大于	0.10	—	0.10	D3242
芳烃(体积分数)/%	不大于	25	25	25	D1319、D1266、D1552
总硫(质量分数)/%	不大于	0.3	0.4	0.4	D2622、D4292、D5453
硫醇性硫(质量分数)/%	不大于	0.003	0.005	0.003	D3227[c]
或博士实验		阴性	阴性	阴性	D4952
挥发性					
馏程					D86

续表

发布单位		通用(GE)公司			
规格		D50TF2-S14			
最新更新日期		2005.2.9			
级别/类型		A/C级	B级宽馏分	D级高闪点	试验方法
		煤油型[a]	煤油型	煤油型	ASTM
10%馏出温度/℃	不高于	205	报告	205	
20%馏出温度/℃	不高于	—	90~145	报告	
50%馏出温度/℃	不高于	报告	110~190	报告	
90%馏出温度/℃	不高于	报告	245	报告	
终馏点/℃	不高于	300	—	300	
残留(体积分数)/%	不大于	1.5	1.5	1.5	
损失(体积分数)/%	不大于	1.5	1.5	1.5	
闪点/℃	不低于	38	—	60	D56、D3828
密度(15℃)/(kg/m^3)		775~840	751~802	788~845	D1298、D4052
蒸汽压(38℃)/kPa	不大于	—	21	—	D323、D5191
流动性					
冰点/℃	不高于	[a]	-50	-46	D2386、D5972
黏度(-20℃)/(mm^2/s)	不大于	8.0	—	8.5	D445
燃烧性					D3338
净热值/(MJ/kg)	不小于	42.8	42.8	42.6	D4529、D4809
或烟点/mm	不小于	25	25	25	D1322
和萘系烃含量(体积分数)/%	不大于	3.0	3.0	3.0	D1840
腐蚀性					
铜片腐蚀(2h, 212℉)/级	不大于	1	1	1	D130
安定性					
热安定性(JFTOT, 260℃)					
压力降/kPa	不大于	25[d]	25[d]	25[d]	D3241
管评级(目视)	小于	3[e]	3[e]	3[e]	
污染物[f]					
实际胶质/(mg/100mL)	不大于	7	7	7	D381

续表

发布单位		通用(GE)公司			
规格		D50TF2-S14			
最新更新日期		2005.2.9			
级别/类型		A/C 级	B 级宽馏分	D 级高闪点	试验方法
		煤油型[a]	煤油型	煤油型	ASTM
水反应(界面评级)	不大于	1b	1b	1b	
添加剂[g]					
防冰剂(体积分数)/%	不大于	0.15		0.2	
抗氧剂/(mg/L)	不大于	24	24	24	
防腐剂		-8	-8	-8	
金属钝化剂/(mg/L)	不大于	3.7	3.7	3.7	
抗静电剂添加剂		[i]	-9	-9	
杀虫剂		[h]	[h]	[h]	
热氧化安定性提高剂		[h]	1.0	[h]	
检漏剂/(μg/g)	不大于	1.0			

注：a. 除了冰点之外，A 级和 C 级的要求一样，其中，A 级冰点要求为不大于-40℃，C 级冰点要求为不大于-47℃；

b. 油料应清澈透明，目视无固体物质和不溶解水；

c. 如果油料博士试验结果为阴性，可以取消硫醇性硫试验；

d. ASTM 03241 试验应在 260℃的温度下进行 2.5 小时；

e. 使用管评级仪观察加热管确定目视管评级。如果出现孔雀蓝(彩虹)的颜色，定级代号为 P；油料出现孔雀蓝，说明不符合热氧化安定性的要求；

f. ASTM 03948 适合于在生产地点。当油料中含有抗静电添加剂时，水分离指数最小为 70，当油料中不含有抗静电添加剂时，水分离指数最小为 85；

g. 使用添加剂是随机的，但是使用时，供应商必须说明；在规格说明 E 中列出了已经批准使用的添加剂清单；

h. 参考规格说明 E 中关于添加剂的浓度说明；

i. Stadis 450 第一次加注的最大浓度为 3.0mg/L，当再次加注时允许的最大累积浓度最大为 5.0mg/L。

5. 美国替代航空涡轮燃料规格

ASTM 把合成烃类单独起草一个标准 ASTM D7566，即含合成短类的航空涡轮燃料的规格标准。这个标准被航空油料界认为是划时代的标准，一定会有利推动替代喷气燃料的发展。这个规格中把煤间接液化(CTL)、天然气合成(GTL)和生物质加氢分离出的合成烃类(BTL)，均可作为喷气燃料。最大质量分数 50%与传统喷气燃料调和出厂使用。国际商业航空替代喷气燃料计划(CAAFI)制定了一个替代喷气燃料的一个认证路线图，这个路线图包括现在从事工作及未来计划的工作，计划 2013 年 100 加氢可再生生物喷气燃料(HRJ)得到认证，进入喷气燃料产品标准并投入商业运行。表 3-15、表 3-16 分别是美国替代航空涡轮燃料及添加剂的规格要求。

表 3-15　美国替代航空涡轮燃料规格要求

发布单位		美国试验材料协会(ASTM)	
规格		D7566-10	
最新更新日期		2010	
级别/类型		含合成烃类的航空涡轮燃料[a]	
性质[b]		Jet A 或 Jet A-1	ASTM 试验方法
组成[c]			
总酸值/(mg KOH/g)	不大于		D3242
芳烃(应满足下列要求之一)			
芳烃(体积分数)/%	不大于	25	D1319
芳烃(体积分数)/%	不大于	26.5	D6379
硫醇性硫(质量分数)/%	不大于	0.003	D3227
总硫(质量分数)/%	不大于	0.1	D1266、D2622、D4294、D5453
挥发性			
蒸馏温度[d]/℃			D2887、D86
10%回收温度(T_{10})	不高于	205	
50%回收温度(T_{50})		报告	
90%回收温度(T_{90})		报告	
终馏点温度	不高于	300	
蒸馏残留(体积分数)/%	不大于	1.5	
蒸馏损失(体积分数)/%	不大于	1.5	
闪点/℃	不低于	38	D56、D3828
密度(15℃)/(kg/m^3)		775~840	D1298、D4052
流动性			
冰点[e]/℃	不高于	-40(Jet A) -47(Jet A-1)	D5972、D7153、D7154、D2386
黏度(-20℃)/(mm^2/s)	不大于	8.0	D445
燃烧性			
燃烧净热值/(MJ/kg)	不小于	42.8	D4529、D3338、D4809
应该满足下列要求之一			
烟点/mm	不小于	25	D1322
或烟点/mm	不小于	18	D1322
和萘(体积分数)/%	不大于	3.0	D1840
腐蚀性			
铜片腐蚀(100℃, 2h)/级	不大于	1	D130
热安定性[f]			
控制温度(260℃下 2.5h)			D3241

续表

发布单位		美国试验材料协会（ASTM）	
规格		D7566-10	
最新更新日期		2010	
级别/类型		含合成烃类的航空涡轮燃料[a]	
性质[b]		Jet A 或 Jet A-1	ASTM 试验方法
过滤器压力降/mmHg	不大于	25	
加热管沉积物评价	小于	3，无孔雀蓝色或不正常颜色的沉积物	
污染物			
实际胶质[g]/（mg/100mL）	不大于	7	D381、IP540
水分离指数（MSEP）[f]			D3948
不含电导率添加剂	不小于	85	
含电导率添加剂	不小于	70	
添加剂			
电导率[f]/（pS/m）			D2624
组成[h]			
芳烃（应满足下列条件之一）			
芳烃（体积分数）/%	不小于	8	D1319[i]
芳烃（体积分数）/%	不小于	8.4	D6379[i]
蒸馏/℃			D2887、D86
$T_{50}-T_{10}$	不小于	15	
$T_{90}-T_{10}$	不小于	40	
润滑性/mm	不大于	0.85	D5001

注：a. 传统的调和组分符合规格 D1655 的 JetA 或 JetA-1，合成调和组分最大体积为 50%；

b. 因为正确的取样方法对于确定燃料的质量重要，应使用方法 D4057 中的合适操作方法以从燃料批次中得到样品进行一致性检验；把独立的批次生产燃料作为非连续批次，然后检测的一致性可以满足本要求，但在线结果平均无法满足本要求；

c. 本规格所规定的航空涡轮燃料应目视无不溶解水、沉淀物和悬浮物质；燃料的气味不应使人反胃或具有刺激性；如果燃料的气味类似于"臭鸡蛋"，进一步的讨论请参考标准原文中的 X.1.12.5；除非本规格允许，在通常的处理和使用条件下不应存在危险性有毒物质；

d. 蒸馏-试验方法 D86，对于 JetA 和 JetA-1，可以使用试验方法，D2887 作为替代方法，可通过采用 D2887 附录 X5 中的关联方法把所得结果作为估计的 D86 报告；在有争议的情况下，试验 D86 为仲裁该方法；

e. 冰点-试验方法 D5972、D7153、D7154 或 D2386，这些方法的任一个都可以用来确认和重新确认喷气燃料的冰点，其中试验 D2386 为仲裁试验方法；通过检测受柴油污染喷气燃料的冰点，一项评估冰点方法的实验室间研究报告（RR：D02-1572）表明，试验方法 D5972 和 D7153 与试验方法 D2386 和 D7154 相比，提供的因污染导致的冰点差非常稳定；建议使用试验方法 D5972 或试验方法 D7153，或两个方法都使用，根据再现性和 D021572 中的交叉-污染检测报告来确认和重新确认喷气燃料的冰点；应调查由自动方法得到的冰点结果走出规格指标的原因，但如果仲裁方法（试验方法 D2386）的结果在规格指标内，则自动方法的结果超标不作为喷气燃料不宜使用的判据；

f. 喷气燃料的一些性质，包括热安定性，水分离指数、电导率等性质，对于源自样品容器的痕量污染物非常敏感；关于推荐的样品容器，参见 D4306；

g. 实际胶质-试验方法 D381 或 IP540；试验方法 D381，使用蒸气喷射操作条件，为仲裁试验方法；

h. 仅适用于含有合成调和组分的喷气燃料；如果传统方法得到的喷气燃料，与来自先前得到认可的成品调和批次残留在炼厂设备中的，例如在罐底的 D7566 半合成航空涡轮燃料混合；

i. 芳烃-试验方法 D1319 或 D6379，试验方法 D1319 为仲裁试验方法。

表 3-16　航空涡轮燃料中添加剂的具体要求[a]

燃烧性能增强添加剂		剂量
抗氧化剂（下列之一）	不大于	24. 0mg/L
2，6-叔丁基苯酚		
2，6-叔丁基-4-甲基苯酚		
2，4-二甲基-6-叔丁基苯酚		
不少于 75%的 2，62，6-叔丁基苯酚，不大于 25%的叔和三叔丁基苯酚		
不少于 55%的 2，4-二甲基-6-叔丁基苯酚，不少于 15%的 4-甲基-2，6-叔丁基-4-甲基苯酚，剩余的不大于 30%的单甲基和二甲基叔丁基苯酚		
不少于 72%的 2，4-二甲基-6-叔丁基苯酚，不大于 28%的叔丁基甲基苯酚和叔丁基二甲基苯酚的混合物		
金属钝化剂（*N*，*N'*-二水杨基-1，2-丙烷二胺）		
最初调和	不大于	2. 0mg/L
现场重新调和之后累积浓度	不大于	5. 7mg/L
燃油系统防冰剂[b]（体积分数）/%	不大于	0. 1
二乙二醇单甲基醚（见规格 D4171）（体积分数）/%		0. 15
燃料处理和维护		剂量
电导率改进剂/（mg/L）		
杜邦 450		
最初调和	不大于	3
现场重新调和之后累积浓度	不大于	5
如果在重新处理时不知道添加剂的浓度则再添加的浓度	不大于	2
检漏添加剂/（mg/L）		
示踪剂 A（LDTA-A）	不大于	1
生物杀灭剂		剂量
腐蚀抑制/润滑改进剂/（mg/L）		
下列之一		
Apollo PRI-19	不大于	23
HiTEC580	不大于	23
Octel DCI-4A	不大于	23
Nalco5403	不大于	23

注：a. 燃料系统防冰剂、其他的氧化剂、抑制剂和特殊用途的添加剂，燃料供应高需明确其类型和数量，并得到购买方的同意；只允许在飞机运营所用燃料中添加得到飞机认证权威机构认可的添加剂；

b. 燃料系统防冰剂；

（1）二亚乙基-乙二醇-甲基醚（DiEGME），符合规格 D4171Ⅲ型的要求，可以使用的浓度为 0.10%～0.15%（体积分数）；

（2）可以使用试验方法 D5006 来测定航空燃料中 DiEGME 的浓度。

二、英国航空涡轮燃料规格

英国在二战末出台了自己的第一个喷气燃料标准 RDE/F/KER（临时标准）。1948 年，英国开始使用高闪点煤油 RDE/F/KER203。20 世纪 90 年代初，英国将所有的喷气燃料规格进行了标准化，统一成国防标准 Defence Standard，由国防部标准化局统一管理。

Def Stan91-91 是一个英国军民通用喷气燃料规格，英国民秀航空局同意委派技术代表与英国国防部（MOD）讨论民用规格。管理英国国防标准 91-91（包括 MOD 的其他航空燃料规格）的技术局属于英国国防燃料组（DFG），英国的一家公司 QinetiQ 与 DFG 签约提供技术和管理支持。英国航空燃料委员会（AFC）每年开会一次，通常在四月，通过与 AFC 协商，确认或修改规格。由一个代表生产商、用户、OEM 厂商和规章机构的顾问组给 AFC 提供建议，首先由该小组讨论规格的技术修改建议，然后送审稿提交 AFC 讨论。一般英国国防标准 91-91 大约每三年修订一次，如果有重要或紧急的变化随时发布修改单。

MOD 负责维护该规格（以前名称为 DERD 2492）的 JetA-1，这个标准被大部分美国和独联体之外民用航空燃料所采用。DEFSTAN91-91 的 JetA-1 与 ASTMD 1655 的 JetA-1 规格有微小差别。表 3-17 是英国航空涡轮燃料规格。

表 3-17 英国航空涡轮燃料质量规格要求

发布单位		英国国防部				
规格		DEF STAN91-86/5-2	DEF STAN91-88/3-2	DEF STAN91-91/7	试验方法	
最新更新日期		2007 年 6 月 22 日	2007.6.22	2011.2.18		
级别/类别		AVCAT/FSII 高闪点煤油型	AVCAT/FSI 宽馏分煤油型	AVCAT 煤油型		
北约代号		F-44	F-40	F-35[a]	ASTM	IP
组成						
外观目视		C&B[b]	C&B[b]	C&B[b]		
颜色		报告[c]	报告[c]	报告[c]	D156	354
总酸值/（mgKOH/g）	不大于	0.015	0.015	0.015	D3242	156
芳烃（体积分数）/%	不大于	25	25	25	D1319	436
或总芳烃（体积分数）/%[d]	不大于	26.5	26.5	26.5	D6379	107
					D1266	243
					D1552	373
总硫（质量分数）/%	不大于				D2622	336

续表

发布单位		英国国防部				
规格		DEF STAN91-86/5-2	DEF STAN91-88/3-2	DEF STAN91-91/7	试验方法	
最新更新日期		2007年6月22日	2007. 6. 22	2011. 2. 18		
级别/类别		AVCAT/FSII 高闪点煤油型	AVCAT/FSI 宽馏分煤油型	AVCAT 煤油型		
北约代号		F-44	F-40	F-35[a]	ASTM	IP
					D4294	447
					D5453	
硫醇性硫(质量分数)/%	不大于	0. 003	0. 003	0. 003	D3227	342
或博士实验[e]		阴性	阴性	阴性		30
批次中的非加氢组分(体积分数)/%		—	—	报告		
加氢组分(体积分数)/%		报告	报告	报告		
深度加氢组分(体积分数)/%		报告[f]	报告[f]	报告[f]		
合成组分[g](体积分数)/%		—	—	50		
挥发性						
馏程[h]		报告	报告	报告	D86	123
初馏点/℃		205	报告	205		
10%硫出温度/℃	不高于	—	100	—		
20%硫出温度/℃	不低于	报告	125	报告		
50%硫出温度/℃	不低于	报告	报告	报告		
90%硫出温度/℃	不高于	300	270	300		
终硫点/℃	不高于	1. 5	1. 5	1. 5		
残留(体积分数)/%	不大于	1. 5	1. 5	1. 5		
损失(体积分数)/%	不大于					
闪点/℃	不低于	61	—	38. 0[i]	D93	34
密度(15℃)/(kg/m^3)		788. 0~845	751. 0~802	775. 0~840	D4052	365
蒸气压(37. 8℃)/kPa		—	14. 0-21. 0	—		69
流动性						
冰点/℃	不高于	-46	-58	-47	D2386	16
黏度(20℃)/(mm^2/s)	不大于	8. 8	—	8	D445	71
燃烧性						
净热值/(MJ/kg)	不小于	42. 6	42. 8	42. 8	j	j

续表

发布单位		英国国防部				
规格		DEF STAN91-86/5-2	DEF STAN91-88/3-2	DEF STAN91-91/7	试验方法	
最新更新日期		2007.6.22	2007.6.22	2011.2.18		
级别/类别		AVCAT/FSII 高闪点煤油型	AVCAT/FSI 宽馏分煤油型	AVCAT 煤油型		
北约代号		F-44	F-40	F-35[a]	ASTM	IP
烟点/mm	不小于	25	25	25	D1322	57
或烟点/mm	不小于	19	19	19	D1322	57
和萘系烃含量(体积分数)/%	不大于	3	3	3	D1840	
腐蚀性						
铜片腐蚀(2h，100℃)/级	不大于	1	1	1	D130	154
安定性						
热安定性(JFTOT，260℃)						
压力降/mm Hg	不大于	25	25	25	D3241	323
管评级(目视)	小于	3[k]	3[k]	3[k]		
污染物						
实际胶质/(mg/100mL)	不大于	7	7	7[m]	D381	131
颗粒污染/(mg/L)		—	—	1.0[l]	D5452	423
颗粒物(在生产处，累积频道颗粒计数，ISO 代号)						
≥4μm(c)		—	—	报告		
≥6μm(c)		—	—	报告		
≥14μm(c)		—	—	报告		
≥21μm(c)		—	—	报告		
≥25μm(c)		—	—	报告		
≥30μm(c)		—	—	报告		
水反应(界面评级)	不大于	1b	1b	—	D1094	289
水分离指数(MSEP)	不小于	85[n]	85[n]	85[n]	D3948	
导电性						
电导率/(pS/m)		—	50~600	50~600[o]	D2624	274
润滑性/mm	不大于	—	—	0.85[p]	D5001	

续表

发布单位	英国国防部				
规格	DEF STAN91-86/5-2	DEF STAN91-88/3-2	DEF STAN91-91/7	试验方法	
最新更新日期	2007. 6. 22	2007. 6. 22	2011. 2. 18		
级别/类别	AVCAT/FSII 高闪点煤油型	AVCAT/FSI 宽馏分煤油型	AVCAT 煤油型		
北约代号	F-44	F-40	F-35[a]	ASTM	IP
添加剂					
防冰剂(体积分数)/%	0. 12~0. 15	0. 10~0. 15	协议		
抗氧剂	随机[q]	随机[q]	随机[p]		
腐蚀剂	要求[r]	要求[r]	随机[q]		
金属钝化剂	随机	随机	随机		
抗静电剂	—	要求[s]	要求[ps]		

注：a. 在 F-35 中加入规定的添加剂，就变为 F-34；F-34 的规格参考 DEF STAN 91-87；

b. 常温下清澈透明，目视无固体物质和不溶解水；

c. 报告赛波特颜色的要求在生产处适用，这样可以对输送过程中的颜色变化定量。如果燃料的颜色不适合使用赛波特颜色试验方法，则应该报告目视颜色；不正常的或非典型的颜色也应注明；

d. 循环比对试验证明 IP 156/ D 1319 和 IP 436/D 6379 之间有关联关系，鼓励各实验室用两种方法测试并报告；目前 IP 156 为仲裁方法，但将来可能为 IP 436；

e. 存在争议时，以试验结果为准；

f. 深度加氢组分定义为在生产过程中，在大于 7000kPa (70bar 或 1015psi) 氢分压下，从石油中分离出来的烃类；

g. 符合 ASTM D 7566 的要求。当使用 IP 156 方法时，半合成航空喷气燃料的芳烃含量不小于 8. 0%(体积分数)，但不大于 25. 0%(体积分数)；当使用 IP 436 方法时，半合成航空喷气燃料的芳烃含量不小于 8. 4%(体积分数)，但不大于 26. 5%(体积分数)。半合成馏程要求：$T_{50}-T_{10}\geqslant 15$℃，$T_{90}-T_{10}\geqslant 40$℃；

h. 冷凝器温度为 0~4℃；

i. 对于 F-35，如果使用 D56 试验方法(泰克)，最小值应为 40℃；

j. 可以使用以下任何计算方法，IP 12、IP 355(F-40 不允许)、ASTM D3338、D4529 / IP 381、D4809；

k. 在应该在试验完成后 120min 内使用管评级仪观察加热管确定目视管评级。不允许出现孔雀蓝或其他不正常的颜色；

l. 仅仅适用于生产地点；见附录 F 中关于颗粒污染物的说明；

m. 只要温度保持与 IP 131/ ASTM D381 的表 1(飞机/航空涡轮燃料的试验条件)的规定一致，对于蒸气喷射法的仪器可以使用空气代替蒸气作为蒸发介质；(1) 尽管阱和浴的温度同蒸气喷射法，仍应调节空气流量检定，在常温下空气流量为 600mL/s；(2) 仍应如蒸气喷射法对烧杯进行相同预热(IP 131 第 10. 5 节)；

n. 对于油料中不含有抗静电添加剂(SDA)；对于油料中含有抗静电添加剂(SDA)，要求水分离指数(MSEP)最小为 70；该要求仅仅适用于在原始地点；如果在输送的下游进行的测试，没有明确的要求，并且结果不能作为唯一拒收的理由；

o. 在飞机加油点，必须满足该指标的要求；

p. 仅适用于含有大于 95%(体积分数)的加氢物质且在其中至少 20%(体积分数)为深度加氢(见注 g)的燃料和所有含有合成组分的燃料。该指标只在生产处适用；

q. 对于加氢处理的燃料或燃料组分，活性物质的总浓度应该在 17.0～24.0mg/L 之间；对于非加氢处理的燃料，活性物质的总浓度不大于 24.0mg/L；

r. 在 QPL 68-251 中明确规定了添加的类型和浓度；对于 F-35，可能添加防腐剂；

s. 第 1 次加注抗静电添加剂(SDA)的最大浓度为 3.0mg/L，当再次加注时允许的最大累积浓度最大为 5.0mg/L。

三、俄罗斯航空涡轮燃料规格

俄罗斯 GOST10227 规格覆盖了独联体和部分东欧地区使用的轻煤油型燃料 TS-1(即 TC-1)，还包括 T-1、T-2 和 RT 燃料等级。每个牌号的油料部分别有不同的质量要求，TS-1 质量最好。在后续的更新中，列出了 TS-1、RT 以及两个军用油料牌号 T-8V 和 T-6，并要求在 RT、T-8V 和 T-6 中加入抗氧剂和润滑性改进剂。更新的另外一个修改是 TS-1 和 RT 的结晶点，根据用户的要求，将结晶点分别由-60℃和-55℃修订为-50℃。

GOST10227 的 TS-1(TC-1)是利用高硫原油通过常压蒸馏工艺生产，由 50%的加氢处理成分和 50%的直馏成分合成，虽然该规格只要静态安定性试验(据报道 GOST10227 的静态安定性试验相当于比 ASTMD3241 的动态热氧化安定性要求的 260℃条件低 15℃左右)，但所有的机场 TS-1 留样都通过了 DEFSTAN91-91 规格里 260℃温度下的热氧化安定性(JFTOT)试验和其他要求(除了硫醇性硫和闪点)。TS-1 被广泛应用在独联体国家。

GOST10227 的 RT(PT)可以通过在直馏航煤或加氢处理航煤中加入可以提高其性能要求的添加剂来生产。该油料主要加入了润滑性改进剂提高了其润滑性能，并且馏程范围更广。

GOST12308-89 规格中的 T-8V 和 T-6 属于军用超音速喷气燃料。T-8V 油料是一种馏分较重、高闪点(45℃)和低挥发性的煤油，而 T-6 油料是一种馏分更重、闪点更高(62℃)、低芳烃、加氢处理的低硫油料。一般使用通用航空煤油发动机不能使用这种油料。

T-1 是一种利用低硫高芳原油通过直馏工艺生产的油料。这种油料具有高密度和安定性较差的特点，并且没有硫醇性硫的限制。现在这种油料的消费量非常有限，已经基本停产。T-2 除了蒸气压较低外，实际是一种与 JP-4 油料非常相似的宽馏分油料。但西方的宽馏分油料，可能无法满足 T-2 油料关于芳烃和硫限制要求。

俄罗斯符合新规格 GOSTR52050-2003 的 JetA-1 油料，已经于 2004 年 1 月开始在一些独联体国家的国际机场提供。该规格是以 ASTMD1655 和 DEFSTAN91-91 为基础发展而成的，并与这俩个规格保持最大的一致。表 3-18～20 是俄罗斯航空涡轮燃料质量规格要求。

表 3-18　俄罗斯航空涡轮燃料质量规格要求(1)

发布单位	俄罗斯国家标准委员会			
规格	GOST 10227-86			
最新更新日期	1995 年 8 月			试验方法
级别/类别	TS-1 优质煤油型	TS-1 煤油型	T-1 煤油型	GOST
组成				
外观	C&B[a]	C&B[a]	C&B[a]	

续表

发布单位		俄罗斯国家标准委员会			
规格		GOST 10227-86			
最新更新日期		1995 年 8 月			试验方法
级别/类别		TS-1 优质煤油型	TS-1 煤油型	T-1 煤油型	GOST
总酸值/(mg KOH/100cm^3)	不大于	0.7	0.7	0.7	5985-79
芳烃(体积分数)/%	不大于	22	22	20	6994-74
碘值/(g/100g)	不大于	2.5	3.5	2.0	2070-82
总硫(质量分数)/%	不大于	0.20	0.25	0.10	19121-73
硫醇性硫(质量分数)/%	不大于	0.003	0.05	—	17323-71
亚硫氢(质量分数)/%		无	无	无	17323-71
挥发性					
馏程					
初馏点/℃		150	150	150	
10%馏出温度/℃	不高于	165	165	175	2177-82
50%馏出温度/℃	不高于	195	195	225	
90%馏出温度/℃	不高于	230	230	270	
98%馏出温度/℃	不高于	250	250	280	
闪点/℃	不低于	28	28	30	6356-75
密度(20℃)/(kg/m^3)	不小于	780	775	800	3900-85
流动性					
冰点/℃	不高于	-60[b]	-60[b]	-60[b]	5066-91
黏度/(mm^2/s)					
20℃	不小于	1.30	1.25	1.50	33-82
-40℃	不大于	8	8	16	33-82
燃烧性					
净热值/(MJ/kg)	不小于	43.120	42.900	42.900	11065-90[c]
烟点/mm	不小于	25	25	25	4338-91
腐蚀性					
铜片腐蚀(3h, 100℃)		通过	通过	通过	6321-92
安定性					
静态安定试验(150℃)/(mg/100cm^3)	不大于	18	18	35	11802-88
污染物					
灰分含量(质量分数)/%	不大于	0.003	0.003	0.033	1461-75
水溶性酸或碱		无	无	无[d]	6307-75[e]
水溶性碱数		—	—	无	
环烷酸皂		无	无	无	21103-75

续表

发布单位		俄罗斯国家标准委员会			
规格		GOST 10227-86			
最新更新日期		1995 年 8 月			试验方法
级别/类别		TS-1 优质煤油型	TS-1 煤油型	T-1 煤油型	GOST
实际胶质/(mg/100mL)	不大于	3	5	6	1567-86
					8489-85
水反应(界面评级)	不大于	1	1	—	27154-86
水反应分离指数	不大于	1	1	—	27154-86
其他					
电导率/(pS/m)		50~600[fg]	50~600[fg]		
添加剂		[h]	[h]	[h]	

注：a. 观察在直径为 45 ~55mm 玻璃瓶里的油料，应清澈透明，无不溶解水和固体杂质；

b. 结晶出现的温度。对于冰点不高于-50℃的 TS-1 油料，除了在 11 区外(COST 16350-80)，在其他所有的温度区可以使用；在 11 区，在起飞之前地面温度低于-30℃，达 24h 时，可以使用冰点高于-50℃的 TS-1 油料；在 11 区使用的冰点不高于-60℃的 TS-1 油料，应按照客户的要求生产；

c. 当存在争议时，应按照 COST 21261-91 进行仲裁；

d. 对于 T-1 油料，按照显示方法评判水溶性酸的试验；

e. 按照规格中描述的程序，进行水溶性碱数的测试；

f. 电导率的最小限值取决于油料的温度，最大为 20℃；

g. 电导率限值仅适用于含有 Sigbol 添加剂的油料；

h. 为提高油料的性能，可以使用根据生产程序而批准的添加剂。

表 3-19　俄罗斯航空涡轮燃料质量规格要求(2)

发布单位		俄罗斯国家标准委员会			
规格		GOST 10227-86			
最新更新日期		1995 年 8 月			试验方法
级别/类别		T-1S 特殊煤油型	T-2 宽馏分煤油型	RT 优质煤油型	GOST
组成					
外观		C&B[a]	C&B[a]	C&B[a]	
总酸值/(mmKOH/g)	不大于	0. 7	0. 7	0. 2~0. 7	5985-79
芳烃(体积分数)/%	不大于	20	22	22	6994-74
碘值/(g/100g)	不大于	2	3. 5	0. 5	2070-82
总硫(质量分数)/%	不大于	0. 1	0. 4	1	19121-73
硫醇性硫(质量分数)/%	不大于	0. 001	0. 005	0. 005	17323-71
挥发性					
馏程					
初馏点/℃	不低于	—	150	135	
	不高于	150	—	155	
10%馏出温度/℃	不高于	175	145	175	2177-82
50%馏出温度/℃	不高于	225	195	225	

续表

发布单位		俄罗斯国家标准委员会			
规格		GOST 10227-86			
最新更新日期		1995年8月			试验方法
级别/类别		T-1S 特殊煤油型	T-2 宽馏分煤油型	RT 优质煤油型	GOST
90%馏出温度/℃	不高于	270	250	270	
98%馏出温度/℃	不高于	280	280	280	
闪点/℃	不低于	30	—	28	6356-75
密度(20℃)/(kg/m³)	不小于	810	755	7750	3900-85
蒸汽压/mm Hg	不大于	—	100	—	
流动性					
冰点/℃	不高于	-60[b]	-60[b]	-55[b]	5066-91
黏度/(mm²/s)					
20℃	不大于	1.5	1.5	1.25	33-82
-40℃	不大于	16	6	16	33-82
燃烧性					
净热值/(MJ/kg)	不小于	42.9	43.1	43.12	1106-90[c]
烟点/mm	不小于	20	25	25	4338-91
苯系烃(体积分数)/%	不大于	—	—	1.5	17749-72
辉光值	不小于	—	—	50	17750-72
腐蚀性					
铜片腐蚀(3b,100℃)/级	不大于	通过	通过	通过	6321-92[d]
安定性					
静态安定试验(150℃)/(mg/100cm³)	不大于	6	18	6	11802-92[d]
溶解胶质(mg/100cm³)	不大于	—	—	30	
非溶解胶质(mg/100cm³)	不大于	—	—	3	
动态试验(150~180℃,5b)					17751-79[e]
过滤压差/kPa	不大于	—	—	10	
加热管评级	不大于	—	—	2	
污染物					
灰分含量/%(质量分数)	不大于	0.003	0.003	0.003	1461-75
水溶性酸或碱		无	无	无	6307-75
水溶性碱数		无	无	—	[f]
环烷酸皂		无	无	—	21103-75
实际胶质/(mg/100mL)	不大于	6	5	4	1567-83 8489-85
水反应(界面评级)	不大于	—	—	1	27154-86
水反应分离指数	不大于	—	—	1	27154-86
其他					
电导率/(pS/m)		—	50~600[gh]	50~600[gh]	25950-83
添加剂		[i]	[i]	[i]	

注：a. 观察在直径为45~55mm玻璃瓶里的油料，应清澈透明，无不溶解水和固体杂质；

b. 结晶出现的温度。对于冰点不高于-50 ℃的T-2和RT油料，除了在11区外(COST 16350-80)，在其他所有的温度区可以使用。在11区，在起飞之前地面温度低于-30℃达24h时，可以使用冰点高于-50℃的RT油料。在11区使用的冰点不高于-55℃的RT油料，应按照客户的要求生产；

c. 当存在争议时，应按照COST 21261-91进行仲裁；

d. 对于含有添加剂的RT油料，在板上允许出现颜色变化和相同颜色的斑点；

e. 对于RT油料，应用电镀铁、铝或不锈钢等材质制作的容器提取$100dm^3$的油样；

f. 按照规格中描述的程序，进行水溶性碱数的测试；

g. 电导率的最小限值取决于油料的温度，最大为20℃；

h. 电导率限值仅适用于含有Sigbol添加剂的油料；

i. 为提高油料的性能，可以使用根据生产程序而批准的添加剂。

表3-20 俄罗斯航空涡轮燃料质量规格要求(3)

发布单位		俄罗斯国家标准委员会	
规格		GOST B 52050—2003	
最新更新日期		2003年11月3日	试验方法
级别/类别		Jet A-1 煤油型	ASTM
组成			
外观目视		C&B[a]	D3242
总酸值/(mmKOH/g)	不大于	0.10(0.015[b])	IP354
芳烃(体积分数)/%	不大于	25	D1319、D1266 D1552
总硫(质量分数)/%	不大于	0.25	D2622、D4292、 GOST R 51947
硫醇性硫(质量分数)/%	不大于	0.03	D3227
或博士实验		阴性	D4952
挥发性			
馏程			
10%馏出温度/℃	不高于	205	D86
50%馏出温度/℃		报告	
90%馏出温度/℃		报告	
终馏点/℃	不高于	300	
残留(体积分数)/%	不大于	1.5	
损失(体积分数)/%	不大于	1.5	
闪点/℃	不低于	38	D56、D3828、
密度(15℃)/(kg/m^3)		775~840	D1298、D4052 GOST R 51069
流动性			
冰点/℃	不高于	-47[c]	D2386、D5972
黏度(-20℃)/(mm^2/s)	不大于	8	D445

续表

发布单位		俄罗斯国家标准委员会	
规格		GOST B 52050-2003	
最新更新日期		2003 年 11 月 3 日	试验方法
级别/类别		Jet A-1 煤油型	ASTM
燃烧性			
净热值/(MJ/kg)	不小于	42.8[d]	D3338、D4529、D4809
烟点/mm	不小于	25	D1322
或烟点/mm	不小于	19	D1322
和萘系烃(体积分数)/%	不小于	3	D1840
腐蚀性			
铜片腐蚀(2h，100℃)/级	不大于	1	D130
安定性			
热安定性(JFTOT，260℃)			
压力降/mm Hg	不大于	25.0	D3241
管评级(目视)	小于	3[e]	
污染物			
实际胶质/(mg/100mL)	不大于	7	D381
水反应(界面评级)	不大于	1b	D1094
水分离指数(MSEP)	不小于		D3948
油料中不含 SDA	不小于	85	
油料中含 SDA	不小于	70	
其他			
电导率/(pS/m)		50~450	D2624
不含抗静电添加剂	不大于	10	GOST 25950
磨损直径/mm	不大于	0.85[f]	D5001
添加剂			
抗氧剂/(ug/g)	不大于	24	
抗静电剂	不大于	3[g]	

注：a. 油料在常温度下应清澈透明，无不溶解水和固体杂质；

b. 要求符合 DEF STAN 91-91 的要求；

c. 买方和供应方可以协商冰点更低的油料；

d. 测试净热值时，使用 ASTM D4529 方法时，使用等式 1 或 T_1；使用 ASTM 03338 方法时，使用等式 2；

e. 不允许出现孔雀蓝或其他不正常的颜色；

f. 测试润滑性由油料供应商提供；

g. 最大初次加入量，累计加入量最大不能超过 5μg/g。

四、AFQRJOS 联营系统航空燃料规格

由于主要国际航煤标准有一定细微差别，不利于喷气燃料的国际流通，许多跨国生产和交易航空燃料的石油公司和航油公司组成了联合检查集团(JIG)，该组织将 ASTMD1655 和

DEFSTAN91-91 中最严格的指标组成了一个新的规格；AFQRJOS 联营系统航空燃料质量检查单，发布后有时被称为联合检查单。许多燃油厂按照联合检查单生产喷气燃料，这样两种版本的 JetA-1 规格可以最大限度地保障国际通用。

联合检查集团航空涡轮燃料具体规格如表 3-21 所示。

表 3-21　联合检查集团(JIG)航空涡轮燃料规格

发布单位		联合检查集团		
最新更新日期		2011 年 5 月		
规格		联合检查系统检查清单(第 25 版)		
级别/类型		Jet A-1 煤油型	试验方法	
性能		指标	IP	ASTM
目视		常温下清澈透明，目视无杂质和不溶解水		
颜色[a]		报告		D156、D6045
颗粒污染物[b]/(mg/L)	不大于	1.0	423	D5452
颗粒物[b]，在生产处，累积频道颗粒计数，ISO 代号			564、565、577	
≥4μm(c)		报告		
≥6μm(c)		报告		
≥14μm(c)		报告		
≥21μm(c)		报告		
≥25μm(c)		报告		
≥30μm(c)		报告		
组成[c,d]				
总酸值/(mgKOH/g)	不大于	0.015	354	D3242
芳烃(体积分数)/%	不大于	25.0	156[e]	D1319
或总芳烃(体积分数)/%	不大于	26.5	436[e]	D6379
总硫(质量分数)/%	不大于	0.30	107	D1266、D2622、D4294、D5453
硫醇性硫(质量分数)/%	不大于	0.0030	342	D3227
或博士实验[f]		阴性	30	D4952
非加氢组分(体积分数)/%		报告(包括“0”或“100%”)		
批次中的加氢组分[g](体积分数)/%		报告(包括“0”或“100%”)		
批次中的深度加氢组分[g](体积分数)/%		报告(包括“0”或“100%”)		
合成油组分(体积分数)/%		报告(包括“0”或“100%”)		
挥发性				
馏程			123[h]、406	D86[h]、D2887[i]
初馏点/℃		报告		
10%馏出温度/℃	不高于	205.0		
50%馏出温度/℃		报告		

续表

发布单位		联合检查集团		
最新更新日期		2011年5月		
规格		联合检查系统检查清单(第25版)		
级别/类型		Jet A-1煤油型	试验方法	
性能		指标	IP	ASTM
90%馏出温度/℃		报告		
终馏点/℃	不高于	300.0		
残留(体积分数)/%	不大于	1.5		
损失(体积分数)/%	不大于	1.5		
闪点/℃	不低于	38.0	170、523	D56、D3828[j]
密度(15℃)/(kg/ m^3)		775.0~840.0	160、365	D1298、D4052
流动性				
冰点/℃	不高于	-47.0	16、435、528、529	D2386、D5972、D7153、D7154[k]
黏度(-20℃)/(kg/m^3)	不大于	8.000	71	D445
燃烧性				
净热值/(MJ/kg)	不小于	42.8	12、355	D3338[l]、D4809
烟点/mm	不小于	25.0	57	D1322
或烟点/mm	不小于	19.0	57	D1322
和萘系烃含量(体积分数)/%	不小于	3.00		D1840
腐蚀性				
铜片腐蚀/级 (2h±5min, 100℃±1℃)	不大于	1	154	D130
安定性				
热安定性(JFTOT)[m]			323	D3241
控制温度/℃	不低于	260		
压力降/mmHg	不大于	25.0		
管评级(目视)	小于	3,无“孔雀”或“异常”颜色的沉积物		
污染物				
实际胶质/(mg/100mL)	不大于	7	131	D381
水分离指数(MSEP)[n]/级				
燃料含抗静电剂	不小于	70		D3948
或燃料不含抗静电剂	不小于	85		

续表

发布单位		联合检查集团		
最新更新日期		2011 年 5 月		
规格		联合检查系统检查清单(第 25 版)		
级别/类型		Jet A-1 煤油型	试验方法	
性能		指标	IP	ASTM
导电性				
电导率[o]/(pS/m)		50~600	274	D2624
润滑性[p]				
BOCLE 磨痕直径/mm	不大于	0.85		D5001
添加剂(出厂合格证应注明 DEF STAN 91-91/6 修订版 1 规定名称和认可型号)				
抗氧剂[q]/(mg/L)				
加氢和合成燃料(强制)		17.0~24.0		
非加氢燃料(可选)	不大于	24.0		
金属钝化剂[r](可选)/(mg/L)	不大于	5.7		
抗静电剂/(mg/L)				
首次加入量 Stadis450	不大于	3.0		
累计加入量[s]		5.0		

注：a. 生产商报告赛波特颜色，这样输送过程中的颜色变化可以定量。如果燃料的颜色不适合使用赛波特颜色试验法，则应该报告目视的颜色。记录和调查罕见的或反常的颜色。关于颜色意义的进一步说明见 DEF STAN 91-91/6 修订版 1 的附录 E。

b. 该指标仅适用于生产处。关于颗粒污染物的进一步说明见 DEF STAN 91-91/6 修订版 I 附录 F。关于飞机加油的污染物指标指导材料风 LATA 指导材料第六版(第Ⅱ部分)。颗粒计数的生效日期为 2009 年 6 月 30 日，但是如有可能，为协助数据收集处理，结果应在此上期前报告。标准当局打算尽早用颗粒计数代替重量法膜片过滤试验。

c. DEF STAN91-91 和 ASTM D1655 认可由 SASOL，根据已经批准的(Air) sajet/1 生产的半合成喷气燃料(SSJF)，以及可以混合到 50%(体积分数)的符合 ASTM D7566 附录 AⅠ认证要求的合成石蜡喷气燃料，对于这些燃料，额外的测试要求参考 Def Stan91-91/7 的附件 D。

本版检查单认可了特殊的半合成和全合成燃料。记录每种合成燃料混合组分的体积分数，并附上执行的规格和仰取附件号、产品商和产品质量证书号。从生产场地到混合点都要符合这个规格，合成燃料组分的处理和运输以相同方式记录成品喷气燃料，以保证产品完整性。应注意混合半合成喷气燃料时应确保混合均匀，尤其当组成密度差异较大时。SSJF 的附加测试要求参照 DEF STAN91-91/6 规格出证书，尽管 DEF STAN91-91/6 订版 1 认可 SASOL 的全合成燃料，除非 ASTM D1655 的要求，不在本规格中使用。

d. FAME(脂肪酸甲醇)浓度不允许大于或等于 5.0mg/kg。有合适的管理控制措施，就不需要强制对每一批次进行测试。详细规定见 DEF STAN91-91/6 修订版 1 的 5.5 节和附录 G。

e. 循环比对试验已获到 IP156/ASTM D1319 和 IP436/ASTM D6379 所测得的总芳烃含量之间的关系，两种方法之间的偏差决定了规格所列不等值的等价指标。鼓励检验实验室测量并报告这两种方法的总芳烃含量以帮助验证这种关系，在有争议的情况下，IP156/ASTM D1319 为仲裁方法，技术部门计划把仲裁方法定为 IP436。

f. 博士实验是硫醇性硫含量的替代要求。在博士试验和硫醇性硫含量结果有矛盾的情况下，优先考虑硫醇性硫结果。

g. DEF STAN91-91/6 修订版 1 规格要求 Jet-1 炼厂出厂合格证需要报告非加氧、加氢、深度加氢合成组分所占比例时无法确定抗氧剂的加剂量。如果炼厂出厂合格证没有加氢比例，就无法检查或证明接收的 JetA-1。

h. 所有符合本规格的燃料在 IP123 和 ASTM D86 方法中分在第四组，冷凝器温度为 0~4℃。

i. ASTM D1655-10 和 DEF STAN91-91/7 版 1 使用 IP606 或 D2887 作为替代的试验方法有不同要求。ASTM 允许直接使用有不同指标的模拟蒸馏，而 DEF STAN 要求使用 IP406 的附录 G 把模拟蒸馏结果转换为推测的 IP123 结果。采用这些不同的方法是由于操作方面的原因而不是技术方面的原因，没有一个方法比另一个更具限定意义的意思。如果有 IP406 方法计算 IP123 的数据，则不需要报告残留和损失。IP123 方法的推算数据也可以用于 ASTM D3338 方法来计算净热值。

j. 允许采用这些自动方法，IP16/ASTM D2386 为仲裁方法。

k. 如果当地的规范允许，可以采用 ASTM D4529/IP381。

l. 使用管评议观察加热管确定目视管评级应该在试验完成后 120min 内进行，报告目视的管评级。DEF STAN91-91/7 版 1 的注 14 强调只能使用得到认可的加热管；

m. DEF STAN91-91/7 版 1 的注 16 规定对于含有静电分散添加剂的燃料没有精密度数据，如果是在输送下游进行水分离指数试验，没有适用的指标限制，且该结果不能作为拒收燃料的唯一原因。在生产商下游加抗静电剂，MSEP 可以低于 70。

n. 根据 DEF STAN91-91/7 版 1 的要求，产品的电导率指标符合本标准是强制性的，尽管某些生产和输送系统在下游加静电分析添加剂更实用，在这种情况下，该批的出厂合格证应该这样注明："除了电导率以外，产品符合 AFQRJOS 检查单第 25 版的要求"。在某些情况下，电导率会快速下降且再加入杜邦 450 抗静电剂时燃料没有响应。只要根据规格标准进行全面测试，且在油品的发放记录中注明"根据 DEF STAN91-91/7 版 1 的附录Ⅱ，发出由于电导率衰减而低于 50pS/m 的燃料"，可以发出电导率不小于 25pS/m 的燃料"，可以发出电导率不小于 25pS/m 的燃料。

o. 该要求出自 DEF STAN91-91/7 版 1。该要求公适用于含有大于 95%(体积分数)的加氢物质且其中至少 20%(体积分数)为深度加氢(见注 f)的燃料和所有含有合成组分的燃料。该指标只在生产处适用。关于航空涡轮燃料润滑性的重要建议性内容，见 DEF STAN91-91/7 版 1 的附录 B。

可以使用防腐剂/润滑剂(LIA)提高润滑性。只允许使用 ASTM D1655-10 表 2 所列的添加剂。关于加入地点的建议也可参考 DEF STAN91-91/7 版 1 的附录 A5，当在生产地点的下游加注防腐剂/润滑改进剂(LIA)时，应确保加入量不会超过上限。

p. 在 DEF STAN91-91/7 版 1 的附录 A. 2. 4 中，列出了得到认可的抗氧剂名单及相应的用于练厂出厂合格证引用的质量标准，也可参见 DEF STAN91-91/7 版 1 的附录 A2. 6。

q. 在 DEF STAN91-91/7 版 1 的附录 A. 3 中列出了得到认可的金属纯化剂(MBA)RDE/A/650。关于报告热安定性的要求，若无法证实在使用添加剂之前或之后 JetA-1 的附录所列出的痕量金属污染。请参见附录 A. 3. 1，注意 A. 3. 3 在生产厂或首次加入最大加入量为 2mg/L 的规定。

r. 重新加入抗静电剂的限制为：

累计浓度	Stadis 450(RDE/A/621)	5. 0mg/L

未知初始的添加量：

增加浓度	Stadis 450(RDE/A/621)	2. 0mg/L

s. 燃料系统防冰剂(FSII)的体积分数小于 0. 02%可以忽略且不需要通告。同意如此少量的燃料系统防冰剂而不需通告是为了便于将含该浓度以下系统防冰剂的燃料报告为不含燃料系统防冰剂。在一定时间内燃料系统中仍可能残留一些添加剂。这并非允许按此浓度连续添加燃料系统防冰剂。

t. 对炼厂生产喷气燃料中管理措施改变的要求见 DEF STAN91-91/7 版 1 和 STM D1655-10 的规定。需要考虑进料、加工条件或生产过程中添加剂的改变对成品质量和性能的影响(例如，经验表明一些生产过程中添加剂可能会有痕量被携带进入航空燃料中)。

u. 一般情况下，符合规格的声明如下 ："证明采用规定的试验方法对样品进行检验，样品所代表的批次符合 AFQRJOS 检查单第 25 版的要求"。应特别确认批次证书符合 TAN91-91(最新版)和/或 ASTM D1655(最新版)的要求。

炼厂批次证书所含信息最低要求如下：

—规格名称、版本号及修正码；

—检验实验室的名称和地址；

—批号或唯一的标识号；

—批次中燃料的数量；

—检验的性质，含规格指标、检验方法和检验结果；

—添加剂，包括资格参考和所添加的数量；

—检验证书授权签字人或电子签名人的名字和职位；

—出证日期。

五、IATA 航空涡轮燃料规格

国际航空运输组织（IATA）发布了一个文件：航空涡轮燃料规格指导书。指导书涵盖了四类航空涡轮燃料规格：三种煤油型燃料（JetA、JetA-1 和 TS-1）和一种宽馏分燃料（JetB）。JetA 采用 ASTM 标准，JetA-1 采用联合加拿大 CGSB 要求。IATA 航空燃料工作组（AFWG）组织了国际民用航空燃料规格协作组，该小组定期开会交换各种喷气燃料规格的变化情况，我国也派人参加该小组。具体规格指标如表 3-22 所示。

表 3-22　国际航空运输协会（IATA）航空涡轮燃料规格

发布单位		国际航空运输协会（IATA）			
最新更新日期		2008 年 5 月			
规格		指南材料（第 6 版）		试验方法	
级别/类型		JetA 煤油型	JetA-1 煤油型	IP	ASTM
组成					
外观目视		常温下清澈透明，目视无固体杂质和不溶于水[a]			
总酸值/（mgKOH/g）	不大于	0.10	0.015	354	D3242
芳烃（体积分数）/%	不大于	25	25.0	156	D1319
或总芳烃（体积分数）/%	不大于	—	26.5	436	D6379
总硫（质量分数）/%	不大于	0.30		107	D1266、D2622
硫醇性硫（质量分数）/%	不大于	0.003	0.0030	342	D3227
或博士实验		阴性		30	D4952
批次中的加氢组分（体积分数）/%		—	报告（包括“0”或“100%”）		
深度加氢组分（体积分数）[b]/%		—	报告（包括“0”或“100%”）		
挥发性					
馏程				123	D86
初馏点/℃		—	报告		
10%馏出温度 /℃	不高于	205	205.0		
50%馏出温度 /℃	不高于	报告			
90%馏出温度 /℃	不高于	报告			
终馏点 /℃	不高于	300	300.0		
残留/%（体积分数）	不大于	1.5			
损失/%（体积分数）	不大于	1.5			
闪点/℃	不低于	38[c]	38.0	170.303	D56、D3828

续表

发布单位		国际航空运输协会(IATA)			
最新更新日期		2008 年 5 月			
规格		指南材料(第 6 版)		试验方法	
级别/类型		JetA 煤油型	JetA-1 煤油型	IP	ASTM
密度(15℃)/(kg/ m³)		775.0~840.0		160.365	D1298、D4052
流动性					
冰点/℃	不高于	-40	-47.0	16.435	D2386、D5972
黏度(-20℃)/(kg/m³)	不大于	8.0	8.000	71	D445
燃烧性					
净热值/(MJ/kg)	不小于	42.80		381	D4529、D4809
烟点/mm	不小于	25.0		57	D1322
或烟点/mm	不小于	18	19.0	D1322	D1322
和萘系烃含量(体积分数)/%	不大于	3.00		57	D1840
腐蚀性					
铜片腐蚀/级 (2h±5min，100℃±1℃)	不大于	1		154	D130
安定性					
热安定性(JFTOT，260℃)				323	D3241
压力降/mmHg	不大于	25.0			
管评级(目视)	小于	3[d]			
污染物[e]					
实际胶质/(mg/100mL)	不大于	7		131	D381
水反应					D1094
界面评级	不大于	1b			
水分离指数(MSEP)/级[f]					
燃料含抗静电剂	不小于	—		70	
或燃料不含抗静电剂	不小于	—		85	
导电性					
电导率/(pS/m)				274	D2624
使用地点					
转输现场		50~450			
润滑性					
BOCLE 磨痕直径/mm	不大于	—	0.85		D5001
添加剂					
防冰剂(体积分数)/%		协议	协议		
抗氧剂		选择	选择[g]		
防腐剂		协议	协议		
金属钝化剂		选择	选择		
抗静电剂		选择	强制		

注：a. 常温下清澈透明，目视无固体物质和不溶解水；
b. 深度加氢组分定义为在生产过程中控制氢分压为大于 7000kPa（70bar 或 1015psi）时从石油中分离出来的烃类；
c. 使用 D56 获得的试验结果，通常比 D3828 和 IP170 试验方法的结果低 2℃；
d. 不允许出现孔雀蓝或其他不正常的颜色；
e. 参考 IATA GM 第Ⅲ部分（2008 年 5 月第 6 版）的飞机加油处对喷气燃料中污染物控制；
f. 仅适合于在生产地点；
g. 对于加氢处理的燃料，在组分被输送储存之前必须强制性立即添加 17.0~24.0mg/L 抗氧剂。

第三节　喷气燃料技术要求与分析

喷气发动机是在高空、低温和低压条件下，把燃料的热能转变为燃气动能进行工作的。其工作特点是：喷气发动机在启动时，由电火花把喷出的燃料引燃，然后再换用喷油嘴喷入喷气燃料，在高速空气流中连续喷油、连续燃烧。其燃烧速度比活塞式发动机快数倍，要求燃料燃烧连续、平稳、迅速、安全。要在高空飞行中满足上述要求，会遇到很多问题。例如，高空飞行中，发动机变换工作状态时容易熄火燃烧不易完全，以致产生积炭和增加耗油率；高空气温低，燃料较难顺利地从油箱进入发动机；高空的低气压使燃料容易蒸发；由于高速飞行与空气摩擦产生热量，使燃料温度升高，容易变质等。

油料是复杂的混合物，它的物理性质是其中各种组成性质的综合表现。在表示燃料质量的各种综合性能中，最重要的是在飞机发动机使用过程中系统和零部件同燃料及其燃烧产物接触过程中所出现的那些性能，即所谓的使用性能。这些性能同飞机发动机的可靠性和寿命直接相关，且它们只是在使用过程中才出现。与纯化合物的性质有所不同，油料的物理性质多是条件性的，离开测量方法、仪器和条件，这些性质就没有意义。对所有航空燃料基本使用性能的共同要求，就是它们应具有适当的挥发性和良好的流动性、燃烧性、安定性、洁净性、不腐蚀所接触的金属并与所接触的非金属材料相容等。

根据喷气燃料的功能，喷气发动机对喷气燃料质量的具体要求如下：

（1）良好的燃烧性能：热值要高，具有良好的燃烧稳定性、完全性、启动性、生炭性、冒烟性。

（2）良好的洁净性：机械杂质、水、表面活性物的含量应严格符合质量标准的要求。

（3）良好的低温性：在低温工作条件下不析出晶体，以保证发动机正常供油。

（4）良好的安定性：在储运过程中和使用条件下不变质。

（5）无腐蚀性：保证燃油系统零部件不发生液相腐蚀，燃气系统零部件不发生气相腐蚀。

（6）良好的高空性能：适宜的饱和蒸气压和发性，馏程分布均匀，以保证高空飞行中不产生气阻，蒸发损失小，燃烧稳定。

（7）适宜的润滑性：保证燃油系统零部件正常润滑无磨损。

（8）具有较小的起电性和着火危险性。

一、挥发性

1. 性能要求

油料在输送和储存中，由于蒸发有很多问题。例如，油料蒸发造成管路中气阻以致油料装卸困难；油料轻组分大量蒸发降低了油料质量并增大了油料蒸发损耗；油蒸汽容易引起火灾，也会使人头晕、呼吸困难，甚至窒息死亡。另外，喷气燃料的蒸发性能影响喷气式发动机的启动性、燃料燃烧完全程度和蒸发损失。蒸发性能好的燃料经喷射后能迅速与空气形成混合气，容易启动，燃烧完全，发动机工作稳定，油耗少。相反蒸发性能差的燃料，不利于与空气混合，未蒸发的燃料易受热分解，形成积炭，特别是在低温、低转速下工作时，易造成熄火。但蒸发性过强，在高空低压下易造成气阻和燃料的大量损失。

因此，要求喷气燃料蒸发性适中，燃料稳定，不易形成积炭，在高空不产生气阻，蒸发损失小。

2. 质量指标

油料的挥发性能通常用馏程、闪点和密度这 3 个性质来表示。

(1) 密度

航空油料的密度和相对密度在生产和储运中有着重要意义，在原料及产品的计量等方面都是不可缺少的。有些航空油料，比如 3 号喷气燃料在质量标准中要求 20℃时标准密度在 775~830kg/m^3。此外，油料的相对密度还与其相对组成有密切的内在联系，可以它为基础关联出油品的其他重要性质参数。

① 基本概念

密度是石油及其产品的最简单常用的物理性质指标。它是指在规定温度下，单位体积内所含物质的质量，符号 p，单位为 kg/m^{3}或 g/cm^3。

标准密度：由于不同温度下，密度会变化。即油品在加热升温时，体积膨胀，密度减小，所以在高温下测得的密度要比低温下测得的密度要小。为了便于比较，一般油品的密度常用某规定温度下的密度来表示，我国国家标准规定以石油及石油产品在标准温度(20℃)下的密度为标准密度，用 ρ_{20} 表示，单位为 g/cm^3。其他温度下测定的密度为视密度，用 ρ_t 表示。

相对密度是油料密度与规定温度下测的密度之比，是无量纲的。由于 4℃时的纯水的密度近似为 1g/cm^3，所以，常以 4℃作为比较基准，以 d_4^t 来表示 t℃时的油料密度与 4℃时水密度之比的相对密度，其数值近似等于 t℃时油品的视密度，我国和前苏联的相对密度为 d_4^{20}，欧美各国常以 15.6℃油料密度与 15.6℃纯水密度之比作为相对密度，表示为 $d_{15.6}^{15.6}$。

欧美各国常用比重指数表示油料密度，也称为 60°F API 度，以 API 表示，简称 API 度。与通常密度的观念相反，API 度数值愈大表示密度愈小。

② 不同密度之间的换算

在石油计量时，我国采用 20℃密度作为标准密度，有的国家采用 15℃密度作为标准密度。西欧和美国等则采用 60°F API 度和相对密度 $d_{15.6}^{15.6}$ 作为标准密度。

当 $d_{15.6}^{15.6}<1$ 时，API 度与 $d_{15.6}^{15.6}$ 之间有以下关系：

$$\text{API 度}=\frac{141.5}{d_{15.6}^{15.6}}-131.5 \tag{3-1}$$

相对密度 $d_{15.6}^{15.6}$ 和 d_4^{20} 之间的换算可按式(3-2)进行：

$$d_4^{20}=d_{15.6}^{15.6}-\Delta d \tag{3-2}$$

式(3-2)中，Δd 从表 3-23 中查得

表 3-23 式(3-2)中的 Δd 值

$d_{15.6}^{15.6}$	Δd	$d_{15.6}^{15.6}$	Δd
0.7000～0.7100	0.0051	0.8400～0.8500	0.0043
0.7100～0.7300	0.0050	0.8500～0.8700	0.0042
0.7300～0.7500	0.0049	0.8700～0.8900	0.0041
0.7500～0.7700	0.0048	0.8900～0.9100	0.0040
0.7700～0.7800	0.0047	0.9100～0.9200	0.0039
0.7800～0.8000	0.0046	0.9200～0.9400	0.0038
0.8000～0.8200	0.0045	0.9400～0.9500	0.0037
0.8200～0.8400	0.0044		

不同单位间的转换公式如下：

1 磅/(lb/ft^3)= 16.02 千克/米^3(kg/m^3)

1 磅/英加仑(lb/gal)= 99.776 千克/米^3(kg/m^3)

1 波美密度(B)= 140/15.5℃时的相对密度-130

1 磅/英寸^3(lb/in^3)= 27679.9 千克/米^3(kg/m^3)

1 磅/美加仑(lb/gal)= 119.826 千克/米^3(kg/m^3)

1 磅/(石油)桶(lb/bbl)= 2.853 千克/米^3(kg/m^3)

1 千克/米^3(kg/m^3)= 0.001 克/厘米^3(g/cm^3)= 0.0624 磅/英尺^3(lb/ft^3)

③ 影响油料密度的因素

油料的密度与油料的馏分组成、化学组成、温度和压力等条件有关。

a. 油料密度与馏分组成和化学组成的关系

同一原油的不同馏分油，随其沸点升高，密度增大，相同碳原子数的不同烃类，其密度不同。即芳香烃的密度最大，环烷烃次之，正构烷烃最小。分子中环数越多，其密度越大，因而不同原油生产的 2 个相同馏程的馏分，由于化学组成不同，其密度也有很大差别。对于同样馏程的石油馏分，含芳香烃多的馏分密度大于含烷烃多的馏分的密度。

b. 温度对密度的影响

温度对油料密度影向很大. 温度升高时，油料体积膨胀，因而密度减小。原油和油品不同温度下密度的换算，可以通过石油计量换算表 GB/T 1885—1998 进行。如已知 20℃时油料密度，可用式(3-3)计算其他温度下的密度：

$$\rho_t=\rho_{20}-\gamma(t-20) \tag{3-3}$$

式中 ρ_t——t℃时油料密度；

ρ_{20}——20℃时油料密度；

γ——石油密度温度系数。

c. 压力对密度的影响

由于液体几乎是不可压缩的，所以，在温度不高的情况下，压力对液体油料密度的影响可以忽略不计，只有在极高的压力下才考虑外压的影响。但值得重视的是，当液体油料做加热时，如果保持体积不变，压力就会急剧增大，例如，把装满油料的一段管路或容器的进出口阀门全部关闭，油料在受热时就可能产生极大压力，以致引起容器爆裂，造成事故。

④ 测定油料密度与储运工作的关系

油料的密度和油料品质与储存管理密切相关，也是石油计量的必要参数。

密度是多种油料，特别是喷气燃料的重要质量标准，对喷气燃料的热值和低温性能影响很大，是生产中必须严加控制的指标。在油库中，可根据密度大致区分油品种类。并可根据油品在储存过程中密度的变化，判断是否存在问题。如果发现燃料的密度与原来测定结果相差 0.01g/cm³ 以上，可认为燃料在储存中与其他油品发生了掺混事故或因大量的蒸发损失造成了密度显著增大。

a. 在油料的储运、管理、收发中，密度是计量的重要参数。将石油在 20℃时的密度乘以其在 20℃时的体积，所得到的油量是石油在真空中的质量。通常由于石油是按空气中的质量来计算的，因此，必须把真空中的石油质量换算成空气中的质量。GB/T 1885—1998 提供了“空气浮力修正值”、“换算系数 F 表”和石油 20℃密度与单位体积石油在空气中的质量换算表。已知石油在 20℃条件下的密度和体积时，可用其中任何一种方法计算石油在空气中的质量。

$$m=(\rho_{20}-0.0011)V_{20} \tag{3-4}$$

$$\text{或 } m=\rho_{20}V_{20}F \tag{3-5}$$

式中 m——石油在空气中的质量；

ρ_{20}——石油在 20℃时的密度；

0.0011——对石油密度的空气浮力修正值；

V_{20}——石油在 20℃时的体积；

F——换算系数，见表 3-24。

表 3-24 石油从真空中质量换算为空气中质量的换算系数 F

20℃密度/(g/cm³)	换算系数 F	20℃密度/(g/cm³)	换算系数 F
0.5000~0.5093	0.99770	0.6796~0.7195	0.99840
0.5094~0.5315	0.99780	0.7196~0.7645	0.99850
0.5316~0.5557	0.99790	0.7646~0.8157	0.99860
0.5558~0.5822	0.99800	0.8158~0.8741	0.99870
0.5823~0.6114	0.99810	0.8742~0.9416	0.99880
0.6115~0.6136	0.99820	0.9417~1.0205	0.99890
0.6137~0.6795	0.99830	1.0206~1.1000	0.99900

b. 在收发和储运油料过程中，测定密度可以帮助区别不同种类或牌号的油料，近似地评定油料质量变化的情况。如喷气燃料所测结果与原化验单相差超过 0.003kg/cm³ 时，可以判断：在储运过程中轻质馏分蒸发损失过多，误与其他油料掺混，牌号或品种不符。

c. 对石油产品而言，密度可以帮助判断燃油馏分的轻重或烃类的组成。对纯烃和其他有机产品(例如苯、甲来、异辛烷、酒精、乙二醇等)，根据密度的大小可以检定产品的纯度或储存使用过程中被其他杂质稀释的程度。

d. 在石油炼制过程中，密度常常是控制生产条件的重要参数之一。例如在乳化或加氢过程中，产品的密度在某种程度上是化学反应深度的反应。

e. 在油箱容积受到严格限制的动力装置，如飞机上，密度较大的燃料有利于发出更多的热量以扩大航程。

(2) 馏程

物质的运动是绝对的，蒸发也是物质的一种运动形式。物质由液态变为气态的现象称为汽化。蒸发和沸腾都是汽化现象，蒸发是在任何温度下在液体表面进行的汽化现象，而沸腾则是在某一温度下在液体内部和表面同时进行的汽化现象。

液体加热到一定温度时，液体的饱和蒸气压达到和外部压强相等时，液体便产生沸腾。沸腾时的温度叫做液体的沸点，液体的沸点随外部压强的增高而升高。纯液态物质的沸点在一定压力下是一个常数，其沸点高低依其分子结构而已。在各种不同烃类中，当分子中的碳原子数相同时，以芳香烃的沸点最高，环烷烃和正构烷烃次之，烯烃和异构烷烃的沸点最低。异构物的分支愈多，沸点愈低。在同一烃类中，沸点随碳原子数增加而升高。

液体燃料是各种不同烃类及很少量非烃类的复杂混合物。不仅含不同种类的烃，而且在同一类烃中含碳原子数多少也是不同的，因此液体燃料没有固定的沸点，而只能测出其沸点范围，即从最低的沸点到最高沸点的温度范围。这一温度范围称为该燃料的馏程。3 号喷气燃料质量技术要求 10%回收温度不高于 205℃，50%回收温度不高于 232℃，终馏点不高于 300℃，残留量和损失量都不大于 1.5%(体积分数)。

馏程是评定液体燃料蒸发性的重要质量指标。它既能说明液本燃料的沸点范围，又能判断油品组成中轻重组分的大体含量，对生产、使用、储存等各方面都有着重要的意义。

① 测定馏程可大致看出原油中含有汽油、煤油、轻柴油等馏分数量的多少，从而决定一种原油的用途和加工方案。

② 在炼油装置中，通过控制或改变操作条件，如温度，压力、塔内液面、侧线拔出量、蒸气用量等，使产品达到预定的指标。

③ 由于初馏点表示燃料中最轻组分的沸点，终馏点表示燃料中最重组分的沸点。测定燃料的馏程，可以根据不同的沸点范围，初步确定燃料的种类。

④ 测定发动机燃料的馏程，可以鉴定其蒸发性，从而判断油料在使用中的适用程度。

⑤ 定期测定馏程可以了解燃料的蒸发损失及是否混有其他种油料。

(3) 闪点

闪点是在规定的试验条件下加热油品时，液体表面上能发生闪燃的最低温度。闪燃是液体表面产生足够的蒸气与空气混合形成可燃性气体时，遇火源产生一闪即燃的现象。

临界点是指石油产品在规定条件下，加热到它的蒸气与火焰接触发生瞬间闪火时的最低温度。油料越轻，闪点越低。

当油面上油气与空气的混合物浓度增大时，遇到明火可形成连续燃烧(持续时间不小于 5s)的最低温度称为燃点。燃点高于闪点。

闪点是可燃性液体储存、运输和使用的一个安全指标，同时也是可燃性液体的挥发性指标。闪点低的可燃性液体，挥发性高，容易着火，安全性较差。从安全角度来说。在比闪点低 17℃左右的温度倾倒油品才是较安全的。从闪点可判断油品组成的轻重，因而，可以从闪点判断重质油品是含混入轻油，重质油品中如混入很少量低沸点油品，其闪点会大大下降，可鉴定油品发生火灾的危险性。挥发性高的润滑油在工作过程中容易蒸发损失，严重时甚至引起润滑油黏度增大，影响润滑油的使用。在油品使用过程中，如果发动机油闪点显著降低时，说明发动机油已受到燃料稀释，应对发动机进行检修和换油。较高的闪点可减少喷气燃料在高空中的蒸发损失，并能防止燃料系统产生气阻，避免中断供油。

闪点是油料的安全性指标，可燃液体的危险等级就是根据其闪点划分的。石油产品，闪点在45℃以下的为易燃品，如汽油、煤油；闪点在45℃以上的为可燃品，如柴油、润滑油。煤油、柴油和润滑油在闪点时的油气浓度达到该油品的爆炸下限。而汽油则不同，室温下密闭容器中汽油的油气浓度已超过其爆炸上限，因空气不足而不会闪火，因而，需要降低汽油温度，使其蒸气压减小，直到能使混合气闪火。虽然汽油的闪点是相当于达到爆炸上限的温度。由于原油的闪点很低，所以它和汽油一样被列入一级可燃品之列。

油料闪点与油料沸点有关。沸点愈低的油品，其闪点也愈低，安全性愈差。汽油的闪点约为-50~30℃，润滑油的闪点可达130~325℃。大气压力对闪点也有影响。闪点随压力升高而增大。通常的闪点是指常压下的闪点。油料的闪点与它的化学组成也有关系。黏度相同的油品，含石蜡较多者，其闪点较高，而由环烷基石油所得到油料的闪点较低。3号喷气燃料质量技术要求闪点不低于38℃。

3. 分析检验方法

(1) 密度

我国石油和油品密度测定主要有密度计法、比重瓶法和密度测定仪法。

① 密度计法

按照《原油和液体石油产品密度实验室测定法(密度计法)》(GB/T 1884—2000)执行。该标准等效采用ISO 3675：1998《原油和液体石油产品密度实验室测定法(密度计法)》。规定了使用玻璃石油密度计在实验室测定通常为液体的原油、石油产品以及石油产品和非石油产品混合物的20℃密度的方法。这些液体的雷德蒸气压(RVP)小于100kPa。

适用于测定易流动透明液体的密度，也可使用合适的恒温浴，在高于室温的情况下测定粘稠液体；还能用于不透明液体，读取液体上弯月面与密度计干管相切处读数，并用相关表格加以修正。具体实验操作过程如实训3-1所示。

② 比重瓶法

按照《原油和液体或固体石油产品　密度或相对密度的测定　毛细管塞比重瓶和带刻度双毛细管比重瓶法》(GB/T 13377—2010)执行。该标准修改采用国防标准ISO3838：2004。适用于测定液体或固体石油产品的密度，但不适宜测定高挥发性液体(如液体石油气等)的密度。由于比重瓶的体积精度不够，而且比重瓶法操作时容易产生误差，因此比重瓶法一般用于对密度要求不高的场所。航空燃料通常不采用此种方法。

③ 密度测定仪法

目前，市场上有很多密度测定仪，如德国生产KRÜSS品牌DS7800型号密度计测定仪。用于测量待测液体的密度、相对密度以及溶液浓度等。适用于石油化工、轻工食品、医药卫生、环保绿化和信息产业等多个领域。

该产品采用U形振荡管法，此方法是将样品放入装有记数器的U形管内，接受电子激发开始振荡，同时在一个时轴上记录振荡频率，在一段时间和某一振幅内可以得到信号波。由于不同样品接受激发后所产生的频率不同，根据所产生的频率可以精确地测定样品的密度值。

测量范围：0.0000~1.9999g/cm^3；测量精确度：0.0001g/cm^3；测量重现性：0.0001g/cm^3；样品体积：2 mL；测量温度范围：10~40 ℃；温度精确度：±0.02 ℃；测量时间：约5min；环境

温度：10~40 ℃；这种方法测量结果准确、高精确度、高分辨率，样品消耗小、耗材成本低，使用寿命长。

（2）馏程

馏程试验是在专门蒸馏仪器中，按照规定速度蒸馏 100mL 试油，将所生成的蒸汽从蒸馏瓶中导出，并确定其馏出温度与馏出物体积百分比之间以数字关系表示的油料沸腾的温度范围。常以馏出物达到一定体积百分数时读出的蒸馏温度来表示。有时也以一定蒸馏温度下馏出物的体积百分数表示。

此种蒸馏，油中的烃类不是按照各自的沸点逐一蒸出，而是在温度从低到高渐次汽化过程的整个蒸馏过程中，以连续增高沸点的混合物的形式蒸出，即当蒸馏液体石油产品时，沸点较低的组分，蒸气分压高，首先从液体中蒸出，同时携带少量沸点较高的组分一起蒸出，但也有一些沸点较低的组分留在液体中，与较高沸点的组分一起蒸出。所以，初馏点、干点及中间馏分的蒸汽温度，仅是粗略确定其应用性质的关系。具体实验操作过程如实训 2-1 所示。

（3）闪点

测定闪点的方法有两种：闭口杯法和开口杯法。一般闪点在 150℃以下的轻质油料用闭杯法测闪点，重质润滑油和深色石油产品用开杯法测闪点。同一个油料，其开杯闪点较闭杯闪点高 20~30℃。

① 闭口杯法

按照《闪点的测定　宾斯基-马丁闭口杯法》（GB/T 261—2008）执行。该标准修改采用国际标准 ISO 2719：2002《闪点测定法 宾斯基-马丁闭口杯法》（英文版）。规定了用宾斯基—马丁闭口闪点试验仪测定可燃液体、带悬浮颗粒的液体、在试验条件下表面趋于成膜的液体和其他液体闪点的方法。适用于闪点高于 40℃的样品。具体实验操作过程如实训 3-2 所示。

② 开口杯法

如果按照《石油产品闪点与燃点测定法（开口杯法）》（GB/T 267—88）执行。适用于测定润滑油和深色石油产品。具体实验操作过程如实训 3-3 所示。

按照《石油产品　闪点和燃点的测定克利夫兰开口杯法》（GB/T 3536—2008）执行。适用于除燃料油（燃料油通常按照 GB/T 261—2008 进行测定）以外的、开口杯闪点高于 79℃的石油产品。具体实验操作过程如实训 3-3 所示。

二、流动性

1. 性能要求

流动性是一个总的涉及物质流动能力的术语，而且不是一个有明确定义的物理性质。喷气燃料在飞机机体内并不是完全静止不动的，它还承担着换热流体和润滑剂等附带功能，所以油料必须能在地面和飞行状态下自由地从机翼燃料箱通过飞机燃油系统流动到发动机和其他相关附属设备。因此，喷气燃料在飞机燃料系统中在低温下能否顺利地用泵输送并通过过滤器，保证正常供油的性能称为低温性能。

在冬季极地航线的巡航高度以及一些高寒地区的地面，喷气燃料都会暴露在非常寒冷的气温中。喷气燃料必须保证在这种极限低温下具有一定的流动性，否则喷气发动机燃油供应将会达不到指定要求，甚至完全停止流动。燃料中含有的微量水分．在低温下会形成冰晶，造成过滤器堵塞，引起供油不畅等问题。燃料中的水分除来自储运、保管、使用中管理不善而裸露的雨雪外，主要是因为烃类具有溶水性，它会从空气中吸收水分，使无水的燃料“自动”地含有微量水分。

为了改善喷气燃料的低温性能，可采用热空气加热燃料和过滤器，或用润滑油预热燃料的方法，以防止冰晶析出；在冬季气温低于0℃的地区，可以用冷冻过滤的方法，即把油温较高的燃料用泵送到露天小油罐中，利用低于0℃的气温将油冷冻24h，油中水分就会形成冰晶，然后将其过滤除去。处理后的燃料应立即密闭注入飞机油箱中使用，否则在较高温度下与空气接触，会重新融入水分。

在喷气燃料中加入防冰添加剂也是有效防止冰晶析出的简便方法。常用的防冰添加剂有醇和醚类，他们有很好的溶水性，但在低温时不会析出水分，也就不会出现冰晶。

2. 质量指标

流动性用冰点和低温黏度控制，要求低温流动性能好，在低温状态下，冰点低，低温黏度小，不应因析出烃结晶体和冰结晶体而堵塞过滤器，以保证燃料具有良好的低温泵送性和过滤性。

（1）冰点

冰点是燃料低温性能的重要指标之一，指燃料在冷却时形成烃类结晶而在温度升高时又消失的温度，在大多数国家的喷气燃料规格中采用。喷气燃料要求冰点低，对高空长时间飞行用的燃料应低于-50℃（短时间飞行的可不高于-40℃）。还有与冰点的作用相同、但定义不同的指标结晶点，它指燃料冷却时最初出现烃类结晶时的温度，在结晶点时，油品仍处于可流动的液体状态。一般比冰点的测定值低1~3℃，被中国、苏联及东欧各国采用。我国近年来开始采用冰点取代结晶点。

由于喷气燃料由成千上万种烃类组成，每一种烃类都有不同的凝固点，所以喷气燃料液体不会像水一样在某一个温度下完全凝固。当喷气燃料冷凝时，冰点最高的烃类首先凝固，形成细微的蜡结晶。进一步降低油料的温度，冰点更低的烃类也开始凝固析出。这时，油料就从均相液体逐渐变成了含有短类（蜡）晶体的悬浊液。温度进一步下降，油料变成油料和烃类晶体的泥状物，最后成为近似固体的块状物。石油馏分的冰点定义为含有蜡结晶的油料受热时，最后蜡结晶溶化的温度。因此，石油燃料的冰点比其完全凝固的温度高很多。

喷气式发动机燃料系统中出现最低油温的部位是直接与冷空气接触的副油箱，其温度的高低直接受地面温度和高空低温气层飞行时间的影响，高空环境下，喷气燃料出现结晶，会堵塞发动机燃料系统的滤清器或管路，使燃料不能顺利泵送，供油不足，甚至中断，这是相当危险的，因此，国产1、2号喷气燃料分别要求结晶点不高于-60℃、-50℃，3号喷气燃料要求冰点不高于-47℃。

影响结晶点、冰点的主要因素是燃料的化学组成和溶水性。当碳原子数相同时，正构烷烃、对称短侧链单环芳烃、双环芳烃的结晶点最高，含有侧链环烷烃及异构烷烃则较低，同类烃中，随相对分子质量的增大，其结晶点逐渐升高。因而由石蜡基原油（如大庆原油）生产的直馏喷气燃料，其结晶点只能达到-50℃，而中间基原油（如克拉玛依原油）则可以生产结晶点低于-60℃的直馏喷气燃料。

油料含水可使结晶点、冰点显著升高，原因是在低温下油料溶解的微量水分可呈细小冰晶析出，而细小的冰晶可作为烃类结晶晶核，使高熔点烃类迅速形成大的结晶。油料中溶解水的多少与空气湿度、温度和化学组成有关。空气湿度越大，燃料吸水越快，吸水量越多，直至饱和；若温度降低，油料对水的溶解度减小，会有少量游离水析出，沉积于罐底，随温度升降变化次数的增多，积水量将逐渐增加；各种烃的溶水性由大到小的顺序依次是：芳烃、烯烃、烷烃。因此，从降低结晶点考虑，喷气燃料也应限制芳烃含量。

（2）运动黏度

黏度测量的是流体在重力或机械压力下流动的阻力。“稀”的流体，像水或者汽油，黏度较低；“稠”的流体，像蜂蜜或者发动机油，黏度较高。黏度与温度关系较大，温度下降，液体的黏度增加。黏度对喷气式发动机燃料的雾化、供油量和燃油泵润滑等有着重要的影响。喷气燃料在高压下通过发动机喷嘴雾化喷入涡轮发动机燃烧室燃烧。压力数值和喷嘴结构被设计成能将喷气燃料雾化成细小油洞，以便与空气混合时能迅速汽化。喷气燃料的黏度影响喷出燃料的雾化形态和油滴粒径分布，而粒径较大的油滴在燃烧室易于形成前文所述的炭粒和明烟。同时如果喷气燃料的黏度太大时，喷气发动机空中熄火后也难以重新点火，这一点对军用飞机尤其重要。因此，喷气燃料规格必须有黏度上限。

由于喷气燃料本身又是燃油泵的润滑剂，若燃料黏度过低，将会增大油泵的磨损；黏度过大则会降低燃料流动性，减少发动机供油量。喷气燃料的黏度还影响机体内燃油系统管线的压降。显然，黏度越高，管线压降越大，保持燃油恒定流速的情况下燃油泵工作状态越苛刻。喷气燃料黏度还会影响飞机燃油控制系统的操作。

对燃料雾化的影响是：黏度过大，喷射锥角小，射程远，液滴大，雾化不良，蒸发慢，燃烧不均匀、不完全，发动机功率降低，同时燃烧不完全的气体进入燃气涡轮后，易继续燃烧损坏涡轮叶片，缩短发动机使用寿命；黏度过小，喷射锥角大，射程近，燃烧区域宽而短，易引起火焰筒局部过热，烧坏火焰筒。3 号喷气燃料质量标准要求 20℃运动黏度不小于 1.25mm²/s，-20℃运动黏度不小于 8.0mm²/s。但对于民用航空燃料，20℃的黏度指标不作要求。

3. 分析检验方法

（1）冰点

航空燃料冰点的测定通常有两种方法。

① 手动方法

按照《航空燃料冰点测定法》（GB/T 2430—2008）执行。该标准修改采用了 ASTM D2386：2006《航空燃料冰点标准试验法》，规定了喷气燃料和航空活塞式发动机燃料冰点的测定方法，但该标准精密度验证不包括航空活塞式发动机燃料。具体实验操作过程如实训 3-4 所示。

② 自动相转换法

按照《航空燃料冰点测定法（自动相转换法）》（SH/T 0770—2005）执行。该标准修改采用了《航空燃料冰点标准试验法（自动相转换法）》（ASTM D5972—02）。规定了喷气燃料冰点的测定方法。适用于测定冰点范围为-80～+20℃的燃料。如有争议时，以 GB/T 2430—2008 测量结果为准。

（2）运动黏度

液体受外力作用流动时，在不同的条件下有层流（滞流）与紊流（湍流）两种状态，在层流状态下，液体质点运动是有规律的，质点间互不混杂，互不干扰。当液体流速大于某一确定值时，层流便不稳定，液层被搅乱，在液体中出现漩涡，层与层之间发生混乱，液体质点交错，这种流动为紊流。

世界上，最早采用毛细管法系统地研究黏性阻力的是法国著名科学家哈根-泊肃叶。研究证明，使流体流过非常狭窄的间隙时，黏度愈高的流体在单位时间里的流量愈小，这就是后来被人称为的泊肃叶规律。因此，人们根据这个规律，用比较液体流量的大小来比较黏度大小。

试验方法按照《石油产品运动黏度测定法和动力黏度计算法》(GB/T 265—1988)，该标准适用于测定液体石油产品(指牛顿液体)的运动黏度，具体实验操作过程如实训 3-5 所示。

三、燃烧性

1. 性能要求

活塞式发动机和喷气发动机的主要差别是活塞式发动机机内燃烧是间歇的而喷气式发动机机内燃烧是连续的。因此，两种类型的发动机对燃料提出不同的燃烧性质需求。对于活塞式发动机，燃料的供应、燃烧间歇进行，精确控制燃烧时间对提高发动机性能至关重要。但是喷气式发动机是在高空、低温和低压条件下将燃料的热能转变为燃气动能的动力机械。这种发动机没有气缸，工作时燃料在压力下连续喷入到高速的空气流中，并迅速雾化，一经点燃(启动时先由电火花引燃喷出的汽油，再喷入喷气燃料)便连续燃烧，所以能否精确控制燃烧时间影响不大。

在喷气发动机机内燃烧过程中，雾化后没有汽化的喷气燃料液滴在燃烧过程中首先生成细小的炭粒，这些炭粒穿越燃烧室火焰的过程中可在合适的温度和氧分压条件下完全燃烧。但这些颗粒物在燃烧室内的高温高压下燃烧时会变得白炽发光，产生大量的红外辐射。发动机燃烧室边壁吸收这部分红外辐射就增加了燃烧室总吸热量，而较高的燃烧室器壁温度和火焰局部热点将加速涡轮发动机的损坏。即使这些炭粒在穿越火焰的过程中没有燃烧完，这些炭粒击打涡轮叶片和定子也会产生侵蚀，破环叶片和定子，降低发动机整体寿命。同时在喷气发动机燃烧室器壁上的炭沉积可导致稀释空气流量降低甚至堵塞孔道，干扰燃烧产物的流型，降低发动机效率。

发动机工作原理的特殊性，决定其对燃料燃烧性能要求的特殊性。为使发动机正常工作，必须保证喷气燃料在任何情况均能连续、平稳、迅速和完全地燃料。

2. 质量指标

喷气燃料应具有良好燃烧性能，即热值高、密度大、燃烧迅速而完全、不产生积炭和有害物质等。评定喷气燃料燃烧性能的指标有净热值、密度、烟点、萘系芳烃含量、辉光值。

(1) 净热值

热值表示喷气燃料的能量性质。喷气燃料的热值越高，耗油率越低，续航能力越强。发动机是将燃料中的化学能转化为动能和热能的机器，其技术水平的核心是动能的转化率。航空涡轮燃料中的化学能通过燃烧转化为机械能和热能来驱动飞机涡轮发动机，进而推动飞机前进。在绝大部分飞机中，为了符合空气动力学，机内空间都是有限的和非常宝贵的，因此单位数量的航空涡轮燃料所含的能量非常关键。

喷气燃料的能量含量有两种表达方式：能量密度(单位质量燃油所含能量)和能量容积(单位体积所含能量)，或称为质量热值和体积热值。

单位质量燃料完全燃烧时所放出的热量，称为质量热值，单位为 kJ/kg。喷气燃料主要由碳氢化合物组成，完全燃烧后生成 CO_2 和 H_2O，按生成水的状态不同，质量热值又分为高热值和低热值。高热值又称为总热值，它是指燃料燃烧生成的水蒸气被全部冷凝成液态水时的热值；低热值又称为净热值，它与高热值的区别在于燃烧生成的水是以蒸汽状态存在的。若燃料不含水分，则高低热值之差即为相同温度下水的蒸发潜热。

氢的热值比碳高，因此在各族烃中，氢碳比(H/C)最高的烷烃热值最高，氢碳比最低的芳烃热值最低，而环烷烃、烯烃的热值居中。

体积发热量为喷气燃料的能量特性，是指单位体积燃料完全燃烧时释放的净热量，为燃料的质量发热量与其密度的乘积。严格说，它对用于导弹(冲压导弹和巡航导弹)的石油燃料才有决定意义。体积发热量对飞行器的航程有重要意义，其值大表示航程也可以远。提高燃料密度是增大其体积发热量最有效的途径，例如：密度为 845kg/m^3(体积发热量约 36×10^3MJ/m^3)的燃料与密度为 780kg/m^3(体积发热量约为 33×10^3MJ/m^3)的燃料相比，在同样载油体积条件下，可使飞行器多载约 9%的能量。

由于各种烃类的能量含量各不相同，喷气燃料的烃类组成对其能量含量有一定影响(表 3-25)。由于烃类的族组成与密度直接相关，所以这种影响常常可以用喷气燃料的密度预测。一般来说，密度小的喷气燃料能量密度较高，密度大的喷气燃料能量容积较高。从表 3-25 可以看出不同类型燃料的能量含量和能量密度的差别。

表 3-25 典型航空涡轮燃料能量含量和能量密度

燃料		15℃ (60℃)下的典型密度		典型能量含量			
				能量密度		能量容积	
		g/mL	lb/(u. s. gal)	MJ/kg	Btu/lb	MJ/L	Btu/gal
航空汽油		0.715	5.97	43.71	18800	31.00	112500
喷气燃料	宽馏分	0.762	6.36	43.54	18720	33.18	119000
	煤油型	0.81	6.76	43.28	18610	35.06	125800

不同的烃类组成能量含量和能量密度略有差别，这就带来一个问题，对于航空燃料来说究竟是高密度高能量容积好，还是低密度高能量密度的燃料较好？由于大多数军用飞机都是在满载油料的情况下起飞，答案显而易见。较高能量容积的燃料可以使固定体积的油箱内装载的喷气燃料能量最大化，从而可以提供更大的航程和更长的滞空时间。

但是这个问题对于民航公司答案就不那么明显了。除了计划飞行航程接近所使用民航飞机极限航程的情况外，大部分的民航飞机在起飞时油料只是部分加满。民航飞机只是携带足够飞到目的地再加上足够安全系数的油料。对于这种情况，究竟是使用低密度高能量密度的喷气燃料以减少油料总质量好？还是加注相同体积高密度高能量容积的油料，以便让航程增加值补偿增加的质量更好？这些变量的关系非常复杂，但经济上的差别不大。从表 3-25 可以看出，两种典型油料的能量密度相差 0.6%，但能量容积却相差 5.6%。所以在大多数情况下，民航公司实际做法与“装满油箱”的做法相同：采用高密度高能量容积的油料更好。民航用 3 号喷气燃料的净热值要求不小于 42.8MJ/kg。

(2) 烟点

烟点是在规定的条件下，试样在标准灯具中燃料时，不冒黑烟火焰的最大高度。又称无烟火焰高度，单位为mm。

烟点是煤油类产品的一项重要指标，无烟火焰的烟点大，表明芳烃含量低，燃烧的清净性好，一般在22~28mm，它是控制航煤积碳性能的规格指标。喷气燃料在发动机内生成积炭倾向与喷气燃料烟点的高低密切相关，烟点越低，生成积炭越多，如表3-26所示。

表3-26 喷气燃料烟点与生成积炭的关系

烟点/mm	12	18	21	23	26	30	43
积炭质量/g	7.5	4.8	3.2	1.8	1.6	0.5	0.4

烟点与油品组成的关系，就是积炭与组成的关系。一般烃类的氢碳比越小，无烟火焰高度越低，生成积炭的倾向越大。各种烃类生成积炭的倾向为：双环芳烃>单环芳烃>带侧链芳烃>环烷烃>烯烃>烷烃。

喷气燃料含芳烃越多，无烟火焰高度越低，燃烧时生成的炭粒越多，火焰明亮度越大，易引起燃烧室接受辐射过多而超温，致使生成积炭倾向增大；燃烧馏分越重，无烟火焰高度越低，生成积炭的倾向也越大。积炭的存在危害发动机的正常运行。例如，喷嘴上的积炭，破坏燃料雾化状态，恶化燃烧状况，加速火焰筒壁积炭的生成，易引起局部过热，导致筒壁变形，甚至产生裂纹，脱落的积炭可随燃气进入燃气涡轮，损伤涡轮叶片。点火器电极的积炭，会使电极"连桥"而短路，无法点火启动。未完全燃烧的炭粒还可能导致发动机排放明烟。对于特定航空发动机来说，燃料组成可以影响排放，但排烟主要由发动机设计结构及其操作条件决定。燃料和空气混合越均匀，燃烧越彻底，炭粒就越少。在喷气发动机刚刚诞生后的十几年内偶尔会发生飞机冒黑烟的现象，到20世纪末期，新型发动机由于在设计上增强了燃料和空气的混合，飞机排烟的情况几乎绝迹。为保证喷气燃料正常燃烧，避免积炭形成，我国1号、2号、3号喷气燃料均要求烟点不小于25mm。

(3) 萘系芳烃含量

萘系芳烃包含萘及其同系物。含有较高芳烃含量的喷气燃料，特别是萘系烃含量高的燃料，易于生成较多碳粒，同时生成的炭粒直径较大。而炭粒直径越大，穿越发动机燃烧室内火焰完全燃烧所需时间越长。

萘系芳烃燃烧完全程度差，对烟点影响大，更容易形成积炭。因此，喷气燃料规格指标中除限制烟点外，还限制有害组分萘系芳烃含量，3号喷气燃料要求其体积分数不大于3.0%。另外芳烃含量(体积分数)不大于20.0%，对于民用航空燃料的芳烃含量(体积分数)规定不大于25.0%，烯烃含量(体积分数)不大于5.0%。

(4) 辉光值

辉光值是在可见光谱的黄绿带内于固定火焰辐射强度下，火焰温度升高的相对值。辉光值表示喷气燃料燃烧时火焰辐射强度，用以评定燃料生成积炭的倾向。喷气式发动机燃烧室壁上积炭的生成与火焰辐射强度密切相关，辉光值越高，表示燃料燃烧时火焰的辐射强度越低，燃烧时生成积炭的倾向越小。为减少积炭的生成，喷气燃料的辉光值要求不低于45。

辉光值与燃料化学组成有关，当烃类碳原子数相同时，各类烃的辉光值大小次序为：

正构烷烃>异构烷烃>环烷烃>烯烃>芳烃

含芳烃多的燃料，燃烧后生成炭粒较多，火焰亮度大，热辐射强度高，当达到同样辐射强度时，火焰温升小，其辉光值也小；反之，生炭性弱的燃料，热辐射强度小，当达到同样辐射强度时，火焰温升大，辉光值较大。环烷烃辉光值大，生成积炭倾向小，兼顾其他性能应是喷气燃料的理想组分；而烯烃、芳烃的辉光值小，生成积炭倾向最大，必须限制其含量。

3. 分析检验方法

(1) 净热值

喷气燃料能量含量的测定都是采用测量一定量的燃料在规定条件下燃烧所释放出的燃烧热的方式测定。燃料燃烧后生成的水保持在蒸汽状态还是冷凝成液体对放热量影响较大。如果水冷凝成了液态，在减去水的汽化潜热后的放热量称为总能量含量(净能量含量)。净能量含量的数值略低，因为水以气相存在(水蒸气)。由于所有航空发动机在燃料燃烧后都是排出气态水，所以净能量含量的指标更适用于比较航空燃料所含化学能的多少。

测定方法按照《石油产品热值测定法》(GB/T 384—81)及《航空燃料净热值计算法》(GB/T 2429—1988)执行。GB/T 384 适用于以量热计氧弹测定不含水的石油产品(汽油、喷气燃料、柴油和重油等)的总热值及净热值。具体实验操作过程如实训 3-6 所示。GB/T 2429 参照采用了《航空燃料净热值估算法》(ISO 3648—1976)，规定了用航空燃料的密度和苯胺点计算其净热值的方法，适用于航空汽油和各种型号的喷气燃料。

(2) 烟点

烟点测定按照《煤油烟点测定法》(GB/T 382—1983)执行。该标准适用于测定灯用煤油和喷气燃料的烟点。

(3) 萘系芳烃含量

喷气燃料中萘系烃含量按照《喷气燃料中萘系烃含量测定法(紫外分光光度法)》(SH/T 0181—2005)执行，该标准修改采用了 ASTM D1840-02《航空涡轮燃料中萘系烃含量测定法(紫外分光光度法)》，规定了用紫外分光光度法测定喷气燃料中萘、苊及它们的烷基衍生物含量的方法，适用于终馏点不高于 315℃的喷气燃料中体积含量不高于 5%的萘系烃含量的测定。

芳烃、烯烃含量按照《液体石油产品烃类的测定　荧光指示剂吸附法》(GB/T 11132—2008)执行。

(4) 辉光值

喷气燃料辉光值测定按照《喷气燃料辉光值测定法》(GB/T 11128—1989)执行，该标准规定了试样在灯芯式小油灯中燃烧，测定火焰辐射强度的相对值的方法。适用于喷气燃料及类似的馏分燃料。

四、安定性

1. 性能要求

为满足国防需要，喷气燃料特别需要是军用喷气燃料要有一定的储备量，要求其具有良好的储存安定性，保证在长期储存中不氧化生胶及引起颜色变化。因此喷气燃料的安定性包括促使燃料性质变差的因素包括时间(储存安定性)和发动机中的高温等环境导致燃料抵抗热和氧气的作用而保持自身性质不发生永久性变化的能力(热安定性)。

（1）储存安定性

对于民用喷气燃料来说，大部分的燃料在生产销售后，很快就会消耗掉，所以喷气燃料的储存安定性一般不是问题。但储存安定性对军队来说则比较麻烦，因为军队通常储备战备油料，储存期较长，最多可达几十年。对于喷气燃料消耗较少的小机场来说同样存在这个问题，一次运送的喷气燃料可能需要较长时间才能全部加注到飞机中。在正常情况下，炼油厂生产、储存和调和出厂的喷气燃料可保持稳定一年以上。如果喷气燃料储存更长时间，或者储存和输转处理不正确，则在使用前应当进行定向分析测试或全分析，以保证其满足规格要求的所有指标。

喷气燃料中各种组分在储存条件下发生化学反应的难易程度不同，所以燃料组成影响储存安定性，尤其是其中含杂原子的组分影响更大。储存条件也影响储存安定性，环境温度高，则油料中不稳定组分发生化学反应的速度快，范围大。由于燃料变质反应中部分是氧化反应，而氧化反应需要不稳定组分和氧两个反应物，所以加入抗氧剂可提高燃料的储存安定性。实践中发现含33号添加剂的喷气燃料与铜接触后，会呈现黄色其他指标并无明显变化。但是变色后，喷气燃料的安定性有所下降。因此，喷气燃料在使用和存储中，应防止或减少与铜接触，已变色的燃料应先出发使用。

储存条件对喷气燃料的质量变化有很大影响，其中最重要的是温度。当温度升高时，燃料氧化的速度加快，使胶质增多及酸度增大，同时也使燃料的颜色变深。此外，与空气的接触、与金属表面的接触以及水分的存在，都能促进喷气燃料氧化变质。

（2）热安定性

喷气燃料在超音速飞机中工作时，由于空气动力加热，可使飞机表面温度上升。如，当环境温度为-56℃，飞机在18km高空以2.2M（M读作马赫，表示音速，1M约为1224km/h）速度飞行时，表面温度达到150~200℃，油箱温度高达85℃；若飞行速度为3M，油箱温度能达110℃。由于燃料同时用于冷却润滑油、液压油和座舱空气，所以会导致燃料温度进一步升高。在这样高的温度下，燃料中的不安定组分会发生一连串的多步化学反应，部分是氧化反应，反应初步产物是氢氧化物和过氧化物，这些产物不溶于燃料本身，但会影响和缩短燃料系统合成橡胶的寿命。副反应则形成可溶性胶质和不可溶颗粒沉淀物。这些氧化生成胶质和沉渣数量虽然不多，但对飞机发动机的危害甚大。这些胶质和颗粒物可在飞机的如下部位沉积：

a. 燃油过滤器，增加过滤器压力降，减少燃料流动；

b. 燃料喷嘴，干扰喷雾形态，导致燃烧器缸体和叶片等部件热蚀；

c. 发动机主要控制系统，干扰燃料流动和发动机系统控制；

d. 热交换器，降低热传递效率，减少燃料流动。

胶质沉积在热交换器表面上，导致冷却效率降低；沉积在过滤器和喷嘴上，则会使过滤器和喷嘴堵塞，并使喷油嘴压力降增大，喷射的燃料分配不均，供油量下降，引起燃烧不完全，甚至中断等。这些沉积不仅导致飞机操作出现问题，增加维护费用，而且会大大降低飞机的安全系数。因此，对于长期以2M速度飞行的飞机，要求具有良好的热安定性。

喷气燃料的热安定性主要取决于其化学组成。研究表明，喷气燃料中的饱和烃生成的沉淀物很少，而加入芳香烃后沉淀物就成十倍地增多；而燃料中的胶质和含硫化合物也会使其热安定性显著变差，使产生的沉淀物量增加。为提高喷气燃料的热安定性，燃料中应尽量减少非烃类和不饱和烃类的含量，限制多环芳香烃等环烷烃的含量。同时，也可以在炼油厂加工过程中，在燃料尚未与空气接触前加入抗氧化添加剂、金属钝化剂等，以减少热氧化沉渣的生成。

2. 质量指标

航空涡轮燃料在飞行中还作为发动机和机体的热交换介质，工作环境温度较地面环境温度高，因此油品的热安定性是喷气燃料最重要的性质之一。喷气燃料在储存过程中容易变化的质量指标有胶质、酸度及颜色等。胶质和酸度增加的原因是由于其中含有少量不安定的成分，如烯烃、带不饱和侧链的芳香烃以及非烃等。3 号喷气燃料要求热安定性(2.5h，260℃)压力降不大于 3.3kPa，管壁评级小于 3，且无孔雀蓝色或异常沉淀物。实际胶质含量不大于 7mg/100mL。

3. 分析检测方法

(1) 热安定性

燃料热稳定性差导致发动机损坏的现象一般只有经过数百或数千小时的飞行之后才能发现。如果在与发动机工作完全相同的条件下测试喷气燃料的热稳定性，必然消耗大量的喷气燃料，而且时间较长，所以不能采用实际飞机发动机工况来测试油料热稳定性。喷气燃料一般在试验台架上使用更严苛的工作条件，以保证在合理的时间内和合理的燃油消耗量前提下获得热稳定性测试结果。

现在 ASTM 已开发出了一种测试燃料热稳定性的模拟设备，该设备通过计量泵将待测油料循环加压，然后通过一个加热到指定温度的铝管，油料接着流过一个定制的过滤器，其中过滤器可收集产品中形成的胶体和固体等，测量一定时间后过滤器前后的压差就可以得到反应油料的热稳定性。该设备试图模拟发动机的两个敏感区域：燃料-机油换热器表面和油料喷嘴。第一代标准化的设备仪器(ASTM D1660)被称为 Coker，现在称为喷气燃料热氧化安定性测试仪(JFTOT，ASTM D3241)。

热安定性的测试方法按照《喷气燃料热氧化安定性的测定 JFTOT 法》(GB/T 9169-2010)执行。该标准使用重新起草法修改采用了《航空涡轮燃料热氧化安定性标准试验方法(JFTOT 法)》(ASTM D3241—08a)。规定了评定喷气燃料在发动机燃油系统中产生沉积物倾向的方法，适用于喷气燃料。

(2) 实际胶质

喷气燃料实际胶质也是洁净性的重要指标之一。其测试方法有两种。一种按照《燃料胶质含量的测定 喷射蒸发法》(GB/T 8019—2008)执行，具体实验操作过程如实训 2-3 所示。

另一种方法按照《发动机燃料实际胶质测定法》(GB/T 509—1988)执行。该标准规定了在试验条件下，测定燃料蒸发时形成胶质的方法。适用于汽油、煤油和柴油。具体实验操作过程如实训 3-7 所示。如有争议时，以 GB/T 8019—2008 测试结果为准。

五、腐蚀性

1. 性能要求

喷气燃料的腐蚀性对发动机工作的可靠性和使用寿命有很大的影响。喷气燃料由许多物质组成，大部分烃类组分没有腐蚀性，但少数组分能在室温下与常见金属发生轻微的化学反应。喷气燃料在流通和使用过程中要求不能腐蚀相关系统，特别是飞机的燃料系统。一般来说，油箱是铝制的，少数机内燃油系统也有钢材和其他金属。同时，飞机油箱可能还有密封剂或涂层，燃油系统的其他部分还有合成橡胶作为密封件等。因此，发动机和机身制造商在批准一种物质用于燃油系统前，必须进行大量的燃油匹配性测试。

喷气燃料的腐蚀作用表现在气相和液相两方面。燃料中的烃类在液态时并无腐蚀作用，对金属的腐蚀作用主要由酸性物质、微量硫化氢、硫醇及二硫化物等含硫化合物所引起。主要是对油泵等精密部件(如燃料泵调节装置，是一个间隙小、转速高的精密部件)的腐蚀和燃气高温气相腐蚀。高温气相腐蚀又称为烧蚀，其主要部位是燃烧室及燃气涡轮，表现为腐蚀表面被烧成麻坑状或表层起泡并呈鳞片状剥落。因此，喷气燃料要求腐蚀性小。

2. 质量指标

在喷气燃料中可能存在的腐蚀性化合物包括有机酸和硫醇等，燃油规格给这些化合物都设置了上限。硫醇是“活性硫”之一，多存在于直馏产品中，低沸点硫醇气味难闻，它不仅对金属产生腐蚀，还会使燃料产生恶臭气味，腐蚀性强。温度升高时，其腐蚀作用会随之增大，同时还能与油料中其他组分一起氧化，降低油料安定性。因此，硫醇硫含量是评价燃料使用性能的重要指标，对判断油料气味及其对燃料系统金属和橡胶部件的腐蚀性具有实际意义。

除了生产过程中的腐蚀性化合物，后期燃油流通系统中微生物繁殖副产物也可能有腐蚀性。另外，有数据表明，喷气燃料中痕量的钠、钾和其他碱金属杂原子虽然不会对机内燃料系统产生腐蚀，但其高温燃烧产物却可能对发动机的涡轮部分造成腐蚀。

评定喷气燃料腐蚀性的指标有铜片腐蚀、银片腐蚀、总硫含量、硫醇硫含量或博士试验、总酸值等。3 号喷气燃料质量标准中要求总酸值不大于 0.015mgKOH/g)，总硫含量(质量分数)不大于 0.20%，硫醇性硫(质量分数)含量不大于 0.0020%，铜片腐蚀(水浴 100℃，2h)不大于 1 级。

由于西方国家对飞机发动机和油料系统的材料进行了改进和优化，所以西方航空设计规范中都规定：燃油系统不准使用有色金属银部件，因此美国 ASTM D1655、英国 DEF STAN 91-91(DERD 2494)煤油型喷气燃料规格中现均无银片腐蚀要求。国内民用飞机大多采用西方进口，即使国产的民用飞机，发动机均从西方三大发动机公司(GE、Rolls-Royce 和 Pratt&Whitney)进口。我国民航局适航司对国内民航飞机发动机使用状况进行调查后，批准民用航空飞机使用符合 JetA-1 规格要求的燃料，所以 2006 年修订的 3 号喷气燃料标准中，对民用喷气燃料取消了银片腐蚀指标的要求。

由于我国空军目前使用的飞机部分为前苏联和俄罗斯引进的军用飞机，或是引进俄罗斯的军用发动机，即使国内生产的军用发动机，也参照了俄罗斯发动机的设计思路，所以军用发动机对应部分使用的材质与俄罗斯同型发动机基本相似，其中有许多部件如油泵转子采用的是铜合金部件。因此，军用喷气燃料对喷气燃料的腐蚀性要求比较严格。对于腐蚀的试验，除了 3 号喷气燃料规格中 100℃条件下铜片腐蚀试验，在俄罗斯喷气燃料综合鉴定法中，有另一个铜片腐蚀试验方法，其试验温度为 120℃。采用此方法对国内 3 号喷气燃料评定，国内部分厂生产的 3 号喷气燃料，虽然 100℃条件下铜片腐蚀试验合格，但 120℃条件下评定时，不能通过俄罗斯综合鉴定法的指标要求，所以，军用喷气燃料的技术要求保留银片腐蚀项目，以便控制喷气燃料中的活性硫化物，确保腐蚀合格。银片腐蚀(水浴 50℃，4h)不大于 1 级。

3. 分析检验方法

(1) 总酸值

喷气燃料总酸值按《喷气燃料总酸值测定法》(GB/T 12574—1990)执行。标准规定了用颜色指示剂法测定喷气燃料总酸值。适用于总酸值范围为 0.000~0.100mgKOH/g 的喷气燃料。具体操作过程如实训 3-8 所示。

(2) 总硫含量

喷气燃料的硫含量测定检测方法很多，广泛使用的主要是燃灯法，按照《石油产品硫含量测定(燃灯法)》[GB/T 380—77(1988)]测定，而且如有争议时，也以 GB/T 380 检测结果为准。具体实验操作过程如实训 2-5 所示。

另外还有四种方法用于石油产品硫含量的测定。

① 波长色散 X 射线荧光光谱法

按照《石油产品硫含量的测定　波长色散 X 射线荧光光谱法》(GB/T 11140—2008)执行，该标准修改采用美国试验与材料协会标准《波长色散 X 射线荧光光谱法测定石油产品硫含量的方法》(ASTM D2622—2007)。规定了单相及室温条件下液态的、适当加热呈液态的或者可溶于烃类溶剂的石油和石油产品总硫含量的测定方法。本标准适用于测定柴油、喷气燃料、煤油、其他馏分油、石脑油、渣油、润滑油基础油、液压油、原油、车用汽油、含醇汽油和生物柴油。

② 能量色散 X 射线荧光光谱法

按照《石油和石油产品硫含量的测定　能量色散 X 射线荧光光谱法》(GB/T 17040—2008)执行，该采用美国试验与材料协会标准《石油和石油产品硫含量的标准测定方法(能量色散 X 射线荧光光谱法)》(ASTM D4294—2003)，规定了用能量色散 X 射线荧光光谱法测定石油和石油产品中的硫含量的试验方法。本标准适用于测定包括柴油、石脑油、煤油、渣油、润滑油基础油、液压油、喷气燃料、原油、车用汽油、和其他馏分油在内的碳氢化合物中的硫含量。另外，对于其他产品的硫含量，如 M85 和 M100，用本标准也可以进行分析。测定的硫含量范围(质量分数)从 0.0150%~5.00%。

③ 电量法

按照《轻质石油产品中总硫含量测定法(电量法)》(SH/T 0253—1992)执行，该标准规定了用电量法测定试样中总硫含量的方法。适用于沸点为 40 ~ 310℃的轻质石油产品。硫含量测定范围为 0.5~1000ppm。大于 1000ppm 硫含量试样，可经稀释后测定。不适用于卤素含量大于 10 倍硫含量，总氮含量大于 10%，重金属含量超过 500ppm 的试样。

④ 紫外荧光法

按照《轻质烃及发动机燃料和其他油品的总硫含量测定法(紫外荧光法)》(SH/T 0689—2000)执行，该标准等效采用美国材料与试验协会标准《轻质烃及发动机燃料和其他油品的总硫含量测定法(紫外荧光法)》(ASTM D5453—1993)。适用于测定沸点范围约 25~400℃，室温下黏度范围约 0.2~10mm^2/s 之间的液态烃中总硫含量。本标准适用于总硫含量在 1.0~8000mg/kg 的石脑油、馏分油、发动机燃料和其他油品。适用于测定卤素含量低于 0.35 %(m/m)的液态烃中的总硫含量。

(3) 硫醇性硫和博士实验

硫醇性硫含量可进行定性和定量检测，硫醇性硫和博士实验可任做一项，当硫醇性硫和博士实验发生争议时，以硫醇性硫测试结果为准。

① 硫醇性硫

硫醇硫含量是分析检测硫醇的试验，属于定量分析方法。按照《馏分燃料中硫醇硫测定法(电位滴定法)》(GB/T 1792—1988)执行，适用于测定含量在0.0003%~0.01%（m/m)范围内，无硫化氢的喷气燃料、汽油、煤油和轻柴油中硫醇硫。元素硫含量大于0.0005%(m/m)时有干扰。此方法在评价喷气燃料、汽油、煤油和轻柴油的气味、对燃料系统橡胶部件的不良影响及对燃料系统腐蚀具有重要意义。

② 博士试验

博士试验是专门用于测定汽油中硫醇腐蚀的一种定性分析方法，也可检测硫化氢的存在，非常灵敏。检测结果“通过”(即无硫醇存在)或“不通过”(有硫醇存在)表示。

按照《芳烃和轻质石油产品硫醇定性试验法(博士试验法)》(SH/T 0174—1992)执行，该标准等效采用国际标准《芳烃中硫醇定性试验法(博士试验法)》(ISO 5275—1979)。规定了用博士试剂定性检测试样中硫醇的方法，也可定性检测硫化氢。适用于芳烃和轻质石油产品。不适用于过氧化物的含量超过痕量的试样。

(4) 铜片腐蚀

铜片腐蚀试验按照《石油产品铜片腐蚀实验法》[GB/T 5096—1985(1991)]试验方法进行，具体实验操作过程如实训2-7所示。

(5) 银片腐蚀

银片腐蚀试验按照《喷气燃料银片腐蚀试验法》(SH/T 0023—1990)进行，该标准规定了评定喷气燃料银片腐蚀的试验方法。适用于评定喷气燃料对航空涡轮发动机燃料系统银部件的腐蚀倾向。

六、洁净性

1. 性能要求

喷气燃料的洁净度已经成为影响飞行安全的极重要因素之一。引起燃料洁净度下降的主要物质有水分、固体杂质、表面活性物质以及细菌等。

(1) 水

喷气燃料中的水以3种状态存在：溶解水、游离水和乳化水。喷气燃料中水分过多会增加燃料腐蚀性，恶化低温性能，还会破坏燃料的润滑性，增大磨损，严重时会卡死油泵的柱塞，甚至会使发动机熄火。

精制良好的烃类燃料一般不含水分，但在储存、运输和加注过程中都可能由于各种原因而混入水分。例如，油轮的油仓中残余的压仓水未排尽；输油管线中，槽车中以及装油容器中残留水分；由于储油容器密封不良，或在加注过程中雨雪冰霜落入，均可使燃料中混入水分。

除上述情况外，烃类燃料本身对于水有一定的溶解度。燃料馏分越轻、温度越高、或芳香烃含量越大，燃料对水的溶解度越大。空气中湿度增大时，燃料中溶解度也相应增加。当温度降低，水在燃料中的溶解度下降时，过饱和的水分就从燃料中析出。析出的水滴悬浮于油中称为悬浮水。如果析出的水滴聚集成大水滴则会从油中沉降下来，形成游离水。气温骤降，空气中凝结的水落入油中也会产生悬浮水或游离水。溶解水聚集成游离水析出，在较低温度下可形成冰晶堵塞燃油系统低压燃油过滤器，而影响发动机供油。在飞机机翼油箱中形成的游离水很难排出，而且在适宜的气候条件下，这些游离水肯常滋生微生物造成油箱腐蚀。在地面储罐中，由于油温发生变化，溶解水变成游离水析出时，如果不及时排放，也很容易滋生细菌。带水燃料通过过滤分离器时，会使过滤分离效果降低。同时燃料中溶解水变成游离水析出后，能促进金属材料的电化学腐蚀，尤其是钢制零部件的腐蚀。

悬浮水的颗粒直径通常在 1～100μm 之间，当悬浮水含量低于 0.003%（质量分数，即 30μg/g）时，肉眼不易看见，燃料仍然透明，超过这个量就会逐步出现浑浊现象。

（2）固体污染物

喷气燃料在储运、使用过程中，由外界混了的固体杂质主要有尘沙、纤维和腐蚀产生的黑色 Fe_3O_4 等。较大的固体杂质直径可达 0.01～0.1mm。

这些固体污染物主要有两种组分：①固态无机杂质，包括铁的腐蚀产物和矿物质，这种杂质含有 Si、Ca、Mg、Al 和 Na 的化合物；②有机杂质，包括有固态植物遗体和胶体物质［一般占总杂质的 22%～30%（质量分数）］。飞机的燃料系统都能够在一定程度上容忍微小机械杂质颗粒的污染，但较大的固体颗粒必须去除。前苏联认为机械杂质不得超过 30μm，并称小于 30μm 的机械杂质为微小颗粒。西方国家把喷气燃料中沉积物，分为粗沉积物和细沉积物。粗沉积物粒度大 10μm；细沉积物粒度小于 10μm。固体喷气燃料内的固体污染物能够造成下列情况：

① 喷油嘴和高压油泵之类的精密部件被堵塞和卡滞；

② 燃料系统中组合件的内沉积物增加，会堵塞油路，减少喷油量；

③ 燃料系统组合件和零件的机械磨损增大，使涡轮所受压力不均，严重时会使发动机涡轮叶片根部出现裂纹，甚至折断；

④ 在高温区，可催化燃料的氧化反应，燃料设备的腐蚀增强；

⑤ 在燃料加注时，静电蓄积增多。

根据文献的介绍，人的肉眼可以看到的斑点或固体颗粒大小约为 40μm 或更大。在航空油料的各个环节都保留样品，一般采用玻璃瓶储藏。圆柱状的玻璃瓶有放大效应，一般 2～3 倍左右，所以人的肉眼可以在阳光下看到 10μm 左右的固体颗粒。对于大于 10μm 的粗沉积物，适当的过滤均可去除，而小于 10μm 的沉积物，98%可以通过合适的沉降、过滤和离心分离去除。肉眼一般看不到单个细小的沉积物颗粒，但能够观察到含沉积物颗粒的样品呈闪烁状或轻微的烟雾。一般认为，如果 1L 燃料中含有 10～80μm 大小的固体粒子 1mg 时，就会引起燃油系统发生故障；如果 1L 燃料中含有 10μm 以下的固体微粒超过 3mg 时，则有发生故障的可能，所以几乎所有的喷气燃料规格都规定喷气燃料中的固体微粒含量不得超过 1mg/L。

（3）表面活性物质

表面活性物质是分子中同时具有亲水基团和亲油基团的一些有机物，这些物质能使油水界面的液体表面张力急剧降低。喷气燃料中的表面活性物质含量很少，如果燃料中含有表面活性物质，就会增强油水乳化现象，使油中的水分不易分离出去，因此，这种痕迹量的物质对燃料的影响却很大。

喷气燃料中的表面活性物质有的是燃料中天然就有的，如环烷酸或胺类；有的是在精制过程中产生的，如燃料经酸、碱处理后残留的环烷酸盐、磺酸或磺酸盐。近年来，为了解决炼制含硫原油的设备腐蚀问题，有时在炼油设备中加入缓蚀剂。各种缓蚀剂大多是一些表面活性剂，如脂肪族酰胺、氯代烷基吡啶、聚酰胺等。

燃料中的表面活性物质的含量达到0.00005%~0.00015%时，燃料中的游离水就难以分离干净，同时，会促使一些固体微粒和水分等杂质聚集在过滤器上，使过滤器的使用周期下降4/5，影响过滤，甚至还会影响过滤器正常供油。即使活性物质含量只有1μg/g，也可以使过滤器的使用周期降低到原来的1/5。表面活性物质还会形成黑色或绿色的黏液，这些粘液有时可从管线放出的燃料中看到。

燃料中含有磺酸钠和环烷酸钠时，可用水洗或白土吸附的办法处理。充分的水洗可使燃料中表面活性物质浓度降低到0.1μg/g以下，白土精制也能使磺酸盐降到0.1μg/g以下。水洗时必须注意水的质量。水本身不清洁时，洗后燃料的洁净度会受到影响，曾发现将含有较多Ca^{2+}、Mg^{2+}的水改用软化水来洗涤燃料可减少喷气燃料中的白色絮状物。

（4）细菌

喷气燃料在一定条件下，特别是在有水存在的条件下，会滋长多种颜色的菌丝体絮状物，这些物质总称细菌杂质。

细菌在喷气发动机燃料系统中危害很大，它们的生命活动会产生有机酸和其他代谢物进而引起生物化学腐蚀。微生物遗体、代谢物和腐蚀产物又很容易呈黏稠状从而堵塞过滤器、金属滤网和其他细小孔隙，严重影响供油，并使油量表不准确。据报道，美国舰载飞机曾发生过细菌堵塞过滤器的事故。细菌还能使油料容器的内涂层变得松软，加速金属表面的腐蚀。这些细菌以燃料（主要是直链烷烃）为食物，排泄二氧化碳、醇、酯、有机酸等产物。这些产物中，有的物质具有表面活性，有的则对燃料系统有腐蚀性。

根据研究，细菌在喷气燃料中的生长，大多数需要有水的环境。由于喷气燃料具有一定的吸水性，往往含有悬浮水和游离水，因而细菌容易在喷气燃料中滋长。细菌一般生长在燃料与水的界面处，适应的温度范围较宽，其最佳生长温度为25~35℃，若有铁锈与污渣存在，细菌的繁殖会更快。如果燃料中没有游离水，细菌就处于休眠状态，不能繁殖，因而没有明显的危害。

对于细菌的问题，在我国大部分地区的喷气燃料生产环节还不明显，只有南方少数炼厂零星出现。如，2009年中海油惠州炼厂航煤中出现大量头皮屑状物质等。历史上在飞机加注后也曾经有过细菌污染的记载，如三叉戟机上的油量表失灵及在油箱中的油水分界面发现磨菇状物质，可能是细菌污染，也可能是由于飞机油箱中放置的抑制微生物滋长的化学品年久失效，未及时更换所致。

对于微生物繁殖来说，除了食物（燃油）和水，它还需要特定的元素作为养分。但是一般石油馏分生产出的喷气燃料可以提供大部分微生物生长所需元素，只有磷是唯一一个浓度低因而可以限制微生物生长的元素。在喷气燃料中，两类微生物都可能滋生。一类是厌氧细菌，即熟知的食硫酸盐菌（简称SRB），其生存在储油罐底水相中，从燃料中摄取硫为营养，放出H_2S，从而造成腐蚀。这一类细菌污染主要发生在周转慢、罐底水经常排不干净的储罐中，其中的水失去氧而使罐内系统成为厌氧菌繁殖的场所。这类细菌污染，只要改进储罐形状并加强巡检，每天按时排放罐底存水，直至将油水界面处的黏质物和泡沫都排尽，就可以防止细菌滋生。另一类是需氧真菌的污染，最普通的为树脂接枝霉菌，它们源于中、近东地区，那儿的储油罐温度为35~40℃，非常适宜于真菌繁殖。

据报道，用细菌培养的方法发现喷气燃料中最常见的细菌是树脂接枝霉菌。此外，还有出芽茵霉、土孢霉和酵母菌、黑曲霉、青霉等共百余种细菌出现。

影响微生物生长的因素和微生物生长控制可以参考 ASTM 6469《燃油和燃油系统微生物污染导则》。国际航空运输协会对于航空油料洁净性和燃料质量管理也有相应具体要求。

2. 质量指标

为保持喷气燃料的洁净度，除了在炼油厂加工中应完全脱除水分、碱、机械杂质等以外，在储运和使用过程中要精心管理，注意在收发、运输、加注各个环节中杜绝水分、固体颗粒杂质混入油中，才能有效的防止燃料中污染物的形成和凝聚。

评价喷气燃料洁净性的指标有水反应、固体颗粒污染物含量、外观、机械杂质和水分、水分离指数等方法。3 号喷气燃料质量标准要求水反应界面情况不大于 1b 级，分离程度不大于 2 级，对于民用航空燃料不要求报告分离程度。水分离指数未加抗静电剂不小于 85，加入抗静电剂不小于 70。固体颗粒污染物含量不大于 1.0mg/L。

3. 分析检测方法

（1）水反应

喷气燃料的水反应试验采用《航空燃料水反应试验法》(GB/T 1793—2008)，当测定航空涡轮燃料时，水反应界面评级高表明存在着较多的部分溶解污染物，如表面活性剂。具体实验操作过程如实训 2-8 所示。

（2）水分离指数

喷气燃料水分离指数的测定按《喷气燃料水分离指数测定法(手提式分离仪法)》(SH/T 0616—1995)进行。该标准适用于水分离指数为 50～100 的 1 号喷气燃料、2 号喷气燃料、3 号喷气燃料、宽馏分喷气燃料和高闪点喷气燃料。

固体颗粒污染物含量

喷气燃料固体颗粒污染物含量的实验室方法按照《喷气燃料固体颗粒污染物测定法》(SH/T 0093—1991)进行，具体实验操作过程如实训 3-9 所示。

七、导电性

1. 性能要求

物理性质不同的两个物质接触面相互运动时可以产生静电荷，例如，燃油流过管线、阀门、软管或细滤清器的情况下，而静电消散的速率同液体的导电能力成正比。喷气燃料由多种烃类组成，纯烃类电导率很低，喷气燃料的导电性略高，因为喷气燃料中含有痕量的可电离化合物，例如水、酚和环烷酸等。当飞机燃油系统快速过滤或泵送喷气燃料这样的弱电导率介质时，静电产生的速度可能远比其扩散的速度快。当累计的电荷电压超过液体上方空气的电离能时，液体表面上方就可能会产生火花。如果液体易燃易爆，且液体上方蒸气和空气的组成又在可燃范围内时，火花就会引起爆炸。

另外，喷气发动机的耗油量很大，为节省注油时间，机场采用高速加油。在加油操作时，喷气燃料与管道、容器、注油设备之间发生剧烈的摩擦，会产生大量的静电荷，且注油速度越快，产生的静电荷数量越多。烃类燃料是电的绝缘体，电导率很低，且燃料越纯净，其电导率就越低。因此高速注油时，摩擦产生的静电荷就会聚集起来，其静电势可达到数千甚至数万伏，很可能引起火花放电，此时如遇到可燃性混合气体，就会引发火灾。

为防止静电引起的着火和爆炸等安全事故，油料处理系统在设计时就必须考虑一系列的防静电措施，如油料接触空气前接地、规定泵送油料最高线速、加入静电分散剂缩短电荷分散时间等。其中，加入抗静电添加剂，是防止喷气燃料静电着火的最有效的措施。

世界各国的军用喷气燃料和国际上 Jet A—1 等民用喷气燃料规格都要求加入添加剂来增加油料的电导率，我国 GB 6537 也规定了喷气燃料的电导率范围。增加电导率的添加剂称为抗静电剂或静电分散剂，有静电风险的储运系统应在喷气燃料中加入添加剂来减少电荷累计。本质上，抗静电剂并没有阻止静电荷生成，而是增加了油料电导率，使电荷扩散加快。常用的抗静电添加剂是有机酸金属盐类，如国产的抗静电添加剂是烷基水杨酸铬、丁二酸二异辛酯磺酸钙和“603”无灰清净分散剂三种成分组成。但是，虽然喷气燃料加有抗静电添加剂，其电导率仍会随时间延长而衰减，环境和气温的变化、输转、装运也会影响油品的电导率。因此，要定期检测电导率，电导率低于 50 pS/m 时，要求加入抗静电添加剂，以避免发生静电失火。

2. 质量指标

油品的导电性用电导率(CU)来表示，1CU = 1 皮・西门子/米(1 pS/m) = $1\times10^{-12}/(\Omega\cdot m)$。各种航空煤油的电导率变化较大，范围从小于 1~20 CU。为了有一个直观的印象，实验室去离子水的电导率大约 1×10^{7}CU。它是评价油品静电着火性的指标，通过电导率的测量可监测喷气燃料含抗静电添加剂的含量。

喷气式发动机耗油量很大，当采用高速加油时，燃油因与管道、容器、注油设备等发生剧烈摩擦，会产生大量静电荷积聚，易引起火花放电，造成火灾。国产 3 号喷气燃料要求静电荷积聚，易引起火花放电，造成火灾。国产 3 号喷气燃料要求电导率(20℃)为 50~450pS/m，燃料离厂时一般要求大于 150pS/m。

3. 分析检测方法

电导率的测定按《航空燃料与馏分燃料电导率测定法》(GB/T 6539—1997)进行。该标准适用于测定含或不含抗静电添加剂的航空燃料与馏分燃料的电导率。此方法测定的是燃料不带电荷时的电导率，即电静止状态时测定的电导率，称作静止电导率。具体实验操作过程如实训 3-10 所示。

图 3-1　YX1152 型油料电导率测定仪

图 3-1 为液晶数显的 YX1152 型油料电导率测定仪。其工作原理是以较低的直流测试电压施加在浸入油中的两个不锈钢同心电极上，用微电流放大器检测出流过油料的电流，并以此计算油料的电导率。适用于测试油罐表面电阻率和各类油品的电导率，也适合测试液体烃类产品的电导率。测量范围：0~1999.9pS/m。

八、润滑性

1. 性能要求

润滑性是物质减少相对运动的两个固体表面产生摩擦的能力，同时也是表征其作为润滑剂的能力。喷气燃料必须有一定程度的润滑性，因为现代喷气发动机都使用喷气燃料给燃料泵和某些流量控制元件润滑。

润滑的机理分两种：流体动力润滑和边界润滑。在流体动力润滑过程中，一层由液体润滑剂构成的膜，分开了相对运动的固体表面，使其免于相互接触。黏度较高的液体比低黏度的液体更容易形成液膜，因此流体动力润滑性更好。但在世界各国的喷气燃料规格中一般都不设立黏度下限指标，原因是对于石油烃类馏程指标与黏度指标正相关，所以馏程指标就成了黏度的替代品，相当于设立了流体动力润滑的大致范围。现代喷气发动机都使用常规黏度范围的喷气燃料，一般来说，典型的喷气燃料已经可以提供足够的流体动力润滑。

喷气发动机的高压油泵运转时，既有滑动摩擦，又有滚动摩擦，且摩擦表面温度、压力很高。在如此苛刻的条件下，要保证摩擦表面可靠的润滑，主要依靠燃料中带极性的非烃类化合物，如环烷酸、分类以及某些含硫和含氮化合物。这些物质具有较强的极性，容易吸附在金属表面上，形成牢靠的油膜，从而有效地降低了金属间的摩擦和磨损。烃类的极性很弱，难以保持润滑。但上述非烃类的存在影响喷气燃料的热安定性，因此通常采用精制的方法除去燃料中的非烃类化合物以保证燃料的热安定性，然后加入少量的抗磨添加剂，以提高燃料的润滑性能。这类添加剂能在金属表面形成一层对水无渗透性的吸附膜，同时具有防腐和抗磨作用。

直馏喷气燃料都是好的边界摩擦改进剂。其边界润滑性能不是来源于构成喷气燃料绝大多数的普通烃类物质，而是来源于所含的微量杂原子化合物，如含氧、氮和硫的杂原子化合物。对于深度加氢裂化后边界润滑性变差的航空煤油，通常添加 10μg/g 左右的润滑性改进剂就可以使其边界润滑性满足使用要求，这就证明是主要是微量物质在起边界润滑改进作用。

2. 质量指标

随着国际上环保的压力越来越大，为了满足环保的要求，炼油厂频繁使用加氢脱硫脱芳的高压加氢工艺过程。这些中压和高压加氢工艺可以脱除原油天然自带的、可以提供喷气燃料边界润滑性的杂原子化合物，使产品的边界润滑性变差。然而加氢裂化工艺生产的低硫或低芳喷气燃料却不一定边界润滑性就差，数据显示有相似硫含量和芳：烃含量的喷气燃料边界润滑性可以大相径庭。所以，通过喷气燃料表观物理或化学性质不能准确预测喷气燃料的边界润滑性，它只能通过特殊设计的仪器来检测。3 号喷气燃料质量标准要求润滑性磨痕直径 WSG 不大于 0. 65mm，民用喷气燃料要求 WSG 不大于 0. 85mm。

3. 分析检测方法

喷气燃料的润滑性测试按《航空涡轮燃料润滑性测定法(球柱润滑性评定仪法)》(SH/T 0687—2000)进行，该标准等效采用了 ASTM D5001—1990(1995)《球柱润滑性评定仪测定航空涡轮燃料润滑性的标准试验方法(BOCLE)法》。规定了用球柱润滑性评定仪测定航空涡轮燃料在摩擦钢表面上边界润滑性的磨损状况。测定的润滑性结果一般以在试球上产生的磨痕直径(mm)表示。

九、其他性质

1. 苯胺点

(1) 苯胺点定义及其特性

苯胺点是油品的一个特性数据，它可以反映油品的化学组成特点。苯胺点是关于油品溶解度方面的参数，烃类在溶剂中的溶解度主要决定于烃类和溶剂分子结构的相似程度。两者结构越相似，溶解度越大。从化学角度来说，把它称为相似相溶原理。

当某一油品与溶剂以一定比例混合时，在较低温度下，因溶解度低两者不完全互溶而呈液-液两相，存在相界面；当温度升高时，溶解度逐渐增大，当加热到某一温度时，两者达到完全互溶，相界面消失，这时的温度称为该混合物的临界溶解温度(即相界面消失的最低温度称为临界溶解温度)。临界溶解温度越低，表明烃类与溶剂的互溶能力越强，同时也说明两者之间的分子结构越相似。

苯胺点：就是以苯胺为溶剂，与油品按体积比为1∶1混合时的临界溶解温度。

不同烃类的苯胺点差别很大，当碳原子数相同时苯胺点大小顺序：多环芳烃<单环芳烃<烯烃<环烷烃<烷烃；而且芳香烃的苯胺点远远低于烷烃和环烷烃。对于同族烃类：随相对分子质量增大，苯胺点增大，但变化幅度不大。

(2) 苯胺点的用途及检测方法

根据油品苯胺点可以求油品的特性因数 K，相对分子质量和H/C质量比等物性。也可以由油品的苯胺点计算柴油的柴油指数，从而可以估算油品的十六烷值。

近年ISO 3648—1976和GB 2429—81都确定用航空燃料的苯胺点和密度按经验式计算航空燃料和各种规格燃料的净热值。

苯胺点还用于测定油品中芳香烃含量，在测定试样和脱除芳香烃以后试样的苯胺点后，可计算油品中的芳香烃含量。

油品的苯胺点通常用实验测定或用经验图表和关联式计算。试验测定方法是GB/T 262—88石油产品苯胺点测定法。

2. 颜色(色度)

直馏石油产品的颜色主要是其含有强染色能力的中性胶质所致。油品精制不好或储存安定性较差，都可以使油品含有或生产一定的胶质。因此，根据油品颜色的深浅可以判断其精制程度和储存安定性好差。

军用颜色指标塞氏比色不小于+25。这是因为和平时期军用喷气燃料储存时间较长，所以更强调喷气燃料的储存安定性。对于民用航空燃料，参照国际上民用航空燃料的要求，在表注中规定用于民用航空燃料时从炼油厂输送到客户，输送过程中的颜色变化不允许超出以下要求：初始赛波特颜色大于25，变化不大于8；初始赛波特颜色在25~15之间，变化不大于5；初始赛波特颜色小于15时，变化不大于3。

喷气燃料颜色的测定按《石油产品赛波特颜色测定法(赛波特比色法)》(GB/T 3555—1992)进行。其测点原理采用目视比色法，即将不同液面高度的试样与对应的标准色板相比较，当试样颜色与标准色板相同时，便可查得对应的赛波特色号。赛波特色度范围为+30~-16，试样颜色越深，色号数字越大。具体实验操作过程如实训3-11所示。

实训3-1　石油产品密度测定(密度计法)

一、目的意义

掌握用密度计测量石油产品密度的方法和原理，测定石油产品密度。

二、方法原理

引用标准：《原油和液体石油产品密度实验室测定法(密度计法)》(GB/T 1884—2000)

密度计法的方法原理是以阿基米德定律为基础的。当密度计沉入液体时，排开一部分液体，同时受到一个自下而上的浮力的作用。当被密度计所排开的液体质量等于密度计本身的质量时，则密度计处于平衡状态，则漂浮于液体石油产品中。液体密度越大，则密度计漂浮得越高；液体密度越小，则沉得越深。

测量时，使试样处于规定温度，将其倒入温度大致相同的密度计量筒中，将合适的密度计放入已调好温度的试样中，让它静止。当温度达到平衡后，读取密度计刻度读数和试样温度。用石油计量表把观察到的密度计读数换算成标准密度。如果需要，将密度计量筒及内装的试样一起放在恒温浴中，避免在测定期间温度变动太大。

三、仪器、材料和试剂

1. 密度计量筒：由透明玻璃、塑料或金属制成，其内径比密度计外径至少大25mm，其高度应使密度计在试样中漂浮时，密度计底部与量筒底部的间距至少有25mm。

塑料密度计量筒应不变色并抗侵蚀，不影响被测物质的特性。此外，长期暴露在日光下，不应变得不透明。

注：为了倾倒方便 密度计量筒边缘应有斜嘴

2. 密度计：玻璃制，应符合《石油密度计技术条件》(SH/T 0316—1998)和附表3-1中给出的技术要求。做石油计量用时，必须使用SY-1型的石油密度计。

密度计的制作是在标准温度(20℃)下进行分度的，密度值是在液体与密度计杆管的上弯月面相重合的地方标出。因此，测定时的读数也应该是密度计杆管的上弯月面的相重合处。在温度 t 时所测出的密度为视密度。

3. 恒温浴：其尺寸大小应能容纳密度计量筒，使试样完全浸没在恒温浴液体表面以下，在试验期间能保持试验温度在±0.25℃以内。

4. 温度计：范围、刻度间隔和最大刻度误差见附表3-2。

5. 玻璃或塑料搅拌棒：长约450mm。

附表3-1 密度计技术要求

型号	单位(20℃)	密度范围	每支单位	刻度间隔	最大刻度误差	弯月面修正值
SY-02	kg/m^3	600~1100	20	0.2	±0.2	+0.3
SY-05		600~1100	50	0.5	±0.3	+0.7
SY-10		600~1100	50	1.0	±0.6	+1.4
SY-02	g/cm^3	0.600~1.100	0.02	0.0002	±0.0002	+0.0003
SY-05		0.600~1.100	0.05	0.0005	±0.0003	+0.0007
SY-10		0.600~1.100	0.05	0.0010	±0.0006	+0.0014

注：可以使用SY-Ⅰ型或SY-Ⅱ型石油密度计。

附表 3-2 温度计技术要求

℃

范围	刻度间隔	最大误差范围
−1~38	0.1	±0.1
−20~102	0.2	±0.15

注：可以使用电阻温度计，只要它的准确度不低于上述温度计的不确定度。

四、样品制备

1. 样品混合

混合试样是使用于试验的试样尽可能地代表整个样品所必须的步骤，但在混合操作中，应始终注意保持样品的完整性。

注：对含水或沉淀物的挥发性原油和石油产品或含蜡挥发性原油和石油产品应该承认在对样品均化或加热时，可能会发生轻组分损失。

采用下面给出的方法，处理不同性质的样品，可以使轻组分的损失减少。

(1) *RVP* 大于 50kPa 的挥发性原油和石油产品

减少轻组分损失，样品应在原来的容器和密闭系统中混合.

注：在开口容器中混合挥发性样品将导致轻组分损失，并将影响测得的密度值。

(2) 含蜡原油

如果原油的倾点高于 10℃或浊点高于 15℃，在混合样品前，要加热到高于倾点 9℃以上，或高于浊点 3℃以上。为减少轻组分损失，样品应在原来容器和密闭系统里混合。

(3) 含蜡馏份油

样品在混合前，应加热到浊点 3℃以上。

(4) 残渣燃料油

在混合样品前，把它加热到试验温度[见试验温度(1) 及其注②]。

2. 试验温度

(1) 把样品加热到使它能充分地流动，但温度不能高到引起轻组分损失，或低到样品中的蜡析出。

注：① 用密度计法测定密度在标准温度 20℃或接近 20℃时最准确。

② 要在被测样品物化特性合适的温度下取得密度计读数。这个温度最好接近标准温度 20℃。当密度值是用于散装石油计量时，在散装石油温度或接近散装石油±3℃下测定密度。可以减少石油体积修正的误差。

(2) 对原油样品，要加热到 20℃或高于倾点 9℃以上，或高于浊点 3℃以上中较高的一个温度。

五、仪器检定与准备

1. 检定

(1) 密度计要用可溯源于国家标准的标准密度计或可溯源的标准物质的密度作定期检定，至少每五年复检一次。

(2) 温度计要用可溯源于国家标准的标准温度计定期检定。

2. 准备

（1）检查密度计的基准点确定密度计刻度是否处于干管内的正确位置，如果刻度已移动，应废弃这支密度计。

（2）使密度计量筒和密度计的温度接近试样的温度。

六、测定方法

1. 在试验温度下把试样转移到温度稳定、清洁的密度计量筒中，避免试样飞溅和生成空气泡，并要减少轻组分的挥发。

2. 用一片清洁的滤纸除去试样表面上形成的所有气泡。

3. 把装有试样的量筒垂直地放在没有空气流动的地方。在整个试验期间，环境温度变化应不大于±2℃。当环境温度变化大于±2℃时，应使用恒温浴，以免温度变化太大。

4. 用合适的温度计或搅拌棒作垂直旋转运动搅拌试样，如果使用电阻温度计，要用搅拌棒，使整个量筒中试样的密度和温度达到均匀。记录温度接近到 0.1℃。从密度计量筒中取出温度计或搅拌棒。

5. 把合适的密度计放入液体中，达到平衡位置时放开，让密度计自由地漂浮，要注意避免弄湿面以上的干管。把密度计按到平衡点以下 1 mm 或 2 mm，并让它回到平衡位置，观察弯月面形状，如果弯月面形状改变，应清洗密度计干管，重复此项操作直到弯月面形状保持不变。

注：测定透明低黏度试样时，不要将密度计再压入液体中过多，以防干管上多余的液体影响读数。

6. 对于不透明黏稠液体，要等待密度计慢慢地沉入液体中。

7. 对透明低黏度液体，将密度计压入液体中约两个刻度，再放开。由于干管上多余的液体会影响读数，在密度计干管液面以上部分应尽量减少残留液。

8. 在放开时，要轻轻地转动一下密度计，使它能在离开量筒壁的地方静止下来自由漂浮。要有充分的时间让密度计静止，并让所有气泡升到表面，读数前要除去所有气泡。

9. 当使用塑料量筒时，要用湿布擦拭量筒外壁，以除去所有静电。

注：使用塑料量筒常形成静电荷，并可能妨碍密度计自由漂浮。

10. 当密度计离开量筒壁自由漂浮并静止时，按步骤 11 或 12 读取密度计刻度值，读到最接近刻度间隔的 1/5。

11. 测定透明液体，先使眼睛稍低于液面的位置，慢慢地升到表面，先看到一个不正的椭圆，然后变成一条与密度计刻度相切的直线（附图 3-1）。密度计读数为液体主液面与密度计刻度相切的那一点。

12. 测定不透明液体，使眼睛稍高于液面的位置观察（附图 3-2）。密度汁读数为液体弯月面上缘与密度计刻度相切的那一点。

注：① 如使用 SY-I 型或 SY-Ⅱ型石油密度计，仍读取液体弯月面上缘与密度计干管相切处的刻度。

② 使用金属密度计量筒测定完全不透明试样时，要确保试样液面装满到距离量筒顶端 5 mm 以内，这样才能准确读取密度计读数。

13. 记录密度计读数后，立即小心地取出密度计，并用温度计垂直地搅拌试样。记录温度接近到 0.1℃，如这个温度与开始试验温度相差大于 0.5℃，应重新读取密度计和温度计读数，直到温度变化稳定在±0.5℃以内。如果不能得到稳定的温度，把密度计量筒及其内容物放在恒温浴内，再从第 3 步骤重新操作。

14. 铅弹蜡封型密度计在高于 38℃下使用后，要垂直地晾干和冷却。

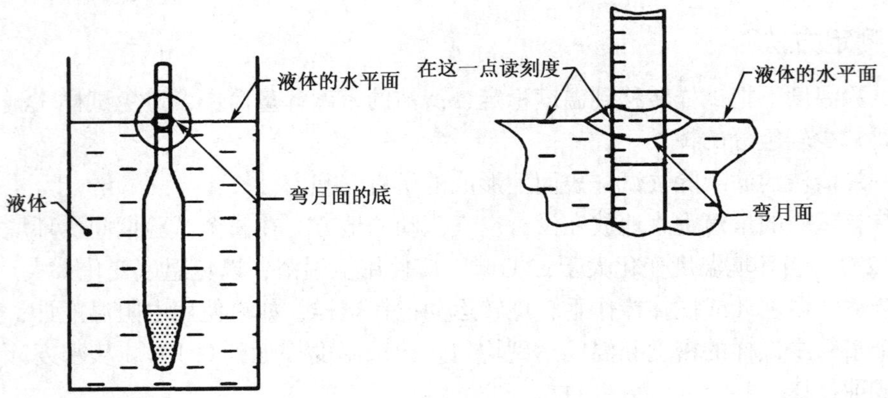

附图 3-1　透明液体的密度计刻度读数

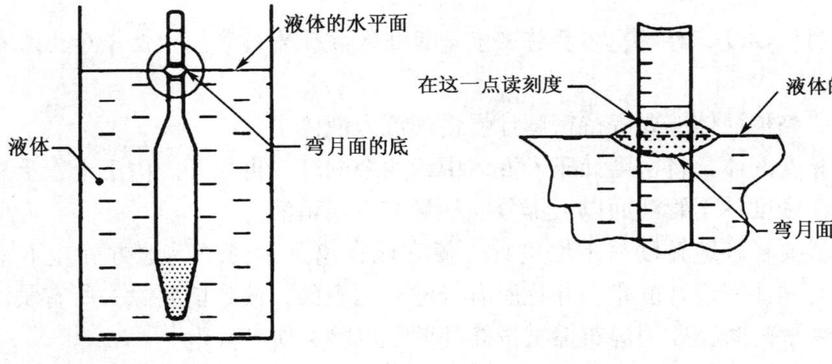

附图 3-2　不透明液体的密度计刻度读数

七、计算

1. 对观察到的温度计读数作有关修正后，记录接近到 0.1℃。

2. 由于密度计读数是按液体主液面检定的，对不透明液体，应按附表 3-1 中给出的弯月面修正值对观察到的密度计读数作弯月面修正。

注：对特殊用途的密度计修正值可由试验来确定，将这支密度计浸入与被测试样表面张力相似的透明液体中试验，观察液体在密度计干管上爬升的最大高度。该方法规定的密度计弯月面修正值见附表 3-1。

3. 对观察到的密度计读数作有关修正后，记录到 0.1 kg/m^3(0.0001g/cm^3)。

4. 按不同的试验油品，用 GB/T 1885 中的表 59A、表 59B 或表 59D 把修正后的密度计读数换算 20℃下标准密度。

(1) 原油：表 59A;

（2）石油产品：表 59B；

（3）润滑油：表 59D。

注：①密度由 kg/m^3 换算到 g/cm^3 或 g/mL 应除以 10^3。

②20℃密度与 15℃密度之间相互换算，可使用 GB/T 1885 中的表 E1 和表 E2。

八、报告结果

（1）取重复测定两次结果的算术平均值作为试样的密度；

（2）密度最终结果报告到 0.1kg/m^3（0.0001g/cm^3），20℃。

九、精密度

1. 重复性

同一操作者用同一仪器在恒定的操作条件下对同一种测定试样，按试验方法正确地操作所得连续测定结果之间的差，在长期操作实践中，超过附表 3-3 所示数值的可能性只有 1/20。

附表 3-3 重复性

石油产品	温度范围/℃	单位	重复性
透明 低黏度	-2~24.5	kg/m^3 g/cm^3	0.5 0.0005
不透明	-2~24.5	kg/m^3 g/cm^3	0.6 0.0006

2. 再现性

不同操作者，在不同实验室对同一测定试样，按试验方法止确地操作得到的两个独立的结果之差，在长期操作实践中，超过附表 3-4 所示数值的可能性只有 1/20。

附表 3-4 再现性

石油产品	温度范围/℃	单位	重复性
透明 低黏度	-2~24.5	kg/m^3 g/cm^3	1.2 0.0012
不透明	-2~24.5	kg/m^3 g/cm^3	1.5 0.0015

注：① 对黏性原油和产品，当试验温度超过重复性和再现性中规定的范围时，没有得到精密度的数据。

② 在重复性和再现性给出的精密度数据是用最大允许刻度误差为 0.6 kg/m^3（0.0006 g/cm^3）的密度计得到的，没有得到使用最大允许刻度误差为 0.2 kg/m^3（0.0002 g/cm^3）和 0.3 kg/m^3（0.0003 g/cm^3）的密度计的精密度数据，但预计会得到等于或更高的精密度。

十、影响因素及注意事项

（1）密度计在使用前要用脱脂棉或其他质软的物品擦拭干净，擦拭后不要握最高分数线以下部分，以免影响读数。

（2）密度计是易损的玻璃制品，使用时要轻拿轻放，取出和放入时，要拿密度计的上部，清洗时应拿其下部，切勿横着拿取密度计细管这一端，以防折断。

(3) 将密度计浸入试样时，不许用手把密度计向下推，应轻轻缓放，以防密度计一下子触到量筒底部，碰破密度计。

(4) 测定密度用盛试样的量筒时，我国规定可用内径至少比所用密度计的外径大25mm，以免密度计与量筒内壁擦碰，影响准确度；其长度应适当，否则由于量筒过短，使密度计在底部，不能测出读数。

(5) 在油罐计量时，无论轻重油品必须使用型密度计进行测定，不准使用SY-Ⅱ密度计测定。

(6) 当测定50℃黏度不大于200mm^2/s的石油产品，使试样的温度最好与周围环境的温度相差不超过±5℃(必要时加热到40℃)。

(7) 如果不是在标准温度下测定的(20℃或15.6℃)而是在其他温度下测量的，则应将视密度换算成标准温度下的密度。

实训3-2 石油产品闪点测定(闭口杯法)

一、目的意义

通过实验加深对油品闪火现象的认识，了解影响闪火的条件。学会测定闭口杯闪点的方法，学习按规定速度加热升温的技能。掌握闪点的测定方法。学会大气压对闪点影响的修正计算及判断测定结果的可靠性。

二、方法原理

引用标准：《闪点的测定 宾斯基-马丁闭口杯法》(GB/T 261—2008)

闪点：在规定试验条件下，试验火焰引起试样蒸气着火，并使火焰蔓延至液体表面的最低温度，修正到101.3kPa大气压下。

当其他条件不变时，石油产品液面上的蒸气浓度，决定于油品的温度，因为油品的蒸气压与温度有关。由于油品液面上部的蒸气浓度和爆炸限度都与油品温度以外的条件如加热温度、蒸发速度、蒸发空间的大小、压力等有关，所以石油产品闪点的测定与仪器及操作方法有密切关系。因此没有标明测定方法的闪点是毫无价值的。

宾斯基-马丁闭口闪点试验仪可测定可燃液体、带悬浮颗粒的液体、在试验条件下表面趋于成膜的液体和其他液体闪点的方法。适用于闪点高于40℃的样品。

注：① 煤油的闪点在40℃以上，虽然也可使用本方法，但一般情况下煤油的闪点按照ISO13736进行测定。通常未用过润滑油的闪点按照GB/T 3536—2008进行测定。

② 闪点在40℃以下的喷气燃料也可使用本方法进行测定，但精密度未经验证。

本方法试验步骤包括步骤A和步骤B两部分。

1. 步骤A适用于表面不成膜的油漆和清漆、未用过润滑油及不包含在步骤B之内的其他石油产品。

2. 步骤B适用于残渣燃料油、稀释沥青、用过润滑油、表面趋于成膜的液体、带悬浮颗粒的液体及高黏稠材料(例如聚合物溶液和粘合剂)。

注：在监控润滑油系统时，为了进行未用过润滑油与用过润滑油闪点的比较，也可以用步骤 A 来测定用过润滑油的闪点，但本方法的精密度仅适用于步骤 B。

3. 本方法不适用于含水油漆或含高挥发性材料的液体。

注：① 含水油漆的闪点可用 GB/T 7634 进行测定；含高挥发性材料液体的闪点可用 ISO 1523 或 GB/T 5208—2008 进行测定。

② 本方法的精密度数据仅在第七章所述的闪点范围内有效。

在闪点温度时，只能使油蒸气与空气的混合物被外界明火所点燃产生闪火现象(一闪即灭)。而不能使液体油品燃烧，其原因在于在闪点温度时，液体油品面上蒸发速度慢，还不足以供给继续燃烧所需要的油蒸汽，而原有的可燃油气混合气中的油蒸汽很快燃尽，所以燃烧便停止了。测定原油、汽油、煤油和柴油的闪点是为了判断其在储存运输和使用中的安全性。

测量时，将样品倒入试验杯中，在规定的速率下连续搅拌，并以恒定速率加热样品。以规定的温度间隔，在中断搅拌的情况下，将火源引入试验杯开口处，使样品蒸气发生瞬间闪火，且蔓延至液体表面的最低温度，此温度为环境大气压下的闪点，再用公式修正到标准大气压下的闪点。

三、仪器及试剂

1. 闭口闪点试验仪：详见 GB/T 261—2008 附录 B。

(1) 如果使用自动仪器，要确保其测定结果能达到本方法规定的精密度，试验杯及试验杯盖的组装应符合 GB/T 261—2008 附录 B 规定的尺寸和仪器的机械要求，使用者应确保全部操作按仪器说明书进行。

注：在某些情况下，使用电子火源点火与火焰火源点火的试验结果会有差异，电子火源点火的试验结果可能会不稳定。

(2) 在有争议的情况下，除非另有规定，仲裁试验以火焰火源点火的手动试验结果为准。

2. 温度计：包括低、中和高 3 个温度范围的温度计，符合 GB/T 261—2008 附录 C 的要求。应根据样品的预期闪点选用温度计。

注：也可使用其他类型，但能满足附录 C 的精度和灵敏度的温度测量设备。

3. 气压计：精度 0.1kPa，不能使用气象台或机场所用的已预校准至海平面读数的气压计。

4. 加热浴或烘箱：用于加热样品，要求能将温度控制在±5℃之内。可通风且能防止加热样品时产生的可燃蒸气闪火，推荐使用防爆烘箱。

5. 清洗溶剂：用于除去试验杯及试验杯盖上沾有的少量试样。

注：清洗溶剂的选择依据被测试样及其残渣的黏性。低挥发性芳烃(无苯)溶剂可用于除去油的痕迹，混合溶剂加甲苯-丙酮-甲醇可有效除去胶质类的沉积物。

6. 校准液：详见 GB/T 261—2008 附录 A 中的规定。

四、仪器与样品准备

1. 仪器的放置：仪器应安装在无空气流的房间内，并放置在平稳的台面上。

注：① 若不能避免空气流，最好用防护屏挡在仪器周围。

② 若样品产生有毒蒸气，应将仪器放置在能单独控制空气流的通风柜中，通过调节使蒸气可以被抽走，但空气流不能影响试验杯上方的蒸气。

2. 试验杯的清洗：先用清洗溶剂冲洗试验杯、试验杯盖及其他附件，以除去上次试验留下的所有胶质或残渣痕迹。再用清洁的空气吹干试验杯，确保除去所用溶剂。

3. 仪器组装：检查试验杯、试验杯盖及其他附件，确保无损坏和无样品沉积。然后按照 GB/T 261—2008 附录 B 组装好仪器。

4. 仪器校验：每年至少校验仪器一次。

5. 取样

除非另有规定，取样应按照 GB/T 4756—1998、SY/T 5317—2006 或 GB/T 3186—2006 进行。

（1）将所取样品装入合适的密封容器中。

为了安全，样品只能充满容器容积的 85%~95%。

（2）将样品储存在合适的条件下，以最大限度地减少样品的蒸发损失和压力升高。样品贮存温度避免超过 30℃。

6. 样品处理

（1）石油产品

① 分样：在低于预期闪点至少 28℃下进行分样。如果等分样品是在试验前储存的，应确保样品充满至容器容积的 50%以上。

② 含未溶解水的样品：如果样品中含有未溶解的水，在样品混匀应将水分离出来，因为水的存在会影响到闪点的测定结果。但某些残渣燃料油和润滑剂中的游离水可能会分离不出来。这种情况下，在样品混匀前应用物理方法除去水。

③ 室温下为液体的样品：取样前应先轻轻地摇动混匀样品，再小心地取样，应尽可能避免挥发性组分损失，然后按实验步骤进行操作。

④ 室温下为固体或半固体的样品：将装有样品的容器放入加热浴或烘箱中，在 30℃ ± 5℃或不超过预期闪点 28℃的温度下加热(两者选择较高温度)30min，如果样品未全部液化，再加热 30min。但要避免样品过热造成挥发性组分损失，轻轻摇动混匀样品后，按实验步骤进行操作。

（2）油气和清漆：样品的制备按 GB/T 20777—2006 进行。

五、实验步骤

1. 通则

含水较多的残渣燃料油试样应小心操作，因为加热后此类试样会起泡并从试验杯中溢出。

注：试样的体积应大于容器容积的 50%，否则会影响闪点的测定结果。

2. 步骤 A

（1）观察气压计，记录实验期间仪器附近的环境大气压。

注：虽然某些气压计会自动修正，但本标准不要求修正到 0℃下的大气压力。

（2）将试样倒入试验杯至加料线，盖上试验杯盖，然后放入加热室，确保试验杯就位或锁定装置连接好后插入温度计。点燃试验火源，并将火焰直径调节为 3~4mm；或打开电子点火器，按仪器说明书的要求调解电子点火器的强度。在整个实验期间，试样以 5~6℃/min 的速率升温，且搅拌速率为 90~120r/min。

（3）当试样的预期闪点不高于 110℃时，从预期闪点以下 23℃±5℃开始点火，试样每升高 1℃点火一次，点火时停止搅拌。用试验杯盖上的滑板操作旋钮或点火装置点火，要求火焰在 0.5s 内下降至试验杯的蒸气空间中，并在此位置停留 1s，然后迅速升高回至原位置。

（4）当试样的预期闪点高于 110℃时，从预期闪点以下 23℃±5℃开始点火，试样每升高 2℃点火一次，点火时停止搅拌。用试验杯盖上的滑板操作旋钮或点火装置点火，要求火焰在 0.5s 内下降至试验杯的蒸气空间中，并在此位置停留 1s，然后迅速升高回至原位置。

（5）当测定未知试样的闪点时，在适当起始温度下开始实验，高于起始温度 5℃时进行第一次点火，然后按(3)或(4)进行。

（6）记录火源引起试验杯内产生明显着火时的温度，作为试样的观察闪点，但不要把在真实闪点到达之前，出现在试验火焰周围的淡蓝色光轮与真实闪点相混淆。

（7）如果所记录的观察闪点温度与最初点火温度的差值少于 18℃或高于 28℃，则认为此结果无效。应更换新试样重新进行实验，调整最初点火温度，直到获得有效的测定结果，即观察闪点与最初点火温度的差值应在 18~28℃范围之内。

3. 步骤 B

（1）观察气压计，记录实验期间仪器附近的环境大气压[步骤 A(1) 注]。

（2）将试样倒入试验杯至加料线，盖上试验杯盖，然后放入加热室，确保试验杯就位或锁定装置连接好后插入温度计。点燃试验火源，并将火焰直径调节为 3~4mm；或打开电子点火器，按仪器说明书的要求调解电子点火器的强度。在整个实验期间，试样以 1.0~1.5℃/min 的速率升温，且搅拌速率为 250(r/min)±10(r/min)。

（3）除试样的搅拌和加热速率按上述的规定，其他试样步骤均按步骤 A 规定进行。

六、计算

1. 大气压读数的转换

如果测得的大气压读数不是以 kPa 为单位的，可用下述等量关系换算到以 kPa 为单位的读数。

以 hPa 为单位的读数×0.1=以 kPa 为单位的读数

以 mbar 为单位的读数×0.1=以 kPa 为单位的读数

以 mmHg 为单位的读数×0.1333=以 kPa 为单位的读数

2. 观察闪点的修正

用式(附 3-1)将观察闪点修正到标准大气压(101.3kPa)下的闪点 T_c：

$$T_c = T_o + 0.25(101.3 - p) \tag{附 3-1}$$

式中 T_o——环境大气压下的观察闪点，℃；

p——环境大气压，kPa。

注：本公式仅限大气压在 98.0~104.7kPa 范围之内。

七、精密度

按下述规定判断实验结果的可靠性(95%的置信水平)。

1. 重复性(r)

在同一实验室，由同一操作者使用同一仪器，按照相同的方法，对同一试样连续测定的两个实验结果之差不能超过附表 3-5 和附表 3-6 中的数值。

附表 3-5　步骤 A 的重复性

材料	闪点范围 / ℃	r/ ℃
油气和清漆	—	1.5
馏分油和未使用过的润滑剂	40~250	0.029X

注：X——两个连续实验结果的平均值。

附表 3-6　步骤 B 的重复性

材料	闪点范围 / ℃	r/ ℃
残渣燃料油和稀释沥青	40~110	2
用过润滑油	170~210	5[a]
表面趋于成膜的液体、带悬浮颗粒的液体或高黏度材料	—	5.0

注：a. 在 20 个实验室对一个用过柴油发动机油试样测定得到的结果。

2. 再现性(R)

在不同实验室，由不同操作者使用不同仪器，按照相同的方法，对同一试样测定的两个单一、独立的实验结果之差不能超过附表 3-7 和附表 3-8 中的数值。

注：本精密度的再现性不适用于 20 号航空润滑油。

附表 3-7　步骤 A 的再现性

材料	闪点范围 / ℃	r/ ℃
油气和清漆	—	—
馏分油和未使用过的润滑剂	40~250	0.071X

注：X—两个连续实验结果的平均值。

附表 3-8　步骤 B 的再现性

材料	闪点范围 / ℃	r/ ℃
残渣燃料油和稀释沥青	40~110	6.0
用过润滑油	170~210	16[a]
表面趋于成膜的液体、带悬浮颗粒的液体或高黏度材料	—	10.0

注：a. 在 20 个实验室对一个用过柴油发动机油试样测定得到的结果。

八、报告

1. 结果报告修正到标准大气压(101.3kPa)下的闪点，精确至 0.5℃；
2. 如果有可能，报告预加热温度和预加热时间；
3. 仪器附近的环境大气压力；
4. 被测产品的类型和完整的标识；
5. 注明执行标准和所用的实验步骤；

6. 注明按协议或其他原因，与规定试验步骤存在的任何差异。

九、影响因素及注意事项

1. 试样含水的影响：当含水试样加热时，油中少量水分汽化，使油面上方混合气中油蒸气浓度变小，导致闪点增高；有时水蒸气形成泡覆盖在油面上，推迟了油蒸气与周围空气形成爆炸性气体的时刻，也使测定结果偏高。水分较多的重油测定开口杯闪点时，加热至一定温度，水蒸气形成的气泡很易溢出，导致实验无法进行。所以闪点测定，规定了试样的含水量，超出规定范围，必须先进行脱水。

2. 试样用量的影响：试样加入量必须严格按方法规定，如加入量过多，则油面上方空间容积相对减少，一定温度下，油蒸气与空气混合物的浓度更易达到爆炸范围，使闪点偏低，如装油量过少，结果偏高。

3. 点火器位置及火焰大小的影响：点火时离油面高低及停留时间长短均会影响结果。如点火器火焰比规定的大或点火时离油面近或停留时间比规定长，均导致结果偏低；反之使结果偏高。

4. 升温速度的影响：升温速度快，单位时间给予试样的热量多试样蒸发量大，与空气组成的混合气体浓度容易达到爆炸范围，使结果偏低。如升温速度过慢，测定时间长，点火次数多，损耗了部分油蒸气，使油气混合浓度不容易达到爆炸范围，而使结果偏高。

实训 3-3　石油产品闪点与燃点测定（克利夫兰开口杯法）

一、目的意义

要求掌握用克利夫兰开口杯仪器测定石油产品的闪点和燃点。

二、方法原理

引用标准：《石油产品闪点和燃点的测定　克利夫兰开口杯法》（GB/T 3536—2008）

本方法不适用于测定燃料油和开口闪点低于 79℃的石油产品。

将试样装入试验杯至规定的刻线。先迅速升高试样的温度，然后缓慢升温。当接近闪点时，恒速升温。在规定的温度间隔，以一个小的试验火焰横着越过试验杯，使试样表面上的蒸气闪火的最低温度，作为闪点。如果需要测定燃点，则要继续进行试验，直到用试验火焰使试样点燃并至少燃烧 5s 的最低温度，作为燃点。

三、仪器、材料和试剂

1. 仪器

（1）克利夫兰开口杯仪器，包括一个试验杯、加热板、试验火焰发生器、加热器和支架。详见附录 A。

（2）防护屏：推荐用 46cm×46cm，高 61cm，有一个开口面，内壁涂成黑色的防护屏。

（3）温度计：尺寸详见附表 3-9。

附表 3-9 温度计规格(补充条件)

范围	−6~400℃
浸入深度	25mm
细刻度	2℃
分刻度	10℃
数字刻度	20℃
刻度误差不超过	1℃(到 260℃)、2℃(超过 260℃)
膨胀室，允许加热至	420℃
总长	310mm±5mm
棒径	6~7mm
球长	7.5~10.0mm
球径	4.5~6.0mm
球径到 0℃ 刻度的距离	45mm±10mm
球底到 400℃ 刻度的距离	275mm±10mm

2. 材料

无铅汽油或其他合适的溶剂。

四、准备工作

1. 将测定装置放在避风和较暗的地方，并用防护屏围着，以使闪火现象看得清楚。到预期闪点前 17℃ 时，必须注意避免由于试验操作或凑近试验杯呼吸引起试验杯中蒸气的流动而影响试验结果。

注：有些试样的蒸气或热解产品是有害的，可允许将有防护屏的仪器安置在通风橱内，但在距预期闪点前 56℃ 时，调节通风，使试样的蒸气既能排出又能使试验杯上面无空气流通。

2. 用无铅汽油或其他合适的溶剂洗涤试验杯，以除去前次试验留下的所有油迹、微量胶质或残渣。如果有碳渣存在，应该用钢丝刷除去。用冷水冲洗试验杯，并在明火或加热板上干燥几分钟，以除去残存的微量溶剂和水。使用前应将试验杯冷却到预期闪点前至少 56℃。

3. 将温度计放置在垂直位置，使其球底离试验杯底 6mm，并位于试验杯中心与边之间的中点，和测试火焰扫过的弧(或线)相垂直的直径上，并在点火器臂的对边。

注：温度计的正确位置应使温度计上的浸入划线位于试验杯边缘以下 2mm 处。

五、实验步骤

1. 在任何温度下将试样装入试验杯中①，使弯月面的顶部恰好到装试样刻线。如果注入试验杯中的试样过多，则用移液管或其他适当的工具取出多余的试样；如果试样沾到仪器的外边，则倒出试样，洗净后再重装。要除去试样表面上的空气泡②。

2. 点燃试验火焰，并调节火焰直径到 4mm 左右。如仪器上安装着金属比较小球，则与金属比较小球直径相同。

---

① 黏稠的试样应在注入试样杯前先加热到能流动，但加热时的温度不应超过试样预期闪点前 56℃。

② 含有溶解或游离水的试样可用氯化钙脱水，用定量滤纸或疏松干燥脱脂棉过滤。

3. 开始加热时，试样的升温速度为每分钟 14~17℃。当试样温度到达预期闪点前 56℃时，减慢加热速度，控制升温速度，使在闪点前的最后 28℃时，升温速度控制为每分钟 5~6℃。

4. 在预期闪点前 28℃时，开始用试验火焰扫划，温度计上的温度每升高 2℃，就扫划一次。试验火焰须在通过温度计直径的直角线上划过试验杯的中心。用平稳、连续的动作扫划，扫划时以直线或沿着半径至少为 150mm 的圆周来进行。试验火焰的中心必须在试验杯上边缘面上 2mm 以内的平面上移动，先向一个方向扫划，下次再向相反的方向扫划。试验火焰每次越过试验杯所需时间约为 1s。

5. 当试样液面上任一点出现闪火时，立即记下温度计上的温度读数作为闪点。但不要把有时在试验火焰周围产生的淡蓝色光环与真正闪点相混淆。

6. 如果还需要测定燃点，则应继续加热，使试样的升温速度为每分钟 5~6℃，继续使用试验火焰，试样每升高 2℃就扫划一次，直到试样着火，并能连续燃烧不少于 5s，此时立即从温度计读温度作为燃点的测定结果。

六、计算

大气压力低于 95. 3 千帕斯卡(kPa)(953mba、715mmHg 柱)时，试验所得的闪点和燃点应加上其修正数作为试验结果，结果取整数。

大气压力			修正数/℃
kPa	mba	mmHg 柱	
95. 3~88. 7	953~887	715~665	2
88. 6~81. 3	886~813	664~610	4
81. 2~73. 3	812~733	609~550	6

七、精密度和偏差

用下述规定判断试验结果的可靠性(95%置信水平)。

1. 重复性

同一操作者，用同一台仪器重复测定两个试验结果之差，不应超过下列数值：

闪点　　8℃

燃点　　8℃

2. 再现性

由两个实验室提出的两个结果之差，不应超过下列数值：

闪点　　16℃

燃点　　14℃

注：本精密度是于 1982 年用 6 个试样，在 10 个实验室开展统计试验，并对试验结果进行数据处理和分析得来。

八、报告

取重复测定两个结果的闪点和燃点，经大气压力修正后的平均值，作为克利夫兰开口杯闪点和燃点。

附录 A

克利夫兰开口杯仪

（补充件）

克利夫兰开口杯仪(附图 3-3)包括：试验杯、加热板、试验火焰发生器、加热器、温度计支架和加热板支架，均应符合下列要求：

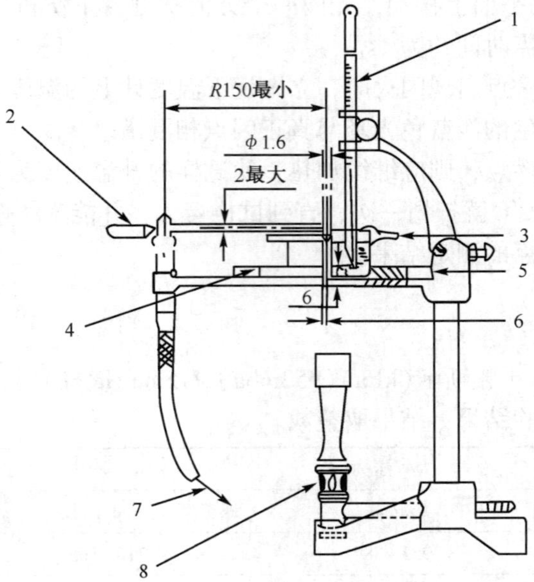

附图 3-3　克利夫兰开口杯仪

A. 1　试验杯

黄铜或其他热导性相当的、不锈的金属制成，尺寸要求如附图 3-4 所示。试验杯可装有手柄。

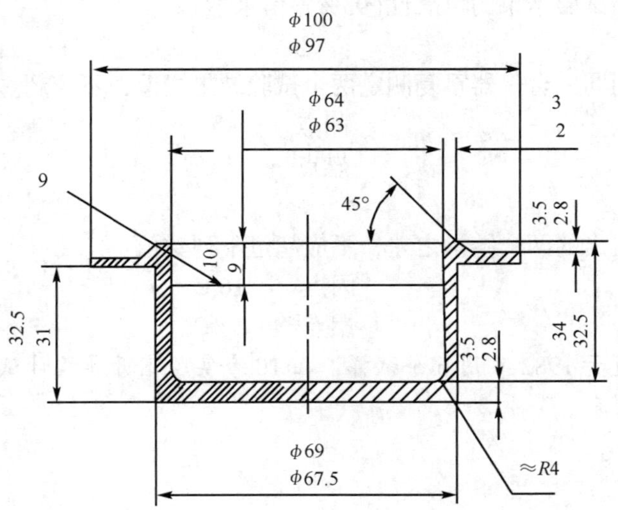

附图 3-4　克利夫兰开口杯

A. 2　加热板

黄铜、铸铁、锻铁或钢板制成。有一个中心孔，其四周有一块平面稍微凹进。除这块放置试验杯的凹平面外，其他处的加热板均有硬石棉板盖住。加热板的主要尺寸如附图 3-5 所示，但加热板也可用方形来代替圆形。金属板可适当伸长，以安装试验火焰发生器和温度计支架。另外，如 B. 3 中所提到的金属比较小球也可装在加热板上，使其通过并稍高出石棉板中合适的小孔。

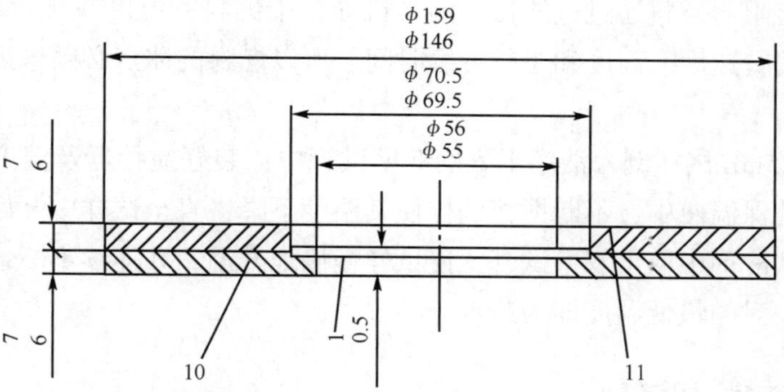

1—温度计；2—点火器；3—试验杯；4—金属比较小球 ϕ3. 2~4. 8；5—加热板；6—ϕ0. 8 孔；7—至气源；8—加热器(火焰型或电阻型)；9—装样刻线；10—金属；11—耐热材料

附图 3-5　加热板

A. 3　试验火焰发生器

扫划火焰的装置可以采用任何适宜的形式，但建议火焰头的顶端直径为 1. 6mm，孔眼直径约为 0. 8mm。操作试验火焰的装置应安装得使试验火焰的扫划能自动重复，扫划的回转半径不小于 150mm，孔眼中心能在试验杯边缘面上方不超过 2mm 的平面上移动。可将一个直径为 3. 2~4. 8mm 的金属比较小球装在仪器的方便位置上，以与试验火焰作比较。

A. 4　加热器

可用任何方便的加热源，允许使用煤气灯或酒精灯，但在任何情况下都不能使火焰升到试验杯的周围。最好采用一个可调变压器控制的电加热器。热源要集中在孔下，且没有局部过热。火焰型加热器可用任何合适的防护屏来防止吹风或过量辐射，但防护屏不应高出石棉板的上表面。

A. 5　温度计支架

在试验中能使温度计固定在指定的位置上，并且在试验后，可容易地从试验杯中取下。

A. 6　加热板支架

可采用能水平并稳固地固定加热板的任何合适的支架。

实训 3-4　喷气燃料冰点测定

一、目的意义

掌握喷气燃料和航空活塞式发动机燃料的冰点测定方法。

注：本方法精密度验证不包括航空活塞式发动机燃料。

二、方法原理

引用标准：《航空燃料冰点测定法》(GB/T 2430—2008)

冰点定义：在规定的条件下，航空燃料经过冷却形成固态烃类结晶，然后使燃料升温，当烃类结晶消失时的最低温度即为航空燃料的冰点。

航空燃料的冰点是保证燃料中不出现固态烃类结晶的最低温度。若在飞机燃料系统中存在此类晶体，将会阻碍燃料通过过滤器。因飞机油箱中燃料的温度在飞行期间通常会降低，降低幅度取决于飞行速度、高度和飞行持续时间。所以燃料的冰点必须永远低于油箱的最低操作温度。

测量时，取25mL试样倒入洁净干燥的双壁试管中，装好搅拌器及温度计，将双壁试管放入有冷却介质的保温瓶中，不断搅拌试样使其温度下降，直至试样中开始呈现为肉眼能看见的晶体，然后从冷剂中取出双壁试管，使试样慢慢地升温，并连续不断地搅拌试样，直至烃类结晶完全消失时的最低温度即为冰点。

三、仪器、材料和试剂

1. 冰点测定仪：如附图3-6所示。

2. 双壁玻璃试管：一个双壁没有镀银的容器，类似于杜瓦瓶，在内外管之间的空间充满干燥的常压氮气或空气。管口用装有温度计和防潮管(或压帽)的塞子塞住，搅拌器通过此防潮管(附图3-6)。

3. 防潮管：防止湿气凝结(附图3-7)。也可选用压帽。

4. 搅拌器：直径为1.6mm的黄铜棒，下端弯成平滑的三圈螺旋状。

注：搅拌器可以使用机械搅拌装置。

5. 真空保温瓶：不镀银的真空保温瓶，应能够盛放足够量的冷却剂，以使双壁玻璃试管浸入到规定的深度。

6. 温度计：全浸式，温度范围为-80~+20℃；分度为0.5℃；

7. 无水硫酸钙或硅胶。

8. 五氧化二磷：化学纯。

9. 冷却剂

(1) 丙酮：若在蒸发干后不留下残渣，可用化学纯丙酮作冷却剂。【警告】易燃

(2) 无水乙醇或无水异丙醇：用工业或化学纯。【警告】易燃

(3) 干冰。

【警告】极冷，-78℃。二氧化碳(固体)所释放的气体，可以引起窒息，与皮肤接触会引起灼伤、冻伤。

(4) 液氮：当冰点低于-65℃时，可用工业或化学纯液氮作冷却剂。

【警告】极冷，-196℃。液氮所释放的气体，可以引起窒息，与皮肤接触会引起灼伤、冻伤。

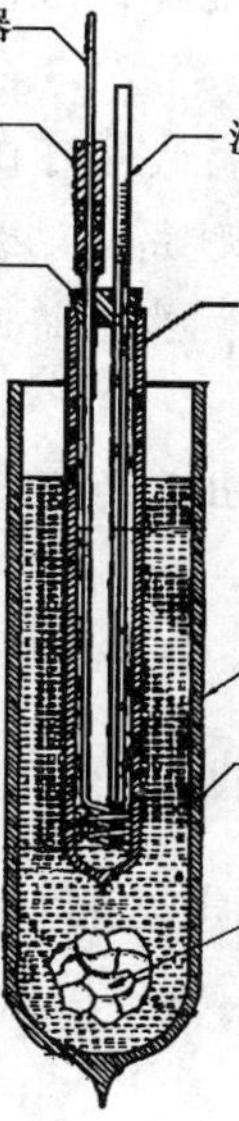

附图 3-6 冰点测定仪

附图 3-7 防潮管

四、取样

1. 除非另有规定，取样应按 GB/T 4756 进行取样。

2. 每次试验至少需要 25mL 试样。

3. 试样保存在室温下密封容器中，尽量减少湿气的带入。试样尽量远离热源。

五、实验步骤

1. 量取 25mL±1mL 试样倒入清洁、干燥的双壁玻璃试管中。用带有搅拌器、温度计和防潮管(或压帽)的软木塞紧紧地塞住双壁玻璃试管，并调节温度计位置，使感温泡不要触壁，并位于双壁玻璃试管的中心。温度计的感温泡距离双壁玻璃管底部 10~15mm。

注：① 在实验过程中，会出现双壁玻璃试管中的试样浸在冷却剂中形成的起泡干扰观测以及试样的结晶会以各种各样的形式出现而难以辨认的情况。

② 本实验要求实验室里光线明亮。有些结晶很模糊，光线不充足时，很难观察到。

2. 夹紧双壁玻璃试管，使其尽可能深的浸入盛有冷却剂的真空保温瓶内(【警告】易内爆)(见下注)。试样液面应在冷却剂液面下约 15~20mm 处。除非采用机械制冷来冷却，否则，在整个实验期间都需要不断添加干冰，以保持真空保温瓶中冷却剂的液面高度。

注：冷却剂可以采用丙酮、乙醇或异丙醇，但所有这些试剂都要小心处理。对燃料冰点低于-65℃的试样，液氮也可以代替干冰用作冷却剂。也可以使用机械制冷。

3. 除观察时，整个实验期间要连续不断地搅拌试样，以 1~1.5 次/s 的速度上下移动搅拌器，并要注意搅拌器的铜圈在搅拌时，并要注意搅拌器的铜圈向下时不要触及双壁玻璃试管底部，向上时要保持在试样液面之下。在进行某些步骤的操作时，允许瞬间停止搅拌(见注①)，不断观察试样，以便发现烃类结晶。由于有水存在的缘故，当温度降至接近-10℃时，会出现云状物，继续降温时云状物不增加，可以不必考虑此类云状物。当试样中开始呈现为肉眼所能看见的晶体时，记录烃类结晶出现的温度。从冷剂中取出双壁玻璃试管，允许试样在室温下继续升温，同时仍以1~1.5次/s的速度进行搅拌，继续观察试样，直到烃类结晶消失，记录烃类晶体完全消失时的温度。

注：① 因为冷却剂释放的气体可能有碍视线，双壁玻璃试管可以从冷却剂中移出以便观察。双壁玻璃试管移出的时间不超过10s，如果结晶已经形成，记录这个温度。允许试样在室温下搅拌升温，温度应升至比晶体消失温度高至少5℃，然后将此试样重新浸入冷却剂中冷却。在略高于此记录的温度时移出试样，观察结晶点。

② 建议将结晶出现温度与结晶消失温度相比较。结晶出现的温度应低于结晶消失的温度。否则，说明结晶没有被正确观察识别，这两个温度之差一般不大于6℃。

六、报告

1. 报告校正后的结晶消失温度，精确到0.5℃；

2. 取重复测定两次结果的算术平均值，作为本试样的测定结果。

七、精密度和偏差

用下述规则判断试验结果的可靠性(95%置信水平)。

1. 重复性

在同一实验室，同一操作者，使用同一仪器，对同一样品测得的两个试验结果之差不应大于1.5℃。

2. 再现性

不同实验室的不同操作者，使用不同仪器，对同一试样测得的两个实验结果之差不应大于2.5℃。

注：本方法的精密度验证不包括航空活塞式发动机燃料。

3. 偏差

因为没有已知冰点的烃类混合物可以用来模拟航空燃料，故无法确定偏差。

实训3-5　石油产品运动黏度测定

一、目的意义

了解运动黏度测定的基本原理。掌握运动黏度的测定方法及计算方法。能准确地测定试样的运动黏度，会判断测定结果的可靠性。掌握运动黏度和动力黏度之间的换算关系。

二、方法原理

引用标准：《石油产品运动黏度测定法和动力黏度计算法》(GB/T 265—1988)

黏度就是液体的内摩擦，即当液体受到外力作用后，其内部作相对运动时所产生的阻力。所谓运动黏度就是相同温度下，液体的动力黏度与它的密度之比。其单位为m^2/s；通常在实际中使用为mm^2/s。黏度越大，等量油品通过相同距离的时间就越长。

本方法适用于测定液体石油产品(指牛顿液体)的运动黏度。是在某一恒定的温度下，测定一定体积的液体在重力下流过一个标定好的玻璃毛细管黏度计的时间，黏度计的毛细管常数与流动时间的乘积，即为该温度下测定液体的运动黏度。

三、仪器、材料和试剂

1. 黏度计

（1）玻璃毛细管黏度计应符合《玻璃毛细管黏度计技术条件》(SH/T 0173—1992)的要求，也允许采用具有同样精度的自动黏度计。

（2）毛细管黏度计一组。在黏度计上刻有毛细管内径规格和黏度计编号，根据内径和编号可以查出黏度计常数 C。

（3）每支黏度计必须按《工作毛细管黏度计检定规程》(JJG 155)进行检定并确定常数。测定样品的运动黏度时，应根据实验的温度选用适当的黏度计，务使试样的流动时间不少于200s，内径 0.4mm 的黏度计流动时间不少于 350s。

2. 恒温浴：带有透明壁或装有观察孔，附有自动搅拌器和温度控制器使温度控制在允许的范围内，采用时间比例温度控制方式控温，精度在±0.1℃，温度细调范围在±2℃。采用 Pt100 铂电阻作为感温元件。

根据测定的条件，要在恒温浴中注入附表 3-10 中列举的一种液体。

3. 玻璃水银温度计：符合 GB/T 514 标准，分度 0.1℃。

4. 秒表：分格为 0.1s。

5. 溶剂油；铬酸洗液；石油醚：60~90℃，化学纯；95%乙醇：化学纯。

附表 3-10　在不同温度使用的恒温浴液体

测定的温度/℃	恒温浴液体
50~100	透明矿物油、丙三醇(甘油)或 25%硝酸铵水溶液(该溶液的表面会浮着一层透明的矿物油)
20~50	水
0~20	水与冰的混合物，或乙醇与干冰(固体二氧化碳)的混合物
0~-50	醇与干冰的混合物；在无水乙醇的情况下，可用无铅汽油代替

注：恒温浴中的矿物油最好加有抗氧化添加剂，延缓氧化，延长使用时间。

四、准备工作

1. 试样含有水或机械杂质时，在试验前必须经过脱水处理，用滤纸过滤除去机械杂质，将过滤后的试样放入小烧杯中。

对于黏度大的润滑油，可以用瓷漏斗，利用水流泵或其他真空泵进行吸滤，也可以在加热至 50~100℃的温度下进行脱水过滤。

2. 在测定试样的黏度之前，必须将黏度计用溶剂油或石油醚洗涤，如果黏度计沾有油污，就用铬酸洗液、水、蒸馏水或 95%乙醇依次洗涤。然后放入烘箱中烘干或用通过棉花滤过的热空气吹干。

3. 调节恒温浴温度，使之达到测定温度。

4. 注油：测定运动黏度时，要在内径符合要求且清洁、干燥的毛细管黏度计(附图 3-8)内装入试样。在装样之前，将橡皮管套在选好的黏度计支管 7 上，并用手指堵住管身 6 的管口，同时倒置黏度计，然后将管身 1 的一端插入装有试样的容器中，此时利用橡皮球、水流泵或其他真空泵，从橡皮管的一端将试样吸到标线 b 处，同时注意黏度计中试样不可产生气泡或裂隙，当液面正好到达标线 b 时，就从容器中提起黏度计，并迅速将它倒置过来，恢复正常位置，同时将管身 1 的管端外壁所沾着的多余试样擦去，让试样自由流下，从支管 7 上取下橡皮管套在管 1 上，以备试验吸油用。

5. 将装有试样的黏度计浸入恒温浴中，并用夹子将黏度计固定在支架上，在固定位置时，必须使黏度计扩张部分 2 浸入一半，将毛细管黏度计调整成垂直状态，要利用铅垂线从两个相互垂直的方向去检查毛细管的垂直情况。

6. 恒温浴中温度计要利用另一只夹子来固定，务使水银球的位置接近毛细管中央点的水平面，即与毛细管 4 的中点处于同一水平面，并使温度计上面测温的刻度位于恒温浴的液面上 10mm 处。

7. 使用全浸式温度计时，如果它的测温刻度露出恒温浴的液面，就依照式(附 3-2) 计算温度计液柱露出部分的补正数 Δt，才能准确地量出液体的温度：

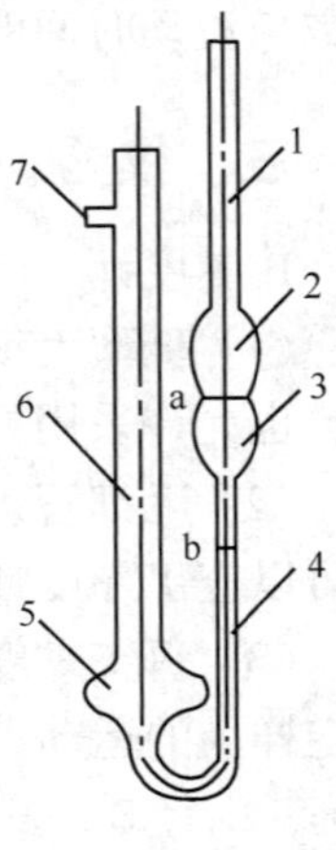

1，6—管身；
2，3，5—扩张部分；
4—毛细管；
7—支管；
a，b—标线

附图 3-8　毛细管黏度计

$$\Delta t = k \cdot h(t_1 - t_2) \quad (附 3-2)$$

式中　k——常数，水银温度计采用 $k=0.00016$，酒精温度计采用 $k=0.001$；

h——露出在浴面上的水银柱或酒精柱高度，用温度计的度数表示；

t_1——测定黏度时的规定温度，℃；

t_2——接近温度计液柱露出部分的空气温度，℃(用另一支温度计测出)。

试验时取 t_1 减去 Δt 作为温度计上的温度读数。

五、实验步骤

1. 检查黏度计调整为垂直状态浸在恒温浴中的位置。记录恒温浴的实验温度，装好试样的黏度计放入规定的恒温浴内，经过附表 3-11 所规定的恒温时间，才能开始测定。试验温度在-30℃以上时，必须保持温度恒定到±0.1℃。

2. 利用毛细管黏度计管身 1 所套着的橡皮管将试样吸入扩张部分 3，使试样液面稍高于标线 a (约 5mm)，但不得高于恒温浴的液面，并且注意不要使毛细管和扩张部分 3 的液体产生气泡或者裂隙。

3. 此时让试样自由流下，并开始观察试样在管身中的流动情况，当液面正好到达标线 a 时，开动秒表，而当液面正好达到标线 b 时，停止秒表，记录试样流经的时间。

在测定中，注意恒温浴中正在搅拌的液体要保持恒定温度，记录测定时间的温度，准确至 0.1℃，并注意自由流下的试样不应出现气泡。

4. 每个试样至少重复测定 4 次，每次流动时间与其算术平均值的差数应符合如下要求：在温度 100~150℃测定黏度时，这个差数不应超过算术平均值的±0.5%；在低于 15~-30℃测定黏度时，这个差数不应超过算术平均值的±1.5%；在低于-30℃测定黏度时，这个差数不应超过算术平均值的±2.5%。

然后，取不少于三次的流动时间所得的算术平均值，作为试样的平均流动时间。

5. 将黏度计洗净吹干，或换一支黏度计，装入新试样进行平行试验。

附表 3-11 黏度计在恒温浴中的恒温时间

试验温度/℃	恒温时间/min
80~100	20
40~50	15
20	10
0~-50	15

六、计算

1. 在温度 t 时，运动黏度用符号 ν_t(mm²/s)表示。按式(附 3-3)计算：

$$\nu_t = c \cdot \tau_t \tag{附 3-3}$$

式中 c——黏度计常数，mm^2/s^2，它只与黏度计几何形状及尺寸有关，出厂时给出；

τ_t——在温度 t 下测定试样流过毛细管的平均流动时间，s。

将试验测得试样平均流动时间 τ_t 和已查得的黏度计常数 c，代入公式，计算即可。

例：黏度计常数 $c=0.478mm^2/s^2$，试样在 50℃ 时流动时间分别为 318.0s、322.4s、322.6s、321.0s。因此流动时间的算术平均值为：

$$\tau_{50} = (318.0+322.4+322.6+321.0)\div 4 = 321.0(s)$$

各次流动时间与平均流动时间允许差数为：321.0×0.5%=1.6s

因为 318.0s 与平均流动时间 321.0s 相差已超过 1.6s，所以这个数据应弃去。其他 3 个读数与平均流动时间的差数没有超过 1.6s，所以只采用这 3 个数据计算流动时间：

$$\tau_{50} = (322.4+322.6+321.0)\div 3 = 322.0(s)$$

试样运动黏度测定结果为：

$$\nu_{50} = c \cdot \tau_{50} = 0.478mm^2/s^2 \times 322.0s = 154.0mm^2/s$$

2. 在温度 t 时，试样的动力黏度 η_t(mPa·s)按式(附 3-4)计算：

$$\eta_t = \nu_t \cdot \rho_t \tag{附 3-4}$$

式中 ν_t——温 t 时，试样的运动黏度，mm²/s；

ρ_t——温度 t 时，试样的密度，g/cm³。按《原油和液体石油产品密度实验室测定法(密度计法)》(GB/T 1884—2000)测定试样的密度。

七、精确度

用下述规定来判断试验结果的可靠性(95%置信水平)。

1. 重复性

同一操作者，用同一试样重复测定的两个结果之差，不应超过下列数值：

测定黏度的温度/℃	重复性/%
100~15	算术平均值的 1.0
低于 15~-30	算术平均值的 3.0
低于-30~-60	算术平均值的 5.0

2. 再现性

由不同操作者，在两个实验室提出的两个结果之差，不应超过下列数值：

测定黏度的温度/℃	再现性/%
100~15	算术平均值的2.2

八、报告

1. 黏度测定结果的数值，取4位有效数字。
2. 用平行测定两个结果的算术平均值，作为试样的运动黏度或动力黏度。

九、影响因素及注意事项

1. 试样的预处理：试样必须无水及不含机械杂质，否则机械杂质会堵塞毛细管，使结果偏高。若试样含水，如在高温下测定时，水分汽化会妨碍试样向下流动；在低温下测定时易结成冰粒，堵塞毛细管，均会影响试样正常流动。

2. 毛细管黏度计的尺寸必须符合《石油产品运动黏度测定法和动力黏度计算法》(GB/T 265—1988)规定。使用黏度计时一定要轻拿轻放，不能用力分开U形管两臂，以防折断损坏。

3. 黏度计必须清洁干燥，如不干净其影响与试样含机械杂质一样，黏度计如未干燥，所含溶剂会稀释试样，使结果偏低。

4. 流动时间的控制：试样毛细管中流动时间必须在300s±180s范围内，如时间过短，液体在毛细管中流速太快，易形成湍流，这就失去本法测定的基础[式(附3-3)是流体在层流条件下推导出来的]。如流动时间过长，容易由于温度波动或其他偶然原因造成误差。

5. 温度的控制：在测定中控制恒温浴温度是关键。温度增高，黏度减小；温度降低，黏度增大。

6. 毛细管黏度计位置：安装是否垂直及黏度计浸入恒温浴中深度均影响结果。若黏度计不垂直，则会改变开始测定时油样液柱高度，引起静液差变小，时间变长，测定结果偏大。若黏度计扩张部分露出水面过多，则高温测定时黏度偏大，低温测定时黏度偏小。

7. 装油量的多少，试样中带气泡或裂隙均影响流动时间，导致试样测定结果误差。如试样过多，开始测定时黏度计静液差减小，流动的时间变长，使测定结果偏高。

实训3-6　石油产品热值测定

一、目的意义

要求掌握用量热计氧弹测定不含水的石油产品的总热值及净热值。

二、方法原理

引用标准：《石油产品热值测定法》(GB/T 384—1981)

本方法适用于以量热计氧弹测定不含水的石油产品(汽油、喷气燃料、柴油和重油等)的总热值及净热值。

将试样装在氧弹内的小皿中，用易燃而不透气的胶片封闭起来，或把试样封闭在聚乙烯制成的安瓿中，使试样在压缩氧气中燃烧，以测定其燃烧时所发生的热值(弹热值)，作为总热值与净热值的测定基础。

总热值测定法是先从氧弹洗涤液中测定硫含量(此硫在氧弹中由二氧化硫变成硫酸，使硫酸根离子变成硫酸钡沉淀析出，由测定硫酸钡的重绪算出硫含量)。然后，在试样的弹热值中引入修正数(二氧化硫变成硫酸及硫酸溶解于水时所放出的热量，由氮生成硝酸溶解于水时所放出的热量)，从而得到总热值。

净热值测定法是用实验方法或按公式计算的方法测定试样中的氢含量(只有在特别准确的分析测定时，才用试验方法测定氢含量)。向总热值中引入水蒸气生成热的修正数，即得净热值。在氧弹内压缩氧气中，放入已知重量的吸有硫酸的浮石作为吸水剂，同时用封上胶片的小皿燃烧所称得的试样，但不计算热值。将氧弹置于沸腾的水中及空气中以吸收水分。然后测定浮石所吸收的水量。

三、仪器、材料和试剂

1. 仪器

测定热值的量热计设备及附件，应符合热值测定的各项要求。

(1) 量热计小皿(以后简称小皿)由不锈钢制成，见附图 3-9。

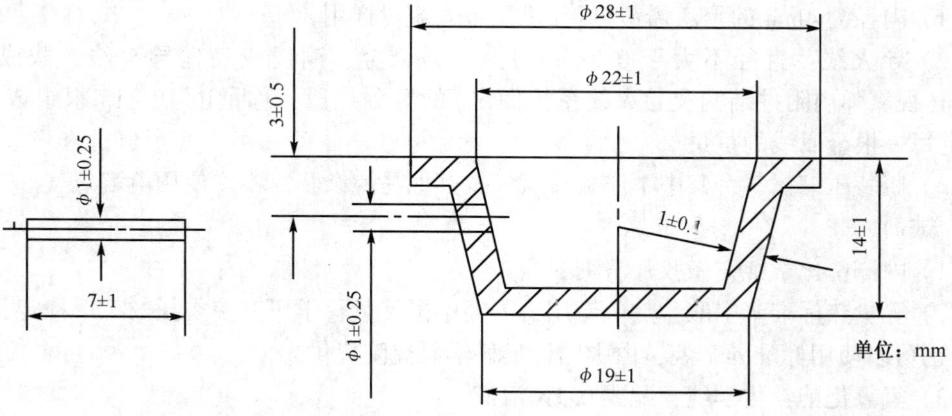

附图 3-9　量热计小皿

(2) 瓷或玻璃制的平盘(可以用平底、直径为 100~200mm 的浅结晶皿或表面皿)，供制备胶片用。

(3) 金属钳。

(4) 吸液管：1mL。

(5) 秒表。

(6) 注射器。

(7) 分析天平和重负荷的 5kg 天平。

(8) 容量瓶：2000mL 和 1000mL。

(9) 干燥器。

（10）瓷坩锅：矮型的。

（11）水浴。

（12）电炉。

（13）烧杯：300~500mL。

（14）玻璃漏斗：60°，直径 50~65mm。

（15）洗瓶：500~1000mL。

弹热值测定法所指定的仪器。

（1）瓷刮勺

（2）瓷坩锅；矮型的，3 号或 4 号(视量热弹底部大小而定)，盛吸水剂用(附有特制的玻璃三角架)。

（3）蒸发皿：4 号或 5 号。

（4）称量瓶：矮型，直径 35~50mm(视量吸水剂的瓷坩锅的大小而定)；高型，直径 30~40mm，高 45~60mm，作为保存新制备的浮石用。

（5）带盖的金属罐：直径 150~160mm，高 200~220mm，盛热水用。

（6）电炉。

（7）干燥器。

2. 材料

（1）内径为 4mm 的聚乙烯塑料管(供制备安瓿封样用)。

（2）导火线：直径不大于 0.2mm 的镍一铬合金、铜线或其他导火线，截成长 60~120mm(视氧弹内附件结构及导火线系统而定)的等分线段，称量由 10~15 根组成的线束，以测定每一根金属线的重量。

（3）瓶装压缩氧气：其中不应含有氢气及其他易燃杂物，不许使用电解氧气。

3. 试剂

（1）丙酮：化学纯，做胶片溶剂。

（2）等量热标准苯甲酸，热值专用，需经中国计量科学研究院委托的工厂检定，并附有证书(也可以使用标准异辛烷，由中国计量科学研究院提供)。

（3）氢氧化钠：化学纯，配成 0.1N 溶液。

（4）酚酞. 配成 1%乙醇溶液。

（5）定量滤纸：慢速，直径 70~90mm。

（6）盐酸：分析纯。

（7）氯化钡：分析纯，配成 10%水溶液。

（8）硝酸银，分析纯，配成 3%水溶液。

（9）甲基橙：配成 0.02%水溶液。

（10）浮石：多孔的。

（11）硫酸：分析纯。

四、对仪器、材料与试剂的特殊要求

1. 热值测定应在一个单独的房间内进行，房间要背阳，并应具有双层严密的门窗，以保证室内温度稳定(温度波动不应超过±5℃)。房间内不应有影响燃烧热测定的加热装置。在试验进行时，试验室禁止通风。

2. 量热计搅拌器的转动速度，应保证能迅速搅拌容器中的水，且不发生飞溅现象。同时因搅拌而产生的温度升高，每10min不得超过0.01℃。为了达到这一目的，搅拌器每分钟的转数：垂直搅拌的不应少于50转，螺旋桨式的不应少于400转。

3. 应使用一般量热温度计或贝克曼温度计(分度为0.01℃)。此温度计需经国家计量机关作每1℃的检查，其校正误差应不大于0.005℃。

4. 读取温度的示值时，应利用放大6~9倍及焦距0.5~1.0m的短焦距视镜或双眼放大镜或双重放大镜。此镜应固定在一特殊的支架上，并能在垂直的支柱上自由移动，同时不变更其严格的水平位置，不许将放大镜固定在温度计上。

5. 在氧弹电极的环上应留一开口，以固定量热计小皿于环上。

6. 引火时用低于12V的电压。为了避免导火线的发热而带来的多余热量，在燃烧胶片及试样时，其通电时间不应超过1s。最好在电路上串联一指示灯，以便观察点火情况。在电路上的电压有很大波动时，量热计上的电源最好用直流电。

7. 带减压阀的氧气压力表的分压指示范围为0~60kgf/cm^2(或0~75kgf/cm^2)，供弹内装满氧气时测定弹中的压力用。氧弹、压力表及氧气连接管(用直径1~1.5mm的无缝铜管)，根据需要，须经静水压检查，每年不能少于一次。氧弹应以100kgf/cm^{2}压力检验。

8. 装压缩氧气用具的连接部分严禁涂润滑油脂。如氧弹及氧气连接仪器在试验或搬运时沾了润滑油或其他油类而显有油污，则应先用汽油小心洗涤，然后再用乙醇或乙醚洗涤。在用压缩氧气操作时，必须遵守操作规程。

9. 用于测定氢含量的氧弹，应检查其密闭性。不应漏气。在使用前将氧弹干燥。为此，打开排气阀若干转，用氧气吹，并装入吸水剂(硫酸浸透的浮石)。打开排气阀并将盖拧入一半，这样放置至少1h。同时必须注意使导电销的末端及氧弹氧气管的末端，距离装吸水剂的瓷坩锅边缘不小于20mm。

注：最好使用单独的氧弹测定氢含量。在这种情况下，氧弹在不用时，装入吸水剂。只有吸收水分不完全时，才更换吸水剂。

10. 装有吸水剂的瓷坩锅的称量瓶及装有硫酸浸透的浮石的称量瓶，必须在干燥器中保存。

11. 盛吸水剂的瓷坩锅应在干燥器中保存，在使用之后，应该用水洗净并干燥。

五、准备工作

1. 小皿所用胶片的制备

(1) 小皿所用胶片，是以5%~8%的乙酸纤维的电影胶片(硝酸纤维的电影胶片不溶解于丙酮)或照相软片或乙酸纤维素的丙酮溶液来制备。此溶液的制取是将电影胶片或照相软片在热水中浸湿，除去胶膜，并使干燥，然后称出所需量的胶片，剪成小块，移入玻璃瓶或锥形烧瓶中，注入适量的丙酮。如用乙酸纤维素，直接称入适当的量于锥形烧瓶中，注入适量的丙酮，用塞将瓶口塞上，摇晃至胶片完全溶解为止。

注：① 200mL 5%~8%电影胶片或照相软片溶液，足够供制造150~200次热值测定的胶片用(包括测定胶片本身的热值、制备胶片及粘贴胶片于小皿上所用的溶液)。

② 可使用溶于乙醚中的火棉胶溶液来代替溶于丙酮的电形胶片成照相软片溶液。

（2）将准备好的溶液，量取4~5mL倒入直径100mm的结晶皿上或平盘上。然后将容器向各方向倾斜，使其中的溶液呈均匀的薄层。经过10~15min，待所形成的胶片表面无光时，注入适量热水覆盖，待胶片由其边缘开始成皱纹并脱落时，将胶片从盘的表面上取下，并夹在滤纸中压榨。将制成的胶片，留在滤纸间干燥一昼夜。制好的胶片需保存在金属盒或纸盒中。

2. 聚乙烯塑料安瓿的制备

（1）取一段聚乙烯塑料管在酒精灯火焰上烤软，将一端稍微拉细，然后将细端熔融封口（附图3-10）。封好后，在酒精灯上烤软（勿使塑料管直接接触火焰）然后离开火焰，用嘴通过一个装有氯化钙的干燥管（避免吹入水气）吹成带毛细管的塑料安瓿封样管（附图3-11）。封样管的重盘为0.2g左右，吹好后放入干燥器中待用。

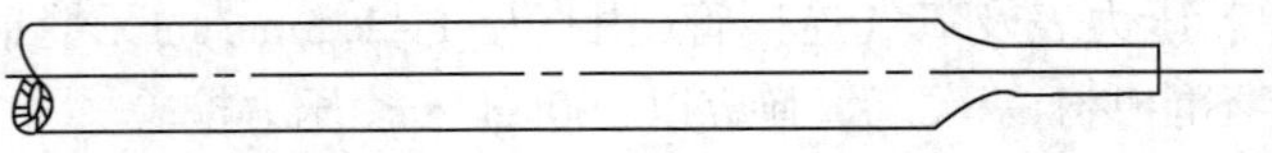

附图3-10　聚乙烯塑料管细端熔融封口

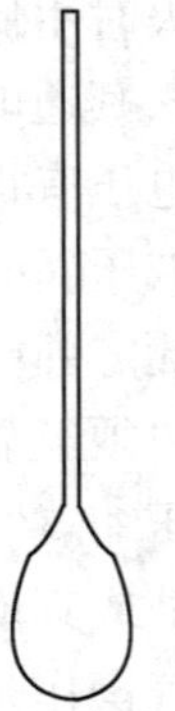

附图3-11　塑料安瓿封样管

3. 胶片或聚乙烯塑料安瓿弹热值的测定

（1）测定胶片或聚乙烯塑料安瓿的弹热值，是为计算试样的热值时，作为修正值用。

（2）在测定热值时，胶片卷成重0.5~0.7g，聚乙烯塑料安瓿取0.5~0.6g，称准至0.0002g，将胶片或聚乙烯塑料安瓿瓶缠缚在导火线上（也可用棉线缠缚帮助燃烧），并置于小皿中。

（3）依1.（2）、1.（3）进行量热计的准备工作，并使注入量热器中水的温度较外壳低0.5~1.0℃

（4）再依1.（5）、1.（8）进行试验（不同的是用胶片或聚乙烯塑料安瓿代替苯甲酸）。试验后不收集氧弹的洗涤液。

4. 小皿的准备

（1）测定前将小皿在750℃±5℃下摄烧10min，冷却后称准至0.0002g。

（2）按本方法所准备的胶片，剪成宽6~8mm，长30~35mm做点火用的小条和直径比小皿外边缘稍大的圆片各一枚。

（3）用玻璃棒将胶片的丙酮溶液滴1滴到小皿侧面小孔对面的壁上，将点火小条一端固定在小皿的内壁上，另一端折在小皿外部。然后再用溶液涂抹，小皿边缘上固定点火小条的地方，将点火小条未粘着的部分折转过来，然后再用溶液抹小皿的全部边缘，并将准备的圆形胶片放上粘好，务必使其与小皿边缘完全密合。剪下胶片突出的边缘后，用溶液小心地缘抹小皿边缘（呈均匀的薄层），使胶片与小皿边缘接合的地方能达到十分密合的程度。胶片粘好后，将小皿置于空气中干燥1~2h，同时使小皿的侧孔开着。

(4)经过1~2h后，用塞子塞好小皿的侧孔，在点火小条突出的末端刺一孔，将小皿称准至0.0002g，并算出所粘胶片的重量。

注：①先将胶片对光检查有无孔眼，只取其质量好的部分来盖小皿；②重质石油产品的热值测定，不进行五、中的1、2、3和4中的(1)、(2)、(3)、(4)项的操作步骤。

六、实验步骤

1.量热计水值的测定

(1)采用在氧弹中燃烧一定量的标准苯甲酸或标准异辛烷，测量由其燃烧所产生的热量而引起热计温度变化的方法，来确定量热计的水值。量热计温度升高1℃所需要的热量(卡)，即水值，以卡/℃表示。

量热计由量热容器及其中的水、氧弹、搅拌器及温度计等(在浸入状态下)所组成。

(2)在进行测定前，必须将容器擦干，再将蒸馏水倒入量热计中，称准至±0.5g。装入水的数量应使氧弹浸没水中至进气阀门的锁紧螺母的2/3处。以后试验试样时，均使用相同数量的水。

(3)在量热容器装入量热计外壳前，量热容器内的水温应较外壳内的水温低1~2.0℃。将盛有水的容器置于量热计外壳中绝缘的底座上。

(4)将1g±0.1g压紧的苯甲酸片，在预先称重的小皿中称准至0.0002g(标准苯甲酸在压片前，要在装有浓硫酸或五氧化二磷的干燥器内干燥24h以上)。导火线压在苯甲酸片内，留出两端。如使用棉线引火，也可以不压导火线。

注：如果用标准异辛烷测定量热计水值，可以用聚乙烯材料安瓿或玻璃安瓿封样。

(5)用吸液管向氧弹中准确注入1mL蒸馏水，将装有苯甲酸的小皿固定在氧弹电极的环上，使塞通过环的开口，并将导火线的两端分别接在电极上，然后将氧弹拧紧。小心地由进口阀的管将氧气充入弹内至30~32kgf/cm^{2}的压力，且不使空气由氧弹中排出。

(6)将氧弹小心地沉入盛有水的量热容器中勿使水量损失，使导线接于氧弹电极上，再将搅拌器及温度计插入水中，盖好盖，然后开动搅拌器。温度计及搅拌器不应接触氧弹及量热容器的壁。温度计的水银球中心位于氧弹高度的1/2处。搅拌器的搅拌部分不应露出水面。让设备平衡5min后开始量热试验。

(7)量热试验分为3期：初期——在燃烧试样之前进行。在试验初期的温度条件下，观察及计算量热计与周围环境的换热作用。主期——在此时间内试样开始燃烧，向量热计传导燃烧热。终期——在主期后接着进行，其作用与初期相同，是在试验终了的温度条件下，观察和计算换热作用。

设备温度达到平衡后，记下试验的初期温度，开始初期读温，每分钟读取一次，共读5次，读准至0.001℃。在读初期末次温度时，通上电流，然后进行主期读温，再进行终期读温，每半分钟读取一次，每次读温都读准至0.001℃。

为了克服毛细管妨碍水银凸面的均匀上升，应在每次读温之前，开动温度计振动器振动或用末端套有橡皮管的细棒轻敲温度计(在“主期”温度迅速上升时的读温除外)。

在主期中，当量热计中的水温不再上升，开始恒定或下降时的前一点作为主期的终点，主期一般为14个半分钟左右。紧接着为终期第一次，终期读数共10次，弹热值测定结果的记录举例见附表3-12、附表3-13。

附表 3-12　例 1 用量热温度计

期别	顺序号	温度/℃	原始数据及计算
初期	0	17.992	$K=2352\text{cal}/℃$
	1		
	2	17.995	$H=1.000$
	3		
	4	17.998	
	5		$Q_1=1600\text{cal/g}$
	6	18.000	$G_1=0.009\text{g}$
	7		
	8	18.002	$h=+0.018℃$
	9		$h_0=+0.010℃$
	10(点火 t_0)	18.005	$G=0.6334\text{g}$
主期	1	18.270	$\frac{t_4-t_0}{t_n-t_0}=\frac{20.420-18.005}{20.643-18.005}=0.92$
	2	19.000	$m=4$
	3	20.200	$\gamma=14-4=10$
	4(t_4)	20.420	$\Delta t_1=\frac{17.992-18.005}{10}=-0.0013$
	5	20.522	
	6	20.570	$\Delta t_2=\frac{20.643-20.632}{10}=-0.0011$
	7	20.600	
	8	20.615	$\Delta t=\frac{-0.0013+0.0011}{2}\times4+0.0011\times10=+0.0106$
	9	20.620	
	10	20.631	$Q_D=\frac{1}{0.6334}\times\{2352\times[(20.643+0.018)-(18.005+0.010)+$
	11	20.638	$0.0106]-1600\times0.009\}=9842\text{cal/g}$
	12	20.640	
	13	20.642	
	14(t_n)	20.643	
终期	1	20.643	
	2	20.643	
	3	20.642	
	4	20.640	
	5	20.638	
	6	20.638	
	7	20.635	
	8	20.633	
	9	20.633	
	10	20.632	

附表 3-13 例 2 用贝克曼温度计

<table>
<tr><th>期别</th><th>顺序号</th><th>温度/℃</th><th>原始数据及计算</th></tr>
<tr><td rowspan="11">初期</td><td>0</td><td>1.641</td><td rowspan="35">$K=3264\text{cal}/℃$
$H=0.998$
$Q_1=1600\text{cal/g}$
$G_1=0.0098\text{g}$
$h=+0.004℃$
$h_0=0℃$
$G=0.7212\text{g}$
$\frac{t_4-t_C}{t_n-t_C}=\frac{3.711-1.653}{3.936-1.653}=0.90$
$m=5$
$\gamma=9$
$\Delta t_1=\frac{1.641-1.653}{10}=-0.0012$
$\Delta t_2=\frac{3.93-3.929}{10}=-0.0007$
$\Delta t=\frac{-0.0012+0.0007}{2}\times5+0.0007\times9=+0.00505$
$Q_D=\frac{1}{0.7212}\times\{3264\times0.988[(3.936-0.004)-(1.653+0)+0.00505]-1600\times0.0098\}=10191\text{cal/g}$</td></tr>
<tr><td>1</td><td></td></tr>
<tr><td>2</td><td>1.643</td></tr>
<tr><td>3</td><td></td></tr>
<tr><td>4</td><td>1.645</td></tr>
<tr><td>5</td><td></td></tr>
<tr><td>6</td><td>1.648</td></tr>
<tr><td>7</td><td></td></tr>
<tr><td>8</td><td>1.650</td></tr>
<tr><td>9</td><td></td></tr>
<tr><td>10(点火 t_0)</td><td>1.653</td></tr>
<tr><td rowspan="14">主期</td><td>1</td><td>2.000</td></tr>
<tr><td>2</td><td>3.000</td></tr>
<tr><td>3</td><td>3.500</td></tr>
<tr><td>4(t_4)</td><td>3.711</td></tr>
<tr><td>5</td><td>3.800</td></tr>
<tr><td>6</td><td>3.820</td></tr>
<tr><td>7</td><td>3.852</td></tr>
<tr><td>8</td><td>3.875</td></tr>
<tr><td>9</td><td>3.900</td></tr>
<tr><td>10</td><td>3.921</td></tr>
<tr><td>11</td><td>3.930</td></tr>
<tr><td>12</td><td>3.933</td></tr>
<tr><td>13</td><td>3.935</td></tr>
<tr><td>14(t_n)</td><td>3.936</td></tr>
<tr><td rowspan="10">终期</td><td>1</td><td>3.936</td></tr>
<tr><td>2</td><td>3.936</td></tr>
<tr><td>3</td><td>3.935</td></tr>
<tr><td>4</td><td>3.935</td></tr>
<tr><td>5</td><td>3.934</td></tr>
<tr><td>6</td><td>3.934</td></tr>
<tr><td>7</td><td>3.933</td></tr>
<tr><td>8</td><td>3.933</td></tr>
<tr><td>9</td><td>3.930</td></tr>
<tr><td>10</td><td>3.929</td></tr>
</table>

(8) 试验终了后，关上电动机，取出温度计，将氧弹从量热器中取出，小心地慢慢打开排气阀，并以均匀的速度放出弹中的气体，这一操作过程要求不少于 1min。然后打开和取下氧弹的盖，检查氧弹内部燃烧是否完全，如发现有未燃烧的样品或油烟沉积物，则该试验报废。

(9) 用蒸馏水洗涤氧弹内部、小皿及排气阀，并将全部洗涤液收集在锥形烧瓶中，用于洗涤的水应为150~200mL。

(10) 计算量热计的水值测定结果时，应注意硝酸在水中生成及溶解的热量修正数。用0.1N氢氧化钠溶液滴定氧弹的洗涤液，测定其生成的硝酸量。为此，将装有洗涤液的烧杯用表面皿盖上，加热至沸腾并煮沸5min。然后加入酚酞指示剂2滴，用0.1N氢氧化钠溶液滴定至呈现不消失的玫瑰色为止。

2. 胶片封样

试验煤油时，如用胶片封样，用注射器向按本方法准备好的小皿中，由侧孔注入试样0.5~0.6g，并小心地用塞将孔塞好。试验重质石油产品时，在按本方法准备好的小皿中，加入试样0.6~0.8g(含蜡黏稠重质油品，预热至40~50℃混合后取样)，此后，称量小皿及试样准确至0.0002g，并算出试样的质量。

3. 将装试样的小皿，固定在电极的环上，使塞通过环的开口，将导火线的一端固定在电极上，试验轻质石油产品时，将导火线的另一端穿过点火小条并固定于电极的另一端。试验重质油品时，要将导火线的中段浸在小皿的试样中，使导火线呈U形(附图3-12)，两端分别固定在电极上，小心地将氧弹拧紧，然后，由进口阀管慢慢地(避免胶片破裂)将氧气充至30~32kgf/cm² 的压力，又不使空气排出。

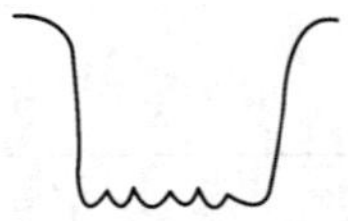

附图3-12　U形导火线

4. 聚乙烯塑料安瓿封样

试验易挥发试样时，用聚乙烯塑料安瓿封样，将安瓿(附图3-11)预先在分析天平上称重，称准至0.0002g，然后，将预先冷却的试样用注射器注入0.5~0.6g于塑料安瓿中，立刻用手卡住毛细管中部，让毛细管上端在酒精灯火焰上方熔融封口，封好后，稍冷一会，再放入分析天平上称重，称准至0.0002g。将封好试样的聚乙烯塑料安瓿的毛细管端系在导火线上(也可以用一根棉线与导火线捆在一起)，底部放在小皿上，装入氧弹，用氧气充至30~32kgf/cm² 并不使空气排出。

5. 量热试验按1.(6)~(10)进行。

6. 总热值实验步骤

(1) 将试样燃烧后依弹热值测定法六、1.(9)所取得的氧弹中的洗涤液过滤，然后加入蒸馏水使达到300~350mL，往所得的滤液中加入甲基橙指示剂2~3滴，并加入少许盐酸，随后加热至将近沸腾，并逐渐加入10mL热至沸腾的10%氯化钡溶液，将含硫酸钡沉淀的烧杯，在沸腾的水浴上放置2h。

(2) 将烧杯中的内容物，用定量滤纸过滤后，在滤纸上的硫酸钡沉淀用热水洗涤，直至氯离子完全除去(滴1滴滤液在硝酸银溶液中不呈现浑浊)为止。

将带有沉淀的滤纸，移置于瓷坩锅中，稍微压紧，然后小心地将坩锅预热(在电炉或酒精灯上)，使滤纸先干澡，然后炭化和灰化。但勿使纸燃烧。其后，将坩锅及其内容物放在高温炉中，在800~850℃下锻烧，使其达到连续两次称量间的差小子0.001g为止。

7. 吸水剂的制备

(1) 将约150~200g浮石打成碎块，并选取(或筛取)3~5mm的碎粒。将准备好的碎粒在800℃的高温中锻烧1.5~ 2h，将冷却的浮石置于瓷皿中，注入硫酸使成稠糊状的物质，并移置于电炉上。

(2) 将带有硫酸的浮石加热至沸腾，同时用玻璃棒偶尔搅拌一下混合物。煮沸30min

后，使盛有浮石的瓷皿稍稍冷却，检查吸酸是否充分。如酸已完全渗入时，则再加入 10~15mL 的硫酸，再煮沸 0.5h。小心地将其过剩部分倒出，然后再将混合物煮沸。经过 1h 的煮佛后，将瓷皿从电炉上取下，使冷却至硫酸停止蒸发为止。然后再将温热的浮石移置于几个称量瓶中，保存在干燥器里。这样制得的浮石，从外观看必须是干燥的。

注：使用过的浮石亦用此法进行再生，在处理时须加入少量的硫酸。

8. 空白试验

(1) 将 7~8g 用硫酸浸透的浮石置入坩锅中，并在盖好的称量瓶中称量这份浮石和坩锅的重量，称准到 0.0002g。然后，将坩锅迅速置于氧弹底部的玻璃三角架上，然后将氧弹盖拧紧。

(2) 由进气阀的管，小心地(不使浮石被吹散)用氧气将氧弹充至 30~32kgf/cm^2 的压力(不使空气从弹中排出)，然后在室温下放置 1h。

(3) 在 4~5min 内，小心地将氧气从氧弹中放出，拧开盖，迅速将盛浮石的坩锅从氧弹中移入称量瓶中，并测定浮石中增加的水量。

(4) 空白试脸至少进行 2 次，如试验结果有显著的变动(1~2mg 以上)时，则须进行补充测定。

最后，算出氧气中的水分、氧弹体积中空气的水分、氧弹内表面所吸附的水分、以及吸收剂在由称量瓶与氧弹间来回移动时所吸收的水分的平均修正数。在每次更换氧气瓶时，必须测定水分的修正数。

9. 氢的测定

(1) 将蒸溜水装入量热容器中，无须精确称量，但其数量须使氧弹沉没至阀的锁紧螺母处，水的温度应与室温相同。将装水的容器置于热量计外壳中的绝缘底座上。

(2) 在盖好的称量瓶中的瓷坩锅里，称量 7~8g 用硫酸浸透的浮石称准到 0.0002g，在装入氧弹前，将装浮石的称量瓶置于干燥器中。

(3) 试验轻质石油产品时，用注射器向按弹热值测定法五、4. 准备好的小皿中，由侧孔注入试样，小心地用塞将孔塞上。试验重质石油产品时，向按弹热值测定法 1.5.4.1 中准备好的小皿中加入试样 0.3~0.4g(对于含氢较多的石油产品酌量减少)，并称其质量，准确至 0.0002g。

(4) 将盛有试样的小皿固定在电极的环上，同时使塞通过环的开口，然后将导火线的一端接于电极上，试验轻质石油产品时，将导火线的另一端穿过点火小条并固定于电极的另一端，试验重质石油产品时，将导火线的中段浸在小皿的试样中，使导火线呈 U 字形(附图 3-11)，两端分别固定在电极上。

(5) 将盛有硫酸浸透的浮石的坩锅移置于氧弹底部的玻璃三角架上，小心地用手将盖拧紧，并由进气阀的管小心地(避免使较片发生破裂及浮石被吹散)用氧气将氧弹充至 30~32kgf/cm^2 的压力，又不使空气由氧弹中排出。

将氧弹小心地浸入装水的量热容器中，将导线接在氧弹电极上。把搅拌器及温度计浸入水中，用盖将外壳盖好，然后开动搅拌器。

(6) 将全部装置在搅拌下装置 2~3min，使温度均匀。然后将点火电路接通，按温度计水银柱的上升(或按指示灯)观察试样是否发火。

(7) 将氧弹自量热器中取出，使铜线由阀头上的孔穿过，然后再将氧弹移入预先准备好沸腾水的金属罐中，并将这金属罐放在电炉上。往金属中注水时，应使达至标记处，以使氧弹沉入时完全淹没。

将氧弹在沸水中放置30min，然后将氧弹自水中取出，在室温下放置1h，若氧弹在此期间并未完全冷却，则可将其沉入冷水中2~3min，以达到室温为止。

(8) 在4~5min内慢慢地将气体从氧弹中放出，拧开盖，迅速将盛浮石的坩锅从氧弹中移入称量瓶中，并测定浮石中增加的水量。

(9) 检查氧弹的内表面，以确定试样是否完全燃烧及湿气是否完全被吸收。氧弹的内表面应是干燥的。但在燃烧含大量硫的石油产品情况下，由于与空气接触可稍呈湿润。

如在氧弹内壁上存有烟炱或未被吸收的水分时，则该试验作废。

(10) 将使用过的浮石收集到有磨口的广口瓶中，以备再生。

七、计算

1. 量热计的水值K(卡/℃)按式(附3-5)计算：

$$K=\frac{Q \cdot G+Q_1 \cdot G_1+1.43V \cdot R}{[(t_m+h)-(t_0+h_0)+\Delta t]H} \quad \text{(附3-5)}$$

式中 Q——标准苯甲酸或标准异辛烷的燃烧热(见所用标准试剂商标提供的数据)，卡/g；

G——标准苯甲酸或标准异辛烷的质量，g；

Q_1——导火线的燃烧热(附表3-14)，卡/g；

G_1——导火线的质量，g；

1.43——相当于每1mL 0.1N氢氧化钠溶液中和硝酸所发出的热量，卡/mL；

V——滴定氧弹洗涤液所消耗的0.1N氢氧化钠溶液的体积，mL；

R——0.1N氢氧化钠溶液的浓度修正数；

t_m——主期的末次温度,℃；

h——温度t_m时温度计的修正数,℃；

t_0——主期的开始温度,℃(即点火时的温度，也为初期的末次温度)；

h_0——温度t_0时温度计的修正数,℃；

Δt——量热计与周围环境的换热修正数，按式(附3-6)计算,℃；

H——贝克曼温度计在检定证书查出的修正系数(用一般水银量不变的量热温度计时，H=1.000)。

附表3-14 导火线的燃烧热

导火线	燃烧热/(cal/g)	导火线	燃烧热/(cal/g)
铁丝	1600	铜柱	600
铜镍锰合金丝	775	镍铬丝	335
镍铜合金丝	750	铂丝	100

注：各合金丝直径不大于0.2mm。

2. 量热计与周围环境的热修正系数的计算

热量计与周围环境的修正系数Δt(℃)按式(附3-6)计算：

$$\Delta t=\frac{\Delta t_1+\Delta t_2}{2}m+\Delta t_2 \cdot y \quad \text{(附3-6)}$$

式中 Δt_1——初期内每半分钟的温度平均变化,℃;

Δt_2——终期内每半分钟的温度平均变化,℃;

m——主期中温度快速上升的半分钟间隔数，其值根据附表 3-15 的数据确定;

y——主期中温度上升较慢时的半分钟间隔数，其值等于主期的半分钟总间隔数与 m 值之差。

附表 3-15 **m 值**

标准值$\frac{t_4-t_0}{t_m-t_0}$	m 值	标准值$\frac{t_4-t_0}{t_m-t_0}$	m 值
≤0.50	9	5	0.83~0.91
0.51~0.64	8	4	0.92~0.95
0.65~0.73	7	3	>0.95
0.74~0.82	6		

注：在标准值中:

t_4——主期中第 4 次温度,℃;

t_0——主期开始的温度(即初期的末次温度),℃;

t_m——主期的末次温度,℃。

3. 胶片或聚乙烯塑料安瓿的弹热值 $Q_{D/J}$(卡/g)按式(附 3-7)计算:

$$Q_{D/J}=\frac{K\cdot H[(t_n+h)-(t_0+h_0)+\Delta t]-Q_1\cdot G_1}{G} \qquad \text{(附 3-7)}$$

式中 K——量热计的水值，卡/g;

H——贝克曼温度计在检定证书查出的修正系数(用一般水银量不变的量热温度计时，H=1.000)。

t_n——主期的末次温度,℃;

h——温度 t_n 时温度计的修正数,℃;

t_0——主期的开始温度,℃(即点火时的温度，也为初期的末次温度);

h_0——温度 t_0 时温度计的修正数,℃;

Δt——量热计与周围环境的换热修正数，按式(附 3-6)计算,℃;

Q_1——导火线的燃烧热(附表 3-14)，卡/g;

G_2——导火线的质量，g;

G——标准苯甲酸或标准异辛烷的质量，g。

注：如用棉线捆胶片或聚乙烯塑料安瓿，则式(附 3-7)还应减去棉线的发热量。

4. 试样的弹热值 Q_D(卡/g)按式(附 3-8)计算:

$$Q_D=\frac{K\cdot H[(t_n+h)-(t_0+h_0)+\Delta t]-(Q_1\cdot G_1+Q_{D/J}\cdot G_2)}{G} \qquad \text{(附 3-8)}$$

式中 K——量热计的水值，卡/g;

H——贝克曼温度计在检定证书查出的修正系数(用一般水银量不变的量热温度计时，H=1.000)。

t_n——主期的末次温度,℃;

h——温度 t_n 时温度计的修正数,℃;

t_0——主期的开始温度,℃(即点火时的温度，也为初期的末次温度)；

h_0——温度 t_0 时温度计的修正数,℃；

Δt——量热计与周围环境的换热修正数，按式(附 3-5)计算,℃；

Q_1——导火线的燃烧热(附表 3-14)，卡/g;

$Q_{D/J}$——胶片或聚乙烯塑料安瓿的燃烧热，卡/g;

G_2——导火线的质量，g;

G——试样的质量，g。

5. 试样的硫含量 $S\%$按式(附 3-9)计算：

$$S=\frac{G_1\times 0.1373}{G}\times 100 \tag{附 3-9}$$

式中 G_1——所得硫酸钡沉淀的质量，g;

0.1373——硫酸钡质量换算为其中所含硫质量的系数;

G——试样的质量，g。

6. 试样的总热值 Q_Z(卡/g)按式(附 3-10)计算

计算总热值时，须向试样的弹热值中引入酸的生成修正数，即由二氧化硫生成硫酸的热量，由氮生产硝酸的热量，酸类溶解于水的热量。氧弹洗涤液中的硫，由二氧化硫变成硫酸及硫酸溶解于水的热量，采用硫含量每 1%相当于 22.5 卡/g。氧弹所生成的硝酸量，不作实验测定。其生成及溶解于水的热量 N 采用 12 卡/g(轻质燃料)或 10 卡/g(燃料油和重油)。

$$Q_Z=Q_D-(22.5S+N) \tag{附 3-10}$$

式中 Q_D——试样的弹热值，卡/g;

22.5——每 1%硫变成硫酸及硫酸溶解于水的热量，卡/g;

S——按式(附 3-9)计算出的试样硫合量,%;

N——硝酸的生成及溶解于水的热量，卡/g。

注：对于硫含量不大于 0.2%的燃料，酸的总修正数采用 15 卡/g。氧弹洗涤液中的硫，不用实验测定，此注不适用于仲裁试验。

7. 氢含的计算

轻质试样氢含量 H(%)按式(附 3-11)计算：

$$H=\frac{(G_2-G_1)0.1119\times 100-H_j\cdot G_3}{G} \tag{附 3-11}$$

式中 G_2——用硫酸浸透的浮石在试样燃烧后增加的质量，g,

G_1——用硫酸浸透的浮石在空白试验后增加的质量，g;

0.1119——水质量换算成含氢质量的系数;

G_3——小皿片上的胶片质量，g;

G——试样的质量，g。

8. H_j 胶片的氢含量按式(附 3-12)计算

胶片中的氢含量亦按本方法测定，但须有下到更改，在内敷煅烧石棉的小皿中燃烧胶片，但不用覆盖点火胶片，燃烧时将胶片卷成 0.5~0.7g 的紧密小团，刺穿后用导火线缠缚，并固定在小皿上方的氧弹的电极上，氧弹的放置时间在沸水中为 15min，在空气中为 30min。一胶片中的氢含量 H_j(%)按式(附 3-12)计算；

$$H_j=\frac{(G_2-G_1)0.1119}{G}\times 100 \qquad (附3-12)$$

式中 G_2——用硫酸浸透的浮石在胶片燃烧后增加的质量；

G_1——用硫酸浸透的浮、石在空白试验后增加的质量；

0.1119——水质量换算成含氢质量的系数；

G——胶片的质量，g。

9. 重质试样氢含量 H(%)按式(附3-13)计算

$$H=0.1119\left[\frac{(G_2-G_1)100}{G}-W\right] \qquad (附3-13)$$

式中 G_2——用硫酸浸透的浮石在试样燃烧后增加的质量；

G_1——用硫酸浸透的浮石在空白试验后增加的质量；

G——试样的质量，g；

W——试样中的水含量,%；

0.1119——水质量换算成氢质量的系数。

10. 试样及胶片中的氢含量

按经验公式计算氢含量取不少于两次测定结果的算术平均值，其差数不应超过0.2%。

轻质石油产品氢含量 H(%)计算：

$$H=0.005Q_D-41.4 \qquad (附3-14)$$

式中 Q_D——试样的弹热值，卡/g；

0.005和41.4——经验系数。

11. 重质石油产品氢含量 H(%)按式(附3-15)计算

$$H=0.0047Q_{D/C}-37.6 \qquad (附3-15)$$

式中 0.0047和37.6——经验系数。

$Q_{D/C}$——不含水试样的弹热值，按式(附3-15)计算(卡/g)

12. 净热值的计算

计算试样的净热值时，要在总热值中修正水蒸气在氧弹中凝结所放出的热量。

试样的净热值 Q_1(卡/g)按式(附3-16)或式(附3-17)计算：

$$轻质油品：Q_1=Q_Z-6\times 9H=Q_Z-54H \qquad (附3-16)$$

$$重质油品：Q_1=Q_Z-6(9H+W) \qquad (附3-17)$$

式中 Q_Z——试样的总热值，卡/g；

6——“式中6”在氧弹中水蒸气每1%(0.01g)在凝结时放出的潜热，卡/g；

9——氧含量百分数换算为水含量百分数的系数；

H——试样中的氢含量,%；

W——试样中的水含量,%。

13. 分析数值的换算

燃料不含水分时，按式(附3-8)、式(附3-10)及式(附3-16)或式(附3-17)所得的热值，相当于使用燃料(即燃料在使用状态时)及干燥燃料的热值，即：

$$Q_{D/S}=Q_{D/G}=Q_{D/F} \qquad (附3-18)$$

$$Q_{Z/S}=Q_{Z/G}=Q_{Z/F} \qquad (附3-19)$$

$$Q_{J/S}=Q_{J/G}=Q_{J/F} \quad (附3-20)$$

式中 $Q_{D/S}$、$Q_{Z/S}$、$O_{J/S}$——使用燃料的弹热值、总热值、净热值，卡/g；

$Q_{D/G}$、$Q_{Z/G}$、$O_{J/G}$——干燥燃料的弹热值、总热值、净热值，卡/g；

$Q_{D/F}$、$Q_{Z/F}$、$O_{J/F}$——分析数值的弹热值、总热值、净热值，卡/g。

14. 燃料含有水分时，分析时不用脱水，分析数值按下列各式换算

$$Q_{D/G}=Q_{D/F}\frac{100}{100-W} \quad (附3-21)$$

$$Q_{Z/G}=Q_{D/F}\frac{100}{100-W} \quad (附3-22)$$

$$H_G=H\frac{100}{100-W} \quad (附3-23)$$

$$Q_{J/G}=Q_{Z/F}-54H_G \quad (附3-24)$$

式中 $Q_{D/G}$、$Q_{Z/G}$、$Q_{J/G}$——干燥燃料的弹热值、总热值、净热值，卡/g；

$Q_{D/F}$、$Q_{Z/F}$——分析数值的弹热值、总热值，卡/g；

H_G——干燥燃料的氢含量,%；

H——试样的氢含量,%；

W——试样的水含量,%。

15. 换算为使用燃料的热值公式：

$$Q_{D/S}=Q_{D/F} \quad (附3-25)$$

$$Q_{Z/S}=Q_{Z/F} \quad (附3-26)$$

$$Q_{J/S}=Q_{Z/S}-6(9H-W) \quad (附3-27)$$

式中 $Q_{D/S}$、$Q_{Z/S}$、$Q_{J/S}$——使用燃料的弹热值、总热值、净热值，卡/g；

$Q_{D/F}$、$Q_{Z/F}$——分析数值的弹热值、总热值，卡/g；

W——试样的水含量,%；

H——试样的氢含量,%。

八、注意事项

水值为不少于 5 次测定结果所得的算术平均值(其测定结果间的误差不应超过 10 卡/℃)这些实验应分别在 3 天内进行。

关于水值的测定，当每次量热计操作条件变更时(即在热值测定装置部分更换或修理后、更换温度计时、室内温度变动在±5℃以上时及将量热计移至其他处时)，必须重新进行测定。在正常情况下，至少每 3 个月进行测定一次。

九、精密度

1. 试样弹热值重复测定两个结果间的差数不应超过 30 卡/g。

2. 在氧弹中测定总热值与净热值的结果，计算准确到 1 卡/g。最后结果算成整数，并准确到 10 卡/g，个位数字以四舍五入处理。

3. 以氧弹测定石油产品热值时，应作重复试验，其结果间的差数不得超过 30 卡/g，若超过此值，则进行第三次测定，取其在允许差数范围内的两次测定结果的算术平均值，作为

试验结果。若第三次测定结果与前两次结果的差数，都在允许差数范围内，则取三次测定的算术平均值作为试验结果。

十、报告

取重复测定结果的两个算术平均值作为试验结果。

胶片或聚乙烯塑料安瓿的弹热值需用不少于两个试验结果的算术平均值，其试结果之间的差数应不超过 40 卡/g。

实训 3-7 发动机燃料实际胶质测定法

一、目的意义

要求掌握发动机燃料实际胶质测定方法。

二、方法原理

参考标准：《发动机燃料实际胶质测定法》(GB/T 509—1988)

将 25mL 试样在规定的仪器、温度和空气流的条件下蒸发，再把所得残渣称重，并以 100mL 试挥中所含实际胶质毫克数(mg/100mL)表示。

本方法规定了在试验条件下，测定燃料蒸发时形成胶质的方法。

本方法适用于汽油、煤油和集油。

引用标准：《石油产品试验用液体温度计技术条件》(GB/T 514—2005)。

三、仪器、材料和试剂

1. 仪器

(1) 油浴(附图 3-13)：椭圆形的钢制容器 6，高度约 200mm，长轴的长度约 250mm，短轴的长度约 150mm。设有可以卸下的铁制浴盖 5，盖下设置有安放烧杯用的商个凹槽 8 和 10 及铜制或黄铜制的旋 管 7，其全长约 4.5m，内径 6~8mm，旋管的一端 4，要在盖面的旁边通出，用来导入空气；另一端 2 在盖的中心点通出，并接有可以卸下的磨口三通管 3，利用空气导管向杯中供给空气。空气导管的内径约 6mm，每端要对着凹槽的中心点，而且要与槽底相距 50mm±5mm。浴盖上还有两个孔口 9 和 1，供插温度计和接触温度计用。油浴外表面用石棉层绝热。

油浴带有电热装置，能将浴中的油加热到 150℃、180℃和 250℃，并能在试验期内保持温度恒定。

(2) 无嘴高型玻璃烧杯：容量 100mL，外径 47~48mm，高度 85mm±2mm。

(3) 量筒：25mL(或吸管：25mL)。

(4) 流速计：有量出每分钟达到 60L 空气流速的刻度。经过 300 次试验至少校正一次。

(5) 空气过油器：内装棉花和玻璃珠。

(6) 温度计：0~360℃，可选用 GB 514 中开口闪点 1 号温度计。

(7) 鼓风机、空气压缩机，或空气供应总管：要求能够供给试验时所需要的空气流速。

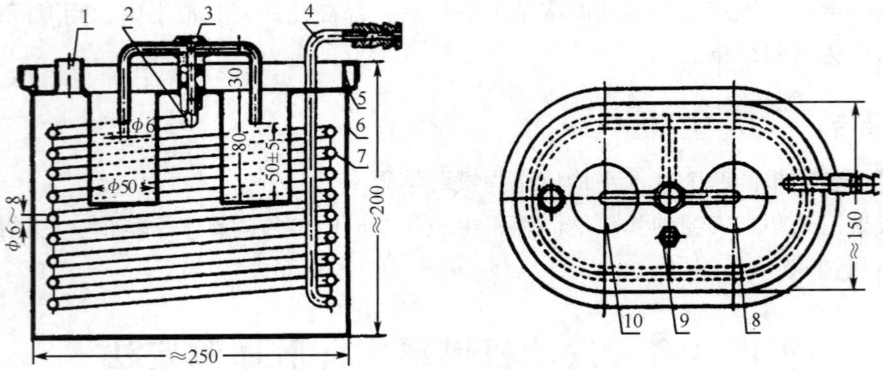

1、9—浴盖上孔；2、4、1—定管；3—磨口三通管；5—浴盖；6—椭圆形钢制容器；8、10—凹槽

附图 3-13 油浴示意图

（8）电热板：带自耦变压器。

（9）镀铬坩埚钳。

2. 材料

矿物油：开口杯法闪点不低于 310℃。

3. 试剂

（1）苯：化学纯。

（2）丙酮：化学纯。

（3）乙醇-苯混合：用 95%乙醇（化学纯）与苯（化学纯）按体积比 1∶4 配成。

（4）硫酸钠：化学纯。

四、准备工作

1. 用滤纸过滤试样，试样含有明显的水迹时，先在试样内加入新煅烧的硫酸钠，摇动 10~15min 后再过滤。

2. 向油浴注入适量的矿物袖，要求在盖上浴盖后加热到试验的温度时能将油浴装满。

3. 用软木塞将温度计插在浴盖上的孔口中，使水银球距离盖面 40~50mm。

在需要时，将接触温度计插入浴盖上的另一个孔口中，测定汽油的实际胶质含量时，预先将此温度计调到 150℃；测定煤油时调到 180℃；测定柴油时调到 250℃。

测定汽油的实际胶质含量时，预先将浴中矿物油加热到 150℃±3℃；测定煤油时加热到 180℃±3℃，测定柴油时加热到 250℃±5℃。

4. 测定实际胶质所用的烧杯，在试验前必须用三、3 中的任一种溶剂仔细洗涤。然后在预先加热到规定温度的油浴上，将烧杯放在凹槽中经过 15min，再将烧杯放在干燥器中冷却 30~40min。然后，称量烧杯的质量，称准至 0.0002g。

将烧杯重复进行干燥、称量，直至连续称量间的差数不超过 0.0004g 为止。

5. 在油浴上，旋管导入空气的一端，要通过流速计和装有棉花的空气过滤器与空气供应装置连接。

五、实验步骤

1. 用量筒或吸管量取 25mL 试样两份，分别注入按四、4 准备好的烧杯中，然后将烧怀放在已加热到规定温度的油浴凹槽内。

此后，在浴盖中央的旋管一端，安放三通管，要求导气管下端距离试样被面 30mm±5 mm。

2. 向两个烧杯通入空气时，流速计指示的最初速度应为每分钟 20L±2L。

试验汽油时的最初 8 min 内，或试验煤油或柴油时的最初 20min 内，都要求供给空气的速度逐渐增到每分钟 55L±5L，同时注意勿使试样溅出。

上述的供气速度应保持到使试样蒸发完毕。当油气停止冒出而且烧杯底和烧杯壁呈现干燥的残留物或出现不再减小的油状残留物肘，即认为蒸发完毕。

蒸发完毕后，继续通入空气 15~20min（汽油及煤油）或 30min（柴油），然后将烧杯取出，放在干燥器中冷却 30~40min 后进行称量，称准至 0.0002g。称量后将烧怀重新放在油浴凹槽内，用与上述相同的空气速度和规定温度，再通入空气 15~20min（汽油及煤油），或停止输入空气，而在 250℃下烘 30min（柴油）。此后队将烧杯再放在干燥器中冷却 30~40min 后进行称量。如此重复处理带有胶质的烧杯，直至连续称量间的羞数不坦过 0.0004g 为止。

注：在每次操作后，应立即用乙醇-苯混合被洗涤烧杯，以消除杯内的残留物。

六、计算

100mL 试样所含的实际胶质 X（mg）按下式计算：

$$X=\frac{(m_2-m_1)}{25}\times 100=4(m_2-m_1)$$

式中 m_2——段质和烧杯质量，mg；

m_1——烧杯质量，mg；

25——试样体积，mL。

七、精密度

1. 汽油和煤油的实际胶质测定中，同一操作者测定两个结果之差不应大于下列数值：

实际胶质含量/(mg/100mL)	重复性/(mg/100mL)
<15	2
15~40	3
40~100	较小结果的 8%
>100	较小结果的 15%

2. 柴油的实际胶质测定中，同一操作者测定两个结果之差不应大于下列数值：

实际胶质含量/(mg/100mL)	重复性/(mg/100mL)
<15	2
≥15	较小结果的 15%

八、报告

1. 取重复测定两个结果的算术平均值，作为式样的实际胶质含量。测定的结果应取整数表示。

2. 实际胶质含量小于 2mg/100mL 时，认为无。

实训 3-8 喷气燃料总酸值测定

一、目的意义

要求掌握喷气燃料总酸值测定

二、方法原理

参考标准:《喷气燃料总酸值测定法》(GB/T 12574—1990)

将试样溶解在含有少量水的甲苯和异丙醇混合物中。向所得的均相溶液中通入氮气将其覆盖,并用氢氧化钾异丙醇标准滴定溶液进行滴定,以对-萘酚苯指示剂的颜色变化(在酸性溶液中显橙色,在碱性溶液中显绿色)确定终点。

三、仪器、材料和试剂

1. 仪器

(1) 滴定管:10mL,分度值为 0.05mL 或 25mL,分度值为 0.1mL。

(2) 滴定瓶:烧制或由 500mL 三角烧瓶改制而成,穿过瓶壁烧接一根旁支管,旁支管在三角烧瓶壁上的开口应该高于滴定瓶中内容物 500mL 的液面,具体要求见附图 3-14。

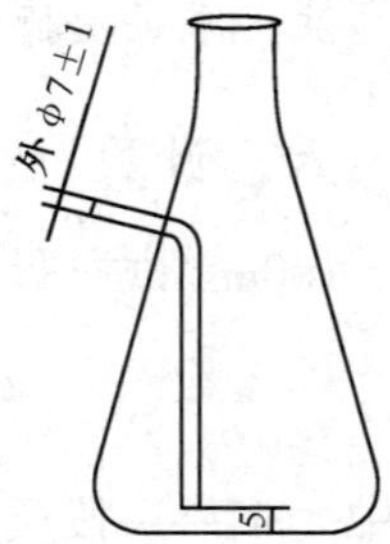

附图 3-14 滴定瓶

(3) 氮气:瓶装压缩普通氮气。使用时,先经装有无水氯化钙和碱石棉的玻璃干燥塔干燥,并脱除二氧化碳(注意:高压压缩气体,小心地开、关)。

(4) 微型玻璃气体流量计:供测定 600~800mL /min 氮气流速用。

2. 试剂

(1) 氢氧化钾:分析纯。

(2) 异丙醇:分析纯。

(3) 甲苯:分析纯。

(4) 氢氧化钡:分析纯。

(5) 滴定溶剂:将 500mL 甲苯和 5mL 水加到 495mL 异丙醉中,混合均匀。

注意:易燃、蒸气有毒。要远离明火,注意通风。

(6) 苯二甲酸氢钾:基准试剂。

(7) 对-萘酚苯指示剂溶液:符合 GB 4945 附录 A 要求。配成每升滴定溶剂中含 10g 对-萘酚苯。

(8) 水:符合 GB 6682 三级水规格。

四、准备工作[$c_{(KOH)}$ = 0.01mol/L 氢氧化钾异丙醇标准滴定溶液]

(1) 配制:称取 0.6g(精确至 0.001g)氢氧化钾(注意:固体、液体对人体均有强腐蚀性),加入盛有 1L 异丙醇(注意:易燃,蒸气有害)的 2L 三角烧瓶中。安装好回流冷凝器,加热,不断地摇动烧瓶(防止氢氧化钾在瓶底结块)。缓慢地煮沸 10~15min,待氢氧化钾全部溶解后，冷却片刻。再加入至少 0.2g 氢氧化钡(注意：有毒，强碱，有强烈刺激性)，再缓慢地煮沸 5~10min，冷却到室温。静置，待上层溶液澄清后，小心而迅速地将上层清液倾入瓶中贮存。

注：通常情况，也可按下法配制：称取 0.6g 或稍多些的氢氧化钾，加入装有 1L 异丙醇的具塞三角烧瓶中，剧烈摇动使其溶解(因有少量碳酸钾形成或存在，溶液稍浑浊)后，倒入瓶中澄清，储存。

储存瓶应耐腐蚀，不要与软木、橡胶或可皂化的活塞用润滑剂接触，并翻瓦口处安装一根碱石棉或碱石灰干燥管保护。

(2) 标定：以酚酞作指示剂，用苯二甲酸氢钾(溶在约 100mL 不含二氧化碳的水中)标定。标定的频次要足以检测出 0.0002mol/L 的变化。

注：因有机液体的体膨胀系数相对较大，所以，异丙醇标准滴定溶液应在接近试样滴定时的温度下进行标定。

五、实验步骤

1. 称取 100g±5g(精确至 0.5g)试样，放入滴定瓶中。加入 100mL 滴定溶剂和 0.1mL 对-萘酚苯指示剂溶液。在适当通风的条件下，由旁支管以 600~800mL/min 流速通入氮气。在不断地旋动下对混合液体鼓气泡 3min(注意：蒸发气体易燃、有毒，最好在通风橱中进行)。

2. 继续通入氮气，在 30℃以下，不断地旋动滴定瓶，用氢氧化钾异丙醇标准滴定溶液进行滴定，直至出现亮绿色，并能保持 15s，即为终点。

3. 用 100mL 滴定溶剂和 0.1mL 对-萘酚苯指示剂溶液作空白滴定试验。同样通入氮气，并滴定到与上述情况相同的终点。

六、计算

试样的总酸值 X (mgKOH/g)按式(附 3-28)计算：

$$X=\frac{(v-v_0)c\times 56.1}{m}=\frac{(v-v_0)c\times 0.0561}{m}\times 1000 \qquad (附3-28)$$

式中

v——滴定试样所消耗的氢氧化钾异丙醇标准滴定溶液[$c_{(KOH)}=0.01$mol/L]的体积，mL；

v_0——滴定空白所消耗的氢氧化钾异丙醇标准滴定溶液[$c_{(KOH)}=0.01$mol/L]的体积，mL；

c——氢氧化钾异丙醇标准滴定溶液的实际浓度，mol/L；

0.0561——与 1.00mL 氢氧化钾异丙醇标准滴定溶液[$c_{(KOH)}=1.00$mol/L]相当的酸含量，并以 g 表示的氢氧化钾质量；

m——试样的质量，g。

七、精密度

按下述规定判断试验结果的可靠性(95%置信水平)。

1. 重复性：同一操作者重复测定的两个结果之差不应大于下列数值。

2. 再现性：不同实验室各自提出的两个结果之差不应大于下列数值。

精密度表 mg KOH/g

平均值	重复性 r	再现性 R
0.001	0.0004	0.0013
0.002	0.0006	0.0018
0.005	0.0009	0.0029
0.010	0.0013	0.0041
0.020	0.0019	0.0057
0.050	0.0030	0.0091
0.100	0.0042	0.0128

精密度数据是从式(附 3-29)和式(附 3-30)导出的：

$$r=0.0132\sqrt{\overline{X}} \quad (附 3-29)$$

$$R=0.0406\sqrt{\overline{X}} \quad (附 3-30)$$

式中 $\overline{X}$——总酸值的平均值，mg KOH/g。

八、报告

取重复测定两个结果的算术平均值，作为试样的总酸值，结果精确到 0.001mg KOH/g。平均值小于 0.0005mg KOH/g 时，报告为 mg KOH/g。

实训 3-9 喷气燃料固体颗粒污染物测定

一、目的意义

掌握喷气燃料中固体颗粒污染物含量的测定方法。

二、方法原理

参考标准：《喷气燃料固体颗粒污染物测定法》(SH/T 0093—1991)

在规定的条件下，将已知体积的试样经玻璃砂芯过滤装置过滤、冲洗和干燥之后测试过滤膜片质量的增加，微孔薄膜过滤片上的增重物即为试样的总污染物含量，以 mg/L 表示。也要测定位于试验过滤膜片下面的控制过滤膜片重量变化。由试验过滤膜片相对于控制过滤膜片的重量增加测量污染程度。

如试样需测定微孔薄膜过滤片颜色评级及过滤时间，用附录 B 方法。

三、仪器、材料和试剂

1. 仪器

(1) 分析天平：感量为 0.1mg，托盘直径大于 50mm。

(2) 烘箱：不应用空气循环风扇，控制温度为 90℃±5℃。

(3) 培养皿：直径 125mm，内有可移动的玻璃支架。

(4) 镊子：端头扁平，无锯齿。

（5）真空系统：真空度不小于 80kPa。

（6）吸滤瓶：5L。

（7）玻璃砂芯过滤装置(附图 3-15)：包括一个漏斗和一个带有玻璃砂芯作衬垫的漏斗座，微孔薄膜过滤片可以夹在这两者之间，并可用铝金属夹子夹住。尺寸详见 SH/T 0093—1991 附录 B 和附录 C。

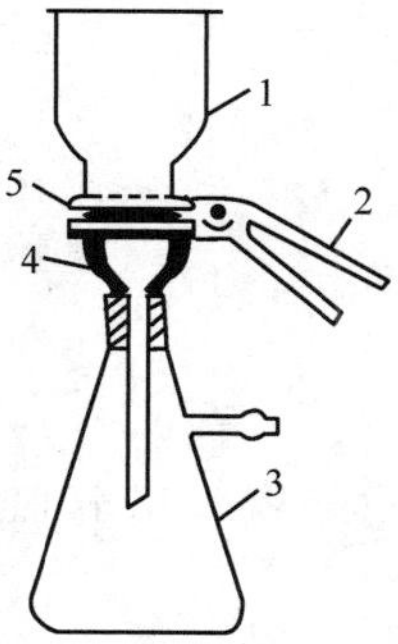

1—漏斗；2—铝金属夹；3—吸滤瓶；4—砂芯漏斗座；5—膜滤片

附图 3-15　玻璃砂芯过滤装置

说明：固体颗粒污染物过滤器，为一个圆筒形玻璃漏斗，分上下两部分。中间是一个圆形的聚四氟乙烯垫圈，圈的中心有一个圆形的玻璃砂芯，起衬垫支撑滤膜用。砂芯上面放规定孔径和直径的微孔薄膜过滤片(简称膜滤片)及耐油橡胶环形圈，下面嵌有 O 形橡胶密封圈。橡胶圈用于密封。然后用铝合金夹钳夹住上述器件，即组成一个规定孔径和过滤面积的漏斗，并使漏斗插入 5L 吸滤瓶上口的橡胶塞孔内，组成整套玻璃砂芯过滤装置。

（8）溶剂过滤器(附图 3-16)：亦称为清洗液过滤器。包括不锈钢过滤片夹具、过滤片(名义孔径 0.65μm，平面直径 25mm)，500mL 吸滤瓶和二联球，尺寸见 SH/T 0093—1991 附录 D。为操作方便，可在橡胶塞上打一小孔，使用时，用一手指按住小孔。使用完后，手指一松开，滤液立即停喷。

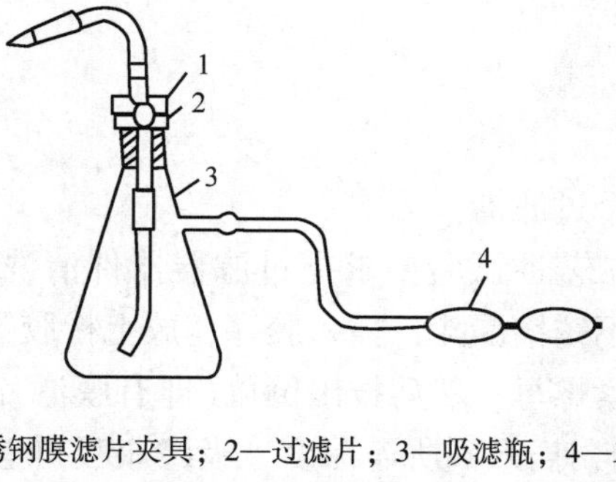

1—不锈钢膜滤片夹具；2—过滤片；3—吸滤瓶；4—二联球

附图 3-16　溶剂过滤器

说明：溶剂过滤器用两个不锈钢漏斗口对口，中间放一个不锈钢网，为衬垫支撑膜滤片用，不锈钢网上面放膜滤片，然后把上述器件用螺母夹紧，组成一个溶剂过滤通道。夹紧后有膜滤片一端向下插入 500mL 吸滤瓶胶塞上，不锈钢网一端在上方(为便于装配，装配时与上述反向)。吸滤瓶吸口上装上二联球，即组成一个适用的溶剂过滤器。

2. 材料

微孔薄膜滤片(简称膜滤片)：两张，平面直径47~50mm，名义孔径0.8μm，每张膜滤片质量不得超过0.1g。

3. 试剂

石油醚：分析纯，30~60℃。【警告】**易燃、蒸汽有害，应远离热源、火花及明火。**

四、准备工作

1. 取样

(1) 按GB/T 4756进行取样。

(2) 试样量为4~5L，精确至0.1L。

2. 仪器准备

(1) 用清洗剂清洗玻璃砂芯过滤装置、培养皿和玻璃支架，然后用自来水，蒸馏水冲洗。

(2) 用溶剂过滤器使经过滤过的石油醚淋洗上述仪器。

(3) 经数秒后，再在空气中或烘箱中干燥，并用经溶剂过滤器冲洗过的塑料布盖好。

3. 膜滤片准备

(1) 用镊子小心地将两张膜滤片浸于盛有约100mL经过滤过的石油醚的培养皿中浸泡约20min。

(2) 用镊子小心地将两张膜滤片分别放在两个有标记的培养民众。为便于夹取，膜滤片应倾靠在皿内的玻璃支架上。

(3) 将两个培养皿稍微打开，放在90℃±5℃的烘箱中干燥30min。

(4) 从烘箱中取出两个培养皿，至于天平附近待称，皿盖微开，40min后用镊子分别夹住膜滤片边缘放在天平上称量，注意膜滤片要放在称量盘中间。

(5) 用镊子分别吧两张膜滤片夹在玻璃砂芯过滤装置的对接处，上面那张称为试验膜滤片，下面那张称为控制膜滤片，然后用铝金属夹夹住玻璃砂芯过滤装置。

五、实验步骤

1. 设备检查

(1) 按如下要求组装两个过滤器。

溶剂过滤器安装，先按工艺性试验要求把过滤器器件清洗干净，然后依次把500mL吸滤瓶塞上带孔的橡胶塞，把不锈钢漏斗，插入胶塞，放上橡胶圈，依次放上不锈钢网、膜滤片、胶圈、不锈钢漏斗，旋紧螺母。然后拔出倒放(即有膜滤片一面在下方，不锈钢网一面在上方)插入吸滤瓶胶塞孔内，插入到所需深度。吸滤瓶吸口上装上二联球，即组成溶剂过滤器。

固体颗粒污染物过滤器安装，先按工艺性试验要求把过滤器器件清洗干净。然后依次把5 L吸滤瓶塞上带孔的橡胶塞，把漏斗座的玻璃管插入胶塞孔内，漏斗座上方放上聚四氟乙烯O形圈(中心孔内先装好玻璃砂芯)，有橡胶O形圈一面放在下方，上方放上膜滤片，放上胶圈，再放上漏斗器，上述器件对准对圆，然后用铝合金夹夹住上述器件即组成为过滤器。

（2）采用符合 SH/T 0093 实验方法要求的电动吸引器。

（3）确认感量为 0.1mg 的分析天平状态正常。

（4）确认真空系统、烘箱正常。

（5）依次用清洗剂、自来水、蒸馏水、石油醚冲洗玻璃砂芯、培养皿和玻璃支架。

（6）烘干备用。

2. 试剂准备

石油醚，分析纯。必须用溶剂过滤器进行过滤处理。

3. 膜片准备

（1）准备两张膜片，直径为 47~50mm，孔径 0.8μm，每张质量不得超过 0.1g；

（2）用 100mL 的石油醚浸泡膜片约 20min；

（3）在 90℃±5℃下降膜片烘 30min；

（4）取出后，在天平附近冷却 40min；

（5）称量，在过滤滤芯中装好膜片。

4. 过滤

（1）剧烈摇动试样瓶半分钟，并先将一部分试样倒入过滤器漏斗中。

（2）开动真空泵过滤 4L 试样，3min 后系统的真空度应达到 80 kPa。

（3）在每加一次试样前都要搅拌试样，并始终维持玻璃砂芯过滤装置的漏斗内有一液压头。

（4）试样滤完后，记录过滤试样体积，并用溶剂过滤器，使至少 50mL 的石油醚冲洗试样瓶内壁，再全部倒入砂芯过滤装置漏斗中，使污染物尽量全部转移到膜滤片上。

（5）使系统放空后，停真空泵。通过溶剂过滤器用石油醚从系砂芯过滤装置漏斗内壁，并让石油醚浸没膜滤片约 30s。然后再开动真空泵，待石油醚全部抽出后数秒钟，再停真空泵放空。

5. 烘干称重

（1）小心地卸下铝金属夹和漏斗，用镊子小心地从砂芯过滤装置漏斗座上去下试验膜滤片及控制膜滤片，并分别放在两个有标记的带盖的培养皿中。

（2）将膜片在 90℃±5℃的烘箱中烘 30min，冷却 40min。

（3）干燥称量膜滤片，注意不要扰动膜滤片表面上的污染物。

6. 记录

（1）记录过滤前后膜片的质量；

（2）作平行试验。

六、计算

试样的固体颗粒污染物含量 X(mg/L)按下式计算：

$$X=\frac{(m_1-m_2)-(m_3-m_4)}{V}\times 1000$$

式中 m_1——试验膜滤片经试验后的质量，g；

m_2——试验膜滤片未经试验的质量，g；

m_3——控制膜滤片经试验后的质量，g；

m_4——控制膜滤片未经试验的质量，g；

V——过滤试样所用的实际体积，L。

七、精密度

重复性：同一操作者重复测定两个结果之差不应大于下列数值。

固体颗粒污染物含量/(mg/L)	重复性/(mg/L)
<0.5	0.3
0.5~1.0	0.4
>1.0	0.6

八、报告

取重复测定两个结果的算术平均值作为测定结果。取至0.01mg/L。

附录 B　SH/T 0093 附录 A 薄膜滤片颜色评定及过滤时间测定法(补充件)

本方法适用于判断因各种因素引起喷气燃料颜色的变化、杂质的增加所导致污染的程度。

B1 方法概要

在规定条件下用薄膜过滤片颜色变化的程度和过滤时间段长短来定性地表征喷气燃料污染的程度。

B2 仪器与材料

B2.1 仪器

B2.1.1 同本标准 4.1 条

B2.1.2 秒表

B2.1.3 膜滤片颜色标准：有红色、黄色和灰色三个色带，分别用字母“A”、“B”、“G”表示。每个颜色带分为 11 级，并将其评分值定为 0~10。所用的膜滤片颜色标准应经常与新的并避光保存好的颜色标准校对，以消除操作时受阳光或污染而改变了膜滤片的颜色标准。如发现有疑问，则应更换颜色标准。

B2.1.4 耐油橡胶环：厚度约 0.5mm，中心孔径 24.5~25.0mm，外环直径 50~60mm。

B2.2 材料(同 SH/T 0093—1991 三、2)

B3 试剂(同 SH/T 0093—1991 第 5 章)

B4 准备工作

B4.1 取样

B4.1.1 同 SH/T 0093—1991 四、1.（1）。

B4.1.2 试样量为 4L，精确至 0.1L。

B4.2 仪器准备

操作所用玻璃仪器及耐油橡胶环的清洗同 SH/T 0093—1991 四、2。清洗完的耐油橡胶环放在培养皿中备用。

B4.3 薄膜过滤片准备

B4.3.1 用镊子小心地夹取一张膜滤片放在天平上称量，膜滤片的质量不得超过 0.1g。

B4.3.2 用镊子夹取耐油橡胶环，并把它放在砂芯漏斗座中间，耐油橡胶环上面的正中间放一张膜滤片。按附图 3-13 所示安装好玻璃砂芯过滤装置。

B5 过滤时间测定步骤

B5.1 同 SH/T 0093—1991 四、1。

B5.2 开动真空泵进行过滤，同时启动秒表。

B5.3 调节系统真空度，使其在启动 1min 后的真空度保持在 80~90kPa。

B5.4 同 SH/T 0093—1991 四、3 条。

B5.5 试样过滤完后，停止秒表并记录过滤时间。如在 30min 内 4L 试样过滤不完，应停止试验并计量及记录未过滤的剩余试样。

B6 薄膜过滤片颜色评定步骤

B6.1 同本标准四、3(4)~(5)及五、1~3，此时膜滤片只有一张且不必称量。

B6.2 用镊子小心地把经干燥后的膜滤片放在白色的过滤纸上。

B6.3 在避开直接阳光处，将膜滤片表面与膜滤片颜色标准进行目视比较，选择与膜滤片颜色最接近颜色标准中的颜色带及级别。如膜滤片颜色处于两个级别之间，则选择较低的。

B7 报告

B7.1 过滤时间测定结果报告。

试样过滤完后，过滤时间取整数"min"报告。试样未过滤完时，报告大于 30min[剩余试样体积(L)]。

B7.2 膜滤片颜色评定报告。

试样过滤完后报告膜滤片所属地颜色带及级别，分别以字母及数字表示，如 A-1、B-2、G-3 等。如果试样未过滤完时，应补充报告实际过滤的试样体积，以"L"表示。

实训 3-10 航空燃料与馏分燃料电导率测定

一、目的意义

掌握含或不含抗静电添加剂的航空燃料与馏分燃料的电导率测定方法。

二、方法原理

参考标准：《航空燃料与馏分燃料电导率测定法》(GB/T 6539—1997)

在浸没于燃料内两个电极之间加一个直流电压，其间所产生的电流以电导率的数值来表示。为避免由于离子极化所引起的误差，在施加电压后，立即在瞬间测量电流。只要正确选择电极尺寸和电流测量仪表，就可测量 1 pS/m 或以上值的电导率。

三、仪器、材料和试剂

1. 电导池和电流测量仪
2. 温度计：具有适当测量范围，且能用于现场测量的温度计。
3. 测量容器：能全部浸没电导池的圆筒形容器，其容积不少于 1L。
4. 异丙醇：分析纯。【警告】易燃。正庚烷：分析纯。【警告】易燃，蒸气有毒。

5. 甲苯：分析纯。【警告】易燃，蒸气有毒。

采用 50%（V/V）异丙醇与 50%（V/V）正庚烷相混的溶剂代替甲苯。

四、准备工作

1. 样品电导率宜在现场测量，以避免样品运送过程中发生衰减或被污染。如果样品需要留作将来分析，应按 GB/T 4756 进行取样，并遵守下列规定。

2. 若电导池与水接触，当仪器被启动时，立即会有满刻度读数出现。如果电导池已接触了水，则必须采用清洗溶剂充分冲洗，最好先用异丙醇冲洗，再用空气流干燥。在湿热条件下，电导池会产生凝聚水，这样零点、校准点和样品读数都会出现异常。要避免这种情况，可把电导池置放在比环境温度高 2~5℃的地方，以便获得准确的测量结果。

3. 样品数量应尽可能多，至少不小于 1 L。

4. 所有样品容器都应用清洗溶剂充分清洗，并用空气流吹干。取样前，全部容器，包括容器盖子都应用样品最少清洗 3 次。

5. 为避免样品电导率的衰减变化，取样后应尽快测量，最迟不宜超过 24h。

五、试验步骤

1. 校准：按所用电导率测定仪规定的校准程序，对电导率测定仪进行校准。

2. 金属容器或玻璃容器的准备：取样前应保证所有容器和测量容器均清洗干净。

3. 用试样彻底冲洗电导池，以除去上次测试时留在电导池上的残油。把试样移至清洁的测量容器中，按所用电导率测定仪规定的校准程序校准电导率测定仪。把电导池完全浸入到试样中，注意电导池不要与测量容器底部接触，以免引起读数误差。

4. 测量：冲洗电导池后，保持电导池稳定。开启电导率测定仪，待初次稳定后，记录最高读数，这应在 3s 内完成。当电导率测仪定有几个量程时，应选择灵敏度最高的量程。

5. 测量试样温度。

六 、报告

报告试样电导率和测量时试样温度。如果电导率测定仪读数为零，可报告测量结果小于 1 pS/m。

注：众所周知，燃料的电导率随温度有很大的变化，且各种航空燃料和馏分燃料的变化关系也不同。如果需要把电导率读数校准到特定温度，则各实验室就得确立燃料和有关温度范围的关系。

七、精密度及偏差

1. 本标准的精密度是由操作者和仪器组合，在同一测试地点得到的测试结果进行统计分析而确定。附表 3-16 给出的精密度数据不包括汽油或溶剂。

（1）重复性：同一操作者，在同一实验室使用同一仪器，按测量方法正确操作，对同一温度的样品进行测量，连续 20 次测量结果之差，仅允许 1 次超过附表 3-16 所列数值。

（2）再现性：不同操作者，在同一实验场所，按测量方法正确操作，对同一温度的样品进行测量，20 次测量结果之差，仅允许 1 次超过附表 3-16 所列数值。

2. 操作者对装运燃料进行电导率测量时，其重复性数值类似于附表 3-16 所列的数值，而再现性数值都达不到要求。建议操作者到大批燃料贮存基地，按规定的方法对整批燃料或新取燃料进行电导率测量。这样可以确保获得与整批燃料一致的样品，并可应用附表 3-16 中所示的精密度数值。

附表 3-16　精密度

pS/m

电导率	重复性	再现性
1	1	1
15	1	3
20	1	4
30	2	6
50	3	10
70	4	13
100	5	17
200	10	32
300	14	45
500	21	69
700	29	92
1000	39	125
1500	55	177

注：表中的精密度数值限制在室温下适用。较宽的精密度数值(×2)可适用于约-20℃的温度。

3. 偏差：由于既没有公认的标准物，也没有适当的试验方法来确定电导率测定法的偏差，故无法给出偏差数值。

八、影响因素及注意事项

1. 盛被测溶液的容器必须清洁，无离子玷污。

2. 测定仪应安置于干燥环境，避免因水滴溅射或受潮引起仪表漏电或测量误差。

实训 3-11　石油产品赛波特颜色测定

一、目的意义

掌握用赛波特比色计测定石油产品赛波特颜色的方法。本方法适用于未染色的车用汽油、航空汽油、喷气燃料、石脑油、煤油、白油及石油蜡等精制石油产品。

二、方法原理

参考标准：《石油产品赛波特颜色测定法》(GB/T 3555—1992)

对于许多产品，色度是一个很重要的质量特性指标，同时也可以用于探测产品里的污染物。赛波特比色计(Saybolt Chromometer)通过比较样品液柱与标准色板的颜色来测量色度。

按照规定的方法调整试样的液柱高度，直至试样明显地浅于标准色板的颜色。无论试样颜色较深、可疑或匹配，均报告试样的上一个液柱高度所对应的赛波特颜色号。

赛波特颜色：当透过试样液柱与标准色板观测对比时，测得与三种标准色板之一最接近时的液柱高度数值，按表1查出赛波特颜色号。赛波特颜色号规定为-16(最深)~+30(最浅)。注：深于赛波特颜色—16号的石油产品可用GB/T 6540测定。

三、仪器、材料和试剂

1. 赛波特比色计由试样管、标准色板玻璃管、光源、标准色板以及光学系统组成。详见GB/T 3555—1992附录A和图A1。

2. 烧杯：250mL、100mL。

四、仪器校正

1. 从试样管底部取出玻璃圆片。清洗试样管、标准色板玻璃管及玻璃圆片。如沉积物经擦拭和用溶剂除不掉时，可用肥皂和水清洗，再用蒸馏水、丙酮或其他溶剂冲洗并干燥。将干净的试样管、标准色板玻璃管、玻璃圆片组装在仪器上。

2. 卸下标准色板玻璃管底部的内径为12mm的光栏，用规定的光源和反射镜照明，观察两根空管光学视场的光强度，调整光源的位置，必须使两个对分视场的光强度相同。

3. 将12mm光栏重新安装在标准色板玻璃管底部。往试样管中注满蒸馏水。此时观察到的两个光学对分视场光强度仍需相同，方可认为玻璃管颜色匹配，仪器符合使用要求。

玻璃管的光学性质十分重要，同样材质会因批号不同而不同，必须使用颜色匹配的玻璃管。当一根玻璃管破损时，需更换一对颜色匹配的玻璃管。

五、试样准备

当试样浑浊时，可用多层的定性滤纸过滤，直至透明。

六、试验步骤

1. 精制轻质油品和白油的试验步骤

(1) 先用部分试样冲洗试样管，并使管中试样完全流出，不准有油滴残留管壁上，将试样注满试样管。注入试样时要缓慢，如试样中发现气泡，则要用玻璃棒将其排出。

(2) 用一片整厚标准色板与试样比色。如试样颜色浅于标准色板，则调换半厚标准色板代替整厚标准色板进行比色；若试样的液柱高度在刻度6.25处的颜色比一片整厚标准色板深，则换成两片整厚标准色板。

(3) 选定标准色板后，调整试样的液柱高度，使试样的颜色深于标准色板，按附表3-17中试样的液柱高度排放试样，排放至附表3-17中选定的标准色板所对应的最接近的试样的液柱高度。如试样仍然较深，则排放至附表3-17中规定的试样的下一个液柱高度进行比色，重复这一操作，直至试样的颜色与标准色板最接近或稍有差异。确定这点后再排放试样至附表3-17中规定的试样的下一个液柱高度。当试样的颜色确认无疑地浅于标准色板时，记录试样的上一个液柱高度所对应的赛波特颜色号。

注：根据本仪器的使用经验，无需按照上述(3)操作步骤一步一步地去选择标准色板，其测定步骤实例见附表3-18。

附表3-17　赛波特颜色号与试样的液柱高度对照表

标准色板	试样的液柱高度		赛波特颜色号
	in	mm	
半厚板1片	20.00	508	+30
	18.00	457	+29
	16.00	406	+28
	14.00	355	+27
	12.00	304	+26
整厚板1片	20.00	508	+25
	18.00	457	+24
	16.00	406	+23
	14.00	355	+22
	12.00	304	+21
	10.75	273	+20
	9.50	241	+19
	8.25	209	+18
	7.25	184	+17
	6.25	158	+16
整厚板2片	10.50	266	+15
	9.75	247	+14
	9.00	228	+13
	8.25	209	+12
	7.75	196	+11
	7.25	184	+10
	6.75	171	+9
	6.50	165	+8

标准色板	试样的液柱高度		赛波特颜色号
	in	mm	
整厚板2片	6.25	158	+7
	6.00	152	+6
	5.75	146	+5
	5.50	139	+4
	5.25	133	+3
	5.00	127	+2
	4.75	120	+1
	4.50	114	0
	4.25	107	−1
	4.00	101	−2
	3.75	95	−3
	3.625	92	−4
	3.50	88	−5
	3.375	85	−6
	3.25	82	−7
	3.125	79	−8
	3.00	76	−9
	2.875	73	−10
	2.75	69	−11
	2.625	66	−12
	2.50	63	−13
	2.375	60	−14
	2.25	57	−15
	2.125	53	−16

2. 石油蜡的试验步骤

（1）加热石油蜡试样到高于其冻凝点8~17℃（测定方法按SH/T 0132—1992）。

（2）预热试样管，将熔化的石油蜡试样注入试样管中，关掉加热器。当试样管中的蜡样热波消失后，按精制轻质油品和白油所规定的步骤进行。

七、精密度

按下述规定判断试验结果的可靠性(95%置信水平)。

1. 重复性：同一操作者重复测定的两个结果之差，不应大于1个赛波特颜色号。

2. 再现性：由不同实验室各自提出的两个结果之差，不应大于 2 个赛波特颜色号。

八、报告

1. 报告所记录的颜色号应注明“赛波特颜色号 XX”。
2. 如果试样经过滤，需写明“试样过滤”字样。

附表 3-18 操作实例

观察结果	一片整厚标准色板		两片整厚标准色板	
	in	mm	in	mm
试样的液柱高度达到右侧数值时，颜色深于标准色板	16. 00	406	4. 50	114
试样的液柱高度达到右侧数值时，颜色深于标准色板	14. 00	355	4. 25	107
试样的液柱高度达到右侧数值时，颜色不易判断	12. 00	304	4. 00	101
试样的液柱高度达到右侧数值时，颜色浅于标准色板	10. 75	273	3. 75	95
赛波特颜色号	+21		−2	

第四章 航空润滑油分析

第一节 国际通用的航空润滑油规格

航空发动机润滑油通过润滑系统对发动机的润滑部位进行有效润滑的同时，带走大量的被润滑部件所吸收的因燃烧燃油产生大量热量，使发动机保持在一定的工作温度下稳定工作。因此，润滑油在循环过程中，需要经历吸热、升温、氧化、冷却不断循环往复的过程。在这一过程中，油品就产生了蒸发、结焦、腐蚀等反应倾向。这就对航空发动机润滑油提出了非常苛刻的要求。衡量一种润滑油能否满足航空发动机的基本要求，主要由规格标准加以限定。航空发动机油规格的发展变化，是与航空发动机技术发展相适应的。

不同的航空发动机制造商分别推出并发展了各自航空发动机油规格要求，如 Pratt & Whitney 公司的 PWA521 规格、GE 公司的 D50TF1 规格，以及 Allison 公司的 EMS53 规格等，SAE E34 组织也制订了一个航空燃气透平机的核心技术规范 SAE AS5780，该规范规定了适用于涡轮发动机或涡轮驱动的船舶及工业装备的黏度等级为 $5mm^2/s$ 的燃气透平机油的基本物理、化学等性能。但总体而言，都是以美军标准为基础的，要求的基础油也从最初的矿油型、半合成型逐渐发展到双酯型合成油，直到目前的新戊基多元醇酯合成油。美军航空发动机油标准根据油品 100℃黏度划分为两种规格：一是 MIL-L-7808 规格，规定了 $3mm^2/s$ 和 $4mm^2/s$ 两个黏度等级，前者应用于一般场合，后者应用于具有更高热稳定性要求的场合，该规格 1951 年发布，至今已经修订过多次；二是 MIL-L-23699 规格，规定了 $5mm^2/s$ 一个黏度等级，该规格 1963 年发布，至今也出过多个版本，并得到了逐步的完善，规定的油品包括了标准型(STD)、防锈型(C/I)和高温稳定型(HTS)3 种。目前使用的这两个规格是 1997 年 5 月发布的 MIL-PRF-7808L 规格和 MIL-PRF-23699F 规格。

1. MIL-L-7808 规格

MIL-L-7808 规格发展航空燃气涡轮发动机取代了活塞式发动机，开创了喷气时代居航空动力的主导地位。航空燃气涡轮发动机在最初应用时，飞机的速度不高(204m/s)，燃气涡轮前温度低，飞机发动机输出功率小，润滑油系统温度在 70℃左右，一般的矿物润滑油即可满足要求，为此美国制定了 MIL-L-6081 规格。随着航空发动机向高负荷、高转速发展，必然导致轴承工作温度升高，负荷较大时，滚子产生弹性变形，滚子与轨道的接触面变大，出现了滑动摩擦，摩擦热损失增加，转速高时，单位时间内摩擦产生热量也增加。负荷、转速的增大都会使轴承温度升高。同时，发动机工作发出的热量也会传给轴承，特别是涡轮轴承受到涡轮传来的热，温度比其他轴承都高，引起润滑油温度升高，导致润滑油迅速分解，产生大量淤渣，矿物基的航空润滑油规格 MIL-L-6081 已不能满足使用要求。1951 年美国空军制定了 MIL-L-7808 规格，该规格以双酯为基础油，即Ⅰ型合成润滑油(使用温度范围为-54～175℃)规格，该规格润滑油不仅用于军用飞机，也用于民用航空燃气涡轮发动机，后来，广泛应用于喷气式客机。MIL-L-7808 规格润滑油具有较高热稳定性的双酯与抗氧剂、极压抗磨剂、腐蚀抑制剂等添加剂调配而成。以后航空燃气涡轮向高速方向发展，燃烧室温度升高，对航空润滑油的氧化安定性提出更高要求，1982 年颁布的 MIL-L-7808J 把润滑油的性能提高了一步，具体是把 200℃ 的氧化试验时间从 48h 增加到 96h，基础油也由双酯改为多元醇酯。为了满足先进战术战斗机发展计划(ATF)，美国空军进一步改善 MIL-L-7808J 高温性能，另外美国空军不愿放弃-54℃而接受 MIL-L-27502 规范(该规范润滑油使用过程中随着时间推移，一种关键添加剂析出)-40℃的要求，1984 年美国空军停用了 MIL-L-27502 规范，开始了 $4mm^2/s$ 酯类润滑油研制计划，其高温性能明显优于 MIL-L-7808J，同时在-51℃还能保持良好的泵送性能，温度范围为-51～205℃，基础油用 5.5 mm^2/s 的多元醇酯/双多元醇酯和生产 MIL-L-7808J 的 $3mm^2/s$ 基础油调合而成，添加剂主要有二芳胺、消泡剂以及杂环胺金属腐蚀抑制剂等。1994 年公布的 MIL-L-7808L 规格包含 $3mm^2/s$ 和 $4mm^2/s$ 两个等级，该规格 1997 年升级为 MIL-PRF-7808L，部分性能如表 4-1 所示，L 版与 K 版无明显差别。

2. MIL-L-23699 规格

MIL-L-23699 规格发展是为了解决最初使用 MIL-L-7808 航空润滑油带来的润滑系统出现淤渣，存在焦化物和沉淀，需要频繁换油，否则会造成发动机部件损伤、金属腐蚀和密封部件泄露等问题，美国海军于 1963 年颁布了自己的航空润滑油 MIL-L-23699 规范，该规格的润滑油称为Ⅱ型合成油，基础油采用热氧化安定性更好的新戊基多元醇酯受阻酯，蒸发损失比Ⅰ型润滑油减少 70%，其 100℃运动黏度为 $5mm^2/s$，使用温度范围是-40～200℃，对低温启动性能规定没有 MIL-L-7808 严格，这是由于海军和空军所处环境不同。该规范润滑油被美国海军的大量涡轮螺旋桨飞机和涡轮直升机采用，同时也很快应用在民航飞机上。20 世纪 80 年代，航空发动机对润滑系统要求洁净度较高，润滑油降解水平较低，美国海军把 MIL-L-23699 发展成 MIL-L-23699C。1990 年，美国海军将规范修订为 MIL-L-23699D，氧化腐蚀试验条件更苛刻，提高了润滑油洁净度和热氧化安定性要求。与陆基飞机相比，海上飞机有着明显不同的使用环境：海上气候十分恶劣，如大风、台风、海雾和潮汐等，海洋上空湿度大、盐雾浓、霉菌多。湿度大会加速金属的腐蚀和非金属涂层的破坏，加速产品表面的化学和电化学反应。有数据表明，海上空气中的盐雾浓度是内陆的 50～100 倍。盐雾会形成电解质，对飞机上许多金属和非金属材料形成腐蚀，如盐雾形成的强电解质会促进电化学腐蚀，使飞机金属表面钝化膜因破坏而失去防护作用。霉菌则会分解有机材料，破坏材料的性能和结构，同时还分泌各种酸类物质，对金属产生腐蚀。为了解决海上腐蚀这一问题，美国海军制订了一项研制涡轮发动机防腐蚀润滑油计划，要求润滑油在具备防腐蚀性能的同时，还能长期使用，1994 年美国海军颁布了 MIL-L-23699E 规范，该规范基础油为新戊基多元醇酯，包括标准油(STD)和防腐蚀油(C/I)，酸值由原来的 0.5mgKOH/g 增为 1.0mgKOH/g，其他理化性能要求同 MIL-L-23699D，但增加了防腐油轴承腐蚀试验。1997 年，该规格升级为 MIL-PRF-23699F，包括三个等级的润滑油，除标准油和防腐油外，增加了高热安定性油(HTS)，对航空润滑油热氧化安定性提出更高的要求，目前世界上飞机使用润滑油 95% 满足此规格。2007 年，为满足所有的民用和商用飞机润滑油使用时间高达 30000h 需求，附件设备需求，考虑到所有发动机制造商要求，对油料批量生产质量控制需求，对生产过程中的改变监控需求，美国汽车工程协会(SAE)把 MIL-PRF-23699F 发展成 SAE AS 5780，如表 4-2 所示。随着发动机发展，涡轮前温度提高，据 SAE 航空润滑油推进委员会(SAEE-34)预测 MIL-PRF-23699F 有望在 2011 年被升级为 MIL-PRF-23699G，基础油选择可能是增强的多元醇酯。

表 4-1 MIL-PRF-7808L 规格部分性能指标

项　　目	$3mm^2/s$	$4mm^2/s$	试验方法
酸值/(mgKOH/g)	0. 3max	0. 5max	ASTM D664
运动黏度/(mm^2/s)			
205℃		1. 1min	ASTM D445
100℃	3. 0min	4. 0min	ASTM D445
40℃	11. 5min	17. 0min	ASTM D445
-51℃			
35min 后	17000max	20000max	ASTM D2532
3h 后	17000max	20000max	ASTM D2532
72h 后	17000max	20000max	ASTM D2532
闪点/℃	210min	210min	ASTM D92
蒸发损失(205℃)/%	30max	15max	ASTM D972
铅腐蚀/(g/m^2)	9. 3max	9. 3max	FED-STD-791FIM 5321
232℃腐蚀试验			FED-STD-791FIM 5305
银/(g/m^2)	±4. 5max	±4. 5max	
铜/(g/m^2)	±4. 5max	±4. 5max	
274℃热安定性和腐蚀性			FED-STD-791FIM 3411
黏度变化/%		5. 0max	
总酸值变化/(mgKOH/g)		6. 0max	
金属片质量变化/(mg/cm^2)		4. 0max	
沉积试验(WADC)			FED-STD-791FIM 5003
剪切安定性(黏度损失)/%		4. 0max	ASTM D2603
沉积评级	1. 5max	0. 7max	
酸值变化	20max	20max	
40℃黏度变化/%	100max	100max	
耗油量/mL	100max	100max	
微量元素含量/(μg/g)			atomic emission(A/E35U-3 or FAS-2C) spectrometer
铝	2max	2max	
铁	2max	2max	
铬	2max	2max	
银	1max	1max	
铜	1max	1max	
锡	11max	11max	
镁	2max	2max	
镍	2max	2max	
钛	1max	1max	
硅	2max	2max	

表 4-2 SAE AS5780 规格部分性能指标

项目	SPC	HPC	试验方法
运动黏度/(mm^2/s)			ASTM D445/IP71
100℃	4.90~5.40	4.90~5.40	
40℃	23.0min	23.0min	
-40℃	13000max	13000max	
-40℃(72h)黏度变化/%	±6max	±6max	ASTM D2532
闪点(开口)/℃	246min	246min	ASTM D92/IP36
倾点/℃	-54max	-54max	ASTM D97/IP15
蒸发损失(6.5h 204℃)/%	10max	10max	ASTM D972
酸值/(mgKOH/g)	1.0max	1.0max	SAE ARP 5088
橡胶相容性			
橡胶膨胀率[SAE-AMS 3217/4(204℃, 72h)]/%	5~25	5~25	
氟碳橡胶(200℃, 24h/120h)	10/15max	11/15max	FED-STD-791 Method 3604
LCS 氟碳橡胶(200℃)/P	10/20max	12/20max	DefStan 05-50(part 61)Method 22
丁腈橡胶(130℃)	报告	报告	
硅橡胶(175℃)	报告	报告	
金氟橡胶(200℃)	N/A	报告	
剪切安定性，运动黏度变化(40℃)/%	4.0max	4.0max	ASTM D2603
腐蚀氧化安定性试验(72h, 218℃)			FED-STD-791 Method 5308
黏度变化(40℃)/%	报告	报告	
TAN 变化/(mgKOH/g)	报告	报告	
油泥含量/(mg/100mL)	50max	25max	
金属片质量变化/(mg/cm^2)			
铜	±0.2	±0.2	
银	±0.2	±0.2	
铝	±0.2	±0.2	
钛	±0.2	±0.2	
热氧化安定性和腐蚀性(96h, 274℃)			FED-STD-791 Method 3411
黏度变化(40℃)/%	±5.0max	±5.0max	
TAN 变化/(mgKOH/g)	6.0max	6.0max	
金属片质量变化/(mg/cm^2)	±4.0max	±4.0max	

航空润滑油规格发展总是随着发动机和实际使用需要发展而发展，未来航空发动机发展主要表现在提高推重比，降低涵道比，提高总增压比，采用矩形截面的二元推力转向喷管，提高涡轮的进口温度等。随着飞机向高速、高性能方向发展，未来航空润滑油规格对航空润滑油提出了更高要求。

第二节 国产航空发动机润滑油

一、航空发动机油性能

航空发动机油作为一种性能优良的航空发动机润滑油，不但要为航空发动机各运动部件提供充分润滑，而且还要提供足够的密封、散热作用，从而保障飞机发动机在高速高温条件下安全、稳定的长时间续航能力。

发动机中需要润滑油的部位主要是主轴承、凸轮轴、连杆轴、减速齿轮、活塞环和气缸内壁等。随着发动机向高速、大马力、防废气污染等方向发展，发动机润滑油的工作条件越来越苛刻。主要特点是：

1. 使用温度高、温差大。机件因受摩擦热和燃烧热的影响，温度较高，如汽油机和柴油机的主要轴承温度为85~95℃，活塞头的环部可达205~270℃以上。由于很多发动机是在室外作业的，在冬季环境温度很低，有的地区可低至-50℃，所以发动机冷启动时润滑油温度接近环境温度。

2. 润滑油在使用中与空气中的氧以及多种金属接触，很容易氧化生成酸性物质和胶质。

3. 摩擦表面的负荷很大，主要轴承的负荷可达(500~1200)×10^5Pa。很多部位，如凸轮等经常处于极压润滑状态。

4. 润滑油在气缸中起密封作用，防止燃气从气缸与活塞环之间泄露。

5. 机件运动速度快。大型发动机转速为3500~4000r/min时，活塞平均速度达10~12m/s，小型发动机转速在3800~4000r/min时为9~11m/s，摩擦表面常处于边界润滑状态。

6. 润滑油使用周期长。以上各点为内燃机润滑油使用的共同特点。

为保障航空发动机安全、稳定的工作，需要借助润滑系统向发动机的各个润滑部位提供稳定流量的润滑油。航空发动机润滑油通过润滑系统对发动机的润滑部位进行有效润滑的同时，带走大量的被润滑部件所吸收的因燃烧燃油产生大量热量，使发动机保持在一定的工作温度下稳定工作。因此，润滑油在循环过程中，需要经历吸热、升温、氧化、冷却不断循环往复的过程。在这一过程中，油品就产生了蒸发、结焦、腐蚀等反应倾向。这就对航空发动机润滑油提出了非常苛刻的要求。衡量一种润滑油能否满足航空发动机的基本要求，主要由规格标准加以限定。

国际上主要的航空发动机油规格仍然以美国军标规格为主导，此类油品需要重点考虑油品在高低温条件下的储存稳定性、氧化安定性和腐蚀性。

国内航空发动机油基本分为合成以及矿物两种。主要由中石油抚顺炼油化工总厂、中石化重庆一坪炼厂、中国石油化工科学研究院生产。

抚顺石油主要有8号航空润滑油和20号航空润滑油。

重庆一坪（现为长城一坪分公司）主要生产：4010号合成航空润滑油，符合美军标MIL-L-7808J规范；4011合成航空润滑油；4106号合成航空润滑油，符合美军标MIL-L-23699C规范；4109号合成航空润滑油，符合美军标MIL-L-7808规范；4209号合成航空防锈油。

中国石油化工科学研究院以合成航空润滑油为主。

航空润滑油在使用过程中应注意以下事项：

（1）储运和使用过程中，注意防止水分、灰尘及其他腐蚀性介质混入；

（2）勿与其他油品混用；

（3）勿与易被酯类油溶解的油漆、涂料、橡胶等接触；

（4）使用在与橡胶、塑料、油漆等非金属材料接触的润滑部位时，事先应进行材料相容性试验；

（5）在使用中，见光或长期高温下颜色变深属正常现象，不影响使用效果；

（6）应储存于清洁、阴凉干燥处。

二、8 号航空喷气机润滑油

8 号航空喷气机润滑油按不同加工工艺分两个牌号：HP-8A 和 HP-8B。

8 号航空喷气机润滑油使用在涡轮喷气发动机上，是航空润滑油中的主要产品。“8”表示润滑油在 50℃时的运动黏度不小于 8cSt。8A 为天然石油加工制得的产品，8B 为软蜡裂烯烃合成加工制得的产品。

1. 生产方法

HP-8A 是以常压蒸馏或减压蒸馏制得的润滑油馏分为原料，经深度脱蜡和精制得到基础油，再加入复合抗氧剂调合而成。HP-8B 是以聚烯烃合成油为基础油，加入抗氧剂调合而成。上述两个牌号的油品均按国家试车通过的试样所采用的生产工艺和原料生产。

基本组成：HP-8A 为石油基润滑油馏分、酚类及胺类复合抗氧剂；HP-8B 为聚烯烃、抗氧剂。

2. 产品性能

具有良好的高温氧化和低温流动性。8A 性能与符合俄罗斯标准 ГОСТ 6457—1966(1984)的同类产品 MK-8 相当。

3. 产品标准

符合《航空喷气机润滑油》(GB 439—1990)标准规格要求。该标准规定了天然石油或软蜡裂解烯烃合成加工制得的基础油，并加有抗氧剂的航空喷气机润滑油的技术条件。质量指标要求如表 4-3 所示。

表 4-3 8A 及 8B 航空润滑油的技术要求

项目		质量指标		试验方法
		8A	8B	
运动黏度/(mm^2/s)				GB/T 265
50℃	不小于	8.3	8.3	
20℃	不大于	30.0	30.0	
-40℃	不大于	6500	3300	
运动黏度比($\gamma_{-20℃}/\gamma_{50℃}$)	不大于	70	60	GB/T 265
酸值/(mgKOH/g)	不大于	0.04	0.04	GB/T 264
氧化安定性(175℃, 10h, 50mL/min 空气)				SH/T 0196
氧化后沉淀物/%	不大于	0.08	0.08	
氧化后酸值/(mgKOH/g)	不大于	0.25	0.25	
灰分/%	不大于	0.005	0.005	GB/T 508
水溶性酸碱		无	无	GB/T 259
硫含量/%	不大于	0.14	0.14	GB/T 387
机械杂质		无	无	GB/T 511
水分		无	无	GB/T 260
闪点(闭口)/℃	不低于	140	140	GB/T 261
凝点/℃	不高于	-55	-60	GB/T 510
氢氧化钠试验/级	不大于	2	2	SH/T 267
苯胺点/℃	不低于	79	79	GB/T 262
密度(20℃)/(kg/m^3)	不大于	885	885	GB/T 1884

4. 主要用途

HP-8B 比 HP-8A 具有较好的黏温性能及低温启动性，适用于寒区飞行的涡轮喷气航空发动机的润滑。适用温度为-45~120℃。

三、20 号航空润滑油

1. 生产方法

代号：HH-20，按国家鉴定程序通过的原料及工艺条件生产。按不同工艺分石油基和合成基产品。石油基产品是原油经常减压蒸馏所得的润滑油馏分，减压渣油经丙脱沥青油，分别经溶剂精制、溶剂脱蜡和补充精制得到润滑组分，再经调合制成。合成基产品由合成油加添加剂制成。

基本组成：石油基产品为低硫石蜡基矿物油；合成基产品为软蜡裂解聚烯烃、抗氧剂、无灰分散剂。

2. 产品性能

具有良好的粘温性能、氧化安定性及低温流动性。性能与俄罗斯的 MC-20 航空润滑油相当，与符合美国 MIL-L-6082D 标准的产品性能相近。

3. 产品标准

符合《20 号航空润滑油》[GB 440—1977(1988)]标准规格要求。该标准适用于经过溶剂精制过程制得的航空润滑油。质量指标要求如表 4-4 所示。

表 4-4 20 号航空润滑油技术要求

项目		质量指标	试验方法
运动黏度(100℃)/(mm^2/s)	不小于	20	GB/T 265
运动黏度比($\gamma_{50℃}/\gamma_{100℃}$)	不大于	7.80	
残炭/%	不大于	0.3	GB/T 268
酸值/(mgKOH/g)	不大于	0.03	GB/T 264
灰分/%	不大于	0.003	GB/T 508
选择性溶剂		—	SH/T 0120
水溶性酸碱		—	GB/T 259
机械杂质		—	GB/T 511
水分		—	GB/T 260
闪点(闭口)/℃	不低于	230	GB/T 261
凝点/℃	不高于	-18	GB/T 510
颜色，用 85%(体积)无色煤油稀释/mm	不小于	15	SH/T 0258
密度(20℃)/(g/cm^3)	不大于	0.895	GB/T 1884
热氧化安定性(250℃)/min	不小于	25	SH/T 0259
腐蚀度/(g/m^2)	不大于	45	GB/T 391
黏度温度系数	不大于	55	GB/T 440 附录 A

4. 主要用途

主要用于活塞式航空发动机的气缸、活塞、曲轴连杆机构、螺旋桨减速器及附件传动机构等摩擦表面的润滑和冷却，同时用于密封活塞和气缸之间的间隙，防止燃气窜入曲轴箱，还用于操纵螺旋桨变矩；对发动机还有清净和防锈作用。与 8 号航空喷气机润滑油按规定比例混合后还用于涡轮螺旋桨发动机。合成基比石油基具有更好的低温性能和氧化安定性，可在我国南北方四季使用。由于矿物油型生产工艺复杂，收率低，资源利用不合理，且低温性能又不及合成型，因此，应推广应用合成 20 号航空润滑油。

四、75%HP-8A+25%HH-20 混合油

1. 生产方法

混合润滑油是用 75%航空喷气机润滑油(8A)与 25%20 号航空润滑油按体积比 75∶25 掺合而成的。

2. 产品性能

(1) 该油的黏度因为掺入了 20 号航空喷气机润滑油，所以较涡喷发动机使用的航空喷气机润滑油(8A)大，能适应负荷较大的涡轮螺旋桨发动机的润滑要求。

(2) 混合滑油的低温黏度不大，凝点也不高，可以保证在-30℃条件下使用。但是，在低于-30℃时，使用这种润滑油，发动机起动前要加温和暖机。混合滑油的闪点较高，蒸发损失小。

3. 产品标准

产品质量要求如表 4-5 所示。

表 4-5 75%HP-8A+25%HH-20 混合润滑油技术要求

项目		质量指标	试验方法
运动黏度/(mm^2/s)			GB/T 265
100℃	不小于	4.0	
50℃	不小于	15	
-35℃	不大于	4500	
凝点/℃	不高于	-40	GB/T 510
闪点(开口)/℃	不低于	135	GB/T 267
酸值/(mg KOH/g)	不大于	0.05	GB/T 260
水分/%		无	GB/T 264
机械杂质/%		无	GB/T 511
水溶性酸或碱		无	GB/T 259
残炭/%	不大于	0.15	GB/T 268
灰分/%	不大于	0.005	GB/T 508
密度(20℃)/(g/cm^3)		0.800~0.900	GB/T 1884

4. 主要用途

主要用于涡轮螺旋桨发动机润滑。使用单位在使用现场混兑。

五、合成航空润滑油

1. 20 号合成烃航空润滑油

由软蜡裂解烯烃聚合成合成油，经过加氢精制，蒸馏出合格的基础油。在基础油中加入高温抗氧剂和抗泡剂调合成产品。具有良好的低温性能、清净分散性能、抗氧抗腐蚀性能。其理化性能符合《航空活塞式发动机润滑油》(GJB 1219—1991)标准。主要用于活塞式航空

发动机系统的润滑。质量技术要求如表 4-6 所示。

表 4-6 20 号合成烃航空润滑油技术要求

项 目		质量指标	试验方法
运动黏度(100℃)/(mm^2/s)	不小于	20	GB/T 265
黏度指数	不大于	80	GB/T 995
残炭/%	不大于	0.3	GB/T 268
酸值/(mgKOH/g)	不大于	0.03	GB/T 264
灰分	不大于	0.03	GB/T 508
选择性溶剂(酚含量)		无	GB/T 504
水溶性酸碱		无	GB/T 259
机械杂质		无	GB/T 511
水分		无	GB/T 260
闪点(闭口)/℃	不低于	230	GB/T 261
颜色	不小于	15	GB/T 0258
凝点/℃	不高于	-18	GB/T 510
密度/(g/cm^2)	不大于	0.895	GB/T 1884
热性化安定性/min	不小于	25	GB/T 0259
腐蚀度/(g/m^2)	不大于	18	GB/T 391

2. 925、926、928 合成航空润滑油

(1) 925 合成航空润滑油

是以酯类油为基础油，加入抗氧、防腐、抗磨等多种添加剂调配而成的Ⅱ型中黏度合成航空润滑油。适用于航空燃气涡轮发动机和直升机减速器，适用温度范围为-40~200℃，短期可达到220℃。

基本组成：酯类油、抗氧剂、抗磨剂、防腐剂、抗泡剂。

符合《航空涡轮发动机合成润滑油》(GJB 1263—1991)标准。质量技术要求如表 4-7 所示。

表 4-7 925 合成航空润滑油技术要求

项 目		指 标	试验方法
外观		透明、无悬浮物和其他杂质	目测
运动黏度/(mm^2/s) 100℃ 40℃ -40℃	 不大于 不大于	 4.9~5.4 30 13000	GB/T 265
低温稳定性(-40℃, 72h) 运动黏度变化率/%		 ±6.0	GJB 1264.4
闪点(开口)/℃	不低于	246	GB/T 3536
倾点/℃	不高于	-54	GB/T 3535
酸值/(mgKOH/g)	不大于	0.50	GB/T 7304

续表

项目		指标			试验方法
沉积物					
非溶解水		无			目测
固体颗粒杂质/(mg/L)	不大于	10			GJB 1264.5
灰分/(mg/L)	不大于	1.0			
起泡性(泡沫体积)/mL					GB/T 12579
吹气5min后泡沫体积/静置1min后泡沫体积					
24℃	不大于	25/无			
93℃	不大于	25/无			
24℃(93℃试验后)	不大于	25/无			
相溶性					GJB 562
外观		相溶，不浑浊			
沉淀物/(mg/L)(1.2μm滤膜过滤)	不大于	10			
氧化腐蚀试验(72h)		175℃	204℃	218℃	GJB 563
运动黏度(40℃)变化/%		-5~+15	5~+25	报告	
酸值变化/(mgKOH/g)	不大于	2.0	3.0	报告	
金属质量变化/(mg/cm^2)	不大于				
钢(15号)		±0.2	±0.2	±0.2	
银(1号)		±0.2	±0.2	±0.2	
铝(LY_{12})		±0.2	±0.2	±0.2	
镁(2号)		±0.2	±0.2	—	
铜(T_2)		±0.4	±0.4	—	
钛(TA_3)		—	—	0.2	
蒸发损失(204℃，6.5h)/%	不大于	10			GB/T 7325
剪切安定性					SH/T 0505
运动黏度变化(40℃)/%	不大于	4.0			
热安定性和腐蚀性，(274℃，96h)					GJB 1264.1
运动黏度变化(40℃)/%	不大于	5.0			
总酸值变化/(mgKOH/g)	不大于	6.0			
钢片(15号)质量变化/(mg/cm^2)	不大于	4.0			
储存安定性 -18℃±2.5℃/42d -24℃±5℃/365d		无结晶，无分离或凝胶现象，符合出厂检验全部项目要求			SH/T 0451
四球试验					GB/T 3142
P_B/N		报告			
P_D/N		报告			
ZMZ/N		报告			
D(392N，60min)/mm		报告			
橡胶相溶性(V/V)/%					SH/T 0436
NBR-H胶(70℃，72h)		5~25			
BF胶(204℃，72h)		5~25			
微量元素质量分数/(μg/g)	不大于				SH/T 0472
Fe		2			
Cu		1.1			
Mg		2			
Ni		2			
Ag		1			

续表

项目		指标	试验方法
Cr			2
Ti			2
Sn			11
Si			报告
Al			2
Pb			报告
Mo			报告
一元酸组成/mol%		报告	GJB 1264.2

(2) 926 合成航空润滑油

是以精制酯类基础油加入多种添加剂调配而成的Ⅱ型中黏度合成航空润滑油。主要用于直升机发动机、主减速器及辅助动力装置及其他装备的润滑，具有良好的低温稳定性、高温抗氧化性，与俄罗斯 БВ、ЛЗ-240 油性能相当的极压抗磨性，适用温度范围为-40~200℃。符合《直升机用高极压润滑油规范》(GJB 3460—1998)标准，质量技术要求如表 4-8 所示。

表 4-8　926 合成航空润滑油技术要求

项目		指标	试验方法
外观		浅黄或红色透明液体	目测
运动黏度/(mm^2/s)			GB/T 265
100℃	不小于	4.8	
-40℃	不大于	12500	
闪点(开口)/℃	不小于	235	GB/T 510
凝点/℃	不高于	-60	GB/T 3535
酸值(以 KOH 计)/(mg/g)	不大于	0.50	GB/T 264
密度(20℃)/(kg/m^3)		980~1020	GB/T 1884
泡沫特性			GB/T 12579
吹气 5min 后泡沫体积/静置 1min 后泡沫体积/(mL/mL)			
24℃	不大于	25/无	
93℃	不大于	25/无	
24℃(93℃试验后)	不大于	25/无	
残炭质量分数/%	不大于	0.45	GB/T 268
水溶性酸或碱		无	GB/T 259
水分质量分数		痕迹	GB/T 260
机械杂质质量分数/%		无	GB/T 511
热安定性和腐蚀性(200℃, 50h, mL/min 空气)			GJB 3460 附录 A
氧化后黏度/(mm^2/s)			
100℃	不大于	6.0	
-40℃	不大于	20000	
氧化后酸值(以 KOH 计)/(mg/g)	不大于	1.5	

续表

项目		指标	试验方法
异辛烷不溶物质量分数	不大于	0.1	
金属质量变化/(mg/cm^2)			
30 号钢		无	
T_2 或 T_3 铜		无	
LD8 铝		无	
润滑性(20℃±5℃)			GB/T 3142
最大无卡咬负荷/N	不小于	890	

(3) 928 合成航空润滑油

适用于涡扇发动机及辅助动力装置，使用温度范围为-40~200℃。执行《928 航空润滑油规范》(GJB 5097—2004)标准。质量技术要求如表 4-9 所示。

表 4-9　928 合成航空润滑油技术要求

项目		质量指标	试验方法
运动黏度/(mm^2/s)			GB/T 265
100℃	不小于	3.0	
-40℃	不大于	3000	
凝点/℃	不高于	-50	GB/T 510
闪点(开口)/℃	不低于	190	GB/T 267
酸值/(mgKOH/g)	不大于	0.1	GB/T 264
水溶性酸或碱		无	GB/T 259
水分(质量分数)/%		无	GB/T 260
机械杂质		无	GB/T 511
密度(20℃)/(kg/m^3)	不小于	820	GB/T 1884
蒸发损失(175℃，5h，1.5L/min 空气)(质量分数)/%	不大于	8.0	GB/T 7325
氧化安定性(200℃，50h)			GJB 3460 附录 A
氧化后运动黏度/(mm^2/s)			
100℃	不大于	5.0	
-40℃	不大于	5000	
氧化后酸值/(mgKOH/g)	不大于	8.0	
金属腐蚀/(g/m^2)			
GCr15 钢		无	
T_2 或 T_3		$\pm 2\times10^4$	
LD8 铝		无	
异辛烷不溶物(质量分数)/%	不大于	0.35	
润滑性(四球机，室温)			GB/T 3142
最大无卡咬负荷 P_B/N	不小于		
磨痕直径(196N，1h)/mm	不大于	696	
颜色	不大于	0.35	GB/T 6540
起泡性：吹气 5min 后泡沫体积/消泡时间/(mL/s)		1.5	GB/T 12579
24℃	不大于	40/40	
93℃	不大于	60/60	

3. 4106 合成航空润滑油

（1）生产方法

以合成油为基础油，并加入抗氧、抗腐蚀和抗磨损等多种添加剂精制而成的Ⅱ型中黏度合成航空润滑油。符合美军标 MIL-L-23699C 规范。与 4109 号润滑油及国外同类材料有良好的相容性。

基本组成：新戊基多元醇酯、抗氧剂、抗腐蚀、抗磨损等添加剂。

（2）产品性能

① 良好的高低温性能，可满足全天候的使用要求；

② 优异的高温抗氧化性能，可减少结焦；

③ 较低的蒸发损失，可减少耗油量；

④ 优良的润滑性能，保证航空发动机长期运行；

⑤ 优异的抗泡性，充分保证发动机的润滑要求。

（3）产品标准

符合《航空涡轮发动机用合成润滑油》（GJB 1263—1991）。质量技术要求如表 4-7 所示。

（4）主要用途

适用于涡轮喷气、涡轮风扇和涡轮轴等航空发动机的润滑系统，也可适用于地面工业燃气涡轮发动机，适用温度范围：-40～200℃，短期可达 220℃。能与丁腈橡胶及氟橡胶等密封材料配合使用。

4. 4109 合成航空润滑油

（1）生产方法

以合成油为基础油，并加入抗氧、抗腐蚀、抗磨损等多种添加剂精制而成的的Ⅰ1/2 型低黏度合成航空润滑油，符合美军标 MIL-L-7808H 规范。

基本组成：酯类油、抗氧、抗磨及抗腐蚀等添加剂。

（2）产品性能

① 优异的热氧化安定性能，防止润滑油高温下变质；

② 良好的高低温性能和粘温性能，可满足全天候的使用要求；

③ 良好的热安定性、氧化安定性，可减少运行过程结焦；

④ 良好的防锈性，保证了发动机的长期使用；

⑤ 蒸发较小，耗油量少。

（3）产品标准

符合《合成航空润滑油规范》（GJB 135A—1998）。质量技术要求如表 4-10 所示。

表 4-10　4109 合成航空润滑油技术要求

项　　目	指　　标	试验方法
外观	均匀透明，无悬浮物及其他杂质	目测
密度/（kg/m^3）		GB/T 2450
运动黏度/（mm^2/s）		GB/T 265
100℃	≥3. 0	
40℃	测定	
-40℃	≤3500	

续表

项　　目	指　　标		试验方法
闪点(开口)/℃	≥210		GB/T 3536
凝点/℃	≤-60		GB/T 510
酸值/(mgKOH/g)	≤0.3		GB/T 7304
蒸发损失(205℃，6.5h)/%	≤20.0		GB/T 7325
固体颗粒杂质(0.45μm 和 3μm 滤膜) 杂质含量/(mg/L) 过滤时间/min 0.95L 223mL	 ≤10.0 ≤30 测定		GJB 1264.5
腐蚀和氧化安定性	175℃，96h	200℃，48h	GJB 563
运动黏度(40℃)变化/%	-5～+15	-5～+25	
酸值/(mgKOH/g)	≤2.0	≤4.0	
金属腐蚀质量变化/(mg/cm^2)			
T_2 铜	±0.4	±0.4	
LY_{12} 铝	±0.2	±0.2	
MB_2 镁	±0.2	±0.4	
15 号钢	±0.2	±0.2	
1 号银	±0.2	±0.2	
铅腐蚀(163℃，1h)/(mg/cm^2)	≤0.91		GJB 497
腐蚀试验(232℃，50h)/(mg/cm^2) 银片 T_2 铜片	 ±0.45 ±0.45		GJB 496
低温稳定性(-50℃)/(mm^2/s) 静置 35min 后 静置 3h 后 静置 72h 后	 ≤17000 ≤17000 ≤17000		GJB 1264.4
微量金属质量分数/(μg/g) Fe Cu Mg Ni Ag Cr Ti Sn Si Al	 ≤2 ≤1 ≤2 ≤2 ≤1 ≤2 ≤2 ≤4 ≤5 ≤2		SH/T 0472

（4）主要用途

适用于航空燃气涡轮发动机，也适合于以航空涡轮发动机为动力的地面电站和燃气一蒸汽联合循环机组的长期润滑。适用温度范围：-50～+175℃。短期可达 200℃。已长期在超音速战斗机的涡轮喷气发动机上使用，也用于直升机的主滑油系统及民用飞机的发动机。与符合 MIL-L-808J 规格的国外同类型油相当。

5. 4010 合成航空润滑油

（1）生产方法

以合成油为基础油，并加入多种高效添加剂精制而成的新一代Ⅱ型低黏度发动机润滑油。与 4109 号润滑油相比，在低温性能和高温稳定性能方面有明显的提高，符合美军标 MIL-L-7808J 规范。

基本组成：新戊基多元醇酯、抗氧剂、抗磨剂、金属钝化剂。

（2）产品性能

① 优异的高温性能，适应较高的航空发动机使用温度；

② 优良的热氧化安定性能，保障轴承的更长使用寿命；

③ 优良的材料适应性、贮存安定性，适应各种条件下航空发动机的使用；

④ 较低的泡沫倾向和优良的润滑性能，提供在各种条件下的充足润滑；

⑤ 优良的高低温性能，适应全地域、全天候的使用；

（3）产品标准

符合《4010 合成航空润滑油》（Q/SH PRD225—2008）规范。质量技术要求如表 4-11 所示。

表 4-11　4110 合成航空润滑油技术要求

项　目	指　标		试验方法
外观	均匀透明，无悬浮物及其他杂质		目测
运动黏度/（mm^2/s）			GB/T 265
100℃	≥3.0		
40℃	测定		
-40℃	≤3500		
凝点/℃	≤-60		GB/T 510
闪点（开口）/℃	≥210		GB/T 3536
酸值/（mgKOH/g）	≤0.3		GB/T 7304
蒸发损失（205℃，6.5h）/%	≤20.0		GB/T 7325
铅腐蚀（163℃，1h）/（mg/cm^2）	≤0.91		GJB 497
低温稳定性（-54℃）			GJB 1264.4
静置 3h 后黏度变化/%			
静置 72h 后黏度/（mm^2/s）	≤6.0		
腐蚀和氧化安定性	175℃，96h	200℃，96h	GJB 499
运动黏度（40℃）变化/%	-5～+15	-5～-25	
酸值/（mgKOH/g）	≤2.0	≤4.0	
金属腐蚀质量变化/（mg/cm^2）			
铜	±0.4	±0.1	
银	±0.2	±0.2	
钢	±0.2	±0.2	
铝	±0.2	±0.2	
镁	±0.2	±0.1	
钛	±0.2	±0.2	

续表

项目	指标	试验方法
微量金属质量分数/(μg/g)		SH/T 0472 及 GJB 135 附录
Fe	≤2	
Cu	≤1	
Mg	≤2	
Ni	≤2	
Ag	≤1	
Cr	≤2	
Ti	≤2	
Sn	≤11(4)	
Si	≤2	
Al	≤2	
泡沫特性		GB/T 12579
吹气 5 min 后泡沫体积/静置 1min 后泡沫体积/(mL/mL)	65	
24℃	25/0	
93℃	25/0	
24℃(93℃试验后)	25/0	
腐蚀试验(232℃, 50h)/(mg/cm^2)		GJB 496
银片	≤0.47	
T_2 铜片	≤0.47	

(4) 主要用途

适用于航空涡轮喷气发动机的润滑系统，适用温度范围：-54~200℃。可以与丁腈橡胶、硅橡胶及氟橡胶等密封材料配合使用，润滑油接触部分应为不含铅材料。

6. 4011 合成航空润滑油

(1) 生产方法

以合成油为基础油，并加入多种高效添加剂精制而成的新型低黏度航空发动机润滑油。主要性能符合美军标 MIL-L-7808L 中 4mm^2/s 油规范相当。

(2) 产品性能

① 优异的高温性能，适应更高的航空发动机使用温度；

② 优异的热氧化安定性能，保障轴承的更长使用寿命；

③ 优良的材料适应性、储存安定性，适应各种条件下航空发动机的使用；

④ 较低的泡沫倾向和优良的润滑性能，提供在各种条件下的充足润滑；

⑤ 优良的高低温性能，适应全地域、全天候的使用；

(3) 主要用途

适用于航空涡轮发动机的润滑，适用温度范围：-51~220℃。

7. 4209 合成航空防锈油

(1) 生产方法

是在 4109 合成航空润滑油的基础上，加入抗氧、抗腐蚀和防锈等多种添加剂精制而成。即有 4109 号润滑油的各种性能，又有良好的防锈性能。符合美军标 MIL-L-8188C 规范。

基本组成：酯类油，抗氧化、抗磨、抗腐蚀、防锈添加剂。

（2）产品性能

① 优良的防锈性，保证发动机的长期封存；

② 优异的热氧化安定性能，防止润滑油高温下变质。

（3）产品标准

符合《飞机燃气涡轮发动机合成防锈油规范》（GJB 2377—1995）。质量技术要求如表4-12所示。

表 4-12　4209 合成航空防锈油技术要求

项　目	指　标	试验方法
外观	无悬浮物、红色透明液体	目测
运动黏度/(mm^2/s)		GB/T 265
100℃	≥3.0	
50℃		
40℃	≥11.0	
38℃	600	
-40℃	≤4500	
-54℃	2500	
闪点(开口)/℃	≥205	GB/T 3536
凝点/℃	≤-59	GB/T 3535
酸值/(mgKOH/g)	≤3.5	GB/T 7304
蒸发损失(205℃，6.5h)/%	≤30	GB/T 7325
低温稳定性(-50℃)/(mm^2/s)		GJB 1264.4
静置 35min 后	≤17000	
静置 3h 后	≤17000	
腐蚀和氧化安定性(175℃，72h，83mL/min 空气)		GJB 199
运动黏度(40℃)变化/%	-5~+15	
酸值/(mgKOH/g)	≤2.0	
金属腐蚀质量变化/(mg/cm^2)		
T_2 铜	±0.4	
LY_{12} 铝	±0.2	
MB_2 镁	±0.2	
15 号钢	±0.2	
1 号银	±0.2	
腐蚀试验(232℃，50h)/(mg/cm^2)		GJB 496
金属试片失重/(mg/cm^2)		
1 号银	0.46	
T_2 铜	0.46	

（4）主要用途

作为与4109合成航空润滑油配套使用的封存防锈油，可简化发动机的换油工序。适用于涡轮喷气飞机发动机的长期封存和短期润滑；适用温度范围：-50~175℃，短期可达200℃。使用此产品的发动机组装时只需将此产品放出，直接加入4109合成航空润滑油即可。

第三节　航空液压油

一、航空液压油性能

液压油就是利用液体压力能的液压系统使用的液压介质，在液压系统中起着能量传递、抗磨液压油、系统润滑、防腐、防锈、冷却等作用。对于液压油来说，首先应满足液压装置在工作温度下与启动温度下对液体黏度的要求，由于润滑油的黏度变化直接与液压动作、传递效率和传递精度有关，还要求油的黏温性能和剪切安定性应满足不同用途所提出的各种需求。

航空液压油是由精制的石油馏分油并加有多种高效添加剂制成，主要用作航空液压系统传动机构的工作液，也是各种要求较高的液压机械的理想工作介质。具有良好的高低温性能、黏温性、抗剪切性、氧化安定性和液压传递性能，使用温度为-54~135℃。抗氧化安定性可满足各种新型飞机液压系统的使用要求。

自 20 世纪 50 年代以来，美国空军一直致力于先进航空液压油的研究。从石油基型到磷酸酯型，再到聚 α-烯烃(PAO)合成烃型，耐燃性的提高一直是促进新型航空液压油发展的主要驱动力。此外，由于环保意识环保要求的日益增强，液压油的生物降解性和低毒性也变得越来越重要，用航空液压油取代防锈液压油储存零件成为趋势。未来，随着飞机性能的不断提高，高温液压油也成为发展方向。

二、液压油分类

国产液压油分类按《润滑剂、工业用油和相关产品(L类)的分类 第 2 部分 H 组(液压系统)》(GB 7631. 2—2003)执行。该标准等同采用 ISO 6743—4：1999《润滑剂、工业用油和相关产品(L类)的分类 第 4 部分：H 组(液压系统)》(英文版)。规定了 L 类(润滑剂、工业用油和相关产品)的 H 组(液压系统)产品的详细分类。它应与 GB/T 7631. 1 联系起来理解。本部分暂不包括汽车刹车液和航空液压液，但包括环境可接受液压液品种 HETG、HEPG、HEES 和 HEPR。

1. 符号的说明

(1) H 组的详细分类根据符合本组产品品种的主要应用场合和相应产品的不同组成来确定。

(2) 每个品种由一组字母组成的符号表示，它构成一个编码，编码的第一个字母(H)表示产品所属的组别。后面的字母单独存在时本身无含义。

注：每个品种的符号中可以附有按 GB/T 3141 规定的黏度等级。

(3) 各产品可用统一的形式表示。一个特定的产品可用一种完整的形式表示为 ISO-L-HV32，或用缩写形式表示为 L-HV32，数字表示 GB/T 3141 中规定的黏度等级。

2. H 组分类

H 组详细分类如表 4-13 所示。

表 4-13　H 组详细分类

应用范围	特殊应用	更具体应用	组成和特性	产品符号 ISO-L	典型应用	备注
液压系统	流体静压系统		无抑制剂的精制矿油	HH		
			精制矿油，并改善其防锈和抗氧性	HL		
			HL 油，并改善其抗磨性	HM	有高负荷部件的一般液压系统	
			HL 油，并改善其粘温性	HR		
			HM 油，并改善其粘温性	HV	建筑和船舶设备	
			无特定难燃性的合成液	HS		
		用于要求使用环境可接受液压的场合	甘油三酸酯	HETG	一般液压系统（可移动式）	每个品种的基础液的最小含量应不少于 70%（质量分数）
			聚乙二醇	HEPG		
			合成酯	HEES		
			聚 α-烯烃和相关烃类产品	HEPR		
		液压导轨系统	HM 油，并具有抗黏-滑性	HG	液压和滑动轴承导轨润滑系统合用的机床在低速下使振动或间断滑动（黏滑）减为最小	这种液体具有多种用途，但并非在所有液压应用中皆有效
		用于使用难燃液压液的场合	水包油型乳化液	HFAE		通常含水量大于 80%（质量分数）
			化学水溶液	HFAS		通常含水量大于 81%（质量分数）
			油包水乳化液	HFB		
			含聚合物水溶液[a]	HFC		通常含水量大于 35%（质量分数）
			磷酸酯无水合成液[a]	HFDR		
			其他成分的无水合成液[a]	HFDU		
	流体动力系统	自动传动系统		HA		与这些应用有关的分类尚未进行详细地研究，以后可以增加
		偶合器和变矩器		HN		

注：a 这类液体也可以满足 HE 品种规定的生物降解性和毒性要求。

三、10 号航空液压油

1. 生产方法

代号：YH—10，基本组成为：石油馏分、增黏剂、酚类抗氧剂、红色染料。以环烷基低凝原油经常减压蒸馏所得润滑油馏分，或以中间基原油经常压蒸馏所得柴油馏分，再经分子筛脱蜡、酸碱精制、白土精制所得润滑油组分，加入增黏剂，抗氧剂及染色剂等调合而成，但不得加有降凝剂。10 号航空润滑油主要分为空中、地面两类。克拉玛依炼油厂，玉门炼油厂生产。

2. 产品性能

凝点低，低温黏度小，具有良好的低温性、黏温性及抗氧化安定性、液压传递性能、抗磨性和抗剪切性，不腐蚀液压机件。能与俄罗斯的 АМГ-10 航空液压油相当。

3. 产品标准

(1) 空中用符合 SH 0358—1995《10 号航空液压油》标准。质量技术要求如表 4-14 所示。

表 4-14　10 号航空液压油(空中)技术要求

项　目		质量指标	试验方法
外观		红色透明液体	目测
运动黏度/(mm^2/s)			GB/T 265
50℃	不小于	10	
-50℃	不大于	1250	
腐蚀度(70℃，24h)/级	不大于	2	GB/T 5096
初馏点/℃	不低于	210	GB/T 6536
酸值/(mgKOH/g)	不大于	0.05	GB/T 264[a]
闪点(开口)/℃	不低于	92	GB/T 267
凝点/℃	不高于	-70	GB/T 510
水分/(mg/kg)	不大于	60	GB/T 11133
机械杂质/%		无	GB/T 511
水溶性酸或碱		无	GB/T 259
油膜质量(65℃±1℃，4h)		合格	[b]
低温稳定性(-60℃±1℃，72h)		合格	SH 0358—1995 附录 A
超声波剪切(40℃运动黏度下降率)/%	不大于	16	SH/T 0505
氧化安定性(140℃，60h)(160℃，100h)			SH/T 0208
(1) 氧化后运动黏度/(mm^2/s)			
50℃	不小于	9.0	
-50℃	不大于	1500	
(2) 氧化后酸值/(mgKOH/g)	不大于	0.15	
(3) 腐蚀度/(mg/cm^2)			
钢片	不大于	±0.1	
铜片	不大于	±0.15	
铝片	不大于	±0.15	
镁片	不大于	±0.1	
密度(20℃)，kg/m^3 不大于		850	GB/T 1884 或 GB/T 1885

注：a. 用95%乙醇(分析纯)抽提，用0.1%溴麝香草酚蓝作指示剂；b. 油膜质量的测定：将清洁的玻璃片浸入试油中取出，垂直地放在恒温器中干燥，在 65℃±1℃下保持 4h，然后在 15℃下冷却 30~45min，观察在整个表面上油膜不得呈现硬的黏滞状。

(2) 地面用符合 Q/CNPC-FSH 0901—2001 标准。质量技术要求如表 4-15 所示。

4. 主要用途

主要用于歼击机、直升机等飞机的主、辅液压系统及减震器、减摆器等部位，也可用作其他液压系统工作液。

表 4-15 10 号航空液压油(地面)技术要求

项目		质量指标	试验方法
外观		红色透明液体	目测
运动黏度/(mm^2/s)			GB/T 265
50℃	不小于	10	
-50℃	不大于	2500	
腐蚀度(70℃, 24h)/级	不大于	2	GB/T 5096
酸值/(mgKOH/g)	不大于	0.05	GB/T 264[a]
闪点(开口)/℃	不低于	92	GB/T 267
凝点/℃	不高于	-60	GB/T 510
水分/(mg/kg)	不大于	痕迹	GB/T 11133
机械杂质/%		无	GB/T 511
水溶性酸或碱		无	GB/T 259
油膜质量(65℃±1℃, 4h)		合格	b
低温稳定性(-60℃±1℃, 72h)		合格	SH 0358—1995 附录 A
氧化安定性(140℃, 60h)			SH/T 0208
(1) 氧化后运动黏度/(mm^2/s)			
50℃	不小于	9.0	
-40℃	不大于	2800	
(2) 氧化后酸值/(mgKOH/g)	不大于	0.15	
(3) 腐蚀度/(mg/cm^2)			
钢片	不大于	±0.15	
铜片	不大于	±0.15	
铝片	不大于	±0.10	
镁片	不大于	±0.15	
密度(20℃)/(kg/m^3)	不大于	880	GB/T 1884 或 GB/T 1885

注：a、b 同表 4-14 中备注说明。

(1) 空中：主要用作航空液压传动机构的工作液，如用在飞机起落架、机翼和机尾的导流板上下翻动的系统等一切飞机上的有液压动作的系统中，因为高空的气温多数都很低所以，要用有极佳低温黏度的 10 号空中用的航空液压油，-40℃运动黏度小于 1250。可以想象越黏的油，液压泵泵送就越吃力，如果是普通的 46 号、32 号抗磨液压油在-20℃左右已经凝固成蜡了，而 10 号空中用的凝点可达到-70℃。同时还可用于其他高性能液压系统的工作液。如数控机床、乙酰胺循环泵、高压乙烯输送泵及船舶起重机、甲板机械、挖掘机、起锚机、大型吊车、雷达车和铁路、电器开关等。用温度为-55~125℃。

(2) 地面：10 号航空液压油(地面用)适用于其他高性能液压系统的工作液。以及严寒地带与机场地面的各种液压机械设备。如数控机床、乙酰胺循环泵、高压乙烯输送泵及船舶起重机、甲板机械、挖掘机、起锚机、大型吊车、雷达车和铁路、电器开关、高压开关液压系统、自卸车等自动传动系统以及有荷刻的低温要求的地面工程设备使用，具有优良的抗氧化安定性，使用周期长，以及极优的粘温特性，低温流动性好，不受环境温度限制。产品凝点可达到-60℃。

四、12号航空液压油

1. 生产方法

代号YH-12，以直馏轻质精制馏分为基础油，加入增黏剂、抗氧剂、抗磨剂、防锈剂和染色剂调合而成。克拉玛依炼油厂生产。

2. 产品性能

具有良好的低温流动性、黏温性及抗氧化安定性、液压传递性能、抗磨性和抗剪切性，不腐蚀液压机件。性能与美国MIL-H-5605C规范要求相当。

3. 产品标准

符合Q/SY 11507、Q/XJ 2007—1987(1992)标准。质量技术要求如表4-16所示。

表4-16 12号航空液压油技术要求

项目		质量指标	试验方法
外观		红色透明液体	目测
运动黏度/(mm^2/s)			GB/T 265
150℃	不小于	3	
50℃	不小于	12	
-40℃	不大于	600	
-54℃	不大于	3000	
铜片腐蚀度(70℃，24h)/级	不大于	通过	[a]
初馏点/℃	不低于	230	GB/T 255
酸值/(mgKOH/g)	不大于	0.05	GB/T 264
闪点(开口)/℃	不低于	100	GB/T 267
凝点/℃	不高于	-60	GB/T 510
水分/(mg/kg)	不大于	—	GB/T 260
机械杂质/%		—	GB/T 511
水溶性酸或碱		—	GB/T 259
低温稳定性(-60℃±1℃，72h)		通过	[b]
液相锈蚀(蒸馏水A法)		—	GB/T 11143
超声波剪切(40℃运动黏度下降率)/%	不大于	16	SH/T 0505
氧化安定性(160℃，100h)			SH/T 0208
运动黏度50℃变化率/%		-5~+20	
酸值/(mgKOH/g)	不大于	0.3	
金属腐蚀度/(mg/cm^2)			
钢片	不大于	±0.1	
铜片	不大于	±0.2	
铝片	不大于	±0.1	
镁片	不大于	±0.2	
密度(20℃)/(kg/m^3)	不大于	800~900	GB/T 1884

注：a. 按Q/XJ 2007—1987(1992)附录A进行。

b. 按Q/XJ 2007—1987(1992)附录B进行。

4. 主要用途

适用于飞机的主副液压系统。航空液压传动机构的工作液，同时还可用于其他高性能液压系统的工作液。如数控机床、乙酰胺循环泵、高压乙烯输送泵及船舶起重机、甲板机械、挖掘机、起锚机、大型吊车、雷达车和铁路、电器开关等。使用温度为-55～125℃。短期可达150℃。

五、15号航空液压油

中国石油玉门炼油化工总厂在中国石油天然气集团公司、解放军总后、空后及驻入军代室的大力支持下，玉门炼油化工总厂与空军油料研究所从1988年就开始了15号航空液压油的联合研制工作，研制的油品经分析评定所有技术指标符合美军MIL-H-5606E标准要求，并通过了台架试验和歼八等机型的试飞、试用试验，可替代国产10号、12号航空液压油生产工艺顺利通过了国产航空油料鉴定委员会的鉴定，并一致认为玉门炼油化工总厂的15号航空液压油生产工艺稳定，产品名项指标符合要求，特别是剪切安定性、氧化安定性和低温性与12号航空液压油相比有明显提高，与美国MIL-H-5606E标准液压油相比无明显差异，同意投入生产并供用户使用。2000年又对调合、灌装系统进行了整体改造，实现了油品在洁净厂房内的自动化灌装与包装，进一步稳定了产品质量，完全可替代进口航空液压油，同时能满足军用及民航的需要。

1. 生产方法

由石油馏份经分子筛脱蜡、溶剂精制和白土处理后的基础油添加各种功能添加剂调和而成。

2. 产品性能

具有良好的低温性、黏温性及抗氧化安定性、液压传递性能、抗磨性和抗剪切性，不腐蚀液压机件。可替代国产10号、12号航空液压油和美国MIL-H-5606E液压油。

3. 产品标准

符合《石油基航空液压油》(GJB 1177—1991)标准，质量技术要求如表4-17所示。

表4-17 15号航空液压油技术要求

项目		质量指标	试验方法
外观		红色透明液体	目测
运动黏度/(mm^2/s)			GB/T 265
100℃	不小于	4.90	
40℃	不小于	13.2	
-40℃	不大于	600	
-54℃	不大于	2500	
倾点/℃	不高于	-60	GB/T 3535
凝点/℃	不高于	-65	GB/T 510
闪点(开口)/℃	不低于	82	GB/T 267
酸值/(mgKOH/g)	不大于	0.20	GB/T 7304
水溶性酸或碱		无	GB/T 259

续表

项目		质量指标	试验方法
蒸发损失(71℃，6h)/%	不大于	20	GB/T 7325
铜片腐蚀度(135℃，72h)/级	不大于	2e	GB/T 5096
水分/(mg/kg)	不大于	0.01	GB/T 11133
磨痕直径(75℃，1200r/min，392 N，60 min)/mm		1.0	SH/T 0204
低温稳定性(-54℃，72h)		合格	[e]
泡沫特性(24℃)			GB/T 12579
吹气 5 min 后泡沫体积/mL	不大于	65	
静置 10 min 后泡沫体积/mL	不大于	0[d]	
剪切安定性			GB/T 0505
40℃黏度下降率/%	不大于	16	
-40℃黏度下降率/%	不大于	16	
氧化腐蚀试验			GJB 563
40℃黏度变化/%		-5~+20	
酸值/(mgKOH/g)	不大于	0.4	
油外观[b]		无不溶物或沉淀物	
金属质量变化/(mg/cm^2)			
15 号钢	不大于	±0.2	
T_2 铜	不大于	±0.6	
LY_{12} 铝	不大于	±0.2	
MB_2 镁	不大于	±0.2	
金属片外观		无腐蚀，铜片腐蚀不大于 3 级	用 20 倍放大镜观察
固体颗粒杂质/(个/100mL)			GJB 380.4
颗粒尺寸范围[c]/μm			
5~15	不大于	10000	
16~25	不大于	1000	
26~50	不大于	150	
51~100	不大于	20	
>100	不大于	5	
重量法/(mg/100mL)	不大于	0.3	GJB 1177—1991 附录 B
过滤时间/min	不大于	15	GJB 1177—1991 附录 B
橡胶膨胀率(NBR-L 型标准胶)/%		19~30	GJB 1177—1991 附录 C
贮存安定性(24℃±3℃，12 个月)		无浑浊、沉淀、悬浮物等，符合要求	SY 4027
密度(20℃)/(kg/m^3)	不大于	实测	GB/T 1884

注：a. 倾点和凝点任选一项控制；b. 实验结束后立即检查；c. 产品出厂时暂不要求，应报告实测值；d. 量筒边缘有一圈小气泡时，应认为是完全消失；e. 按 GJB 1177—1991 附录 A 进行。

4. 主要用途

主要用作军用或民用航空液压传动机构的工作液，同时也可作为其他类似环境的其他液压机构的工作液，适用温度为-54~135℃。在使用过程中应注意远离火源，防止着火，且不可与其他产品混用，启用后应及时密封以防水分杂质混入，一旦水分窜入乳化后不可再使用。

第四节 航空润滑油技术要求与分析

润滑油的质量指标可分为两大类：一是油品的理化性能指标，另一类是油品的应用性能指标。润滑油脂的性能是润滑油脂的组成及配制工艺的综合体现。润滑油脂性能的测试不但在生产上和研究工作上有决定性的意义，而且在使用部门对润滑油脂的选用和检验上也是必不可少的。

润滑油脂性能的测试可分为以下3个步骤：

1. 在实验室评价润滑油脂的理化性能。试验方法必须有代表性、简单和快速。

2. 模拟试验。将润滑油脂润滑的特定机械部件在标准化的试验条件下(如温度、速度、载荷等)进行试验。所选用的试验条件尽量能模拟实际使用情况。

3. 台架试验。将内燃机油在选用的发动机上按标准化条件进行一定时间的运转后评定其性能。发动机台架试验的结果是判定内燃机油质量等级的依据，对于内燃机油特别重要。

一、黏度、黏温性

1. 性能要求

黏度是润滑油内摩擦阻力的程度，亦即内摩擦力的量度。通常将黏度分为动力黏度、运动黏度、相对黏度三种。

动力黏度：液体在一定切应力下流动时，其内摩擦力的量度。

运动黏度：液体在重力作用流动时，其内摩擦力的量度，计量单位 mm^2/s。我国《工业液体润滑剂 ISO 黏度分类》(GB/T 3141—1994)将润滑油的黏度按其大小分为20个等级，叫黏度等级，如表4-18所示。

相对黏度：相对黏度是采用不同的特定黏度计所测得的条件单位表示的黏度，一般有恩氏黏度，赛氏黏度、雷氏黏度三种表示方法。

黏度是各种润滑油分类、分级、质量评定与选用及代用的主要指标。对于生产、运输和使用都具有重要意义。黏度过小，会形成半液体润滑或边界润浔，从而加速摩擦及磨损，且也易漏油；黏度过大，流动性差，渗透性与散热性差，内摩擦阻力大，超动困难，消耗功率大。因此，合理选择黏度，是摩擦充分润滑的保证。

在实际应用中，选择合适黏度的润滑油品，可以保证机械设备正常、可靠地工作。通常，低速高负荷的应用场合，选用黏度较大的油品，以保证足够的油膜厚度和正常润滑；高速低负荷的应用场合，选用黏度较小的油品，以保证机械设备正常的起动和运转力矩，运行中温升小。

润滑油的黏度随温度变化的特性称为黏温性或黏温特性。随温度升高，润滑油黏度减小，温度降低时，油品的黏度又增大。润滑油要求具有良好的黏温性能，黏度随温度变化小，即高温时能保持良好的润滑，低温时维持正常的油循环。黏温性能对润滑油的使用有重要意义，如发动机润滑油的黏温性能不好，当温度低时黏度过大，就会启动困难，而且启动后润滑油不易流到摩擦表面上，造成机械零件的磨损。如果温支过高，黏度变小，则不易在摩擦表面上产生适当的油膜，失去润滑作用，使机械零件的摩擦面产生擦伤和胶合等故障。

表 4-18　ISO 黏度分类

ISO 黏度等级	中间点运动黏度(40℃)/(mm^2/s)	运动黏度范围(40℃)/(mm^2/s)	
		最小	最大
2	2.2	1.98	2.42
3	3.2	2.88	3.52
5	4.6	4.14	5.06
7	6.8	6.12	7.48
10	10	9.00	11.0
15	15	13.5	16.5
22	22	19.8	24.2
32	32	28.8	35.2
46	46	41.4	50.6
68	68	61.2	74.8
100	100	90.0	110
150	150	135	165
220	220	198	242
320	320	288	352
460	460	414	506
680	680	612	748
1000	1000	900	1100
1500	1500	1350	1650
2200	2200	1980	2420
3200	3200	2880	3520

2. 质量指标

评定润滑油黏度的指标主要是运动黏度，评定黏温性的指标是黏度指数。

（1）运动黏度

我国常用运动黏度和动力黏度表示油品的黏度。黏度与油品化学组成、结构密切相关。当碳原子数相同时，运动黏度随异构程度的增大及环数的增加而增大。

（2）黏温特性

目前多用黏度指数Ⅵ表示油品黏温性能的一个约定量值。一般油的Ⅵ值越大，表示它的黏度值随温度变化越小，因而越适合用于温度多变或变化范围广的场合。该油品的黏温特性越好。黏度指数的分类如表 4-19 所示。

黏度指数与润滑油的组成密切相关，如少环长侧链的环状烃，既有合适的黏度，又有良好的黏温特性，因此是润滑油的理想组分。

表 4-19 黏度指数分类

分级	黏度指数范围
低黏度指数	<35
中黏度指数	35~80
高黏度指数	80~110
更高黏度指数	>110

3. 分析检测方法

(1) 运动黏度

测定运动黏度的标准方法为《石油产品运动黏度测定法和动力黏度计算法》(GB/T 265—1988)，该标准适用于测定液体石油产品(指牛顿液体)的运动黏度，具体实验操作过程如实训 3-5 所示。

(2) 黏温特性

石油产品的黏度指数可通过计算得到。计算方法按《石油产品黏度指数计算法》(GB/T 1995—1998)进行。根据规定，人为选定两种标准油，Ⅵ=0 的沿用 0Ⅵ表示，Ⅵ=100 的油用 100Ⅵ表示。黏度指数是一经验值，它是用黏度性能好(黏度指数定为 100)和黏度性能较差(黏度指数定为 0)的两种润滑油为标准油，以 40℃和 100℃的黏度为基准进行比较而得出的。美国的 ASTM D2270，德国的 DIN 51564、ISO 2902，日本的 JISK 2284 等标准中也有详细的说明。通常黏度指数均用查表法得到。

二、低温流动性

1. 性能要求

随着使用温度的下降，润滑油的黏度降低，流动性变差，直至完全失去。流动性与产品在低温下的使用性能及储存条件密切相关。为在低温下保证良好的供油，并迅速流到各个摩擦面上，使润滑系统正常工作，保证机件的可靠润滑。润滑油应具有良好的低温流动性。

在低温条件下，油品失去流动性的原因有 2 种：

(1) 结构凝固：按照共晶理论，对于含蜡较多的油品，随着温度下降，其中的正构烷烃等高熔点烃类结晶不断析出，呈板状或针状的蜡晶互相结合在一起形成“石蜡结晶网络”。严格来说，这种油品凝固现象只是油品中所含百分之几的石蜡凝固，大部分油品依然是液体。析出的石蜡结晶均匀分布在液体中，致使全部油品失去流动性。

(2) 黏温凝固：对于蜡含量很少的油品，当温度降低时，虽还没有结晶析出，但因其分子中环状结构较多，在低温下黏度很大，直到因过于黏滞而丧失流动性。此时油品依然是透明的。

油品中正构烷烃含量越高，其黏温性能越好，但低温流动性较差。环烷烃的黏温性能较链烷烃差，且环烷烃结构分子的黏度大于链状结构分子，环数越多，侧链越长，黏度越大。石蜡基及中间基基础油均含有一定量蜡，在较低温度下呈现非牛顿流体的特性。石蜡基基础油中含有较多黏度较小、黏温性能较好的烷烃和少环长侧链的环状烃。环烷基基础油中含较多黏度较大、黏温性能较差的多环短侧链环状烃。

2. 质量指标

评定低温流动性的指标主要有凝点和倾点。

润滑油试样在规定的试验条件下，冷却至液面停止流动时的最高温度称为凝点。而试样在规定的试验条件下，被冷却的试样能够流动的最低温度称为倾点。凝点和倾点都是表示油品低温流动性的指标，二者无原则差别，只是测定方法有所不同。同一试样测得的凝点和倾点并不是完全相等，一般倾点都高于凝点 2~3℃，但也有两者相等或倾点低于凝点的情况。国外常用倾点(流动点)，我国也一般采用倾点这个指标。

油品的凝结和纯化合物的凝结有很大的不同。油品并没有清晰的凝结温度，所谓“凝结”仅仅作为全体来看失去了活动性，并不是一切的组分都变成了固体。凝点对于油品生产、运输和应用都有重要意义。凝点高的润滑油不能在低温下应用。相反，在气温较高的区域则没有必要使用凝点低的润滑油产品。因为润滑油的凝点越低，其生产成本越高，形成不必要的浪费。通常说来，润滑油的凝点应比运用环境的最低温度低 5~7℃。可是还要注意的是，在选用低温的润滑油时，应关注油品的凝点、低温黏度及黏温特性等指标。由于温度很低时，黏度变大，甚至变成无定型的玻璃状物质，失去流动性。另外，低凝点的油品，其低温黏度和黏温特性亦有可能不符合需求。因此在生产、运输和使用润滑油时因根据环境条件和工况选用相适应的倾点(或倾点)。

3. 分析检测方法

(1) 凝点

润滑油凝点测定按照《石油产品凝点测定法》(GB/T 510—1983)执行。适用于测定石油产品的凝点。具体实验操作过程如实训 4-1 所示。

(2) 倾点

润滑油倾点测定多使用具有半导体电制冷或机械制冷的试验装置。按照《石油产品倾点测定法》(GB/T 3535—2006)执行。规定了测定石油产品倾点的方法，同时也说明了测定燃料油、重质润滑油基础油和含有残渣燃料组分的产品下倾点的实验步骤。具体实验操作过程如实训 4-2 所示。

三、抗氧化安定性

1. 性能要求

石油产品抵抗由于空气(或氧气)的作用而引起其性质发生永久性改变的能力，叫做油品的氧化安定性。润滑油的抗氧化安定性是反映润滑油在实际使用、储存和运输中氧化变质或老化倾向的重要特性。

油品在储存和使用过程中，经常与空气接触而起氧化作用，温度的升高和金属的催化会加深油品的氧化。润滑油品氧化的结果，使油品颜色变深，黏度增大，酸性物质增多，并产生沉淀。这些无疑对润滑油的使用会带来一系列不良影响，如腐蚀金属、堵塞油路等。对内燃机油来说，还会在活塞表面生成漆膜，粘结活塞环，导致气缸的磨损或活塞的损坏。因此，这是润滑油品必控质量指标之一。对长期循环使用的汽轮机油、变压器油、内燃机油以及与大量压缩空气接触的空气压缩机油等，更具重要意义。通常油品中均加有一定数量的抗氧剂，以增加其抗氧化能力，延长使用寿命。

2. 质量指标

评定抗氧化安定性的指标可用抗氧化安定性和残炭值来评价。

残炭是指润滑油在通入空气的情况下加热，进行蒸发和裂解，最后生成焦炭状的残留物，以占油料的质量百分数表示。

残炭是表明润滑油中胶状物质和不稳定化合物含量的间接指标，也是矿物润滑油基础油的精制深浅程度的标志，润滑油中含硫、氧和氮化合物较多时，残炭就高。一般精制深的油品残炭小。对于一般的润滑油来说，残炭没有单独的使用意义，但对内燃机油和压缩机油，残炭值是影响积炭倾向的主要因素之一，油品的残炭值越高，其积炭倾向越大，在压缩机气缸、胀圈和排气阀座上的积炭就多，在高温下容易发生爆炸。添加剂含量高的油品是控制其基础油的残炭，而不控制成品油的残炭。

3. 分析检测方法

（1）氧化安定性

润滑油氧化安定性测定方法有多种，其原理基本相同，一般都是向试样中直接通入氧气或净化干燥的空气。在金属等催化剂的作用下，在规定温度下经历规定的时间观察试样的沉淀或测定沉淀值、测定试样的酸值、黏度等指标的变化。试验条件因油品而异，氧化设备也因油品而不同，尽量模拟油品使用的状况。

我国对航空润滑油的抗氧化安定性主要按《轻质航空润滑油腐蚀和氧化安定性测定法（金属片法）》（GJB 563—1988）和《润滑油抗氧化安定性测定法》（SH/T 0196—1992）等方法测定；对航空涡轮发动机润滑油的抗氧化安定性按两种方法《航空涡轮发动机润滑剂腐蚀性和氧化安定性测定法》（GJB 499—1988）和《合成油氧化腐蚀测定法》（SH/T 0450—1992）进行氧化试验，前者称为大氧化管法，后者称为小氧化管法；中高档润滑油氧化安定性测定主要有《加抑制剂矿物油氧化特性测定法》（GB/T 12581—2006）及《极压润滑油氧化安定性测定法》（SH/T 0123—1993）等方法进行。

《润滑油抗氧化安定性测定法》（SH/T 0196—1992）具体实验操作过程如实训 4-3 所示。

（2）残炭

残炭测定法有电炉法和康氏法两种。通常多采用后者。我国按照《石油产品残炭测定法（康氏法）》（GB/T 268—1987）执行。该标准一般用于在常压蒸馏时易部分分解、相对地不易挥发的石油产品。具体实验操作过程如实训 4-4 所示。

国外测定石油产品残炭的标准主要有美国 ASTM D189 和德国 DIN 51551 等。

四、腐蚀性

1. 性能要求

油品在储存和使用过程中，会氧化生成有机酸等氧化产物，在高温、高压及有水存在的条件下，将对金属产生腐蚀作用。润滑油的各类烃本身对金属是没有腐蚀作用的，引起油品对金属腐蚀的主要物质是油中的活性硫化物（如元素硫、硫醇、硫化氢和二硫化物等，注意，不是所有的含硫化合物均是腐蚀性物质）和低分子有机酸类，以及基础油中一些无机酸和碱等。这些腐蚀性物质又可能是基础油和添加剂生产过程中所残留的，也有可能源于油品的氧化产物或油品储运和使用过程中的污染。

2. 质量指标

评定腐蚀性的指标有酸值、水溶性酸碱、硫含量、金属防腐蚀性等。腐蚀速率与氧化产物的生成速率和油品中酸的浓度有关，因此，要求润滑油不仅能在金属表面形成稳定的保护膜，而且腐蚀性要尽量减小。

（1）酸值

中和 1 克油品中的酸性物质所需要的氢氧化钾毫克数称为酸值，用 mg KOH/g 油表示。

酸值表示润滑油品中酸性物质的总量。酸值对新油和旧油有不同的含义。对于新油，酸值表示油品精制深度；对于旧油，酸值则表示使用过程中润滑油氧化变质的程度。酸值过大，表示氧化变质严重。

油品中酸性物质对机械都有一定程度的腐蚀性。特别是在有水分存在的条件下，其腐蚀性更大。另外，润滑油在储存和使用过程中被氧化变质，酸值也会逐渐变大，因此常用酸值变化大小来衡量润滑油的氧化安定性。故酸值是油品质量中应严格控制的指标之一。对于在用油品，当酸值增大到一定数值时，就必须换掉。

（2）水溶性酸碱

用一定体积的中性的蒸馏水和润滑油在一定温度下相混合、振荡，使蒸馏水将润滑油中的水溶性酸和碱抽出来，然后测定蒸馏水溶液的酸性和碱性，称为润滑油的水溶性酸和碱。润滑油的水溶性酸是润滑油中溶于水的低分子有机酸和无机酸（硫酸及其衍生物如磺酸及酸性硫酸酯等）。润滑油中的水溶性碱，是指润滑油中溶于水的碱和碱性化合物，如氢氧化钠及碳酸钠等。新油中如有水溶性酸或碱，则可能是润滑油精制过程中酸碱分离不好的结果；贮存和使用过程中的润滑油如含有水溶性酸或碱，则表明润滑油被污染或氧化分解。因此，润滑油的水溶性酸和碱也是一项质量指标。

润滑油的水溶性酸和碱不合格，将腐蚀机械设备。对于汽轮机油，水溶性酸和碱的存在，使汽轮机油的抗乳化度降低。对于变压器油，水溶性酸碱不合格时，不仅会腐蚀设备，而且使变压器的耐电压下降。

（3）硫含量

虽然某些含硫添加剂能与金属作用形成保护膜，增加金属的耐磨性，但由于硫及许多硫化物能直接或间接腐蚀金属，促进油品氧化，因此是润滑油的非理想组分。

（4）金属防腐蚀性

金属表面受周围介质的化学或电化学的作用而被破坏称为金属的腐蚀。润滑油与部件接触时，氧化生成的酸性物质或油品中的硫化物等会对金属产生腐蚀作用。航空发动机油对金属的腐蚀性，除了通常腐蚀试验外，还要结合氧化试验，测定润滑油在强氧化条件对铅、铜、镁、铝、银等金属的腐蚀性能。

3. 分析检测方法

（1）酸值

测定酸值的方法分为两大类，一类是颜色指示剂法，即根据指示剂的颜色来确定滴定的终点，如我国的 GB/T 264—83 或 SH/T 0163—92、美国的 ASTM D974 和德国的 DIN 51558 等。另一类为电位滴定法，即根据电位变化来确定滴定终点，主要用于深色油品的酸值测定。这类方法有我国的《石油产品和润滑剂酸值测定法（电位滴定法）》（GB/T 7304—2000）和美国的 ASTM D664 等。

GB/T 7304—2000 适用于测定能够溶解于甲苯和异丙醇混合溶剂的石油产品和润滑剂中的酸性组分。可以显示油品在氧化条件下发生的与颜色和其他性能无关的相对变化。

(2) 水溶性酸碱

按照《石油产品水溶性酸及碱测定法》(GB/T 259—1988)进行测定。

(3) 硫含量

按照《深色石油产品硫含量测定法(管式炉法)》(GB/T 387—1990)进行测定。该标准适用于硫含量大于0.1%(质量分数)的深色石油产品，如润滑油、重质石油产品、原油、石油焦、石蜡和含硫添加剂等，不适用于含有金属、磷和氯添加剂以及含有这类添加剂的润滑油。具体实验操作过程如实训4-5所示。

(4) 金属防腐蚀性

润滑油的金属防腐蚀性测试方法很多，针对不同工作环境，方法如下：

①《石油产品铜片腐蚀试验》[GB/T 5096—1985(1991)]是目前工业润滑油最主要的腐蚀性测定法，本方法与ASTM D130-83方法等效。工业润滑油常用的试验条件为100℃(或120℃)，3h。具体实验操作过程如实训2-7所示。

②《润滑油腐蚀试验方法》(SH/T 1095—1992)用于试验润滑油对金属片的腐蚀性。除非另行规定，金属片材料为铜或钢。其试验原理与GB/T 5096方法基本相同，其主要的差别在于：试验结果只根据试片的颜色变化，判断合格或不合格；试验金属片不限于铜片。

③《发动机润滑油腐蚀度测定法》(GB/T 391—1988)，测定内燃机油对轴瓦(铅铜合金等)的腐蚀度。该方法是模拟粘附在金属片表面上的热润滑油薄膜与周围空气中氧定期接触时，所引起的金属腐蚀现象。铅片在热到140℃的试油中，经50h的试验后，依金属片的重量变化确定油的腐蚀程度，以g/cm^3表示。

④ 航空润滑油对金属腐蚀的测定方法有：《航空润滑油铅腐蚀度测定方法》(GJB 497—1988)。测定的是在铜催化剂存在的条件下，163℃±1℃的温度下，1h后测定铅片单位面积的重量变化。

高温航空润滑油还要求按《润滑油232℃腐蚀测定法》(GJB 496—1988)进行试验，将铜片和银片分别浸入试样中，置于232℃下50h后，测定其质量损失。

⑤ 汽车制动液对金属的腐蚀性，除了应按GB/T 5096进行100℃、3h的铜腐蚀试验外，还须进行叠片腐蚀试验，用马口铁、10号钢、LY12铝、HT200铸铁、H62黄铜、T2紫铜等六种金属试片按一定顺序联接在一起，在100℃下试验120h，试验结束后测定试片的质量的变化。

五、洁净性

1. 性能要求

润滑油中应该不含水、机械杂质等沉淀物。另外，油品的颜色，也可以反映其精制程度和稳定性。精制的基础油，油中的氧化物和硫化物脱出得干净，颜色较浅。但即使精制的条件相同，不同油源和类属的原油所生产的基础油，其颜色和透明度也可能是不相同的。在基础油中使用添加剂后，颜色也会发生变化，颜色作为判断油品精致程度高低的指标已失去了它原来的意义。因此，一些牌号的润滑油已无颜色(或色度)的指标。

2. 质量指标

色度、水分、机械杂质、灰分和残炭等都是反映油品洁净性的质量指标，反映油品精制的程度。

(1) 色度

润滑油的颜色与其他油品一样，都具有相应而固定的颜色，它与基础油的精制度及所加的添加剂有关。对于使用或储运过程中的油品，通过比较其颜色的历次测定结果，可以大致地估量其氧化、变质和受污染的情况。如颜色变深，除了受深色油污染的可能外，则表明油品氧化变质，因为胶质有很强的着色力，重芳烃也有较深的颜色；假如颜色变乳浊，则油品中有水或气泡的存在。实际上，只要油品的其他指标合乎要求，油品的颜色深浅对油的润滑效果是没有影响的。

(2) 水分

润滑油中含水的质量称为水分。润滑油中的水分一般呈3种状态存在：游离水、乳化水和溶解水。一般来说，游离水比较容易脱去，而乳化水和溶解水就不易脱去。

由于水分的存在，会促使油品氧化变质，当温度降到0℃以下时，会使黏温特性变差，当温度升高时，水会气化，产生气泡破坏油膜，使油品乳化，导致黏度降低，润滑效果变差，加速有机酸对金属的腐蚀作用，锈蚀设备，使油品容易产生沉渣，而且会使添加剂(尤其是金属盐类)发生水解反应而失效，产生沉淀，堵塞油路，妨碍润滑油的循环和供应。不仅如此，润滑油的水分，在使用温度低时，由于接近冰点使润滑油流动性变差，黏温性变坏；而使用温度高时，水会汽化，不但破坏油膜而且产生气阻，影响润滑油的循环。另外，在个别油品例如变压器油中，水分的存在会使介电损失角急剧增大，而耐电压性能急剧下降，以至引起事故。总之，润滑油中水分越少越好，因此，必须在使用、储存中精心保管油品，注意使用前及使用中的油品脱水。

(3) 机械杂质

机械杂质就是指存在于润滑油中不溶于汽油、乙醇和苯等溶剂的沉淀物或胶状悬浮物。机械杂质来源于润滑油的生产、储存和使用中的外界污染或机械本身磨损，大部分是沙石和积炭类，以及由添加剂带来的一些难溶于溶剂的有机金属盐。

一般来讲润滑油基础油的机械杂质的质量分数都应该控制在0.005%以下(机械杂质在此以下认为是无)，加剂后成品油的机械杂质一般都是增大，这是正常现象。测定机械杂质是必要的，因为润滑油在使用、存储、运输中混入灰尘、泥沙、金属碎屑、铁锈及金属氧化物等，这些杂质的存在，将加速机械设备的磨损，严重时堵塞油路、油嘴和滤油器，破坏正常润滑。另外金属碎屑在一定的温度下，对油起催化作用，应该进行必要的过滤。但是，对于一些加有大量添加剂的润滑油，机械杂质的指标表面上看是大了一些(如一些高档的内燃机油)，但其杂质主要是加入了多种添加剂后所引入的溶剂不溶物，这些胶状的金属有机物，并不影响使用效果，用户不应简单地用“机械杂质”的大小去判断油品的好坏，而是应分析“机械杂质”的内容，否则，就会带来不必要的损失和浪费。

(4) 灰分

在规定条件下，油品完全燃烧后剩下的残留物(不燃物)叫做灰分，以质量百分数表示。灰分主要是润滑油完全燃烧后生成的金属盐类和金属氧化物所组成。通常基础油的灰分含量都很小。在润滑油中加入某些高灰分添加剂后，油品的灰分含量就会增大。

发动机燃料中灰分增加，会增加气缸缸体的磨损。润滑油灰分过大，容易在机件上发生坚硬的积炭，造成机械零件的磨损。

3. 分析检测方法

(1) 色度(颜色的测定)

润滑油的颜色，除用视觉直接观察(即目测)外，在试验室中的测定方法我国采用《石油产品颜色测定法》(GB/T 6540—1986)(与 ASTM D1500—1982 石油产品颜色的测定法等效)和《石油产品色度测定法》(SH/T 1068—1992)。

GB/T 6540—1986 测定法是用带有玻璃颜色标准板的比色仪进行测定，属目测比色法。适用与各种润滑油、煤油、柴油和石油蜡等石油产品。玻璃颜色标准共分 16 个色号，从 0.5~8.0 值排列，色号越大，表示颜色越深。如果试样的颜色深于 8 号标准颜色，则将 15 份试样(按体积)加入(体积)的稀释剂混合后，测定混合物的颜色，并在该色号后面加入“稀释”两字。

SH/T 1068—1992 方法原理与 GB/T 6540—1986 基本相同，其不同点主要是 SH/T 1068—1992 标准玻璃色片分为 25 种色号，而 GB/T 6540—1986 则仅分为 16 种色号。

(2) 水分

检查润滑油中是否有水，有几个简单方法：①用试管取一定量的润滑油，如发现油变浑浊甚至乳化，由透明变为不透明，可认为油中有水分，将试管加热，如出现气雾或在管壁上出现气泡、水珠或有“劈啪”的响声，可认为油中有水分；②取一条细铜线，绕成线圈，在火上烧红，然后放入装有试油的试管中，如有“劈啪”响声，认为油中有水分；③用试管取一定量的润滑油，将少量硫酸铜(无水，白色粉沫)放入油中，如硫酸铜变为蓝色，也表示润滑油中有水分。

水分测定可按照《石油产品水分测定法》(GB/T 260—1988)执行，当水的质量数少于 0.03%时，认为是痕迹；如果接受器中没有水，则认为试样无水。具体实验操作过程如实训 4-6 所示。

(3) 机械杂质

机械杂质的测定按《石油和石油产品及添加剂机械杂质测定法》(GB/T 511—2010)进行。其过程是：称取一定量的试样，溶于所用的溶剂中，用已恒重的滤纸或微孔玻璃过滤器过滤，被留在滤纸或微孔玻璃过滤器上的杂质即为机械杂质。

(4) 灰分

灰分测定按照《石油产品灰分测定法》(GB/T 508—1985)，该标准参照采用 ISO 6245—1982《石油产品灰分测定法》，不适用于含有生灰添加剂的石油产品，也不适用于含铅的润滑油和用过的发动机曲轴箱油。具体实验操作过程如实训 4-7 所示。

对添加剂、含添加剂的润滑油的灰分一般采用《添加剂和含添加剂润滑油硫酸盐灰分测定法》(GB/T 2433—2001)，其测定结果称之为硫酸盐灰分。

六、其他指标

1. 性能要求

润滑油在生产、储存、运输和使用过程中，还有很多常规分析项目，如闪点、蒸发损失、泡沫特性、橡胶适应性、剪切安定性、润滑剂承载能力等。

2. 质量指标

(1) 闪点

闪点是指在规定的条件下，将润滑油加热，蒸发出的油蒸气与空气混合，达到一定浓度与火焰接触时产生短暂闪火时的最低温度。润滑油的闪点是润滑油的储存、运输和使用的一个安全指标，同时也是润滑油的挥发性指标。闪点低的润滑油，挥发性高，容易着火，安全性差，润滑油挥发性高，在工作过程中容易蒸发损失，严重时甚至引起润滑油黏度增大，影响润滑油的使用。重质润滑油的闪点如突然降低，可能发生轻油混入事故。

润滑油闪点的高低，取决于润滑油质量的轻重，或润滑油中是否混入轻质组分和轻质组分的含量多少，轻质润滑油或含轻质组分多的润滑油，其闪点就较低。相反，重质润滑油的闪点或含轻质组分少的润滑油，其闪点就较高。

（2）蒸发损失

油品的蒸发损失，即油品在一定条件下通过蒸发而损失的量，用质量百分比表示。蒸发损失与油品的挥发度成正比。蒸发损失越大，实际应用中的油耗就越大，故对油品在一定条件下的蒸发损失量要有限制。润滑油在使用过程中蒸发，造成润滑系统中润滑油量逐渐减少，需要补充，黏度增大，影响供油。液压液体在使用中蒸发，还会产生气穴现象和效率下降，可能给液压泵造成损害。蒸馏方法得到的数据只是粗略的结果，润滑油品的蒸发损失需专门方法测定。

（3）抗泡沫特性

泡沫特性指油品生成泡沫的倾向及泡沫的稳定性。润滑油在实际使用中，由于受到振荡、搅动等作用，使空气进入润滑油中，以至形成气泡。因此，在规定条件下，往试油中吹气后测定其残留泡沫毫升数，以评价油品抗泡沫性的试验叫做起泡性试验。以泡沫的倾向性(mL)和泡沫稳定性(mL)表示。

这个项目主要用于评定内燃机油和循环用油(如液压油、压缩机油等)的起泡性。润滑油产生泡沫具有以下危害：

① 大量而稳定的泡沫，会使体积增大，易使油品从油箱中溢出。

② 增大润滑油的压缩性，使油压降低。

如液压油在使用中如果产生泡沫的倾向大，且产生的泡沫稳定不易消失，则对机械的运转是有害的。因为液压油和压力传动油是分别靠静压力和动压力传递功的，油中一旦产生泡沫，就会使系统中的油压降低，从而破坏系统中传递功的作用。

③ 增大润滑油与空气接触面积，加速油品的老化。这个问题对于压缩机油来说，尤为严重。

④ 带有气泡的润滑油被压缩时，气泡一旦在高压下破裂，产生的能量会对金属表面产生冲击，使金属表面产生穴蚀。有些内燃机油的轴瓦就出现这种穴蚀现象。

润滑油容易受到配方中的活性物质如清净剂、极压添加剂和腐蚀抑制剂的影响，这些添加剂大大地增加了油的起泡倾向。润滑油的泡沫稳定性随黏度和表面张力而变化，泡沫的稳定性与油的黏度成反比，同时随着温度的上升，泡沫的稳定性下降，黏度较小的油形成大而容易消失的气泡，高黏度油中产生分散的和稳定的小气泡。为了消除润滑油中的泡沫，通常在润滑油中加入表面张力小的消泡剂如甲基硅油和非硅消泡剂等。

（4）橡胶适应性

所有润滑系统和液压系统，特别是航空发动机润滑系统和液压系统，差不多所有的密封件和衬垫都是合成或天然橡胶制成的。因此要求润滑油和橡胶要有较好的适应性，避免引起橡胶密封件变形。一般说来，烷烃对橡胶的溶胀或收缩作用不大；而芳烃则能使橡胶溶胀，含硫元素较多的油品则易使橡胶收缩；此外，许多合成润滑油对普通橡胶有较大的溶胀或收缩性，使用时应加以注意，选用特种橡胶(如硅橡胶、氟橡胶)作密封件。

(5) 剪切安定性

剪切安定性是指润滑油抵抗剪切作用，保持黏度及与黏度有关性质不变的能力。加入增粘剂的油品，如稠化油、低温液压油等在使用过程中，由于机械的剪切作用，油品中的高分子会被剪断，结果使油品黏度下降。因此，剪切安定性是这类油品必测的特殊理化性能。

(6) 润滑剂承载能力

工业上采用四球试验机模拟试验测定润滑剂的承载能力，包括减摩性、抗磨性和极压性。减摩性用摩擦系数“f”表示；抗磨性用磨痕直径“d”表示；极压性用最大无卡咬负荷“PB”和烧结负荷“PD”表示。

3. 分析检测方法

(1) 闪点

闪点的测定方法分为开口杯法和闭口杯法。

开口杯法用以测定重质润滑油和深色润滑油的闪点，按照《石油产品闪点与燃点测定法(开口杯法)》(GB/T 267—1988)。

也可按照《石油产品　闪点和燃点的测定克利夫兰开口杯法》(GB/T 3536—2008)执行。具体实验操作过程如实训 3-3 所示。

闭口杯法用以测定闪点在 150℃以下的轻质润滑油的闪点，方法为《闪点测定(宾斯基-马丁闭口杯法)》(GB/T 261—2008)，具体实验操作过程如实训 3-2 所示。

同一种润滑油，开口闪点总比闭口闪点高，因为开口闪点测定器所产生的油蒸气能自由地扩散到空气中，相对不易达到可闪火的温度。通常开口闪点要比闭口闪点高 20~30℃。

(2) 蒸发损失

目前，我国测定润滑油蒸发损失的方法为《润滑油和润滑脂蒸发损失测定法》(GB/T 7325—1987)。该方法是把放在蒸发器中的润滑油试样，置于规定温度的恒温浴中，热空气通过试样表面 22h。然后根据试样的质量损失计算蒸发损失。根据该方法，润滑油品的蒸发损失可以在 99~150℃内的任一温度下测定。目前，该方法在我国主要用于合成润滑油的蒸发损失评定。

(3) 抗泡沫特性

润滑油的泡沫特性可按《润滑油泡沫特性测定法》(GB/T 12579—1990)进行试验，先恒温至规定温度，再向装有试油的量筒中通过一定流量和压力的空气，记下通气 5min 后产生的泡沫体积(mL)和停气静止 10min 后泡沫的体积(mL)。泡沫越少，润滑油的抗(消)泡性越好。

航空润滑油可按《航空涡轮发动机油泡沫特性测定法(静态泡沫试验)》(GJB 498—1988)，其方法概要是：向在 24℃±0.5℃和 93℃±0.5℃下恒温的两个泡沫试验量筒中的润滑油通入规定量的净化空气，通气 5min 后记下泡沫的体积，静置 10min 后再记录泡沫体积，93℃通气试验完毕后的试样在室温下冷却至 43℃，再放入 24℃±0.5℃恒温浴中，测其在该温度下的泡沫倾向和泡沫稳定性，整个试验必须在 3h 内完成。

(4) 橡胶适应性

液压油规格中所用的测定方法是《石油产品密封适应性指数测定法》(SH/T 0305—

1992)，测定石油产品和丁腈橡胶密封材料的适应性，用体积膨胀百分数表示。方法概述：用量规测定橡胶圈的内径，然后将橡胶圈浸在100℃的试样中24h，在1h内将橡胶圈冷却后，用量规测量内径的变化。

《航空用合成润滑油与橡胶相容性测定法》(SH/T 0436—1992)是将规定的丁腈标准橡胶BD-L、BD-G及氟标准橡胶BF等标准试片，浸泡在一定温度的合成润滑油中在规定的时间后测定橡胶试片浸泡前后的性能变化(体积变化、拉伸应力应变性能变化和硬度变化)。

(5) 剪切安定性

剪切安定性测定法以油品的黏度下降率来评定其剪切安定性。测定剪切安定性的方法很多，有超声波剪切法，喷嘴剪切法，威克斯泵剪切法，FZG齿轮剪切法等等。

国内试验方法主要有《含聚合物油剪切安定性测定法(超声波剪切法)》(SH/T 0505—1992)，适合于含聚合物液压油和内燃机油。

另外还可按照《含聚合物润滑油剪切安定性测定法(齿轮机法)》(SH/T 0200—1992)进行，适用于测定含聚合物齿轮油、液压油和内燃机油的剪切安定性。

国外标准试验方法有美国ASTM D2603含聚合物润滑油超声剪切稳定性试验法。

(6) 四球试验机模拟试验(Four-ball)

四球法是以一个转动球和三个固定球为其特征的四球极臣试验机测定润滑剂承载能力的试验方法。该试验主要用来评定各种润滑剂及含添加剂润滑油的极压抗磨性能。通常用以下几种表示方式：

最大无卡咬负荷Pb1：用四球法测定润滑剂极压性能时，在规定条件下，不发生卡咬的最高负荷，法定计量单位用n表示，习惯上用kg表示。

烧结负荷PD：用四球法测定润滑刑极压性能时，在规定条件下，钢球发生熔结的最低负荷，法定计量单位用N表示，习惯上用kg表示。

综合磨损值ZMZ：用四球法测定润滑剂锻压性能时，在规定条件下，得到的若干次校正负荷的平均值。

以上三个表示方式的数值越大，则油品的极压性能越好。

用一定负荷一定转速下运转30min得到的钢球磨斑直径表示油品的抗磨损性能优劣(以mm表示)。

用四球机还可测定一定条件下的动静摩擦系数，表示油品的减摩能力。

国内标准试验方法有《润滑剂承载能力测定法》(GB/T 12583—1990)《润滑油磨损性能测定法》(SH/T 0189—1992)、《润滑脂四球机极压性测定法》(SH/T 0202—1992)、《润滑脂抗磨性能测定法》(SH/T 0204—1992)。国外标准试验方法有ASTM D2783润滑油极压性测定法、ASTM D4172润滑油抗磨性测定法、ASTM D2596润滑脂极压性测定法、ASTM D2266润滑脂抗磨性测定法。

实训4-1 石油产品凝点测定

一、目的意义

要求了解凝点的意义及其条件性；掌握凝点的测定方法，并能准确地测定所给试样的凝点。能够准确判断测定结果的可靠性。

二、方法原理

参考标准：《石油产品凝点测定法》(GB/T 510—1983)。

凝点：润滑油及深色石油产品在试验条件下冷却到液面不移动时的最高温度。

测量时，将试样装在规定的试管中，并冷却到预期的温度时，将试管倾斜45°角经过一分钟，观察液面是否移动。

石油产品是各种烃类的复杂混合物，每种烃类都有它自己的凝点，所以油品在降温时，是在一个相当宽的温度范围内逐渐凝固的。同一种油品，由于测定条件不同，其凝点也不同。为此，必须在严格的试验条件下测定油品的凝点。

三、仪器、材料和试剂

1. 仪器：

(1) 圆底试管：内径为20mm±1mm，高度为160mm±10mm，在距管底30mm外壁处有一环行标线；

(2) 圆底玻璃套管：高度130mm±10mm，内径为40mm±2mm；

(3) 装冷却剂用的广口保温瓶或筒形容器，高度不少于160mm，内径不少于120mm，可用不同材料制成；

(4) 水银温度计：符合GB 514—2005的规定，供测定凝点高于-35℃的石油产品使用；

(5) 液体温度计：符合GB 514—2005的规定，供测定凝点低于-35℃的石油产品使用；

(6) 任何形式的温度计：供测量冷却剂温度用；

(7) 半导体冷却器；

(8) 橡胶引水管；

(9) 支架：有固定套管、冷却剂容器和温度计的装置；

(10) 水浴。

2. 材料

冷却剂：试验温度在0℃以上用水和冰；在0～-20℃用盐和碎冰或雪；在-20℃以下用工业乙醇(溶剂汽油、直馏的低凝点汽油或直馏的低凝点煤油)和干冰(固体CO_2)。

注：缺乏干冰时，可以使用液态氮气或液态空气或其他适当的冷却剂，也可使用半导体制冷器(当用液态空气时，应使它通入旋管金属冷却器并注意安全)。

3. 试剂

无水乙醇：化学纯。

四、准备工作

1. 制备含有干冰的冷却剂时，在一个装有冷却剂用的容器中注入工业乙醇，注满到器内深度的2/3处。然后将细块的干冰放进搅拌着的工业乙醇中，再根据温度要求下降的程度，逐渐增加干冰的用量。每次加入干冰时，应注意搅拌，不使工业乙醇外溅或溢出。冷却剂不再剧烈冒出气体之后，添加工业乙醇达到必要的高度。

注：使用溶剂汽油制备冷却剂时，最好在通风橱中进行。

2. 无水的试样直接按第 3 步开始试验。含水的试样试验前需要脱水，但在产品质量验收试验及仲裁试验时，只要试样的水分在产品标准允许的范围内，应同样直接按第 3 步开始试验。

试样的脱水按下述方法进行，但是对于含水多的试样应先经静置，取其澄清的部分来进行脱水。

对于容易流动的试样，脱水处理实在试样中加入新煅烧的粉状硫酸钠或小粒状氯化钙，并在 10~15min 内定期摇荡，静置，用干燥的滤纸滤取澄清的部分。

对于黏度大的试样，脱水处理是将试样预热到不高于 50℃，经食盐层过滤。食盐层的制备是在漏斗中放入金属网或少量棉花，然后在漏斗上铺以新煅烧的粗食盐结晶。试样含水多时需要经过 2~3 个漏斗食盐层过滤。

3. 在干燥、清洁的试管中注入试样，使液面满到环形标线出。用软木塞将温度计固定在试管中央，使水银球距管底 8~10mm。

4. 装有试样和温度计的试管，垂直地浸在 50℃±1℃ 的水浴中，直至试样的温度达到 50℃±1℃ 为止。

五、实验步骤

1. 从水浴中取出装有试样和温度计的试管，擦干外壁，用软木塞将试管牢固地装在套管中，试管外壁与套管内壁要处处距离相等。

装好的一起要垂直地固定在支架的夹子上，并放在室温中静置，直至试管中的试样冷却到 35℃±5℃ 为止。然后将这套 4 浸在装好冷却剂的容器中。冷却剂的温度要比试样的预期凝点低 7 至 8℃。试管(外套管)浸入冷却剂的深度应不少于 70mm。

冷却试样时，冷却剂的温度必须准确到±1℃。当试样的温度冷却到预期的凝点时，将浸在冷却剂中的一起倾斜成为 45°，并将这样的倾斜状态保持 1min，但一起的试样部分仍要浸在冷却剂内。

此后，从冷却剂中小心取出仪器，迅速地用工业乙醇擦拭套管外壁，垂直放置仪器，并透过套管观察使馆里面的液面是否有过移动的迹象。

注：测定低于 0℃ 的凝点时，试验前应在套管底部注入无水乙醇 1~2mL。

2. 当液面位置有移动时，从套管中取出试管，并将试管重新预热至试样达 50℃±1℃，然后用比上次试验温度低 4℃ 或其他更低的温度重新进行测定，直至某试验温度能使液面位置停止移动为止。

注：试验温度低于-20℃ 时，重新测定前应将装有试样和温度计的试管放在室温中，待试样温度升到-20℃，才将试管浸在水浴中加热。

3. 当液面的位置没有移动时，从套管中取出试管，并将试管重新预热至试样达 50℃±1℃，然后用比上次试验温度高 4℃ 或其他更高的温度进行重新测定，直至某试验温度能使液面位置有了移动为止。

4. 找出凝点的温度范围(液面位置从移动到不移动或从不移动到移动的温度范围)之后，就采用比移动的温度低 2℃，或采用比不移动的温度高 2℃，重新进行试验。如此重复试验，直至确定某试验温度能使试样的液面停留不动而提高 2℃ 又能使液面移动时，就取使液面不动的温度，作为试样的凝点。

5. 试样的凝点必须进行重复测定。第二次测定时的开始试验温度，要比第一次所测出的凝点高 2℃。

六、精密度

用以下数值来判断结果的可靠性(95%置信水平)

1. 重复性

同一操作者重复测定两个结果之差不应超过 2. 0℃。

2. 再现性

由两个实验室提出的两个结果之差不应超过 4. 0℃。

注：本精密度是于 1980 年用 5 个试样，在 13 个实验室开展统计实验，并对实验结果进行数据处理和分析得来的。

七、报告

取重复测定两个结果的算术平均值，作为试样的凝点。

注：如果需要检查试样的凝点是否符合技术标准，应采用比技术标准所规定的凝点高 1℃来进行试验，此时液面的位置如能够移动，就认为凝点合格。

八、影响因素及注意事项

1. 石油产品凝点测定结果影响较大的因素与油品本身的化学组成有关。凝点还与测定时冷却速度有关。冷却速度太快，一般油品的凝点偏低。因为当油品进行冷却时，冷却速度太快，而油品的晶体增长较慢，需要一个过程，这个过程不是随冷却速度的加快而加快。所以会导致油品在晶体尚未形成坚固的“结晶网络”前，温度就降了很多，这样的测定结果是偏低的。为了提高测定结果的准确性，试验规定了冷却剂温度比试样预期的凝点低 7~8℃，试管外加套管，这样就保证了试管中试样能缓和均匀地冷却。

2. 含蜡油品的凝点与热处理有关。因为油品中的石蜡在进行加热时，其特性有了不同程度的改变，在油品冷却时，形成“结晶网络”的过程及能力也随着改变。所以在测定凝点时规定了预热温度，使测定结果准确。预热还有另一目的，就是将油品中石蜡晶体溶解，破坏其已受损的“晶体网络”，使其重新冷却结晶。而不至于在低温下停留时间过长，影响测定结果。

3. 测定凝点时还要注意仪器出于静止而不受震动的状态，温度计要固定好。不然将会由于温度计的活动和受周围环境的影响使仪器震动而阻碍和破坏冷却时试油所形成的“结晶网络”，使测试结果偏低。

实训 4-2　石油产品倾点测定

一、目的意义

要求掌握测定石油和石油产品的倾点。

本方法是按国际标准 ISO 3016—1974《石油倾点测定法》制定的，在冷却剂、冷浴温度、试样加热和冷却温度、垫圈放置位置、下倾点测定的加热温度等规定稍有差异。

二、方法原理

参考标准：《石油产品倾点测定法》(GB/T 3535—2006)

试样在规定的条件下冷却时，能够流动的最低温度，称为倾点。

试样经预热后，在规定速率下冷却，每间隔 3℃检查一次试样的流动性。记录观察到试样能的流动的最低温度作为倾点。

三、仪器、材料和试剂

(一)实验仪器：倾点试验器(附图 4-1)。

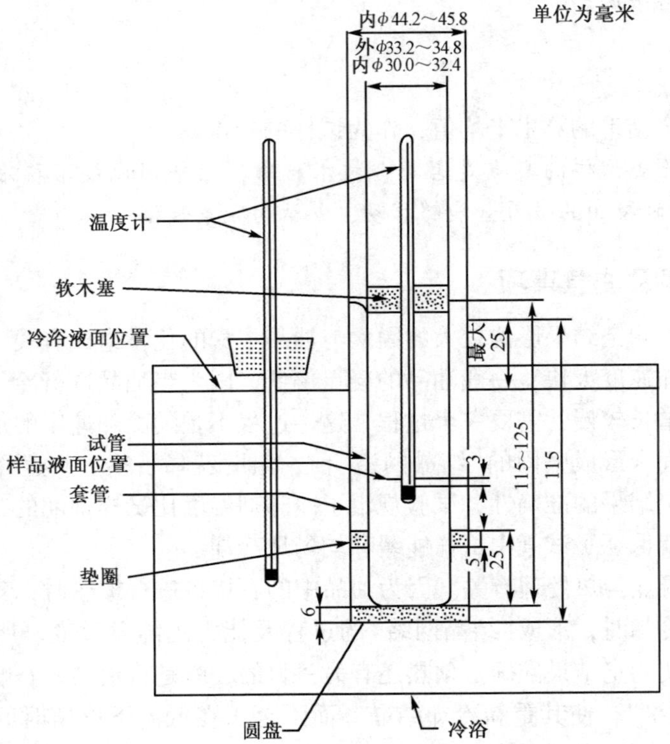

附图 4-1 倾点测定仪

1. 试管：由平底、圆筒状的透明玻璃制成，内径 30. 0～32. 4mm，外径 33. 2～34. 8mm，高 115～125mm，壁厚不大于 1. 6mm。距试管内底部 54mm±3mm 处标有一条长刻线，表示内容物液面的高度。

2. 温度计：局浸式，符合附录 D 的要求。

3. 软木塞：配试管用，塞的中心打有插温度计的孔。

4. 套管：由平底、圆筒状金属制成，不漏水，能清洗，内径 44. 2～45. 8mm，壁厚约 1mm，高 115mm±3mm。套管在冷浴中应能维持直立位置，高出冷却介质不能超过 25mm。

5. 圆盘：软木或毛毡制成，厚约 6mm，直径与套管内径相同。

6. 垫圈：由橡胶、皮革或其他适当的材料制成，环形，厚约 5mm，有一定的弹性，要求能紧贴住试管外壁，而套管内壁保持宽松。同时还要求垫圈要有足够硬度，以保持其形状。

注：环形垫圈的用途是防止试管与套管相接触。

7. 冷浴：其类型应适合于达到本方法所规定的温度。尺寸和形状可任意选择，但要能把套管紧紧地固定在垂直的位置。浴温应用合适的、浸入正确浸没深度的温度计来监控。当测定倾点温度低于9℃的油品时，需用两个或更多的冷浴。所需的浴温可用制冷装置或合适的冷却剂来维持。冷浴的浴温要求维持在规定温度的±1.5℃范围之内。

注：一般常用的冷却剂如下：

对油品的倾点温度低至：

(1) 9℃：冰和水(能用于制备方法中规定的0℃浴)；

(2) -12℃：碎冰和氯化钠(能用于制备方法中规定的-18℃浴)；

(3) -27℃：碎冰和氯化钠(能用于制备方法中规定的-33℃浴)；

(4) -57℃：二氧化碳和冷却液(能用于制备方法中规定的-51℃和-69℃浴)。

此混合物可按如下方法制备：在带盖的金属烧杯中，将适量的冷却液冷却至-12℃或低于-12℃(用冰-盐混合物的方法)。然后，再向已冷却的冷却液中加入足够量的二氧化碳，以得到所要求的温度。

8. 计时器：测量30s的误差最大不能超过0.2s。

(二)试剂与材料

1. 氯化钠($NaCl$)：结晶状。

2. 氯化钙($CaCl_2$)：结晶状。

3. 二氧化碳(CO_2)：固体。

4. 冷却液：丙酮、甲醇或石脑油。

5. 擦拭液：丙酮、甲醇或乙醇。

四、实验步骤

1. 将清洁试样倒入试管至刻线处。对黏稠试样可在水浴中加热至流动后，倒入试管内。

注：如试样在24h前曾加热到高于45℃的温度，或不知其加热情况，则在室温下保持试样24h后再作试验。

2. 用插有高浊点和高倾点温度计的软木塞紧紧地塞住试管，如果试样的预期倾点高于36℃，使用熔点用温度计(附录D)。调整软木塞和温度计的位置，使软木塞紧紧地塞住试管，要求温度计和试管在同一轴线上，让试样浸没温度计水银球，使温度计的毛细管起点浸在试样液面以下3mm的位置。

3. 将试管中的试样进行以下的预处理：

(1) 倾点高于-33℃的试样

① 将试样在不搅拌的情况下，放入已保持在高于预期倾点12℃，但至少是48℃的浴中，将试样加热到45℃或高于预期倾点9℃(选择较高者)。

② 将试管转移到已维持在24℃±1.5℃的浴中。

③ 当试样达到高于预期倾点9℃(估算为3℃的倍数)时，应按照四、5规定开始检查试样的流动性。

④ 如果当试样温度已达到27℃时，试样仍能流动，则小心地从浴中取出试管，用一块清洁且沾擦拭液的布擦试管外表面，然后将试管按四、4规定放在0℃的浴中。按四、5规定观察试样的流动性，并按四、6规定的程序进行冷却。

（2）倾点为-33℃和低于-33℃的试样

① 试样在不搅拌的情况下在48℃浴中加热至45℃，然后将其放在6℃±1.5℃浴中冷却至15℃。

② 当试样温度达到15℃时，小心地从水浴中取出试管，用一块清洁的、沾擦拭液的布擦试管外表面，然后取下高浊点和高倾点用温度计，换上低浊点和低倾点用温度计，按四、4规定将试管放在0℃浴中，再按四、6规定的步骤依次将试管转移到各低温浴中。

③ 当试样温度达到高于预期倾点9℃时，按四、5规定观察试样的流动性。

4. 要保证圆盘、垫圈和套管的内壁是清洁和干燥的，将圆盘放在套管的底部。在插入试管前，圆盘和套管应放入冷却介质中至少10min。将垫圈放在试管的外壁，离底部约25mm，并将试管插入套管内。除24℃和6℃浴之外，其余情况都不能将试管直接放入冷却介质中。

5. 观察试样的流动性

（1）从第一次观察温度开始，每降低3℃都应将试管从浴或套管中取出（根据实际使用情况），将试管充分地倾斜以确定试样是否流动。取出试管、观察试样流动性和试管返回到浴中的全部操作要求不超过3s。

（2）从第一次观察试样的流动性开始，每降低3℃都应观察试样的流动性。要特别注意不能搅动试样中的块状物，也不能在试样冷却至足以形成石蜡结晶后移动温度计。因为搅动石蜡中的多孔网状结晶物会导致偏低或错误的结果。

注：在低温时，冷凝的水雾会妨碍观察，可以用一块清洁的布蘸与冷浴温度接近的擦拭液擦拭试管以除去外表面的水雾。

（3）当试管倾斜而试样不流动时，应立即将试管放置于水平位置5s（用计时器测量），并仔细观察试样表面。如果试样显示出有任何移动，应立即将试管放回浴或套管中（根据实际使用情况），待再降低3℃时，重新观察试样的流动性。

（4）按照此方式继续操作，直至将试管置于水平位置5s，试管中的试样不移动，记录此时观察到的温度计计数。

6. 如果温度达到9℃时试样仍在流动，则将试管转移到下一个更低温度的浴中，并按下述程序在-6℃、-24℃和-42℃时进行同样的转移：

（1）试样温度达到9℃，移到-18℃浴中；

（2）试样温度达到-6℃，移到-33℃浴中；

（3）试样温度达到-24℃，移到-51℃浴中；

（4）试样温度达到-42℃，移到-69℃浴中。

7. 对于测定那些倾点规格值不是3℃的倍数的油品，也可按下述规定进行测定。从试样温度高于倾点规格值9℃时开始检查试样的流动性，然后按照四、5和四、6所述步骤以3℃的间隔观察试样，直到试样的规格值。报告试样通过或不通过规格值。

8. 对于燃料油、重质润滑油基油和含有残渣燃料组分的产品，按上面所述步骤测定得到的结果是试样的上（最高）倾点。如需要测定试样的下（最低）倾点，可在搅动的情况下，先将试样加热至105℃，然后再倒入试管中，按上面所述步骤测定试样的下（最低）倾点。

9. 如果使用自动倾点测定仪，要求用户严格遵循生产厂家仪器的校准、调整和操作说明书的规定。由于自动倾点测定仪的精密度尚未确定，因此，在发生争议时，应按本方法中的手动方法作为仲裁试验的方法。

五、结果表示

按本方法四、5.（4）和四、8 记录得到的结果上加 3℃，作为试样的倾点或下倾点（根据实际使用情况），取重复测定的两个结果的平均值作为试验结果。

六、精密度

用下述规定判断试验结果的可靠性（95%置信水平）。

1. 重复性 *r*

同一操作者，使用同一仪器，用相同的方法对同一试样测得的两个连续试验结果之差不应大于 3℃。

2. 再现性 *R*

有同操作者，使用不同仪器，用相同的方法对同一试样测得的两个试验结果之差不应大于 6℃。

注：精密度是由 10 个新的（未使用过的）矿油型润滑油和 16 个调合燃料油，在 12 个协作实验室作出的，矿油型润滑油倾点范围为 -48 ~ -6℃，燃料油倾点范围为 -33 ~ 51℃，得到如下精密度。

样品名称	重复性/℃	再现性/℃
矿油型润滑油	2.87	6.43
燃料油	2.52	6.59

七、报告

1. 被测产品的完整资料；
2. 试验结果；
3. 按协议规定或其他规定与本方法准的试验步骤存在的任何差异都应注明；
4. 注明测定试验是否使用了自动仪器。

附录 D 温度计技术条件

项 目	低浊点和低倾点用温度计	高浊点和高倾点用温度计	熔点用温度计
温度范围/℃	-80 ~ 20	-38 ~ 50	32 ~ 127
浸没深度/mm	76	108	79
分度值/℃	1	1	0.2
长刻线间隔/℃	5	5	1
数字标刻间隔/℃	10	10	2
示值允差/℃	1（>-33℃时） 2（≤-33℃时）	0.5	0.2
安全泡允许加热至/℃	60	100	150

续表

项　目	低浊点和低倾点用温度计	高浊点和高倾点用温度计	熔点用温度计
总长度/mm	230±5	230±5	380±5
棒外径/mm	7±1	7±1	7±1
感温泡长/mm	8.5±1.5	8.5±1.5	23±5
感温泡外径/mm	≥5.0 且≤棒外径	≥5.5 且≤棒外径	5.5±0.5
感温泡底部至刻线/℃ 距离/mm	-70 110±10	-38 125±5	32 110±5
刻线范围长度/mm	85±15	75±10	220±20

注：1. 露出液注温度在整个温度范围为 21℃。

2. 因为有时温度计会出现液柱分离的情况，并可能被漏检。在试验前应先检查温度计，温度计的精度在±1℃范围(例如冰点)内才可使用。

八、影响因素及注意事项

1. 要控制好冷却速度。冷却速度太快，使试验结果偏低。因为当迅速冷却时，随着油品黏度的增大，晶体增长很慢，在晶体尚未形成坚固的石蜡结晶网格前，温度就降低很多。

若冷却速度太慢，油品的温度就会下降很慢，往往会拖长测定时间，使结果偏高。因此，要按规定控制好各冷浴的温度。

2. 温度计在试管内的位置要固定。若固定不好，温度计在试管内能活动，会搅动试油，从而阻碍了石蜡“结晶网格”的形成。往往当石蜡的“结晶网格”的个别部分正在形成时，温度计一搅动，就会被破坏了。

3. 测定前，试油应进行过滤，除去杂质，含有水分的试油应进行脱水处理。水一般在0℃开始结晶影响试油的凝点。而杂质存在于试油中，将使油品胶状物结晶形成缓慢，使凝点偏低。

实训 4-3　润滑油抗氧化安定性测定

一、目的意义

要求掌握润滑油抗氧化安定性测定。

本方法规定了润滑油抗氧化安定性的测定方法。

本方法适用于润滑油。

二、方法原理

参考标准：《润滑油抗氧化安定性测定法》(SH/T 0196—1992)

引用标准：《石油产品皂化值测定法》(GB/T 8021—2003)

《橡胶工业用溶剂油》(SH 0004—1990)

试样在规定条件下进行缓和氧化(钢球、铜球各一个，连续通入空气 4h)后，测其水溶性酸。深度氧化(低碳钢螺旋线圈、铜片，连续通入氧气 8h)后，测其酸值和沉淀物。

三、仪器、材料和试剂

1. 仪器

(1) 氧化管：玻璃制(附图 4-2)。

(2) 油浴：具有电热设备和搅拌装置，可以安装至少四支氧化管。并能在 125℃±0.5℃保持恒温，可以利用自动温度控制器或变阻器调节。油浴的深度要能将氧化管的旋管部分全部浸入油中。

(3) 温度计：0~15℃。

(4) 洗气瓶：供装储氢氧化钠溶液和硫酸用。

(5) 吸收瓶(附图 4-3)：供吸收挥发的水溶性酸用，瓶中装储蒸馏水。

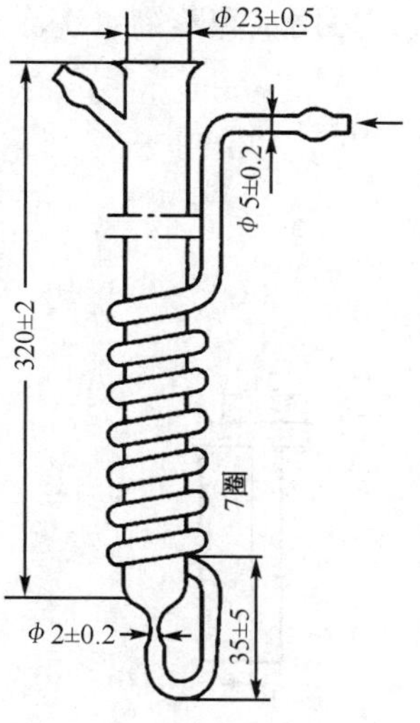

附图 4-2 氧化管

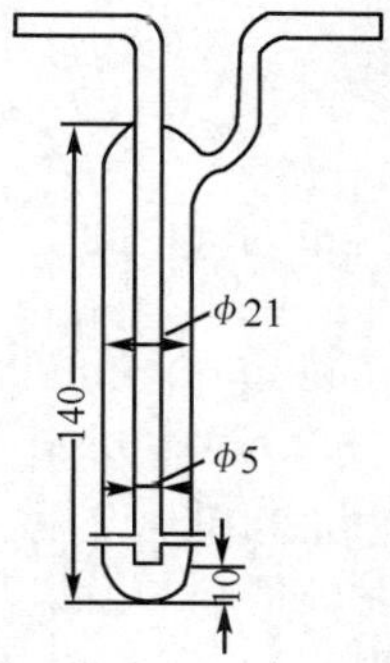

附图 4-3 吸收瓶

(6) 空气流速计：装有煤油并刻有每分钟 30mL、50mL、100mL 的空气流速刻度。

(7) 氧气流速计：装有煤油并刻有每分钟 50mL、200mL、300mL 的氧气流速刻度。

(8) 安全瓶(或洗气瓶)：用以防止煤油从流速计冲进氧化管中。

(9) 氧气钢瓶：附氧气减压装置。

(10) 气压调节器：器内装适当高度的水。

(11) 量筒：具磨口塞，100mL、250mL。

(12) 微量滴定管：2mL，分度为 0.02mL。

(13) 移液管：3mL、20mL、25mL。

(14) 容量瓶：25mL。

(15) 分液漏斗：150mL。

(16) 冷凝管。

(17) 无色玻璃试管。

(18) 锥形烧瓶：50mL、250mL。

(19) 水浴。

(20) 支架和夹。

2. 材料

（1）低碳钢球和 T1 号铜球：直径 5mm± 0. 1mm。

（2）螺旋线圈：直径 15mm，长度 65mm；用直径 1mm，长度 1000mm 的低碳钢丝绕成。

（3）铜片：用厚度 0. 2~0. 3mm 的 T1 号铜按附图 4-4 制造。

（4）压缩空气。

（5）蒸馏水。

（6）铬酸洗液。

（7）矿物油：开口闪点不低于 250℃，供油浴用。

（8）砂布(或砂纸)：粒度为 100 号或 120 号。

（9）标准异辛烷。

（10）溶剂油：符合 SH 004—1990 规格。

溶剂油要用 70g/L 氢氧化钠溶液洗涤两次，再用水和蒸馏水洗涤至用酚酞指示液检验呈中性反应，然后用几层滤纸过滤。

（11）定量滤纸。

（12）直馏汽油。

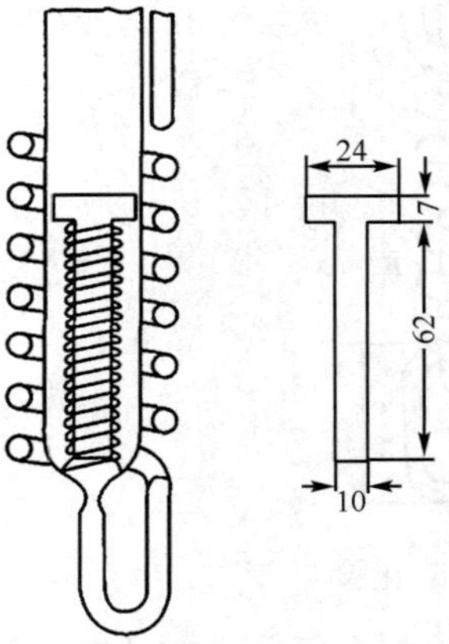

附图 4-4　铜片的尺寸以及铜片和螺旋线的安装情况

3. 试剂

（1）硝酸：分析纯。

（2）磷酸：分析纯。

（3）95%乙醇：分析纯。

（4）甲醇：分析纯。

（5）硫酸：化学纯，供洗气瓶用。

（6）氢氧化钠：化学纯，配成 400g/L 的溶液，供洗气瓶用。

（7）氢氧化钾：分析纯，配成 $c_{(KOH)}=$ 0. 025mol/L 氢氧化钾标准滴定溶液和 $c_{(KOH)}=$ 0. 05mol/L 氢氧化钾-乙醇标准滴定溶液。

（8）碱性蓝 6B 指示剂：配成 20g/L 乙醇指示液。

（9）甲基橙指示剂：配成 1g/L 指示液。

（10）酚酞指示剂：配成 10g/L 乙醇指示液。

（11）石油醚：60~90℃，分析纯。

（12）苯：分析纯。

四、准备工作

1. 精制汽油：将不含四乙基铅的直馏汽油注入分液漏斗中，加人浓度 98%(m/m)以上的硫酸，每次在加硫酸后摇动 30min。加入的硫酸，第一次的体积与汽油相等，其后两次各为汽油数量的一半。硫酸处理后，用 30g/L 氢氧化钠溶液中和，再用水洗涤至呈中性反应(以酚酞指示液鉴定)。并经过 1~3 层滤纸滤干后，用适当的分馏柱进行蒸馏，截取 60~90℃的馏分。可以采用分子筛、硅胶等除去汽油中芳香烃的方法制取精制汽油。也可以采用 60~90℃不含芳香烃的石油醚。

2. 硝酸-磷酸混合液：用硝酸和磷酸按体积比 3：7 配制。

3. 乙醇-苯混合液：用新蒸馏的 95%乙醇和新蒸馏的苯按体积比 1：4 配制。

4. 先用冷的乙醇-苯混合液洗涤氧化管。再将混合液装在仪器里煮沸 15min，然后倒出，依次用 95%乙醇、水洗净氧化管，再用热的铬酸洗液洗涤数次，最后用硫酸洗涤，并以水洗涤数次，用蒸馏水冲净，再用热空气吹干或用烘箱烘干。

5. 将铜片和铜球擦净，用乙醇-苯混合液洗涤，琼干后进行还原处理：将铜片、铜球浸在硝酸-磷酸混合液中经过 5s 的摇荡，取出，用蒸馏水冲净，立即放入甲醇中备用。

钢丝用砂布仔细擦净后，绕成的螺旋线要浸在沸腾的乙醇-苯混合液中经过 15min，再用 95%乙醇洗涤，然后用滤纸擦干。钢球也要经过同样的处理。

注：允许采用将铜片和铜球在煤气喷灯氧化火焰加热后，再浸入甲醇中进行还原处理。

五、实验步骤

1. 润滑油在缓和氧化后形成水溶性酸含量的测定

(1) 润滑油的缓和氧化：在清洁、干燥的氧化管(附图 4-2)内称入试样 30g，精确至 0. lg。然后在试样中放入钢球、铜球各一个，并用清洁的软木塞或棉花塞好氧化管的管口；软木塞或棉花须预先用苯洗涤，并经干燥。

试验装置如附图 4-5 所示。在加热至 125℃±0. 5℃的油浴中浸入装好试样和金属球的氧化管，使它的旋管部分完全浸在油浴中(浴中的液面应高出管内的液面)。然后用橡胶管(或塑料管)把氧化管与装有 20mL 蒸馏水的吸收瓶连接起来，用每分钟 50mL 的空气连续通入试样中。空气在通入试样之前，经过氢氧化钠溶液洗气瓶和硫酸洗气瓶洗涤，并用流速计计量出空气的流速。在 125℃的温度下氧化操作连续进行 4h。

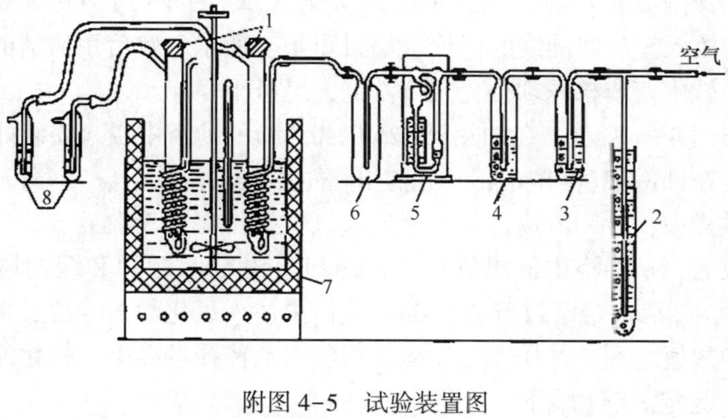

附图 4-5　试验装置图

1—氧化管；2—气压调节器；3—氢氧化钠洗气瓶；4—硫酸洗气瓶；5—流速计；6—安全瓶；7—油浴；8—吸收瓶

（2）测定不挥发的水溶性酸含量：氧化结束后，从油浴中取出氧化管，使其冷却至室温（20℃±3℃），然后立即向250mL的锥形烧瓶中称入氧化油25g，精确至0.1g；在锥形烧瓶中加入蒸馏水25mL，并把锥形烧瓶浸在水溶中加热至70℃。

当试验汽轮机油和能乳化的变压器油时，在称好质量的氧化油中先加入20mL的标准异辛烷或溶剂油，然后加入蒸馏水。

将锥形烧瓶中的混合物倒入分液漏斗中，摇荡5min。静置后，从分液漏斗中将分出的水层放入容量50mL的锥形烧瓶中。然后，用移液管从锥形烧瓶中取出水抽出液3mL，注入清洁的试管里，加入甲基橙指示液1滴。在另一支试管中加入蒸馏水3mL和甲基橙指示液1滴。比较两支试管中溶液的颜色。如果两支试管中的溶液颜色相同，就认为抽出液已呈中性反应。

如果水抽出液呈酸性反应，在分液漏斗中再加入25mL70℃的蒸馏水，摇荡5min。静置后，将水层放入另一只50mL的锥形烧瓶中，再如上述用甲基橙指示液检查它的反应。如此重复进行这一操作，直至水抽出液显示中性反应为止。

将收集所得的几份酸性和中性水抽出液混合均匀，用移液管取出20mL的混合液，注入50mL锥形烧瓶中，加入酚酞指示液3滴，用$c_{(KOH)}$=0.025mol/L氢氧化钾标准滴定溶液滴定，直至出现浅红色为止。

同时进行空白试验，用60mL的蒸馏水代替抽出液，并将它预先加热至70℃，然后冷却到室温，加入3滴酚酞指示液，用上述氢氧化钾标准滴定溶液来滴定。

（3）测定挥发的水溶性酸含量：氧化结束后，先将吸收瓶中的液体注入25mL的容量瓶中，再用5mL蒸馏水分数次冲洗吸收瓶的内壁，洗涤液也归入同一容量瓶中，至容量瓶中的液面达到刻度线。

从容量瓶中用移液管取出溶液20mL，注入50mL的锥形烧瓶中。加酚酞指示液3滴，用$c_{(KOH)}$=0.025mol/L氢氧化钾标准滴定溶液滴定，直至呈现浅红色为止。

（4）测定每份试样的氧化后水溶性酸含量（不挥发的或挥发的）时，用两支氧化管中的缓和氧化试样进行平行测定。

注：进行1.（2）和1.（3）的试验手续时所用的仪器（如锥形烧瓶、分液漏斗、试管等都要预先用蒸馏水洗净，并用甲基橙指示液和酚酞指示液检查洗出的水，要呈中性反应。

2. 润滑油深度氧化后形成的沉淀物含量和酸值的测定

（1）润滑油的深度氧化：向清洁、干燥的氧化管（附图4-2）内称入试样30g，精确至0.1g。并在试样中放入套着螺旋线的铜片，如附图4-4所示。然后用清洁的软木塞或棉花塞好氧化管的管口；软木塞或棉花须预先用苯洗涤，经过干燥。

试验装置如附图4-6所示：在加热至125℃±0.5℃的油浴中浸入安装好的氧化管，让它的旋管部分完全浸在油浴中（浴中的液面应高出管内液面）。然后，用每分钟200mL的速度连续通入氧气至试样中，并用流速计量出流速。氧化操作在125℃±0.5℃下连续进行8h。

（2）氧化结束后，从油浴中取出氧化管，冷却至约60℃后用和缓的风吹，搅拌管中的氧化油，使其均匀，然后向带磨口塞的100mL量筒中注入氧化油20~25g，精确至0.01g，供测定沉淀物含量和酸值之用。并用3倍体积的精制汽油稀释量筒中的氧化油，移在温度为的暗处静置12h后，测定沉淀物含量。

如果需要测定氧化油的皂化值，在锥形烧瓶中加入氧化油2~4g，精确至0.001g，按GB/T 8021—2003进行测定。

注：① 供每份氧化油溶解和洗涤所用的精制汽油，共需150~200mL。

② 测定沉淀物含量和酸值时，称取氧化油和用汽油稀释的操作，应在氧化结束时立即进行。

(3) 测定沉淀物含量：经过静置12h后，氧化油和精制汽油的混合物经滤纸滤入250mL的量筒中。用精制汽油洗涤滤纸上的沉淀物，洗涤的汽油也滤入同一只量筒中，直至滤出的汽油呈无色为止。将滤液稀释至刻线，预备测酸值。然后，用新鲜配制的温热乙醇-苯混合液溶解滤纸上面的沉淀物，使滤液流入一只已称好质量的50mL锥形烧瓶内。

在水浴上将锥形烧瓶中的乙醇-苯混合液蒸馏出来。把锥形烧瓶和沉淀物放入105℃±3℃的烘箱中干燥至恒重，即两次连续称量结果的差数不大于0.0004g。

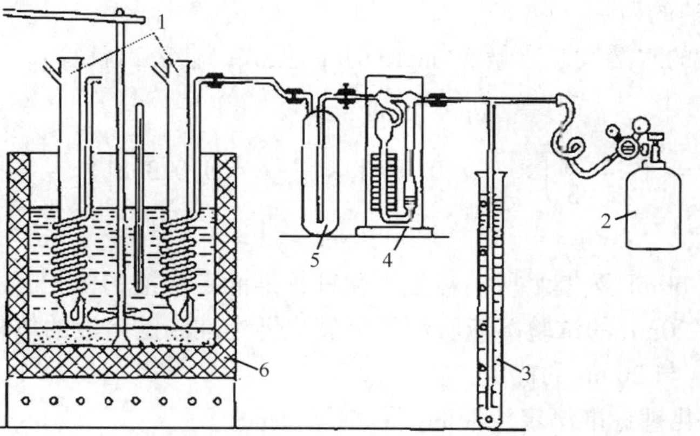

附图4-6　试验装置总图

1—氧化管；2—氧气钢瓶；3—气压调节器；4—流速计；5—安全瓶；6—油浴

注：氧化油和汽油的混合物如无沉淀物粘附的量筒内壁，测定沉淀物的含量时允许使用如下的手续：事先将滤纸放入称量瓶中，用105℃±3℃的烘箱烘至恒重(在干燥箱中干燥时称量瓶敞开口)，即两次连续称量结果的差数大于0.0004g然后将这混合物经已恒重的滤纸滤入250mL的量筒内。洗涤沉淀物用过的精制汽油，也滤入同一量筒中，直至滤出的汽油呈无色为止。此后，将滤纸和沉淀物移入原来的称量瓶，并在105℃±3℃干燥至恒重。

(4) 测定酸值：在量筒中准确地量出25mL的氧化油和汽油混合液。向250mL锥形烧瓶中加入乙醇-苯混合液20~25mL和20g/L碱性蓝6B乙醇指示液1~2滴，用$c_{(KOH)}$=0.05mol/L氢氧化钾乙醇标准滴定溶液中和。向中和过的乙醇-苯混合液中，加入氧化油和汽油混合液25mL和20g/L碱性蓝6B乙醇指示液0.5mL，用$c_{(KOH)}$=0.05mol/L氢氧化钾乙醇标准滴定溶液滴定，直至混合液蓝色褪尽或呈浅红色，判断为滴定终点。对于某些油品，混合液颜色发生突变时，判断为滴定终点。

(5) 按(4)所述，不加氧化油和汽油混合液，进行空白滴定。

(6) 测定每份试样的氧化后沉淀物含量和酸值时，用两支氧化管中的深度氧化试样进行重复测定。

六、计算

1. 氧化后的不挥发水溶性酸含量X_1(mg KOH/g)按式(附4-1)计算：

$$X_1=\left(V-\frac{V_1}{3}\right)\times n\cdot c_1\times 0.0561\times\frac{1.25}{25}=0.02805\left(V-\frac{V_1}{3}\right)\times n\cdot c_1 \quad (附4-1)$$

式中 V——滴定水抽出液的混合物时所消耗的氢氧化钾标准滴定溶液的体积，mL；

V_1——滴定60mL蒸馏水时所消耗的氢氧化钾标准滴定溶液的体积，mL；

n——水抽出液的份数；

3——60mL与20mL的比值；

c_1——氢氧化钾标准滴定溶液的实际浓度，mol/L；

0.0561——与1.00mL氢氧化钾标准滴定溶液[$c_{(KOH)}$= 1.000mol/L]相当的以g表示的酸(以氢氧化钾表示)的质量；

1.25——25mL与20mL的比值；

25——氧化油的质量，g。

2. 氧化后挥发的水溶性酸含量X(mgKOH/g)按式(附4-2)计算：

$$X_2 = \left(V_2 - \frac{V_1}{3}\right) \times c_1 \times 0.0561 \times \frac{1.25}{25} = 0.02338\left(V_2 - \frac{V_1}{3}\right) \times c_1 \qquad (附4-2)$$

式中 V_1——滴定60mL蒸馏水所消耗氢氧化钾标准滴定溶液的体积，mL；

V_2——滴定20mL的试验溶液所消耗氢氧化钾标准滴定溶液的体积，mL；

3——60mL与20mL的比值；

c_1——氢氧化钾标准滴定溶液的实际浓度，mol/L；

0.0561——与1.00mL氢氧化钾标准滴定溶液[$c_{(KOH)}$= 1.000mol/L]相当的以g表示的酸(以氢氧化钾表示)的质量；

1.25——25mL与20mL的比值；

3——试样的质量，g。

3. 氧化后沉淀物的含量X_3[%(m/m)]按式(附4-3)计算：

$$X_3 = \frac{m_1}{m} \times 100 \qquad (附4-3)$$

式中 m_1——沉淀物的质量，g；

m——氧化油的质量，g。

4. 氧化后的酸值X_4(mgKOH/g)按式(附4-4)计算：

$$X_4 = \frac{(V_3 - V_0) \times c_2 \times 0.0561 \times n_1}{m} \qquad (附4-4)$$

式中 V_3——滴定时所消耗的氢氧化钾-乙醇标准滴定溶液的体积，mL；

V_0——空白滴定时所消耗的氢氧化钾-乙醇标准滴定溶液的体积，mL；

c_2——氢氧化钾-乙醇标准滴定溶液的实际浓度，mol/L；

0.0561——与1.00mL氢氧化钾-乙醇标准滴定溶液[$c_{(KOH)}$= 1.000mol/L]相当的以克表示的酸(以氢氧化钾表示)的质量；

n_1——全部汽油溶液与滴定用溶液的体积比；

m——氧化油的质量，g。

七、精密度

重复性：同一操作者重复测定的两个结果之差不应大于下列数值。

不挥发的水溶性酸含量或挥发的水溶性酸含量为0.002mgKOH/g。

氧化油的沉淀物和酸值为算术平均值的5%。

八、报告

试样在氧化后不挥发的水溶性酸含量、挥发的水溶性酸含量、沉淀物含量和酸值，各取重复测定两个结果的算术平均值作为测定结果。

实训4-4　石油产品残炭测定(康氏法)

一、目的意义

要求掌握康氏法测定石油产品经蒸发和热解后留下的残炭量，以提供石油产品相对生焦倾向的指标。本方法一般用于在常压蒸溜时易部分分解、相对不易挥发的石油产品。对含有能生灰组分的石油产品[用《石油产品灰分测定法》(GB 508—1985)测定]则会得到残炭值偏高的结果，误差的大小取决于所生成灰分的量。

燃烧器燃料的残炭值，可用来粗略地估计燃料在蒸发式的釜型和套管型燃烧器中形成沉积物的倾向。同样，不含硝酸戊酯(或如果含有硝酸戊醋，则只要事先测定未加此添加剂基础燃料)的柴油，残炭值大体上与燃烧室的沉积物有对应关系。

测定粗柴油的残炭值，对指导粗柴油造气的生产是有用的，而原油残渣、气缸油料和重质润滑油料的残炭值，对指导润滑油生产也是有用的。

二、方法原理

参考标准：《石油产品残炭测定法（康氏法）》(GB 268—1987)

1. 方法概要

把已称重的试样置于坩埚内进行分解蒸馏。残余物经强烈加热一定时间即进行裂化和焦化反应。在规定的加热时间结束后，将盛有碳质残余物的坩埚置于干燥器内冷却并称重，计算残炭值(以原试样的质量百分数表示)。

2. 定义术语

（1）发动机油：发动机油的残炭值，曾一度被认为能表示发动机油在发动机的燃烧室中生成碳质沉积物量的指标，但由于许多石油产品中都存在添加剂，所以现在看来这一点是值得怀疑的。例如，有灰分生成的清净添加剂，会增加石油产品的残炭值，但它通常可以减少石油产品生成沉积物的倾向。

（2）柴油：含有硝酸戊醋的柴油的残炭值偏高。但是，如果对不含硝酸戊酯的柴油，或对准备要调入硝酸戊醋的基础燃料进行试验，则其残炭值与燃烧室沉积物有近似的关系。

（3）含有有灰分生成的添加剂的石油产品：残炭值可能与形成沉积物的倾向无关，而且可能比形成沉积物的相应倾向要高些。

三、仪器、材料和试剂

石油产品康氏残炭测定仪见附图 4–7。

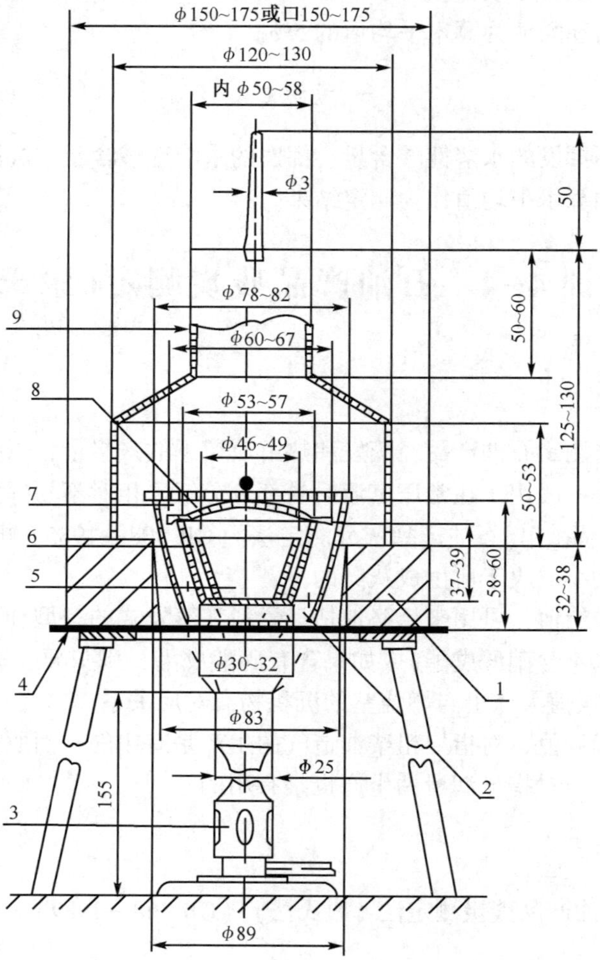

附图 4–7 康氏残炭测定仪

1—遮焰体；2—干沙子；3—喷灯；4—镍铬丝三角架；5—瓷坩埚

6—内铁坩埚；7—外铁坩埚；8—水平孔；9—圆铁罩

（1）瓷坩埚：全部上釉，广口型，口部外缘直径 46~49mm，容量为 29~31mL。

（2）内铁坩埚：带环形凸缘，容量为 65~82mL，凸缘的内径 53~57mm，外径 60~67mm，坩埚高 37~39mm。带有一个盖子，盖上没有导管而有关闭的垂直孔，盖上水平孔的直径约 6.5mm。此孔必须保持清洁。坩锅的平底外径 30~32mm。

（3）外铁坩埚：顶部外径 78~82mm，高 58~60mm，壁厚约 0.8mm，还有一个合适的铁盖。每次试验之前，在坩埚的底部平铺一层约 25mL 的干沙子，或以放入的沙子量能使内铁坩埚的盖顶几乎碰到外铁坩埚的顶盖为准。

（4）镍铬丝三角架：用直径 2.0 ~2.3mm 左右的镍铬丝做成。口的大小能支承外铁坩埚的底部，使之与遮焰体的底面处在同一水平面。

（5）圆铁罩：用薄铁板制成。下段圆筒直径 120~130mm，高 50~53mm。上段是烟囱，内径 50~56mm，高 50~60mm。中部有圆锥形过渡段，连接上下两段。圆铁罩总高 125~130mm。此外，在烟囱的顶部有一高度 50mm 的火桥(用直径 3mm 左右的镍铬丝或铁丝制成)，用以控制烟囱上方火焰的高度。

（6）遮焰体：遮焰体为绝缘体、陶瓷耐热块、耐火环或空心金属盒。可以做成圆形，也可做成方形。直径或边长 150~175mm，高 32~38mm，中间设置有金属衬里的倒锥形孔，上大下小，孔顶直径 89mm，孔底直径 83mm。使用耐火环式遮焰体时，由于环是由硬质耐热材料制成，所以无需金属衬里。

（7）喷灯：孔口直径约 25mm 的米克式或相当的喷灯。

四、准备工作

1. 瓷坩埚和玻璃珠

（1）瓷坩埚(特别是使用过的含有残炭的瓷坩埚)必须先放在 800℃±20℃的高温炉中煅烧 1.5~2h，然后清洗烘干备用。准备直径约 2.5mm 的玻璃珠，清洗烘干备用(准备好的瓷坩埚和玻璃珠应保存于干燥器中)。

（2）将备好的盛有两个玻璃珠的瓷坩埚称重，称准至 0.0001g。

2. 试样

所取的试样必须具有代表性。取样前将装入量不超过瓶内容积 3/4 的试样充分摇动，使其混合均匀。黏稠的或含石蜡的石油产品，应预先加热至 50~60℃才进行摇匀。含水的试样应先脱水和过滤，才进行摇匀。

五、实验步骤

1. 向盛有两个直径约 2.5mm 玻璃珠并称过重量的瓷坩埚内称入 10g±0.5g 无水、无悬浮物的试样。试样量需根据预计的残炭生成量按下表称取，并称准至 0.005g。

预计残炭/%	试样量/g
<5	10±0.5
5~15	5±0.5
>15	3±0.1

注：10% 蒸余物的试样量均取 10g±0.5g。

将盛有试样的瓷坩埚放人内铁坩埚的中央。在外铁坩埚内铺平沙子，将内铁坩埚放在外铁坩埚的正中。盖好内、外铁坩埚的盖子。外铁坩埚要盖得松一些，以便加热时生成的油蒸气容易逸出。

2. 参照附图 4-7 安装仪器。首先将镍铬三角架放到合适的支架(或支环)上，将遮焰体放在镍铬三角架上，然后将上述准备好的全套坩埚放在镍铬三角架上，必须使外铁坩埚放在遮焰体的正中心(外铁坩埚在遮焰体内不应倾斜)。全套坩埚用圆铁罩罩上，以使反应过程中受热均匀。

3. 置灯头于外铁坩埚底下约 50mm 处，进行强火加热(但不冒烟)，使预点火阶段控制在 10min±1.5min 内(时间短则可能由于蒸馏开始得过快而容易引起发泡或火焰太高)。当罩顶出现油烟时，立即移动或倾斜喷灯，令火焰触及坩埚的边缘，使油蒸气着火。然后暂时移开喷灯，调节火焰，再将灯放回原处。要使灯调到着火的油蒸气均匀燃烧，火焰高出烟囱，但不超过火桥。如果罩上看不见火焰时，可适当加大喷灯的火焰。油蒸气，燃烧阶段应控制在13min±1min内完成。如果火焰高度和燃烧时间两者不可能同时符合要求时，则控制燃烧时间符合要求更为重要。

注：如果出现试样沸腾溢出，需要首先把试样量减少到5g，如果还不行，再次减至3g以解决这个困难。

4. 当试样蒸气停止燃烧，罩上看不见蓝烟时，立即重新增强煤气喷灯的火焰，使之恢复到开始状态，使外铁坩埚的底部和下部呈樱桃红色，并准确保持7min。总加热时间(包括预点火和燃烧阶段在内)应控制在30min±2min内。

5. 移开煤气喷灯，使仪器冷却到不见烟(约15min)，然后移去圆铁罩和外、内铁坩埚的盖，用热坩埚钳将瓷坩祸移入干燥器内，冷却40min后称重，称准至0.0001g，计算残炭占试样的百分数。

残炭值超过5 %的试验步骤

该试验步骤适用于重质原油、渣油、重燃料油和重柴油之类的油品。按第4章规定的试验步骤（用10g试样)测得残炭值大于5 %时，会因试样沸腾溢出而使试验正常进行有困难。此外，由于重 质油品脱水困难也可能遇到麻烦。

1. 对按4.1规定的试验步骤测得残炭值在5%~15%的试样，需称5g±0.5g试样重做。若残炭值大于15%，则称3g±0.1g试样重做。试样量称准至0.005g。

2. 当用5g或3g试样时，要按4.3规定的时间来控制预点火和燃烧时间是不大可能的。但尽管如此，试验结果仍是可靠的。

测定10 %蒸余物残炭的试验步骤

1. 10%蒸余物的制备

10%蒸余物的制备方法有两种：《石油产品蒸馏测定法》(GB 6536)和《石油产品馏程测定法》(GB 255)。制备时可采用两种方法的任何一种，现把两种方法分述如下。

石油产品蒸馏测定法(GB 6536)：

(1) 对要求测定10%蒸余物残炭的试样，用GB 6536获得10%蒸余物。蒸溜时使用250mL蒸溜烧瓶、200mL量筒和50mm孔径的石棉垫。

(2) 将温度为13~18℃的200mL试样置于蒸溜烧瓶内。冷凝槽温度维持在0~4℃，对某些凝点较高的试样可能需要维持在38~60℃，以防止蜡类物质在冷凝管中凝固。用量过试样的量筒(不要洗)作为接受器，并置于冷凝器出口的下方，不要使出口的尖端与量筒壁接触(为得到较准确的10%蒸余物，应设法使馏出物温度和装样温度一致)。

(3) 把蒸馏烧瓶匀速加热，使其在加热后10~15min内从冷凝器中滴下第1滴。第1滴落下后，移动量筒，使冷凝器出口尖端与筒壁接触。然后按每分钟8~10mL的均匀蒸馏速度调节加热量。继续蒸馏至馏出物收集到178mL±1mL时，停止加热，使冷凝器中馏出物收集在量筒中直到180mL(蒸溜烧瓶装入量的90%)时为止。

(4) 立即用小烧瓶代替量筒接收冷凝器中最后馏出物，趁热把留在蒸馏烧瓶内的残余物倒入小烧瓶内，混合均匀。此即为由原试样得到的10%蒸余物。

石油产品馏程测定法(GB 255)：

对要求测定10%蒸余物残炭的试样，用GB 255获得10%蒸余物，每次试验时进行不少于两次的蒸馏，收集其10%蒸余物作为试样。

2. 在蒸余物温热能流动的情况下，将10g±0. 5g蒸余物倒入已称重并用作测定残炭的坩埚内。冷却后称试样的质量，称准至0. 005g，并测定残炭值。

六、计算

计算试样或10%蒸余物的康氏残炭值；X[%(m/m)]按下式计算：

$$X=\frac{m_1}{m_0}\times 100$$

式中 m_1——残炭的质量，g；

m_0——试样的质量，g。

七、精密度

按附图4-8数值来判断试验结果的可靠性(95%置信水平)。

1. 重复性

同一操作者测得的两个结果之差，不应超过附图4-8所示的重复性数值。

2. 再现性

由两个实验室提供的两个结果之差，不应超过附图4-8所示的再现性数值。

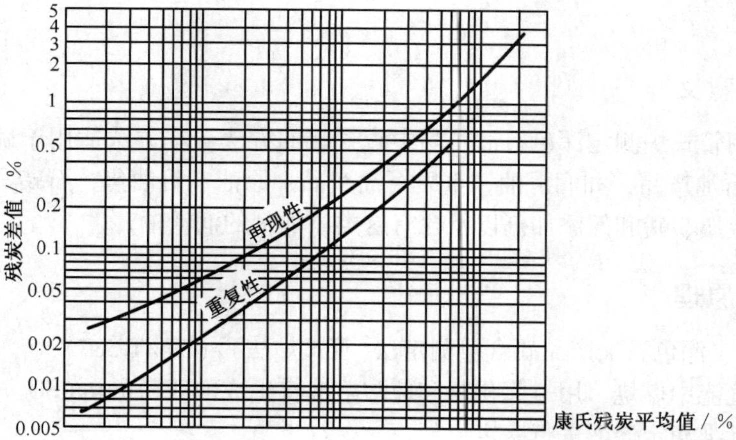

附图4-8 精密度

八、报告

取重复测定两个结果的算术平均值，作为试样或10%蒸余物的残炭值。

附录E

两个方法所测残炭值相互关系(GB 268康氏残炭和ZBE 30001兰氏残炭)

由于康氏残炭和兰氏残炭两种试验方法的条件所限，所以在两种方法测得的结果之间并不存在精确的相互关系。但近似的相互关系(附图4-9)已有人用18个有代表性的石油产品的协作试验结果推导得出，并用约150个样品(没有参加协作试验的样品)的试验数据进行了验证。对于非通用型的石油产品，用两种方法所得的试验结果可能不落在附图 4-9 相互关系曲线的附近。这个近似的相互关系用于低残炭值试样时应加以注意。

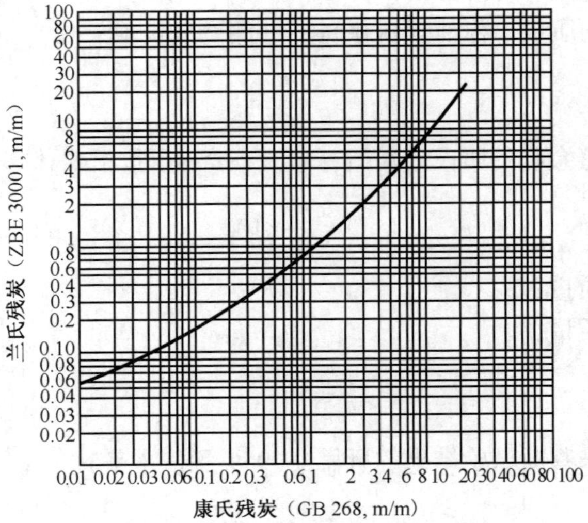

附图 4-9　康氏和兰氏残炭值的相互关系图

实训 4-5　深色石油产品硫含量测定(管式炉法)

一、目的意义

要求掌握用管式炉测定深色石油产品中硫含量的方法；本方法适用于硫含量大于 0.1%(m/m)的深色石油产品，如润滑油、重质石油产品、原油、石油焦、石蜡和含硫添加剂等。不适用于含有金属、磷和氯添加剂以及含有这类添加剂的润滑油。

二、方法原理

参考标准：《深色石油产品硫含量测定法(管式炉法)》(GB/T 387)

试样在空气流中燃烧，用过氧化氢和硫酸溶液将生成的亚硫酸酐(SO_2)吸收，生成的硫酸用氢氧化钠标准滴定溶液进行滴定.

三、仪器、材料和试剂

1. 仪器

(1) 管式电阻炉：水平型，其长度为不小于 130mm，炉膛直径为 22mm。附温度控制器，能保证加热到 900~950℃，并包括镍铬-镍硅(镍铬-镍铝)热电偶装置。

(2) 瓷舟：符合 SY 3302 中规定的定硫用舟形瓷舟的要求，供装试样燃烧用。新瓷舟在使用前需在 900~950℃燃烧 30min，取出后，在室温中冷却、备用。

(3) 石英管：带石英弯管(附图 4-10)，也可以用瓷制管。

(4) 流量计：测量送入空气的流速用，其测量范围为 0~800mL/min。

(5) 洗气瓶：3 个(附图 4-11 中 1、2、3)，净化空气用，每个容量不少于 250mL。

（6）水流泵或实验室用空气压缩机，或用实验室装备的压缩空气管线。

（7）量筒：250mL。

（8）微量滴定管：10mL，最小分度 0.05 mL，备用瓶子、压液用橡胶囊和充满碱石灰的氯化钙管。

（9）滴定管：25mL，分度为 0.1mL。

（10）吸管：5mL，分度为 0.05mL；10mL，分度为 0.1mL。

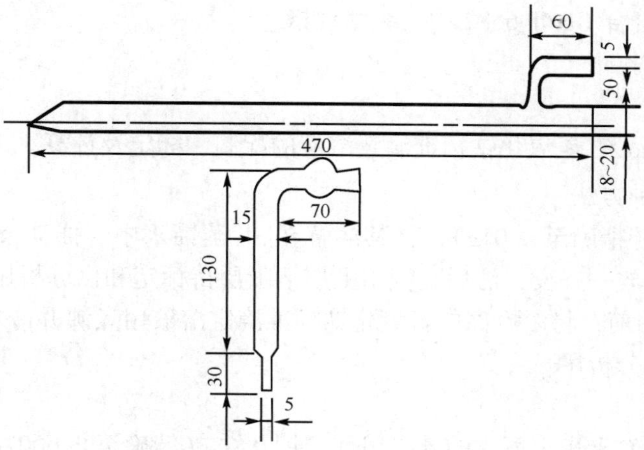

附图 4-10 石英弯管

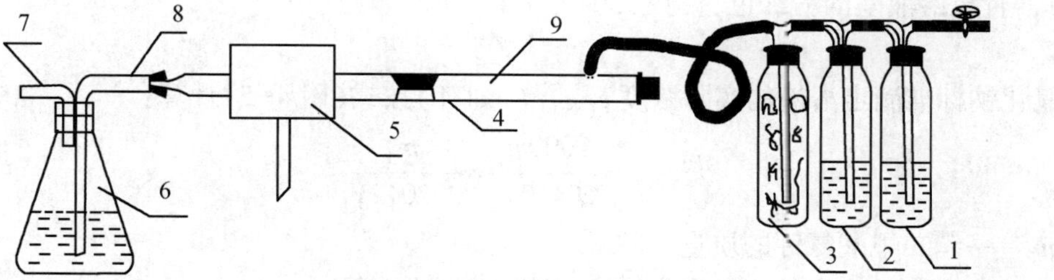

附图 4-11 管式炉法定硫仪器组成

1，2，3—洗气瓶；4—瓷舟；5—管式电阻炉；6—接收器；7—连接泵的出口管；8—石英弯管；9—磨口石英管

2. 材料

（1）细沙(或耐火黏土或石英砂)：经 900~950℃煅烧脱硫，并在研钵中磨细。经孔径为 0.25mm 的金属过滤器筛选，选取微粒尺寸大于 0.25mm 部分。

（2）白油：硫含量小于 5mg/L，或符合 GB 1790 规格的医药凡士林。

（3）医用脱脂棉。

3. 试剂

（1）硫酸：分析纯，配成 $c_{(1/2H_2SO_4)}$ = 0.02mol/L 硫酸溶液。

（2）氢氧化钠：分析纯，配成 40%(m/m)氢氧化钠溶液。

（3）30%过氧化氢：分析纯。

(4) 高锰酸钾：化学纯，配成 $c_{(1/5KMnO_4)}=0.1mol/L$ 高锰酸钾溶液。

(5) 苯二甲酸氢钾：基准试剂。

(6) 95%乙醇：分析纯。

(7) 甲基红指示剂：配成0.2%甲基红乙醇溶液。

(8) 次甲基蓝指示剂：配成0.1%次甲基蓝乙醇溶液。

(9) 混合指示剂：将(7) 与(8) 指示剂溶液按体积比1∶1混合制成。

(10) 酚酞指示剂：配成1%乙醇溶液。

(11) 蒸馏水：符合GB/T 6682中三级水规格。

四、准备工作

1. $c_{(NaOH)}=0.02mol/L$ 氢氧化钠标准滴定溶液的配制、标定及计算。

(1) 配制(有两种方法)

① 称取3gNaOH(精确至0.01g)，将其溶解在3L蒸馏水中。摇动，将得到的溶液仔细地混合，并在暗处存放一昼夜，然后，倾出上层清晰层待标定和供分析用。

② 也可以在临用前，将浓度高的氢氧化钠标准滴定溶液用煮沸并冷却后的蒸馏水稀释，必要时重新标定后供分析用。

(2) 标定

称取于110~115℃干燥至恒重的苯二甲酸氢钾0.08g(精确至0.0002g)。将其溶于35mL新鲜的、重新充分煮沸、冷却的蒸馏水中，加入3~4滴酚酞-乙醇溶液，尽快地用待标定的NaOH标准滴定溶液进行滴定(滴定时，在滴定管上部末端用装满碱石棉或碱石灰的氯化钙管保护)，直至溶液呈淡粉红色，稳定30s。

计算

氢氧化钠标准滴定溶液的实际浓度 $c_{(NaOH)}$(mol/L)按式(附4-5)计算：

$$c_{(NaOH)}=\frac{1000m_1}{204.2V_1}=\frac{m_1}{0.2042V_1} \tag{附4-5}$$

式中 m_1——苯二甲酸氢钾的质量，g；

V_1——滴定时，消耗的氢氧化钠标准滴定溶液的体积，mL；

0.2042——与1.00mL氢氧化钠标准滴定溶液 $c_{(NaOH)}=1.000mol/L$ 相当的以克表示的苯二甲酸氢钾的质量。

2. 在试验前，将接受器、洗气瓶、石英弯管等用蒸馏水洗净，并干燥。

3. 在空气净化装置(附图4-11)装配之前，沿空气流入顺序，将高锰酸钾溶液注入洗气瓶1中，达其容量的一半；将40%NaOH溶液注入洗气瓶2中，达到其容量的一半；将医用脱脂棉装入洗气瓶3中。然后用橡胶管依次将它们连接起来。

4. 装吸收溶液并连通气路系统：用量筒量取150mL蒸馏水，用两支吸管分别量取5mL 30% H_2O_2 和7mL 0.02mol/L硫酸溶液，并注入接收器6中。然后用橡胶塞将接受器塞住，该橡胶塞上带有石英弯管8和一支连接水流泵的出口管7。将石英弯管与石英管9连接。将石英管水平安装在管式电阻炉中，石英管的另一端用塞子塞住，并将侧支管与净化系统连接起来。

5. 检查试验装置的气密性：在进行试验前必须检查安装好设备的密闭性。将接受器的支管连接到水流泵上，整个系统通入空气，然后将净化系统支管上的活塞关闭。此时在接受器和空气净化系统中都不应该有空气泡出现。如果遇到漏气时，则整个系统发生不密闭现象，可以将所有连接处涂上肥皂水，并排除漏气现象。

6. 预热：整个装置检查合格后，打开管式电阻炉电源开关，调节温度控制器，慢慢地将石英管加热到900~950℃。为了测量和调节管式电阻炉加热的温度，将热电偶插入管式电阻炉内，使热电偶的接合点位于管式电阻炉的中央，它的两端连接在温度控制器上，以便测量和调节炉温。

注：如实验室空气的硫含量经常有变化，则可以在洗气瓶前连接一支装有活性炭的U形管。

五、实验步骤

1. 取样：在瓷舟中称入被分析的试样，精确至0.0002g。试样应均匀地分布在瓷舟的底部，按附表4-1称取试样量。

附表4-1 称取试样的质量

试样中预计硫含量(质量分数)/%	试样量/g
<2	0.2~0.1
2~5	0.1~0.05

如果试样的硫含量大于5%(质量分数)时，则用白油(或医用凡士林)预先稀释，以使其硫含量不大于5%(质量分数)。

注：分析高含硫样品[硫含量大于5%(质量分数)]时，准许在微量天平上称取少于0.03g试样，精确至0.00003g。分析石油焦时，按SY 2001和SY 2871中有关石油焦取样的规定进行取样。准备好试样，并在研钵中将其捣碎。

2. 试样的燃烧：瓷舟中的试样须用预先筛选或煅烧过的细沙(或耐火黏土、石英砂)覆盖(石油焦试样可以不撒细沙)。将装有试样的瓷舟放入石英管(放在管式炉进口的前部)。然后很快地将塞子塞住石英管，连接水流泵或空气通入系统，并将空气送入整个系统。空气流速用流量计来测量，其流速约为500mL/min。

试样的燃烧在900~950℃下进行，燃烧时间为30~40min；而对芳烃含量为50%或大于50%的石油产品，燃烧时间为50~60min。管式电阻炉要逐渐地移到瓷舟的位置上去(或将石英管慢慢地移动，使瓷舟逐渐地置于管式电阻炉的加热部分，可由仪器预先设定的程序移动)，试样不准点火。在燃烧完毕以后，将装有瓷舟的石英管放在管电阻炉中部最红的部分再焙烧15min。

3. 滴定操作：试验结束时，将管式电阻炉(或石英管)逐渐移回原来位置，关闭水流泵，取下接受器。用25mL蒸馏水洗涤石英弯管，将洗涤液流入接受器中。向接受器的溶液中加入8滴混合指示剂溶液，用NaOH标准滴定溶液进行滴定，直至红紫色变成亮绿色为止。如果试样中硫含量大于2%(质量分数)，则滴定时使用容量为25mL的滴定管。

4. 空白试验：试验前，按同样条件，进行空白试验。

六、计算

1. 试样的硫含量 X_1[%(质量分数)]按式(附 4-6)计算:

$$X_1=\frac{16c(V_2-V_0)\times100}{1000m_2}=\frac{0.016c(V_2-V_0)\times100}{m_2} \quad \text{(附 4-6)}$$

式中 c——氢氧化钠标准滴定溶液的实际浓度，mol/L;

V_2——滴定试样燃烧后生成物时，消耗氢氧化钠标准滴定溶液的体积，mL;

V_0——滴定空白试验时，消耗氢氧化钠标准滴定溶液的体积，mL;

0.016——与 1.00mL 氢氧化钠标准滴定溶液 $c_{(NaOH)}$ = 1.000mol/L 相当的以 g 表示的硫的质量;

m_2——试样的质量，g。

2. 稀释试样的硫含量 X_2[%(质量分数)]按式(附 4-7)计算:

$$X_2=\frac{16c(V_3-V_0)\times100m_3}{1000m_4\cdot m_5}=\frac{0.016c(V_3-V_0)\times100m_3}{m_4\cdot m_5} \quad \text{(附 4-7)}$$

式中 c——氢氧化钠标准滴定溶液的实际浓度，mol/L;

V_3——滴定试样燃烧后生成物时，消耗氢氧化钠标准滴定溶液的体积，mL;

V_0——滴定空白试验时，消耗氢氧化钠标准滴定溶液的体积，mL;

0.016——与 1.00mL 氢氧化钠标准滴定溶液 $c_{(NaOH)}$ = 1.000mol/L 相当的以 g 表示的硫的质量;

m_3——稀释时所取白油(或医用凡士林)和被测试样的总质量，g;

m_4——稀释时所取高硫含量被测试样的质量，g;

m_5——试验时所取混合物的质量，g。

七、精密度和偏差

按下述规定判断试验结果的可靠性(95%置信水平)。

1. 重复性：同一操作者重复测定的两个结果之差不应大于附表 4-2 中规定的数值。

2. 再现性：不同实验室各自提出的两个测定结果之差不应大于附表 4-2 中规定的数值。

附表 4-2

%(质量分数)

硫含量	重复性	再现性
≤1.0	0.05	0.20
>1.0~2.0	0.05	0.25
>2.0~3.0	0.10	0.30
>3.0~5.0	0.10	0.45

八、报告

1. 取重复测定的两个结果的算术平均值作为试样的硫含量测定结果。

2. 试验结果修整至 0.01%(质量分数)。

九、影响因素及注意事项

1. 试样燃烧条件　为保证试样的燃烧完全，要按方法规定的试样燃烧的温度、时间和焙烧时间操作。且试样不准着火，防止气化后未燃烧样品被空气流带走。

2. 燃烧生成物吸收　试验前许检查安装的设备的密封性，按规定控制好空气的流速。进入系统的空气要按规定净化。

实训 4-6　石油产品水分测定

一、目的意义

要求了解石油产品水分测定的基本原理及水分的影响。掌握水分的测定方法和计算方法，并能够准确地测定所给试样的水分含量。

二、方法原理

参考标准：《石油产品水分测定法》(GB/T 260—1977)

石油产品中的水分主要来源于：

1. 在运输、储存和使用过程中，可能由于各种原因而使石油产品中混入水分。

2. 石油产品有一定的吸水性，能从大气中(尤其在空气中湿度增大时)或与水接触时，吸收和溶解一部分水，油品中芳香烃含量增加也使其溶水性增加。汽油、煤油几乎不与水混合，但仍可溶有不超过 0.01%的水。而且要把这类极少的溶解水完全除去是比较困难的。

水在石油产品中的存在状态有游离态、乳化态、溶解态 3 种状态。测定时，要经过各种预处理，再进行测定。基本原理是将一定量的试样与无水溶剂混合，用水分测定器进行蒸馏测定其水分含量，并以百分数表示。

三、仪器、材料和试剂

1. 水分测定器：如附图 4-12 所示，包括圆底玻璃烧瓶 1 容量为 500mL；接受器 2(附图 4-13)和直管式冷凝管 3，长度为 250~300mm。

水分测定器的各部分连接处，可以用磨口塞或软木塞连接(仲裁试验时必须用磨口塞连接)。接受器的刻度在 0.3mL 以下设有 10 等分的刻线，0.3~1.0mL 之间设有 7 等分的刻线，1.0~10mL 之间每分度为 0.2mL。

2. 溶剂：工业溶剂油或直馏汽油在 80℃以上的馏分，溶剂在使用前必须脱水和过滤。

3. 无釉瓷片、浮石或一端封闭的玻璃毛细管，在使用前必须经过烘干。

四、实验步骤

1. 将装入量不超过瓶内容积 3/4 的试样摇动 5min，要混合均匀。黏稠的或含石蜡的石油产品应预先加热至 40~50℃，再进行摇匀。

2. 向预先洗净并烘干的圆底烧瓶 1 中称入摇匀的试样 100g，称准至 0.1g。

用量筒取 100mL 溶剂，注入圆底烧瓶中。将圆底烧瓶中的混合物仔细摇匀后，投入一些无釉瓷片、浮石或毛细管。

注：① 对黏度小的试样可以用量筒量取 100mL，注入圆底烧瓶中，再用这只未经洗涤的量筒量出 100mL 的溶剂。圆底烧瓶中的试样质量，等于试样的密度乘 100 所得之积。

② 试样的水分超过 10% 时，试样的质量应酌量减少，要求蒸出的水不超过 10mL。

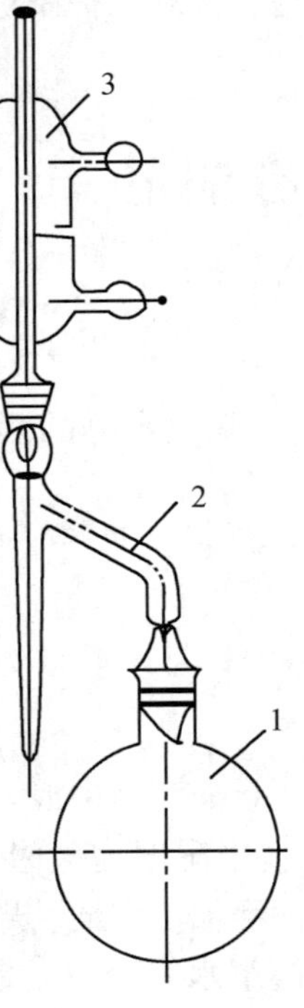

1—圆底烧瓶；2—接收器；3—冷凝管

附图 4-12　水分测定器

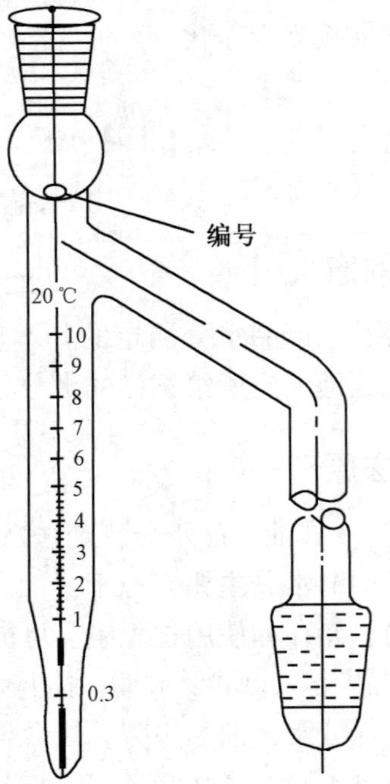

附图 4-13　接收器

3. 洗净并烘干的接收器 2 要用它的支管紧密地安装在圆底烧板 1 上，使支管的斜口进入圆底烧瓶 15~20mm。然后在接受器上连接直管式冷凝管 3，冷凝管的内壁要预先用棉花擦干。安装时，冷凝管与接受器的轴心线要互相重合，冷凝管下端的斜口切面要与接受器的支管管口相对。为了避免蒸气逸出，应在塞子缝隙上涂抹火棉胶。进入冷凝管的水温与室温相差较大时，应将冷凝管的上端用棉花塞住，以免空气中的水蒸气进入冷凝管凝结。

注：允许在冷凝管的上端，外接一个干燥管，以免空气中的水蒸气进入冷凝管凝结。

4. 用电炉、酒精灯或调成小火焰的煤气灯加热圆底烧瓶，并控制回流速度，使冷凝管的斜口每秒滴下 2~4 滴液体。

5. 蒸馏将近完毕时，如果冷凝管内壁沾有水滴，应使圆底烧瓶中的混合物在短时间内进行剧烈沸腾，利用冷凝的溶剂将水滴尽量洗人接受器中。

6. 接收器中收集的水体积不再增加，而且溶剂的上层完全透明时，应停止加热。回流的时间不应超过 1h。

停止加热后，如果冷凝管内壁仍沾有水滴，应从冷凝管上端倒入溶剂，把水滴冲进接受器。如果溶剂冲洗依然无效，就用金属丝或细玻璃棒带有橡皮或塑料头的一端，把冷凝器内壁的水滴刮进接收器中。

7. 圆底烧瓶冷却后，将仪器拆卸，读出接受器中收集水的体积。

当接受器中的溶剂呈现浑浊，而且管底收集的水不超过0.3mL时，将接受器放入热水中浸20~30min使溶剂澄清，然后再将接受器冷却到室温，再读出管底收集水的体积。

五、计算

1. 试样的水分含量(质量分数)X按式(附4-8)计算

$$X=\frac{V}{G}\times 100 \tag{附4-8}$$

式中 V——在接受器中收集水的体积，mL；

G——试样的质量，g。

注：水在室温的密度可以视为1，因此可用水的毫升数作为水的克数。试样的质量为100g±1g时，在接受器中收集水的毫升数，可以作为试样的水分质量含量测定结果。

2. 试样的水分含量(体积分数)Y按式(附4-9)计算

$$Y=\frac{V\cdot\rho}{G}\times 100 \tag{附4-9}$$

式中 V——接受器中收集水的体积，mL；

ρ——注入烧瓶时的试样的密度，g/mL；

G——试样的质量，g。

注：量取100mL试样时，在接受器中收集水的毫升数，可以作为试样的水分体积百分含量测定结果。

六、精密度和偏差

在两次测定中，收集水的体积差数，不应超过接受容器的一个刻度。

七、报告

1. 取两次测定的两个结果的算术平均值，作为试样的水分。
2. 试样的水分少于0.03%，认为是痕迹。在仪器拆卸后接受器中没有水存在，认为试样无水。

八、影响因素及注意事项

1. 溶剂必须无水，仪器必须干燥。
2. 试样与溶剂一定要混合均匀，才能在一定条件下形成稳定的恒沸物，以便分离水分。
3. 在操作过程中要防止加热过快时产生爆沸现象。

实训4-7 石油产品灰分测定

一、目的意义

掌握石油产品的灰分测定方法。

本方法不适用于含有生灰添加剂(包括某些含磷化合物的添加剂)的石油产品，也不适用于含铅的润滑油和用过的发动机曲轴箱油。

二、方法原理

参考标准：《石油产品灰分测定法》(GB/T 508—1985)

用无灰滤纸作引火芯，点燃放在一个适当容器中的试样，使其燃烧到只剩下灰分和残留的碳。碳质残留物再在775℃高温炉中加热转化成灰分，然后冷却并称重。

三、仪器、材料和试剂

1. 仪器

(1) 瓷坩埚或瓷蒸发皿：50mL 和 90~120mL。

注：瓷坩埚或瓷蒸发皿可以使用至其里面的釉质损坏为止。

(2) 电热板或电炉。

(3) 高温炉：能加热到恒定于775℃±25℃，用温度调节器调节炉中温度(高温炉温度的测量，可用热电偶和刻度为1000℃的毫伏计进行)。热电偶最好放在炉后壁的孔中，热焊头置于炉膛的中心处。

(4) 干燥器：不装干燥剂。

2. 材料

定量滤纸：直径9cm。

3. 试剂

盐酸：化学纯，配成1∶4的水溶液。

四、准备工作

1. 将稀盐酸(1∶4)注入所用的瓷坩埚(或瓷蒸发皿)内煮沸几分钟，用蒸馏水洗涤。烘干后放在高温炉中在775℃±25℃温度下煅烧至少10min，取出在空气中冷却3min，移入干燥器中。冷却至室温后[a]，进行称量，称准至0.0001g。

重复进行煅烧、冷却及称量，直至连续两次称量间的差数不大于0.0005g为止。

注：a 一个干燥器中放一对坩埚为宜。放一对50mL的坩埚，一般冷却30~45min可达到室温；放一对100mL的坩埚，一般冷却45min~1h可达到室温。坩埚一经冷却就应进行称量，坩埚在干燥器内停留多长时间，则其后的所有称量都应当让其在干燥器内停留同样长的时间以后才进行。

2. 取样前将瓶中试样(其量不得多于该瓶容积的3/4)剧烈摇动均匀，要确保所取试样有真正的代表性。对粘稠的或含蜡的试样需预先加热至50~60℃，再摇动均匀后进行取样。

五、实验步骤

1. 将已恒重的坩埚称准至0.01g，并以同样的准确度称入试样。所取试样量的多少依试样灰分含量的大小而定，以所取试样能足以生成20mg的灰分为限，但最多不要超过100g。如果试样较多，一个坩埚盛不下时，需分两次燃烧试样，这时可用一个合适的试样容器，从其最初质量与最后质量之差来求得试样用量。

注：根据情况，一般可取25g试样装在50mL的坩埚内进行试验，但对试验结果有争议时，应按上述的试样量进行试验。

2. 用一张定量滤纸叠成两折，卷成圆锥状，用剪刀把距尖端5~10mm的顶端部分剪去，放入坩锅内。把卷成圆锥状的滤纸(引火芯)安稳地立插在坩埚内的油中，将大部分试样表面盖住。

3. 测定含水的试样时，将装有试样和引火芯的坩埚放置电热板上，缓慢加热，使其不溅出，让水慢慢蒸发，直到浸透试样的滤纸可以燃着为止。

引火芯浸透试样后，点火燃烧。试样的燃烧应进行到获得干性碳化残渣时为止。燃烧时，火焰高度维持在 10cm 左右。

对黏稠的或含蜡的试样，一边燃烧一边在电炉上加热。燃烧开始后，调整加热，使试样不至溅出，亦不从坩埚边缘溢出。

4. 试样燃烧之后，将盛有残渣的坩埚移入加热到 775℃±25℃的高温炉中(应注意防止突然爆燃、冲出。可能时，可把坩埚先移入炉中，或于温度较低时移入炉中，其后才升至 775℃±25℃)，在此温度下加热，直到残渣完全成为灰烬(一般保持 1.5~2.1h)。

5. 残渣成灰后，将坩埚放在空气中冷却 3min，然后在干燥器内冷却至室温后进行称量，称准至 0.0001g。再移入高温炉中煅烧 20~30min。重复进行煅烧、冷却及称量，直至连续两次称量间的差数不大于 0.0005g 为止。

六、计算

试样的灰分 X(%)按下式计算：

$$X=\frac{G_1}{G}\times 100$$

式中 G_1——灰分的质量，g；

G——试样的质量，g。

七、精密度和偏差

用下列数值来判断结果的可靠性(95%置信水平)。

1. 重复性

同一操作者测得的两个结果之差不应超过以下数值：

灰分/%	重复性
0.001 以下	0.002
0.001~0.079	0.003
0.080~0.180	0.007
0.180 以上	0.01

2. 再现性

由两个实验室提供的两个结果之差，不应超过以下数值：

灰分/%	再现性
0.001 以下	未定
0.001~0.079	0.005
0.080~0.180	0.024
0.180 以上	未定

八、报告

取重复测定两个结果的算术平均值，作为试样的灰分。

第五章　航空润滑脂分析

第一节　美国常用航空油脂

航空润滑脂主要用于飞机仪表及操纵部件，低温性能要求苛刻，同时还有部分在起落及运动部件上的高温脂。美国常用航空油脂的种类和应用如表 5-1 所示。

表 5-1　美国航空油脂的种类和应用

名称	标准	商品牌号	应用
通用航空油脂	MIL-G-23827A	航空壳牌 7 号油脂	工作温度范围为-73～121℃，用于操纵系统、电动机、轴承、齿轮、传动螺杆等滑动/滚动表面
通用航空油脂	MIL-G-81322C	航空壳牌 22 号油脂	工作温度范围为-54～177℃，用于润滑高速、高温范围工作的飞机附件、机轮轴承、齿轮箱等
直升机摆动轴承油脂	MIL-G-25537B	航空壳牌 14 号油脂	工作温度范围为-54～71℃，主要润滑飞机小振幅振动轴承
高温抗燃烧油脂	MIL-G-27617	FS1292	用于燃油系统的锥形塞阀、垫圈、轴承等。使用温度：I 型：-45～149℃；II 型：-40～204℃
耐油气、滑油油脂	MIL-G-6032C	航空壳牌 S7108 号油脂	工作温度范围为-30～150℃，用于抗汽油、抗滑油、抗醇或抗水的系统中
航空滚动轴承油脂	MIL-G-25013D	航空壳牌 15 号油脂	工作温度范围为-73～232℃，主要用于飞机各种受力轴承

第二节　国产航空润滑脂

国产航空润滑脂的专用性强，按航空机械润滑部件的工作条件不同，使用不同品种的润滑脂，下面简要介绍几种国内民航部分航空脂的生产方法、产品性能的技术要求及名称和代号。

一、2 号低温润滑脂和 7023 号润滑脂

1. 生产方法

2 号低温润滑脂和 7023 号润滑脂是飞机一般用途润滑脂，分别属于矿油基多用途低温润滑脂中的 A 型和 B 型。

基本组成：A 型有矿物油、脂肪酸锂皂、抗氧剂；B 型有半合成油、复合酰胺盐、复合添加剂。

2. 产品性能

呈浅黄色至淡褐色光滑均质软膏，具有良好的低温性、润滑性、防护性和抗水性，但高

温蒸发性和胶体安定性较差。

3. 产品标准

符合《多用途低温润滑脂规范》(GJB 2660—1996)。2 号低温润滑脂的质量指标还有两个企业标准，即 Q/YL 02.14—90、Q/SY 15006—81。质量技术要求如表 5-2 所示。

表 5-2　2 号低温脂与 7023 号润滑脂技术要求

项　目		质量指标		试验方法
		A 型	B 型	
外观		浅黄至浅褐色均匀油膏	黄色或红色均匀油膏	目测
相似黏度[-50℃，$10s^{-1}$/(Pa·s)]	不大于	1100	1100	SH/T 0048
强度极限(50℃)/Pa		250~500	—	SH/T 0323
滴点/℃	不低于	180	180	GB/T 4929
压力分油质量分数/%	不大于	30	20	GB/T 392
腐蚀(T2 铜片，100℃，3h)		合格	合格	SH/T 0331
氧化安定性(120℃，10h) 酸值(mgKOH/g)	不大于	4.0	3.0	GJB 3460 附录 A
水分/%		—	—	GB/T 512
游离碱/NaOH%	不大于	0.1	—	SH/T 0329
机械杂质(酸分解法)		—	—	GB/T 513
工作锥入度/0.1mm		270~320	270~320	GB/T 269
蒸发量(120℃，1h)/%		25.0	12.0	SH/T 0337
防护性能(45 号钢片、H62 号铜片，60℃，48h)		—	合格	SH/T 0335
杂质(显微镜法)/(个/cm^3) 直径 25~74μm 直径 74~124μm 直径 124μm 以上	 不大于 不大于 	 — — —	 5000 1000 —	SH/T 0336

4. 主要用途

2 号低温润滑脂是目前各型军用飞机上普遍使用的一种锂基润滑脂。于-60~120℃温度范围工作的高速、低负荷轴承的润滑，广泛用于飞机的操纵系统防护与润滑，小功率航天电机、精密仪表、无线电设备，以及各种轻负荷、高转速、宽温度范围(-60~120℃)内的各种机械设备的滚动轴承和滑动轴承及其他磨损部件的润滑。由于以低黏度矿油作基础油，高温性能差，挥发性大，易干涸，在新型飞机上的应用范围逐渐缩小。

7023 号润滑脂根据 2 号低温脂的用途，针对其缺点，改变了组成，采用半合成油为基础油，高、低温等综合性能明显优于 2 号低温脂，可用于飞机操纵系统一般润滑和军械的滑动部件。适用温度为-60~100℃(120℃)。

二、2 号航空润滑脂(202 润滑脂)

1. 生产方法

由硬脂酸和蓖麻油锂皂稠化中等黏度的低凝润滑油，并加有一定量的抗氧剂制成。主要由抚顺石化公司石油一厂生产。

2. 产品性能

本产品呈黄色至淡褐色光滑均匀软膏，具有优良的低温性能、高温性能和抗水性能，可用于宽广温度范围内工作的滚珠轴承的润滑，具有优良的高低温性能、机械安定性、胶体稳定性和氧化安定性能。

3. 产品标准

2 号航空润滑脂的质量指标应符合 SH 0375-92 的技术要求。质量技术要求如表 5-3 所示。

表 5-3 2 号航空润滑脂(202 润滑脂)技术要求

项目		质量指标	试验方法
外观[a]		由黄至浅褐色的均匀软膏	目测
滴点/℃	不低于	170	GB/T 4929
工作锥入度/0.1mm		285~315	GB/T 269
腐蚀(T3 铜片，100℃，3h)		合格	SH/T 0331
水分		—	GB/T 512
游离碱/NaOH%	不大于	0.1	SH/T 0329
杂质(酸分解法)		—	GB/T 513
相似黏度[-30℃，$D=10s^{-1}$/(Pa·s)]	不大于	1500	SH/T 0048
漏斗分油(75℃，24h)/%		3~6	SH/T 0321
化学安定性(100℃，100h，0.80MPa)			SH/T 0335
压力降/MPa	不大于	0.05	
杂质(显微镜法)/(个/cm^3)			SH/T 0336
直径 25~75μm	不大于	1500	
直径 75~100μm	不大于	600	
直径 100μm 以上		—	

注：a 将润滑脂在 50mm ×30mm×2mm 的玻璃板上涂成 1mm 厚的脂层，对光观察。

4. 主要用途

2 号航空润滑脂是用黏度较高的低凝点基础油制成，油膜强度较高，可用于 3000r/min 以上的高速滚珠轴承中，使用温度范围为-50~150℃。

适用于航空电机和微电机的轴承、齿轮及操纵机构的支点、组装连接部位以及某些仪器、仪表的润滑；航空润滑脂也适用于高速球轴承的润滑；在 5000~20000r/min 的磨床主轴上一次加脂使用周期为 3 年，是使用 2#、3# 主轴润滑寿命的 6 倍。航空润滑脂代替 5#、7#、10# 主轴油，润滑成本可大幅度下降。航空润滑脂使用于连续工 2000/min 的纺纱机锭子轴承、加脂时间间隔可延长到半年。适用于 3600r/min 气流纺分离式锭子轴承，补充润滑脂时间间隔可延到 3 个月。航空润滑脂可使用在寒区户外工作的机电设备的球轴承(如直流须刀)及低温流体输送泵(如甲烷、乙烷回流泵)电机等的轴承润滑。

三、4 号高温润滑脂(50 号高温润滑脂)

1. 生产方法

是由脂肪酸钠皂稠化 20 号航空润滑油，并加有胶体石墨制成，主要由玉门炼油厂生产。

其组成%(质量分数)如下：

硬脂酸，二级：30±2；工业氢氧化钠(火碱)：计算量；胶体石墨油剂：2；20 号航空润滑油(GB/T 440)：余量。

2. 产品性能

呈黑绿色光滑均匀性软膏，具有良好的高温性能、极压抗磨性、胶体安定性和防护性。

3. 产品标准

符合《4 号高温润滑脂(50 号高温润滑脂)》[SH/T 0376—1992(2003)]，质量技术要求如表 5-4 所示。

表 5-4 4 号高温润滑脂(50 号高温润滑脂)技术要求

项目		质量指标	试验方法
外观		墨绿色均匀油性软膏	目测
滴点/℃	不低于	200	GB/T 4929
工作锥入度/0.1mm		170~225	GB/T 269
漏斗分油(50℃，24h)/%	不大于	6	SH/T 0321
腐蚀[a](钢片、青铜片、铝片，100℃，3h)		合格	SH/T 0331
灰分/%	不大于	7.0	SH/T 0327
水分	不大于	0.3	GB/T 512
游离碱/NaOH%	不大于	0.75	SH/T 0329
杂质[b](酸分解法)		无	GB/T 513

注：a. 进行腐蚀试验时采用下列牌号的金属试片：钢片(40 号、45 号或 50 号)；
按鉴定时采用的纯度相当的青铜片；
按鉴定时采用的纯度相当的铝片。

b. 测定杂质须在加入石墨前进行，作为生产厂的保证项目。

4. 主要用途

4 号航空润滑脂主要用于高温条件下工作的飞机发动机摩擦部位、着陆轮轴承、炮管螺帽及其他高温工作部分的润滑。

四、7007 号、7008 号通用航空润滑脂

1. 生产方法

由脂肪酸锂皂稠化双酯油制成，是中国石油化工科学研究院生产的宽温度航空润滑脂。基本组成：双酯、硬脂酸锂皂、抗氧剂、结构改善剂。7008 号另加有防锈添加剂。

2. 产品性能

具有良好的氧化安定性、胶体安定性、抗水性及中等载荷能力。由于 7008 号润滑脂加有防锈添加剂，具有良好的防护性能。符合美国 MIL-G-3278A 标准及英国 DTD 825B 标准。

3. 产品标准

符合《7007、7008 号通用航空润滑脂》(SH/T 0437—1992)。质量技术要求如表 5-5 所示。

表 5-5 7007、7008 号通用航空润滑脂技术要求

项　　目		质量指标		试验方法
		7007 号	7008 号	
外观		浅灰色至浅褐色均匀油膏	浅黄色均匀油膏	目测
滴点/℃	不低于	160	160	GB/T 4929
1/4 锥入度/0.1mm		55~76	55~76	GB/T 269
压力分油质量分数/%	不大于	26	20	GB/T 392
蒸发量(120℃，1h)/%		2.0	2.0	SH/T 0337
相似黏度[-50℃，$10s^{-1}$/(Pa·s)]	不大于	1100	1000	SH/T 0048
腐蚀（T3 铜片，100℃，3h)		合格	合格	SH/T 0331
氧化安定性(100℃，100h) 压力降/kPa	不大于	34.3	34.3	SH/T 0335
机械杂质/(个/cm^3) 直径 25~75μm 直径 75~125μm 直径 125μm 以上	 不大于 不大于 	 5000 1000 0	 5000 1000 0	SH/T 0336

4. 主要用途

7007 号、7008 号航空润滑脂专为航空润滑设计的，适用温度-60~300℃，属多用途航空润滑脂。适用于航空电机轴承和齿轮、操作机构支点、组装联接以及某些仪器、仪表的润滑，也适用于高速球轴承的润滑。另外，还可适用于非航空领域，应用于 5000~20000r/min 的磨床主轴，2000r/min 连续工作的纺纱加捻机锭子轴承，3600r/min 气流纺分离式锭子轴承和寒区户外工作的机电没备的球轴承(如直流发电机)、仪器仪表电机轴承、高速家用微电机(如家用粉碎机、电动剃须刀)及低温液体输送泵(如甲烷、乙烷回流泵)电机等轴承的润滑。

第三节　航空润滑脂的技术要求与分析

一、航空润滑脂性能

1. 性能要求

采用油脂润滑，可以简化密封和润滑系统，使结构更简单、质量更轻。油脂主要应用于轴承、铰链、转动接头、齿轮、螺纹、柔性轴、传动轴、控制钢索等部件的润滑。

由于飞机机型种类繁多、结构复杂，机内各种机械设备、机械、机件、仪表等品种复杂，其操作条件和操作环境的差别很大、特点各异，随之对所用的润滑脂的性能要求极其不同，归纳起来主要有如下方面：

(1) 具有长时间运行的可靠性和长寿命；

(2) 使用温度范围，在-54~300℃甚至更高些；

(3) 要求储存安定性和耐高温氧化性好；

(4) 具有更大的载荷能力，要求极性好；

(5) 润滑性优良；

(6) 高速性(DN 值达 1×10^6)；

(7) 抗腐蚀性；

(8) 与金属和各种橡胶材料的相容性；

(9) 耐燃料、耐油、耐氧化剂；

(10) 耐辐射性(核动力飞机)和抗冲击及抗振等。

2. 作用范围

润滑脂的使用范围很广，工作条件差异也很大。要求用某一种润滑脂来满足上述各种要求是不可能的。但总的来说，飞机用润滑脂应能满足高温和低温下的要求，即个有宽温度范围使用的高低温性能。除此之外，还应满足某一方面的特殊条件的要求如用于仪器仪表的润滑脂，应具有更好的高低温性能；用于机轮轴承和接近燃气部件的润滑脂，应具有更好的高温润滑性；由于金属表面直防护作用的润滑脂应具有良好的防锈性；用于航炮的润滑脂应具有抗腐蚀、极压性；用于接触燃料、醇类的润滑脂应具有不溶于接触介质的性能等。

二、航空润滑脂质量指标

润滑脂性能的评价，不但在生产上和研究工作上有决定性的意义，而且在使用部门对润滑脂的选择和检验上也是必不可少的。润滑脂的性能与基础油种类、精制深度、凝点、黏度、热安定性、抗氧化安定性、润滑性等有直接关系。一般要求基础油具有一定的精制深度，适宜的黏度和黏度指数，黏度范围宽，不同黏度的基础油可调制出不同用途的润滑脂。较低的凝点，良好的热安定性和抗氧化安定性，另外，还要具有良好的极压、抗磨性，防水、防腐、防锈性能等。

1. 稠度

在规定的剪力或剪速下，测定润滑脂结构体系变形程度以表达体系的结构性，即为稠度。它是一个与润滑脂所在润滑部位上的保持能力和密封性能，以及与润滑脂的泵送和加注方式有关的重要性能指标。某些润滑点之所以要使用润滑脂，就是因为其有一定的稠度，从而使其具有一定的抵抗流失的能力。不同稠度的润滑脂所适用的机械转速、负荷和环境温度等工作条件不同，因此，稠度是润滑脂的一个重要质量指标。

润滑脂的稠度等级可用锥入度来表示。润滑脂的锥入度是指在规定时间、温度(25℃)条件下，规定重量的标准圆锥体由自由落体垂直传入装于标准脂杯内的润滑脂，经过 5s 所达到的深度，以(1/10)mm 表示。润滑脂的锥入度测定可按《涯滑脂和石油脂锥入度测定法》(GB/T 269—1991)方法进行。具体实验操作过程如实训 5-1 所示。

润滑脂锥入度通常包括不工作、工作、延长工作、块锥入度四种，不工作锥入度一般不像工作锥入度那样能有效地代表使用中润滑脂的稠度，通常检验润滑脂时最好用工作锥入度。延长工作锥入度适用于工作超过 60 次所测定的锥入度。

锥入度反映了润滑脂在低剪切速率条件下变形与流动性能。锥入度值越高，脂越软，即稠度越小，越易变形和流动；锥入度值越低，则脂越硬，即稠度越大，越不易变形和流动。由此可见，锥入度可有效地表示润滑脂的稠度，是选用润滑脂的亘要依据。我国用锥入度范围来划分润滑脂的稠度牌号。GB/T 7631. 1—2008 和国际上广泛采用的美国润滑脂协会(NLGI)的稠度编号相一致。

2. 高温性能

温度对于润滑脂的流动性具有很大影响，温度升高，润滑脂变软，使得润滑脂附着性能降低而易于流失。另外，在较高温度条件下还易使润滑脂的蒸发损失增大，氧化变质与凝缩分油现象严重。润滑脂失效的主要原因，大多是由于凝胶的萎缩和基础油的蒸发损失所致，即润滑脂失效过程的快慢与其使用温度有关。高温性能好的润滑脂可以在较高的使用温度下保持其附着性能，其变质失效过程也较缓慢。润滑脂的高温性能可用滴点、蒸发度和轴承漏失量等指标进行评定。

（1）滴点

润滑脂的滴点是指其在规定条件下受热开始熔化滴落第一滴流体时的最低温度，以℃表示。滴点没有绝对的物理意义，它的数值因设备与加热速率不同而异。润滑脂的滴点主要取决于稠化剂的种类与含量，润滑脂的滴点可大致反映其使用温度的上限。显然，润滑脂达到滴点时其已丧失对金属表面的黏附能力。一般地说，选用润滑脂时其最高工作温度应比滴点低 20~30℃。

润滑脂的滴点可按《润滑脂滴点测定法》(GB/T 4929—1985)进行测定。具体实验操作过程如实训 5-2 所示。

（2）蒸发度

润滑脂的蒸发度是指在规定条件下蒸发后，润滑脂的损失量所占的质量百分数。润滑脂的蒸发度主要取决于所采用的基础油的种类、馏分组成和分子量。高温、宽温度条件下使用的润滑脂，其蒸发度的测定尤为重要，蒸发度可以定性地表示润滑脂上限使用温度。润滑脂基础油蒸发损失，就会使润滑脂中的皂基稠化剂含量相对增大，导致脂的稠度发生变化，使用中会造成内摩擦增大，影响润滑脂的使用寿命。因而，蒸发度指标可以从一定程度上表明润滑脂的高温使用性能。

《润滑脂蒸发度测定法》(SH/T 0337—1992)是皿式法测定润滑脂蒸发度的方法。具体实验操作过程如实训 5-3 所示。

（3）轴承漏失量

为了更好地评价车辆及工程机械所用润滑脂的高温性能，还要通过模拟试验，测定高温条件下轴承的工作特性及测定轴承漏失量。

据统计，绝大部分滚动轴承润滑都采用润滑脂，因此，润滑脂的轴承使用寿命是一项极其重要的性能指标。润滑脂在高温轴承寿命试验机上的评定，可以模拟润滑脂在一定的高温、负荷、转速条件下的工作性能，因此，测得的结果对实际使用具有一定的参考价值。一般是在试验机上观测，当润滑脂达到使用寿命时，脂膜破坏，出现破坏力矩的峰值，试验自动停车，还会伴随出现轴承温升记录指示值剧升和干摩擦噪声，若经反复启动仍不能转动，则表示润滑脂膜已遭破坏，试验结束，试验所进行的时间就是润滑脂的高温轴承寿命。一般而言，润滑脂的轴承寿命越长，表示其使用期也越长。

《高温下润滑脂在球轴承中的寿命测定法》(SH/T 0428—2008)是其测定方法。该标准规定了评定润滑脂在高温、高转速及轻负荷运转的球轴承中的性能的试验方法。测定过程为将一个装有润滑脂试样的 SAE No. 6240 球轴承安装在润滑脂轴承试验机烘箱内的主轴上，将径向、轴向负荷加到轴承外环上，驱动轴承内环在规定的高温下以 10000r/min 转速转动，直到润滑失效或完成规定运转时间为止，以运转时间(h)来评价试样在球轴承中的寿命。这种试验方法能够用来评价润滑脂在轻负荷下为高温、高速运转的球轴承提供长期润滑的能力。

3. 低温性能

飞机与工程机械起步时的温度与环境温度近乎一致，在寒冷地区使用时，要求润滑脂在低温条件下仍能保待良好的润滑性能，它取决于润滑脂低温条件下的相似黏度及低温转矩。润滑脂的黏温特性要比润滑油复杂，因为润滑脂结构体系的黏温特性还要随剪力的变化而改变。

润滑脂在一定温度条件下的黏度是随着剪切速率而变化的变量，这种黏度称之为相似黏度，单位为 Pa·s。润滑脂中相似黏度随着剪切速率的增高而降低，但当剪切速率继续增加，润滑脂的相似黏度接近其基础油的黏度后便不再变化。润滑脂相似黏度与剪切速率的变化规律称为黏度-速度特性。黏度随剪切速率变化愈显著，其能量损失愈大。一般可以根据低温条件下润滑脂相似黏度的允许值来确定润滑脂的低温使用极限。

润滑脂的相似黏度也随温度上升而下降，但仅为基础油的几百甚至几千分之一，所以，润滑脂的黏温特性比润滑油好。

《润滑脂相似黏度测定法》(SH/T 0048—1991)规定了润滑脂相似黏度的测定方法，采用的是非恒定流量毛细管黏度计。具体实验操作过程如实训 5-4 所示。

低温转矩是表示润滑脂在低温条件下使用时阻滞低速度滚珠轴承转动的程度。低温转矩可以表示润滑脂的低温使用性能，用 9.8N·cm 转矩测出使轴承在 1min 内转动一周时的最低温度，作为润滑脂的最低使用温度。

润滑脂的低温转矩除了与基础油的低温黏度有关以外，还与润滑脂的强度极限有关。

《滚珠轴承润滑脂低温转矩测定法》(SH/T 0338—1992)规定了启动与运转转矩的测定方法，该方法可测在-20℃条件下滚珠轴承润滑脂的启动与运转转矩，作为评价润滑脂在低温条件下运转阻力大小的评定指标。

4. 极压性与抗磨性

涂在相互接触的金属表面间的润滑脂所形成的脂膜，能承受来自轴向与径向的负荷，脂膜具有的承受负荷的特性就称做润滑脂的极压性。一般而言，在基础油中添加了皂基稠化剂后，润滑脂的极压性就增强了。在苛刻条件下使用的润滑脂，常添加有极压剂，以增强其极压性。目前普遍采用四球试验机来测定润滑脂的脂膜强度。《润滑脂极压性能测定法(四球机法)》(SH/T 0202—1992)规定了润滑脂极压性能的测定方法，该方法用综合磨损值和烧结点来表示。综合磨损值也称负荷-磨损指数，是用四球法测定润滑剂极压性能时，在规定条件下得到的若干次修正负荷的平均值。烧结点也称烧结负荷，指在规定条件下使钢球发生烧结的最低负荷(N)。《润滑脂极压性能测定法(梯姆肯试验机法)》(SH/T 0203—1992)用 0K 值(即最大合用值)来表示润滑脂的极压性能。所渭 0K 值是指在用梯姆肯法测定润滑剂承压能力的过程中，出现刮伤或卡咬现象时所加负荷的最小值(N)。

润滑脂通过保持在运动部件表面间的油膜，防止金属对金属相接触而磨损的能力称为抗磨性。润滑脂的稠化剂本身就是油性剂，具有较好的抗磨性。在苛刻条件下使用的润滑脂，添加有二硫化钼、石墨等减磨剂和极压剂，因而具有比普通润滑脂更强的抗磨性，这种润滑脂被称为极压型润滑脂。

《润滑脂抗磨性能测定法(四球机法)》(SH/T 0204—1992)规定了润滑脂抗磨性能的测

定方法。《润滑脂齿轮磨损测定法》(SH/T 0427—1992)是用齿轮磨损试验机测定润沿脂抗磨性的方法。

5. 抗水性

水分是脂润滑脂的含水量，润滑脂的水分有两种存在形式：一种是游离水。它混杂或吸附在润滑脂内，会对润滑脂的质量带来不利影响，降低润滑脂的防护性能，引起腐蚀，也会降低润滑脂的化学性能和机械性能。另一种结构水，钙基润滑脂都含有水分，是与脂肪酸钙形成水化物，从而起到稠化剂的作用。但锂基脂、铝基脂则不允许有水分。

润滑脂的抗水性表示润滑脂在大气湿度条件下的吸水性能，要求润滑脂在储存和使用中不具有吸收水分的能力。润滑脂吸收水分后，会使稠化剂溶解而致滴点降低，引起腐蚀，从而降低保护作用。有些润滑脂，如复合钙基脂，吸收大气中的水分还会导致变硬，逐步丧失润滑能力。润滑脂的抗水性主要取决于稠化剂的抗水性与乳化性。汽车与工程机械在使用过程中，底盘各摩擦点可能与水接触，这就要求润滑脂具有良好的抗水性。抗水性差的润滑脂吸收大气中水分或遇水后往往造成稠度降低甚至乳化而流失。《润滑脂抗水淋性能测定法》(SH/T 0109—1992)规定了用抗水淋性能测定法测定润滑脂抗水性的方法。在规定条件下，将已知量的试样加入试验机轴承中，在运转中受水喷淋，根据试验前后轴承中试样质量差值得出因水喷淋而损失的润滑脂量。也可用测定润滑脂溶水性能的方法测定其抗水性。方法概要：在试样中逐次加入定量的水分，测其10万次延长工作锥入度再与试验前60次工作锥入度相比较，其差值大小可评定该试样的溶水性能。

6. 防腐性

防腐性是润滑脂阻止与其相接触金属被腐蚀的能力。润滑脂的稠化剂和基础油本身是不会腐蚀金属的，使润滑脂产生腐蚀性的原因很多，主要是由于氧化产生酸性物质所致。一般而言，过多的游离有机酸、碱都会引起腐蚀。腐蚀试验就是检测润滑脂是否对金属有腐蚀作用，测定的方法有好几种，试验条件也各异，但都是在一定温度和试验时间下，通过观察金属片上的变色或产生斑点等现象未判断润滑脂腐蚀性的大小。

《润滑脂腐蚀试验法》(SH/T 0331—1992)测定润滑脂对金属的腐蚀。采用100℃，3h，铜片、钢片进行测定。具体实验操作过程如实训5-5所示。

《润滑脂铜片腐蚀试验》(GB/T 7326—1987)规定了润滑脂对铜部件酸腐蚀性测定方法，采用100℃，24h，铜片进行测定，分甲法与乙法。甲法是将试验锅片与铜片腐蚀标准色板进行比较，确定腐蚀级别；乙法是检查试验铜片有无变色。

《润滑脂防腐蚀性试验法》(GB/T 5018—2008)规定了在潮湿条件下用涂有润滑脂的锥形滚柱轴承来测定润滑脂的防腐蚀性能。该标准是根据能表示实验室评价结果与用润滑脂润滑的飞机轮轴承实际使用结果的对应关系的CRC技术文件L41制定的。将新的清洗净的涂有润滑脂试样的轴承在轻微负载推力下运转60s±3s，使润滑脂如实际使用时分布。轴承在52℃±1℃和100%相对湿度的条件下存放48h±0.5h，然后清洗并检查轴承外圈滚道的腐蚀痕迹。该方法可以用来区分不同润滑脂在试验条件下的相对防腐蚀性能。

7. 胶体安定性

胶体安定性是指润滑脂在储存和使用时避免胶体分解，防止液体润滑油析出的能力。润滑脂发生皂油分离的倾向性大则说明其胶体安定性不好，将直接导致润滑脂稠度改变。评定润滑脂胶体安定性可采用分油试验进行。《润滑脂压力分油测定法》(GB/T 392—1990)通过测定润滑脂的分油量来评定润滑脂的胶体安定性。用加压分油器将油从润滑脂中压出，然后测定压出的油量。

《润滑脂漏斗分油测定法》(SH/T 0321—1992)，规定了用漏斗分油法测定润滑脂的分油量的方法。

《润滑脂钢网分油测定法(静态法)》(SH/T 0324—1992)，规定了用钢网分油法测定润滑脂分油量的方法，适用于测定润滑脂在温度升高条件下的分油倾向。

8. 氧化安定性

润滑脂在储存与使用时抵抗大气的作用而保持其性质不发生永久变化的能力称为氧化安定性。润滑脂的氧化与其组分，也即稠化剂、添加剂及基础油有关。润滑脂中的稠化剂和基础油，在储存或长期处于高温的情况下很容易被氧化。氧化的结果是产生腐蚀性产物、胶质和破坏润滑结构的物质，这些物质均易引起金属部件的腐蚀和降低润滑脂的使用寿命。由于润滑脂中的金属(特别是锂皂)或其他化合物对基础油的氧化具有促进作用，所以，润滑脂的氧化安定性很大程度上取决于基础油的氧化安定性，且其氧化安定性要比其基础油差，因此润滑脂中普遍加入抗氧剂。

《润滑脂氧化安定性测定法》(SH/T 0325—1992)规定了润滑脂氧化安定性的测定方法。在100℃，氧压为0.80MPa下通入氧气，100h后观察氧气的压力降，以不大于0.3MPa为合格。

《润滑脂化学安定性测定法》(SH/T 0335—1992)，规定了润滑脂的化学安定性测定法。

9. 机械安定性

机械安定性是指润滑脂在机械工作条件下抵抗稠度变化的能力。机械安定性差的润滑脂，使用中容易变稀甚至流失，影响脂的寿命。机械安定性也叫剪切安定性。《润滑脂滚筒安定性测定法》(SH/T 0122—1992)，规定了润滑脂机械安定性的测定方法。用50g试样，在室温(21~38℃)条件下，在滚筒试验机上工作2h后，测定试验前后润滑脂的工作锥入度。

实训5-1 润滑脂和石油脂锥入度测定

一、目的意义

要求掌握润滑脂和石油脂锥入度测定。

本方法规定了用锥入度法测定润滑脂和石油脂稠度的方法，适用于润滑脂和石油脂(凡士林)。

第一篇适用于用全尺寸锥体刺人润滑脂来测定其稠度的四种方法。这些方法包括不工作、工作、延长工作和块锥入度的测定步骤、锥入度值可以测至620单位。

第二篇适用于用全尺寸锥体的1/2或1/4比例锥体来测定其稠度的两个方法。这两个方法只适用于样品量少，不能用第1部分测定方法时，而且全尺寸锥入度值为175~385单位的润滑脂。

虽然1/2和1/4锥入度可以换算为全尺寸锥入度，但这两个方法不是为了代替第1部分所述的锥入度。

注：① 不工作锥入度通常不像工作锥入度那样有效地代表润滑脂在使用中的稠度。最

好使用工作锥入度检验润滑脂。

② 当润滑脂具有能保持其形状的足够硬度时，则可测定其块锥入度。通常这些润滑脂的全尺寸锥入度值低于85单位。

第三篇适用于用全尺寸锥体刺入石油脂(凡士林)来测定其稠度的方法，全尺寸锥入度值达到300单位。

本方法亦适用于测定未经发汗脱油的含油蜡的稠度。

二、方法原理

参考标准：《润滑脂和石油脂锥入度测定法》(GB/T 269—1991)

润滑脂锥入度是在25℃时，将锥体组合件从锥入度计上释放，使锥体下落5s，并测定其刺入深度。不工作锥入度是使试料在尽可能少搅动下移入适宜于试验用的容器中进行测定。

工作锥入度是使试料在润滑脂工作器中60次往复工作后进行测定。

延长工作锥入度是使试料在润滑脂工作器中多于60次往复工作后进行测定。

块锥入度是用润滑脂切割器切割块状润滑脂，在新切割的立方体表面上进行测定。

石油脂锥入度是将试样首先按规定条件熔化和冷却，然后，按润滑脂锥入度测定方法进行测定。

术语与定义：

1. 锥入度：在规定的负荷、时间和温度的条件下，锥体刺入试料的深度。(其单位以0.1mm表示)

2. 工作：使润滑脂受到润滑脂工作器的剪切作用。

3. 不工作锥入度：试料在尽可能少搅动情况下，从样品容器转移到工作器脂杯中测定的锥入度。

4. 工作锥入度：试料在润滑脂工作器中经60次往复工作后测定的锥入度。

5. 延长工作锥入度：试料在润滑脂工作器中多于60次往复工作后测定的锥入度。

6. 块锥入度：试料在没有容器情况下，具有保持其形状的足够硬度时测定的锥入度。

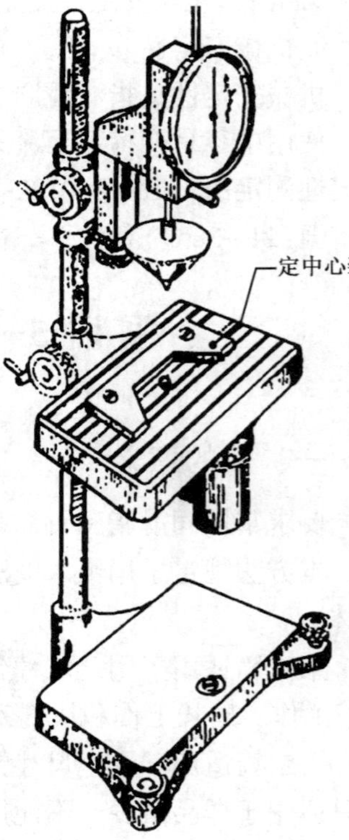

附图5-1　锥入度计
(此为组合图，通常锥体组合件或者平台能够垂直移动)

三、仪器、材料和试剂

1. 锥入度计

如附图5-1所示。设计成能测定锥体刺入试样中的深度，以0.1mm为单位。锥入度计的锥 体组合件或平台必须能精确调节锥尖位于润滑脂平面上时其指示器读数指零。当释放锥体时，至少能下落62mm，且无明显摩擦。锥尖应不能碰击试样容器底部。仪器应带有水平调节螺丝和酒精水平仪，以保持锥杆处于垂直位置。

2. 锥体

(1) 全尺寸锥体和锥杆：锥体由镁或其他适宜材料制

造的圆锥体和可拆卸的淬火钢尖组成，其尺寸和公差如附图 5-2 所示。锥体总质量为 102.5g±0.05g，锥杆质量为 47.5g±0.05g。由刚性杆组成的锥杆其上端有一“台阶”，其下端有一连接锥体的适当结构。只要锥体总的外形及质量分布不变，允许修改内部结构，以达到规定质量。外表面应抛光，使其非常光滑。

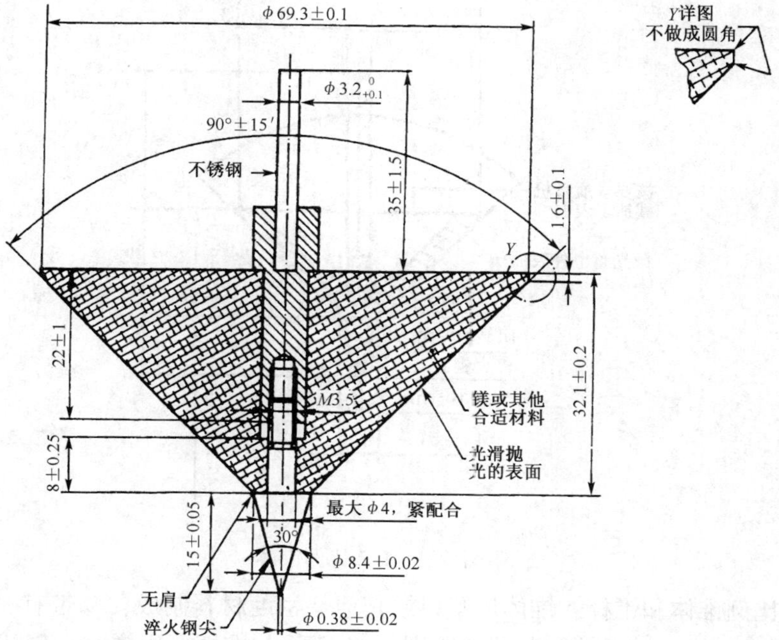

附图 5-2(a)　全尺寸锥体(标准的)

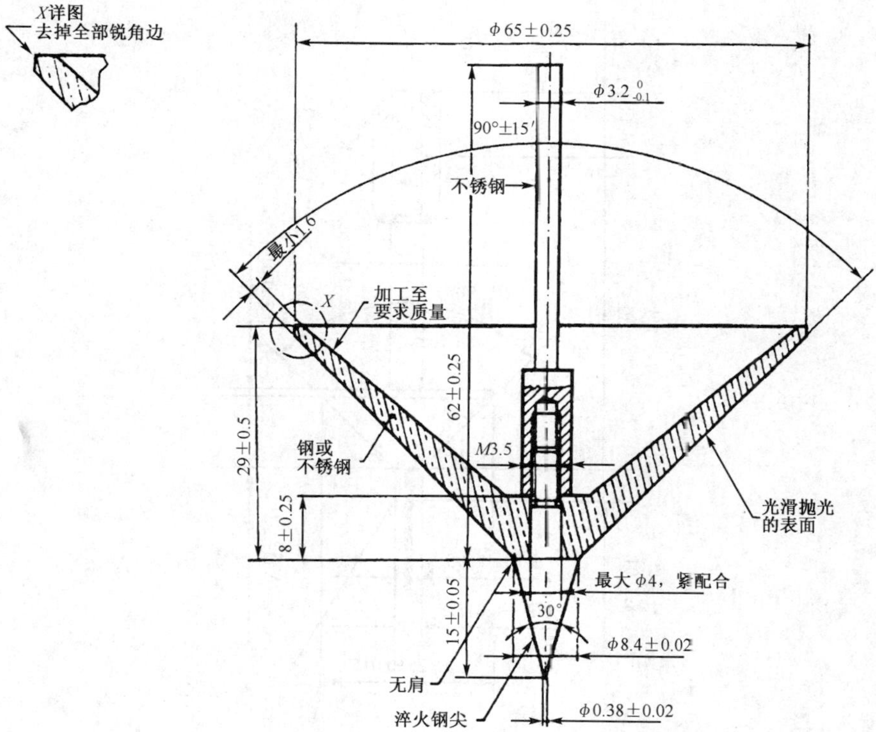

附图 5-2(b)　全尺寸锥体(供选择的)

（2）1/2 比例锥体和锥杆：锥体用钢、不锈钢或黄铜制，并带有一个洛氏硬度 C 为 45~50 的淬火钢尖，其尺寸和公差如附图 5-3 所示。锥杆可用不锈钢制成。锥体和锥杆的总质量为 37.5g±0.05g。锥体的质量为 22.5g± 0.025g。锥杆的质量为 15g± 0.025g。

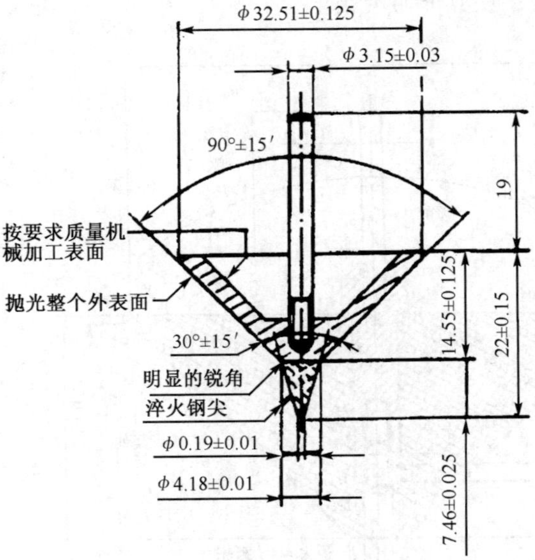

附图 5-3　1/2 比例锥体

（3）1/4 比例锥体和锥杆：锥体用塑料或其他低密度材料制成，并带有一个洛氏硬度 C 为 45~50 的淬火钢尖，其尺寸和公差如附图 5-4 所示。锥杆可用镁合金斜成。锥体和锥杆的总质量为 9.38g±0.025g。此值可通过在锥杆的空腔中加入小弹丸进行调节。

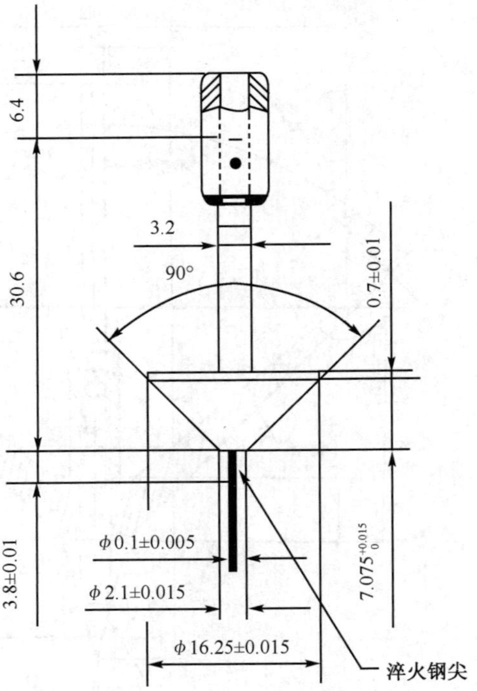

附图 5-4　1/4 比例锥体

3. 润滑脂工作器

（1）全尺寸润滑脂工作器：应符合如附图 5-5 所示尺寸。图中未标尺寸部分要求不是很严格，可以根据个别要求改变。并可采用其他紧固盖子及固定工作器的方法。工作器可制成手工操作或机械操作。工作速度应达到每分钟 60 次±10 次，工作行程为 67~71mm，工作器应带有一支在 25℃校正过的合适温度计，通过排气阀插入。

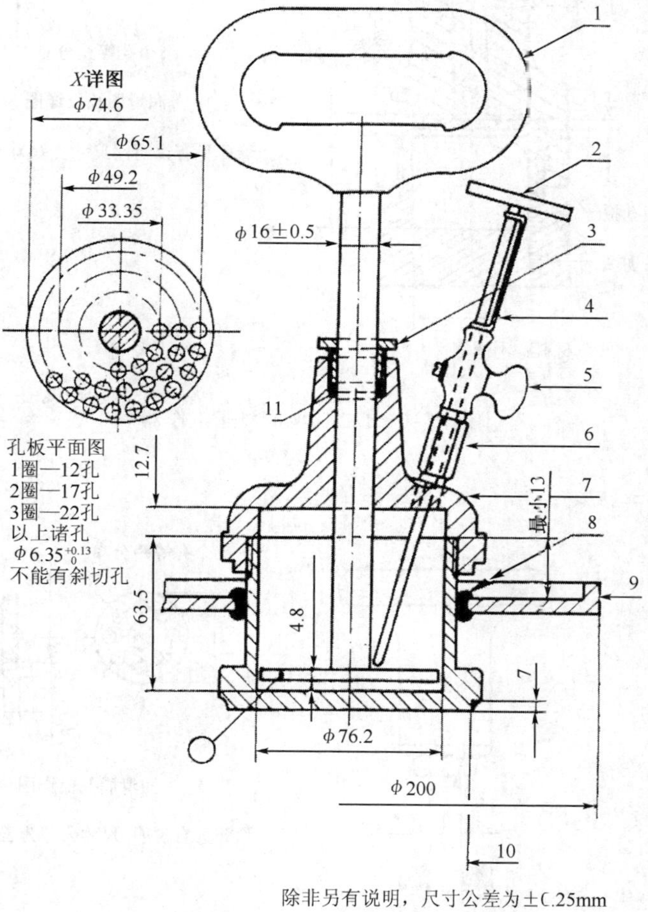

附图 5-5　全尺寸润滑脂工作器

1—把手；2—温度计；3—密封螺帽；4—温度计衬套；5—排气阀；6—接头；7—盖；8—切开的橡皮管；9—溢流环（任意设计的）；10—任意设计的，供定中心设备（附图 5-1）使用，与脂杯内径同心；11—填料

（2）1/2 比例润滑脂工作器：应符合附图 5-6 所示尺寸。也可采用其他上紧盖子和固定工作器的方法。工作器可以制成手工操作或机械操作。工作速度应达到每分钟 60 次±10 次，工作行程最长为 35mm。

（3）1/4 比例润滑脂工作器：应符合附图 5-7 所示尺寸。也可采用其他上紧盖子和固定工作器的方法。工作器可以制成手工操作或机械操作。工作速度应达到每分钟 60 次±10 次，工作行程最长为 14mm。

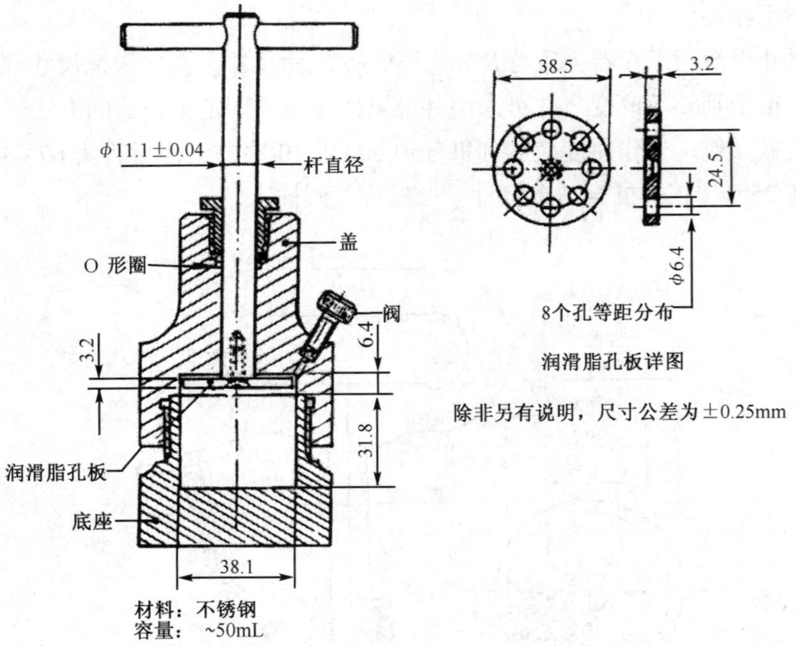

附图 5-6　1/2 比例润滑脂工作器

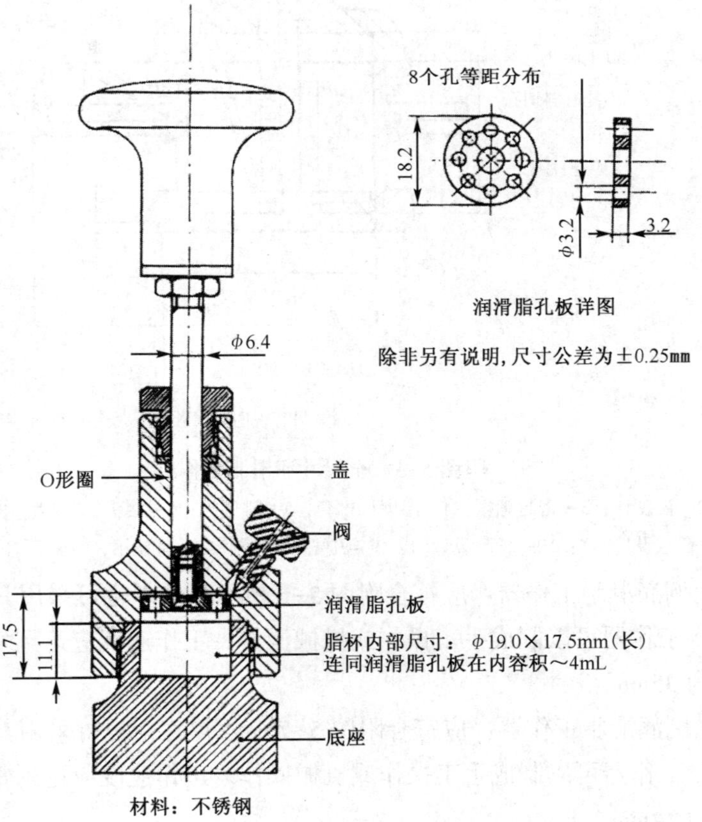

附图 5-7　1/4 比例润滑脂工作器

(4) 溢流环(任意设计的)：原则上应符合附图 5-5 说明。它是使溢流出的润滑脂放回工作器脂杯的一种有效辅助装置。在测定锥入度时，溢流环应安放在距脂杯边缘以下至少 13mm 位置。溢流环边高为 13mm。

4. 润滑脂切割器：具有牢固安装的带斜削刀的锋利刀片，基本如附图 5-8 所示。刀片必须平直锋利。

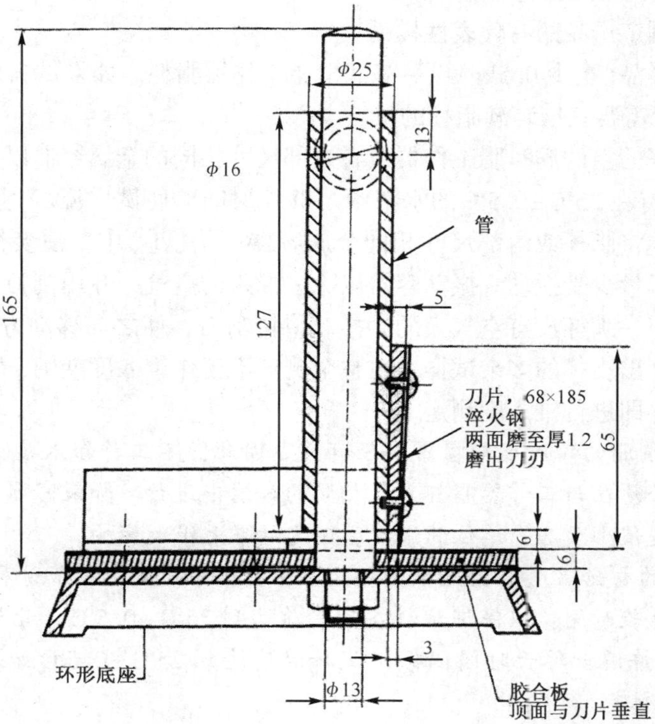

除非另有说明，尺寸公差为±0.25mm

附图 5-8 润滑脂切割器

5. 水浴：能够维持在 25℃±0.5℃，并能容纳装配好的润滑脂工作器。如果水浴也用于不工作锥入度试样，则需备有防止试样表面与水接触的设施。水浴还应带有盖子，使试样上部的空气温度维持 25℃。

空气浴，为了测定块锥入度，需要维持 25℃±0.5℃空气浴；也可用一个放在水浴中的密封器就足以满足要求。

注：可以使用恒温试验室或空气浴代替水浴。

6. 温度计：25℃校正过的温度计，用于水浴或空气浴。

7. 烘箱：能够维持 85℃±2℃，用于熔化石油脂样品。

8. 刮刀：宽度为 32mm，长度不少于 150mm 的耐腐蚀方头硬刀片；对于 1/2 和 1/4 比例椎体试验，则刮刀宽度应约为 13mm。

9. 秒表：分度为 0.1s。

10. 石油脂试料容器：直径 100mm±5mm，深度 65mm 或大于 65mm 的平底圆筒形的容器，用厚度至少为 1.6mm 的金属制造，如果需要，每个容器可提供一个很合适的防水盖子。

注：不能使用有柔性的油膏盒型的容器，因为手拿柔性的容器时，使石油脂有可能轻微工作。

四、实验步骤

(一)润滑脂全尺寸锥体方法

A. 不工作锥入度的试验步骤：

1. 取一份被测定产品的有代表性样品。

(1) 将足够样品(至少 0.5kg)以装满润滑脂工作器脂杯。如果试料的锥入度大于 200 单位，则取样量至少需要三倍装满脂杯的量。

(2) 将装配好的空的润滑脂工作器或者内部尺寸相同的金属容器以及装在金属容器中适量的试样 置于保持在 25℃±0.5℃的水浴中足够长肘间，使试样温度达到 25℃±0.5℃ 最好是整块地从容器中将脂杯或内部尺寸相同金属容器(见注①)中，使装样量满过容器。在转移时，应使试样尽量少受搅动。振动容器以除去混入的空气，并用刮刀压紧试样，在尽量少搅动情况下，取得一满杯没有空气穴的试样。斜持刮刀，使之与移动方向成 45°角横刮过脂杯边缘，以除去高出脂杯的多余试样，在整个测定不工作锥入度期间，对表面不需作进一步刮平或刮光滑，立即进行锥入度测定。

注：① 软润滑脂的锥入度与容器直径有关。因此，不工作锥入度大于 265 单位的润滑脂，锥入度测定必须在与工作器脂杯直径相同的容器中进行。如果容器直径超过工作器脂杯直径，则对锥入度值小于 265 单位的润滑脂测定结果无很大影响。

② 如果试样的初始温度与 25℃相差约大于 8℃或如果使用调节试样到 25℃的另外方法时，则允许适当延长时间，以保证试料在测定前达到 25℃±0.5℃。此外，如果试样数量超过 0.5kg，则也允许适当延长时间以保证试料温度达到 25℃±0.5℃如果试料稳定在 25℃±0.5℃，则可进行测定。

2. 清洗锥体和锥杆

每次试验前仔细地清洗锥入度计的锥体。在清洗时，为避免将锥杆扭弯，可将锥杆牢固地固定在升高位置。擦去锥杆上所有脂或油，因这些物质在锥杆上会引起阻力。不要转动锥体，这样会造成释放机构磨损。

3. 锥入度测定

(1) 把脂杯放在锥入度计平台上，应调节到完全水平位置，使脂杯确实不摇动。调节测定机构使锥体保持于“零”位。按四、3.(2)或四、3.(3)规定仔细地调节仪器，使锥尖刚好与试料表面接触。观察锥尖影子有助于精确调节。对于锥入度大于 400 单位的试料，锥尖必须对准脂杯中心，偏差应在 0.3mm 以内。精确对准脂杯中心的一种方法是使用定中心装置(附图 5-1)。迅速释放锥杆，使其落下 5.6±0.1s，并在此位置 再夹住锥杆。释放机构不应对锥杆有阻力。轻轻地压下指示器杆直至被锥杆挡住为止，从指示器刻度盘 上读出锥入度值。

(2) 如果试料锥入度超过 200 单位，则应小心地把锥体对准容器中心；此试料只能作一次试验。

(3) 如果试料的锥入度为 200 或小于 200 单位，则可在同一容器中进行三次试验。三次试验的测定 点位于容器各隔 120 度的三个半径(容器中心到边缘)的中点上。这样，锥体既碰不到容器边缘，也不会 碰到上一次测定所形成的扰动区域。

（4）对试料总共进行三次测定［在三个容器中进行，见上述(2)］，或在一个容器中进行［见上述(3)］，并 记录测定数值。

B. 工作锥入度的试验步骤：

1. 取足够实验室样品(至少 0.5kg)以满过润滑脂工作器脂。

2. 将足够量的实验室样品移入清洁的润滑脂工作器脂杯中，使之填满(其中心部分堆起高约 13mm)，用刮刀压紧以避免混入空气。装填过程中不时地振动脂杯，以除去任何混入的空气。

装配好孔板处于提升位置的润滑脂工作器，打开排气阀，把孔板压到杯底。从排气阀插入温度计，使 温度计顶端位于试样中心。将装配好的润滑脂工作器放入保持在 25℃±0.5℃的水浴(见三.5 条中注、四、1.(2)中注①及本条中注)中，直到温度计指示出润滑脂工作器及试样的温度达到 25±0.5℃。从水浴中 取出润滑脂工作器，擦去工作器表面所沾的水，取出温度计，关上排气阀。使试样在约 lmin 内经受孔板 60 次全程往复工作。然后使孔板返回到其顶部位置。打开排气阀，取下顶盖和孔板，将沾在孔板上的易 刮下的试样尽量刮回脂杯内。由于润滑脂工作锥入度在放置过程会明显变化，因此，应按照 2 和 3 条立即进行测定。

注：如果把脂杯连盖浸入水中，则要求盖子能密封防水，以免水进入工作器中。

3. 在脂杯中制备工作过的试样，以获得均匀的和结构可再现的润滑脂。

4. 在凳子上或地板上强烈振动脂杯，用刮刀装填试样以填满孔板留下的孔穴以及條去任何空气穴。

注：要求强烈振动，以除去混入的空气，但勿使试样溅出脂杯。在这些操作中，应尽量减少搅动，因任何搅动会使试 样受到增加工作 & 数而超过规定的 60 次的作用。

5. 用刮刀保持倾斜 45°角沿着脂杯边移动，刮去并保留高出脂杯边缘多余的试样。

注：特别是在试验软的试样时，保留从脂杯中刮出的试样，以便在下次试验时用来填满脂杯。保持脂杯边缘外部的清洁，这样可被锥体挤出脂杯外的试拌刮回脂杯中进行下一次试验。

6. 锥入度测定

（1）按 A.3.(1)、A.3.(2)、A.3. 规定测定试料锥入度。

7. 立刻在同一试料中相继地进行两次以上的测定。首先，把在 B.2 中用刮刀将先前刮下的试料 放回脂杯中。重复 B.2 条~B.6.(1) 条规定进行操作，记录得到的三次测定值。

8. 延长工作锥入度的试验步骤

（1）温度保持实验室温度在 15~30℃，不需要进一步控制润滑脂工作器温度。但在试验前，试样要在实验室 里放置足够时间，以使脂温达到 15~30℃。

（2）工作按 B.2 所述，在干净工作器脂杯中填满试样，装好工作器，试样按规定或商定次数进行往复工作。

注：在工作过程中，为了减少獨失，必须特别注意工作器盖子上的压帽要封严。

9. 锥入度测定

完成对试样的工作后，立即将润滑脂工作器放在恒温的空气浴或水浴中，使试样在 1.5h 内达到 25℃±0.5℃。从恒温浴中取出工作器使试样在约 1min 内再 60 次往复工作。按

A. 2 条和 A. 3 条所述，进行试料准备和测定锥入度。

10. 块锥入度的试验步骤

(1) 要取足够数量的润滑脂样品。样品必须足够硬，以保持其形状。以便从其切出一块边长为 50mm 的立方体作为试样。

(2) 用润滑脂切割器，在室温下把实验室样品切成边长约为 50mm 的立方体作为试样。按住试样，切割时使切割器刀的不倾斜的边朝着试样，在一个角接邻的三个面上各切去一层厚约 1. 5mm 试样，为便于辨认(见下面的注)，可以截去这个角的角顶。注意不要触动新暴露面上用作进行试验的那 些部分，也不要把制备好的面放到切割器底板或切割器导向器上。把制备好的试料放入保持在 25℃±0. 5℃恒温空气浴中至少 1h[(见 A. 1(2) 中注②]，使试料达到 25℃±0. 5℃。

注：在三个表面上进行测定是考虑在测定纤维性润滑脂时补偿纤维定向性对最终数据的影响。当有关单位互相同 意时，对光滑结构非纤维性润滑脂可只在一个表面上进行测定。

11. 锥入度测定

将试料放在已调节至完全水平的锥+度计平台上，使试料的一个试验面朝上，并压其各角，使试料保持水平并稳固地放在平台上，以防试料在试验时摇动。调节测定机构使锥体处于"零位"，并仔细地调节仪器使锥尖刚好接触试料的中心表面。按 A. 2 条和 A. 3. (1) 条所述测定锥入度。在试料的一个暴露面上总共进行三次测定。测定点至少距边 6mm，并尽可能互相远离也不碰到任何被触动过的地方、空气孔或表面上其他明显的缺陷。如果其中任一结果与其他结果的差值超过 3 个单位，则应进行补充试验，直到所得的三个数值的差值不超过 3 个单位。将这三个数据的平均值作为受试表面的锥入度值。

12. 按 B. 11 条所述，在试料的另两个试验面上进行重复测定，记录得到的平均值。

(二) 润滑脂 1/2 和 1/4 比例锥体方法

1. 取足够的样品，装满润滑脂工作器脂杯。如果试料的 1/4 锥入度大于 47 单位或 1/2 锥入度大于 97 单位，则在一个杯中只进行一次试验，所以至少需要装满 3 个脂杯的样品量。

2. 清洗锥体和锥杆

每次试验前要仔细地清洗锥入度计的锥体。在清洗时，应将锥杆固定在升高的位置上，以避免锥杆扭弯。除去锥杆上所有脂或油，因这些物质在锥杆上会引起阻力。不要转动锥体，这样 会造成释放机构磨损。

3. 锥入度测定

(1) 如下所述，用锥体在试料表面中心处进行一次锥入度预测定，如果已知锥入度的大约数值，则可省去此步骤。

(2) 如果试料的 1/4 锥入度大于 47 单位或 1/2 锥入度大于 97 单位，则仔细地将锥体对准容器中心，此试料只能做一次试验。

(3) 如果试料的 1/4 锥入度等于或小于 47 单位、1/2 锥入度等于或小于 97 单位，则可在同一容器内作三次试验。三次试验的测定点应位于容器相隔 120°的三个半径(容器的中心到边缘)的中心点上，锥体既碰不到容器的边缘，也不碰到上一次测定所形成的扰动区域。

(4) 按 A. 3(1)和 A. 3. (4)进行操作。

4. 工作锥入度试验步骤

(1) 试样准备，取足够样品，装满适合的润滑脂工作器脂杯。

（2）按 B. 1(2)进行操作，但其中心部分堆起高约 6mm。在润滑脂工作器中不用温度计。试料准备按 B. 2 条进行。

5. 锥入度测定

（1）按 2 条和 3(1)～(3)的规定，立即测定试料的锥入度。

（2）按 A. 3.（1）规定进行操作。立即在同一试料中相继进行两次以上测定。首先，把 B. 5 中用刮刀将先前刮下的试料放回脂杯中。然后，重复 B. 3 条、第二篇 2、第二篇 3 和 A. 1 规定操作。记录得到的三次测定值。

（三）石油脂锥入度测定方法

1. 试料准备

（1）对于锥入度大于 200 单位的石油脂，需取约 1kg 实验室样品；而对于锥入度等于或小于 200 单位的石油脂. 需取约 700g 实验室样品。

（2）如果石油脂的锥入度大于 200 单位，则需分别准备 3 份试料。如果锥入度等于或小于 200 单位，则按 12. 1. 3 规定准备一份试料。

（3）将试样放入保持在 85℃±2℃的烘箱中进行熔化，并把所需数量的试料容器与试样一起放入烘箱中使达到 85℃。当试样熔化并达到该温度的 3℃以内，取出试样和被加热了的试料容器。将试样充满所需数量的容器，满至离容器边沿 6mm 以内。把充满试料的容器放置在没有通风且 温度控制在 25℃±2℃的地方冷却 16～18h。在试验前，把充满试料的容器放在水浴中 2h，使其温 度达到 25℃±2℃。不要对试料表面削平或以任何其他方式对试料进行工作。从水浴中取出充满试料的容器，应立即进行测定。

注：① 某些合成的石油脂与水接触将受影响。对于这样的石油脂必须按润滑脂要求(见第一篇)用密封盖盖住，非 合成的石油脂不受水影响，不需加盖。

② 含有较高熔点蜡的某些石油脂可以要求较高流动温度，在那抻情况下，表 3 提供的精密度数值不适用于此种石油脂的测定结果。

如果室温与 25℃偏差 2℃或 2℃以上，则在立即测定试料之前，把锥体放在水浴中，使其恒 温至 25℃±2℃，随后用不起毛的布或纸把锥体擦干。如果宣温明显偏离 25℃，则必须多次调节锥体温度。

2. 锥入度测定

按 A. 2 和 A. 3 条进行操作。

注：某些较硬的石油脂凝固时，在中心部位趋于形成明显的凹陷。对这样的试料，不应在凹陷处试验，因为在凹陷处所得的测定值与偏离中心位置的平面上所得测定值可以不相同。

五、计算

计算在测定中所得记录值的平均值。其结果修约到最接近整数单位(0. 1mm)。

1/2 和 1/4 锥入度换算成全尺寸锥入度。

需要时，以 1/4 和 1/2 比例锥体测定的锥入度值可以按照下列方程式之一换算成全尺寸锥入度。

1. 1/4 比例锥体

$$p=3.75r+24$$

式中　p——近似的全尺寸锥入度；

r——1/4 锥入度。

2. 1/2 比例锥体

$$p = 2r+5$$

式中　p——近似的全尺寸锥入度；

r——1/2 锥入度。

六、精密度

按下述规定判断试验结果的可靠性（95%置信水平）。

1. 重复性：同一操作者，重复测定两个结果之差，不应大于附表 5-1、附表 5-2 和附表 5-3 中规定数值。

2. 再现性：不同实验室，各自提出的两个结果之差，不应大于附表 5-1、附表 5-2 和附表 5-3 中规定数值。

附表 5-1　润滑脂全尺寸锥体　　mm

锥入度	锥入度[a]	重复性	再现性
不工作	85～475	6	18
工作	130～475	5	14
延长工作	130～475	7[b]	23[b]
块	85 以下	3	7

注：a. 锥入度在 475 单位以上的精密度尚未确定。

b. 室温在 21～29℃范围内，往复工作 60000 次测得的锥入度。

附表 5-2　润滑脂（1/2 和 1/4 比例锥体）　　mm

锥入度	锥体比例	重复性[a]	再现性[a]
不工作	1/2	5(10)	13(26)
工作	1/2	3(6)	10(20)
不工作	1/4	3(11)	10(38)
工作	1/4	3(11)	7(26)

注：a. 括号中数字表示相应地换算成如第一篇方法所得全尺寸锥入度数值。

附表 5-3　石油脂

重复性/0. 1mm	2+0. 05P	再现性/0. 1mm	9+0. 12P

注：P 为两个测定结果的算术平均值。

七、影响润滑脂锥入度测定准确度的因素

1. 锥体总质量。GB/T 269—91 中对锥体和杆的质量都有要求，但实际测定时只要求两者的总质量符合要求即可，各自的质量允许在较宽范围内变化。如果人为地增减锥体和杆的总质量时，将会发现随总质量的增加，锥入度测定值会明显增加。

2. 脂杯温度。温度计插入脂杯中后应严格控制在 25℃±0. 5℃。试验结果表明：脂杯温

度对锥入度测定结果有明显影响，在不同温度(23℃～27℃)下对同一润滑脂样品进行测定，随温度升高，锥入度值也增加。

3. 试样温度。当室温与测定温度相差教大时，应适当延长恒温时间，务使试样温度真正达到测定温度。在测定温度中，不得将未经恒温和搅动的试样补充到脂杯内。因此，刮平后多余的试样可储存在测定温度下，以便备用。

4. 试样中的气泡。试样中不应该有气泡存在，如果有气泡会使锥入度的测定结果偏大。

5. 锥入度锥杆的位置。锥入度锥杆应该调整垂直，保证锥杆能自由下落。套管内壁与锥杆表面应该用汽油擦拭干净，以免增加它们之间的摩擦。

6. 释放时间。释放时间对锥入度有一定的影响。试验结果表明：随释放时间的增加，测得的锥入度值也增加，时间太短或太长，都会给测定结果带来一定影响。

7. 圆锥体的下沉深度。停止圆锥体沉入试样后，要轻轻地拉下指示杆，使之恰好与圆锥体杆顶端，切不可用力过大，否则圆锥体会因撞击而继续下沉，使结果偏大。

实训 5-2 润滑脂滴点测定

一、目的意义

要求掌握润滑脂滴点测定

二、方法原理

参考标准：《润滑脂滴点测定法》(GB/T 4929)

将润滑脂装入滴点计的脂杯中，在规定的标准条件下，记录润滑脂在试验过程中达到规定流动性时的温度。该标准与 ISO/DP2176 等效。GB/T 3498 是润滑脂宽温度范围滴点测定法。

本方法系将润滑脂装入滴点计的脂杯中，在规定的标准条件下，润滑脂在试验过程中达到一定流动性的温度。

三、仪器、材料和试剂

(1) 脂杯：镀铬黄铜杯。尺寸如附图 5-9 所示。

(2) 试管：带边耐热硅酸硼玻璃试管，在圆周上有用来支撑脂杯的 3 个凹槽，其位置和尺寸如附图 5-10 所示。

(3) 温度计：分浸，符合附录 C (补充件)所示的规格要求。

(4) 附件：

a. 油浴：由一只 600mL 烧杯和合适的油组成。

b. 环形支架和环：用来支撑油浴。

c. 温度计夹。

d. 软木塞：如附图 5-10 所示。

e. 抛光金属棒：直径为 1.2～1.6mm，长度为 150mm。

f. 加热器：最好通过一个由控制电压调节的浸入式电阻加热器来加热。

g. 搅拌器。

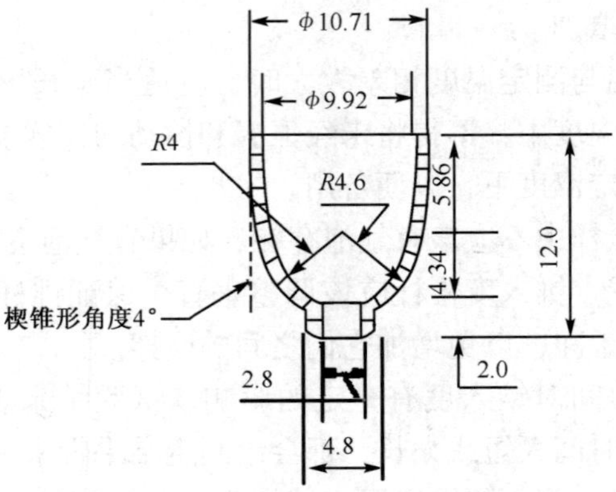

附图 5-9 脂杯

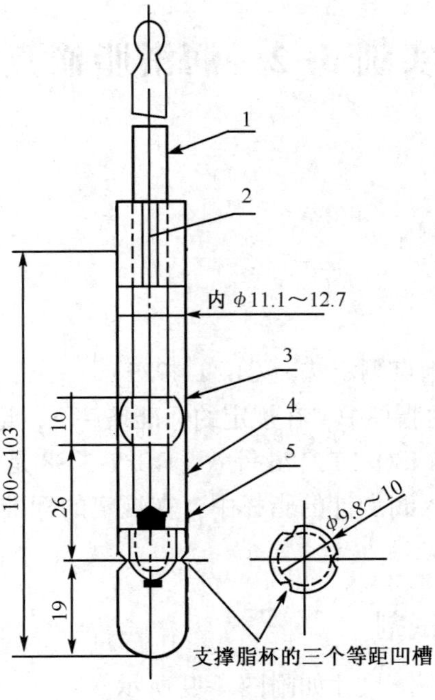

附图 5-10 装配的仪器

1—温度计；2—软木塞上的透气槽；3—软木导环，环与试管之间总间隙（1.5mm）；4—试管；5—脂杯

四、实验步骤

1. 装配试验仪器时，像附图 5-10 所示将两个软木塞套在温度计上，调节上面软木塞的位置，使温度计球的顶端离脂杯底约 3mm。在油浴中吊挂第二支温度计，使其球部与试管中温度计的球部位于大致一样的水平面上。

注：在试管里的温度计球部顶端的位置不是关键的，只要不堵塞脂杯的小孔即可，由于脂杯内表面涂有脂膜，温度计球不能和试样相接触。

2. 取下脂环，并把脂杯如压入试样，直到杯装满试样为止，要尽量小心避免将试样工作。用刮刀除去多余的试样。在底部小孔垂直位置拿着脂杯，轻轻按住杯，向下穿抛金属棒，直到棒伸出约 25mm。使棒以接触杯的上下圆周边的方式压向脂环。保持这样的接触，用食指旋转棒上脂环，使它螺旋状向下运动。以除去棒上附着呈圆锥形的试样，当脂杯最后滑出棒的末端时，在脂杯内侧应留下一厚度可重复的光滑脂膜。

3. 将脂杯和温度计放人试管中，把试管挂在油浴里。使油面距试管不超过 6mm。应适当的 选择试管理固定温度计的软木塞，使温度计上的 76mm 浸入标记与软木塞的下边缘一致。把组合件浸入到这一点。

4. 搅拌油浴，按 4~7℃/min 的速度升温，直到油浴温度达到比预期点约低 17℃的温度。然后，降低加热速度，使在油浴温度再升高 2. 5℃以前，试管里的温度与油浴温度的差值在 2℃或低于 2 ℃范围内。继续加热，以 1~1. 5℃/min 的速度加热油浴，使试管中的温度和油浴中温度之差值维持在 1~2℃之间。

当温度继续升高时，试样逐渐从脂杯孔露出。从脂杯孔滴出第 1 滴流体时，立即记录两个温度计 上的温度。

注：①某些脂，例如一些铝基脂，在熔融时滴出的流体总是呈线状，它可能断裂也可能保持直到滴落到试管的 底部为止；在后一种情况下，记录流体到达试管底部时的温度。

②有些脂的滴点，特别是含能有钼的脂，随着老化而滴点下降，这种滴点变化比在不同的实验室里所得结果 的允许误差大的多，因此，实验室之间的对比试验必须在六天内完成。

5. 假如两个试样具有大致相同的滴点，可在同一油浴里同时进行测定。

五、精密度和偏差

用以下规定来判断结果的可靠性(95%置信率)。

1. 重复性：同一操作者在同一台仪器上对同一试样重复测定，两次结果间的差数不应超过 7 ℃。

2. 再现性：不同操作者在不同实验室对同一试样进行测定，各自提出的结果之差不应超过 13 ℃。

六、报告

以油浴温度计与试管里温度计的温度读数的平均值作为试样的滴点。

附录 C　仪器基本参数的校验

(补充件)

在相似黏度的计算中，要引入仪器的一些基本参数，包括毛细管的长度和半径，记录笔的高度和系统压力的关系，记录筒的线速度。数据的准确度不仅取决于操作条件(如试样的处理，浴温的恒定等)，还取决于仪器的基本参数的准确性，为此，必须对仪器的基本参数进行校验。

C1 毛细管的长度和半径的校验

毛细管的长度用游标卡尺测量，准确至 0. 01cm。

毛细管的半径用水银称重法，即在毛细管内灌满水银防止引入气泡。然后移入称量瓶称重，称准至 0. 0001g。记下试验时的温度，查得此温度下的水银密度。毛细管的半径按式 (附 5-7) 进行计算：

$$R\sqrt{\frac{M}{\rho\pi L}} \tag{附 5-7}$$

式中 M——水银的质量，g；

ρ——测定温度下水银的密度，g/cm^3；

L——毛细管的长度，cm。

每支毛细管至少测量五次以上，取其平均值作为结果。若测量中发现差别较大时，应找出原因。毛细管的校验，一般只需在仪器开始使用时进行，若发现毛细管损伤严重时应报废，若略有损 伤仍可使用，则应重新校验。

C2 弹簧性能的校验

用一个手摇式的压力检验台(10.0MPa)，记录筒上放有 110mm × 300mm 的坐标纸。记录笔紧接触 于坐标纸。弹簧自由伸长，样品管一端与压力校验台系统的管缘相连接，试样管的另一端与衬套相连，摇动压力校验台的手柄使油装满试样管及整个系统。然后借助手轮螺母固定样品管于衬套上。一切都准备好以后，记下压力为零时记录笔所指的高度，每升高 0.2MPa，记录一次记录笔高度，一直使压力增加到 5.0~6.0MPa 和高度到 90~100mm 为止。重复测定三次。最后根据系统压力和记录 笔高度可绘出 P 与 h 的关系图(附图 5-15)。

由于弹簧经长期工作会发生形变每年至少校验一次。若弹簧系统发生故障则检修后必须重新校验。

C3 记录筒线速度的校验

测量在单位时间内走过的距离进行计算。记录筒上放上坐标纸。调到第一档速度，开动马达开关，在某一点上开始开动秒表。走过一定距离时停止秒表，记下时间和距离。然后在第二档，第三档速度进行同样的测定，记录筒线速度 W(cm/s)，按式(附 5-8)计算：

$$W_{1、2、3}=\frac{l_{(距离)}}{t_{(时间)}} \tag{附 5-8}$$

实训 5-3 润滑脂蒸发度测定

一、目的意义

要求掌握润滑脂蒸发度测定方法。

二、方法原理

参考标准：《润滑脂蒸发度测定法》(SH/T 0337)

本方法规定了润滑脂蒸发度测定法。

本方法适用于测定润滑脂的蒸发度。

方法概要：把放在蒸发器里的润滑脂试样，置于规定温度的恒温浴中，热空气通过试样表面 22h，根据试样失重计算蒸发损失。

将盛满厚润滑脂的蒸发皿，置于专门的恒温器内，在规定温度下保持 lh(或按润滑脂产品 标准所规定时间)，测定其损失的质量。

三、仪器、材料和试剂

1. 仪器

(1) 恒温器(附图 5-11)：由带有可移动的玻璃侧门 2、金属外壳 1、加热台 6 和电热器

5(加热器能使放 在加热台上的钢饼及钢饼上的蒸发皿均匀地加热至400℃)组成。并带有手柄8和顶杆7借助弹簧9可以将钢饼3紧压于加热台6上。在恒温器外壳下部周围有圆孔4,以保证空气自由进人恒温器内。

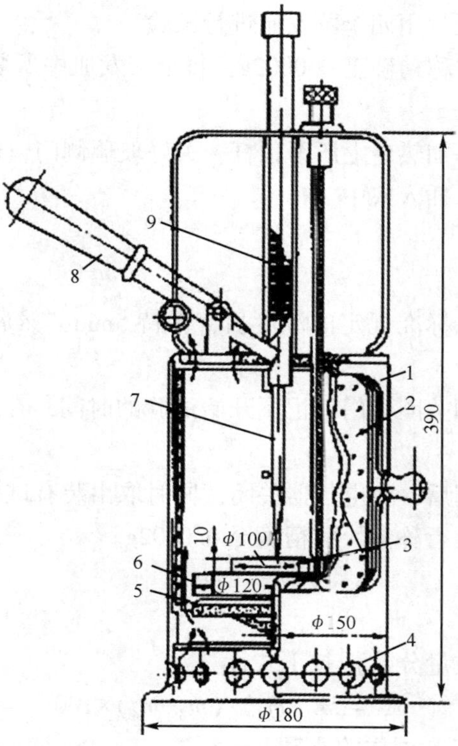

附图 5-11

1—壳体；2—玻璃侧门；3—钢饼；4—圆孔；5—电热器；
6—加热台；7—顶杆；8—手柄；9—弹簧

(2) 钢饼：直径100mm，厚度10mm±0.2mm，在钢饼上有插温度计用的凹穴，从钢饼的中心到穴孔 的中心距离为27mm，凹穴的直径为10mm，深度为6.4mm±0.1mm，在充满伍德合金的凹穴中插入温 度计，钢饼应紧贴在加热台上，以便能均匀地受热。钢饼的表面粗糙度必须加工至 *Ra* 值为0.4。

(3) 蒸发皿(附图5-12)：为一钢制小皿，皿底表面的粗糙度要加工到札值为0.4，每个蒸发皿外表面 按顺序打上号码。

(4) 温度调节器或变压器：用来调节加热台的温度。

(5) 水银温度计：0~360℃。

(6) 干燥器。

2. 材料

(1) 橡胶工业用溶剂油。

(2) 白瓷板。

(3) 伍德合金(铋：镉：锡：铅=4：1：1：2)：熔点65℃。

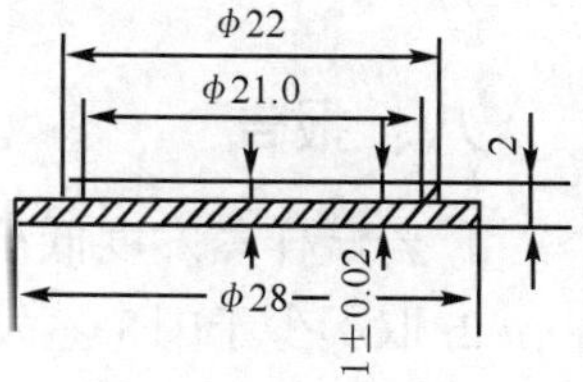

附图 5-12

四、准备工作

1. 将蒸发皿在溶剂油中洗净，烘干，称精确至0.0002g。

2. 将试样装入称量过的蒸发皿中，不许有气泡，用刮刀仔细将试样表面刮平，并檫净蒸发皿的外表面。每种试样至少用四个蒸发皿进行试验。

3. 将装有试样的蒸发皿称精确至0.0002g，每个蒸发皿中所装试样的质量和它们的算术平均值之差不得超过±0.01g。

4. 将钢饼放在恒温器的加热台上压下顶杆，关好玻璃侧门，进行加热，当钢饼凹穴中的伍德合金熔化后，将温度计插入穴中。

五、实验步骤

1. 当钢饼温度达到产品标准规定的温度后，保持5min，然后把装有试样的蒸发皿放在钢饼上。

2. 蒸发皿放人后，立即关闭侧门，记下开始试验的时间，在恒温器内保持lh(或按产品标准所规定的时间)。

3. 达到规定的试验时间后，将电热器关闭，同时取出装有试样的蒸发皿，放在干燥器中的白瓷板上，冷至室温后进行称量，称精确至0.0002g。

六、计算

试样的蒸发度X[%(质量分数)]按下式计算：

$$X=(m_1-m_2)/(m_3-m_4)\times 100$$

式中 m_1——试验前蒸发皿和试样的质量，g；

m_2——试验后蒸发皿和试样的质量，g；

m_3——蒸发皿的质量，g。

七、精密度

1. 每个蒸发皿的试验结果与所有蒸发皿试验结果的算术平均值之差数，不应超过8%；

2. 当蒸发度小于5%(质量分数)时，各蒸发皿的试验结果之差数不得超过0.4%(绝对值)。

八、报告

1. 若试样蒸发度低于1%(质量分数)时，则认为无蒸发。

2. 取不少于闪个蒸发皿所得结果的算术平均值，作为测定的结果。

如果4个蒸发皿中有1个试验结果超过允许差数时，弃去这个结果，取其余3个结果的算术平均值，作为测定的结果。

实训 5-4 润滑脂相似黏度测定

一、目的意义

要求掌握用自动毛细管黏度计测定样品相似黏度的方法，适用于测定润滑脂。

二、方法原理

参考标准：《润滑脂相似黏度测定法》[SH/T 0048—1991(2004)]

液体在流动时相互阻止的能力，称为黏度或内摩擦。润滑脂的黏度在一定温度下是一个随剪切速率而变的变量，润滑脂的这种黏度称为相似黏度，或表观黏度，单位为 Pa · s。

本标准使用的自动毛细管黏度计是一种变动流量式压力毛细管黏度计。

利用弹簧作用于顶杆使试样管内试样经受压力，而从毛细管流出，随着弹簧的松弛，管内的压力逐步下降，因此这种变动流量式压力毛细管黏度计一次试验，即可得到一系列平均剪切速率下的相似黏度值。其平均剪切速率范围可根据毛细管的半径进行选择。

由于弹簧的记录笔高度转换得到试样管内的压力(附图 5-15)，根据系统的压力和毛细管半径及长度，按式(附 5-2)可计算润滑脂在毛细管中受到的剪应力。

润滑脂在毛细管中流动的平均剪切速率按式(附 5-3)计算。由于此黏度计的流量是变动的，在一定毛细管情况下取决于顶杆的下降速度，这个下降速度不易直接测得，利用一定线速度旋转的记录筒，记下工作曲线，曲线上的任意一点代表某一瞬间的黏度特性，由该点的切线与水平线的夹角的正切乘以记录筒的线速度即为顶杆的下降速度，根据这个原理，即可按式(附 5-3) 计算出润滑脂在毛细管中各个瞬间的平均剪切速率。

于是根据式(附 5-1) 即可计算润滑脂在各个瞬间的相似黏度。

三、仪器与材料

1. 仪器

(1) 自动毛细管黏度计，如附图 5-13 所示。

毛细管 19 借螺帽 20 固定在试样管 21 上，试样管和衬套 24 相接，顶杆 22 在弹簧组 30 的作用下穿过衬套，将试样从试样管压入毛细管。弹簧下端压在夹布胶木的离合器 28 上，并通过钢珠 27 挤压顶杆。弹簧的上端压在镶在钢管上的衬圈 36 上。在试验前弹簧借螺杆 39 压紧，螺杆借螺母 38 转动 而在垂直方向上移动。扁栓 37 用来阻止螺杆的转动。在螺杆向下移动时，螺杆下端的夹簧 31 夹住了 连在夹布胶木离合器上的锁棒 29。固定套 32 用来防止在弹簧压紧时锁棒从夹簧中滑出。试验开始时，借中心杆 35 和小螺杆 33 和偏心轮 1，可将固定套升起，这样，固定套就离开了夹具，使锁棒能在弹簧压紧时，从夹簧滑出。顶杆插入一支铅笔夹 26，铅笔夹和顶杆一起，能顺着钢管 34 的缝上下移动，并在记录筒 3 上记录顶杆位置。记录筒借同步电动机 6 通过三级减速器 5 转动。旋转杆 7 用来调节记录筒的转速。记录纸 2 用橡皮圈 4 固定在记录筒上。黏度计通过夹布胶木块 25 和记录系统相 联，记录系统的另一侧固定于钢管 10 上，钢管 10 和整个黏度计可绕支柱 13 转动，并借螺栓 12 以

各 种高度(距底座 14 而言)固定在支柱上。由夹布胶木制成的螺母手轮 23，用来连接试样管到衬套上。恒温套 11 借另一螺母手轮 9 拧在螺母手轮 23 上。接头 18 用来连接恒温套和循环恒温槽。

毛细管穿过恒温套下端的孔，此孔借螺母 16 将胶木圈 15 压紧橡皮垫圈 17 而密封。

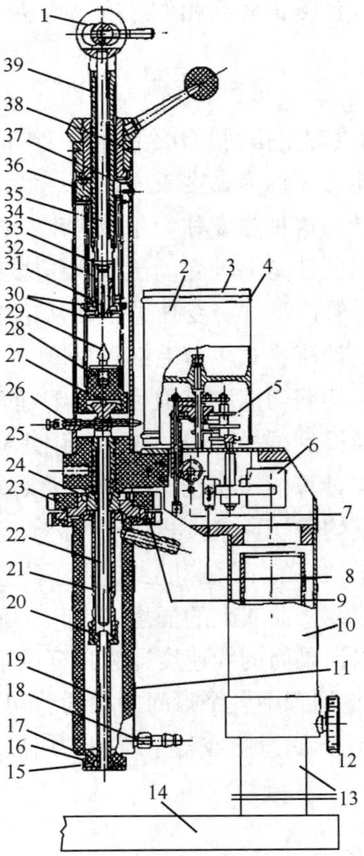

附图 5-13　自动毛细管黏度计

1—偏心轮；2—记录纸；3—记录筒；4—橡皮圈；5—三级减速器；6—电动机；7—旋转杆；8—电动机开关；9—螺母手轮；10—钢管；11—恒温套；12—螺栓；13—支柱；14—底座；15—胶木圈；16—蝶母；17—橡皮垫圈；18—接头；19—毛细管；20—螺帽；21—试样管；22—顶杆；23—螺母手轮；24—衬套；25—胶木块；26—铅笔夹；27—钢珠；28—离合器；29—锁棒；30—弹簧组；31—夹簧；32—固定套；33—小螺杆；34—钢管；35—中心杆；36—衬圈；37—扁栓；38—螺母；39—螺杆

(2) 循环恒温槽或其他恒温设备。

2. 材料　记录用方格纸：规格为 110mm×300mm。

四、准备工作

(1) 将恒温套 11，毛细管 19 和试祥管 21 卸下。

(2) 把试样管 21 和顶杆 22 用干净拭布擦净。

将试样装人试样管 21，装样时首先将试样取来放到瓷板上，用刮刀把试样刮成 2~3mm

左右的薄层，赶走气泡，然后将试样管 21 带沿的一端在瓷板上挤入试样，一直到装满另一端为止。两端刮平。

注：试样如含有颗粒状的机械杂质，不能用此方法测定，以免堵塞毛细管。

（3）提起顶杆 22 和压紧弹簧 30。为此，转动螺母 38，让螺杆 39 放下，使夹簧 31 夹住锁棒 29。夹住时会发生轻微震动，然后扳动偏心轮 1 的扭柄，使固定套向下套住夹簧；这样，固定套 32 就将锁棒 29 固定在夹簧 31 内。此后，向反方向旋转螺母 38，压紧弹簧 30，同时把顶杆升到最高位置。

（4）将装满试样的试样管 21 加上垫圈，借螺母手轮 23 连接于衬套 24 上，并拧紧螺母手轮。

（5）用螺帽 20 连接试样管 21 和毛细管 19，并拧紧螺帽。

（6）套上恒温套 11，用螺母手轮 9 将其固定，用螺母 16 将套在毛细管上的橡皮垫圈 17 压紧。用橡皮管连接接头 18 和循环恒温槽，使其循环，直到规定条件下在此温度要恒温不少于 20min。

在低温下进行试验时，可在有工业乙醇和干冰的容器内恒温，用它来代替恒温套，毛细管下端应设有试样受器。

在低温下恒温完毕后，开始试验前应先转动螺杆，使顶杆与试样管内的试样相接触，以免由于试样冷缩后管内形成一段空间，顶杆下降时发出响声或影响数据准确。

（7）在记录筒 3 上安放记录纸^要使纸的下边缘紧靠筒的下部圆角上沿，然后用两根橡皮圈分上下套住。

（8）将记录筒的转速扭向最大速度(旋转杆向右扭转到 1 的位置)。

（9）关闭电动机开关 8，将电插头和输电线路接通。

（10）拧动铅笔夹 26 使铅笔芯与记录纸相接触。

（11）在毛细管下面放一皿，盛接试样用。

五、实验步骤

1. 开启电动机的开关 8，接通电动机的电路。这时，铅笔在记录纸上划出相当于弹簧压缩到最紧位置的水平线。

2. 迅速扳动偏心轮 1 的扭柄，升起固定套 32，锁棒 29 离开夹簧 31 顶杆在弹簧的作用下，使试样管内造成压力，试样从试样管经过毛细管挤出。注意铅笔在记录纸上的运动。当划出的曲线接近水平线时，迅速地将旋转杆 7 扭向中速，到 2 的位置。转速经调整后，曲线的坡度立即改变。当再次 接近水平线时，旋转杆扭向最小速度，到 3 的位置。记录筒的转速又得到最后一次调节。

3. 当顶杆 22 到达最下部或以最小速度下降时，关闭电动机开关 8。

4. 实验结束后，立即在记录纸上记下试样名称、毛细管号、试验温度，并在曲线上标明相当于记录筒不同转速的区域。

5. 从黏度计上卸下恒温套、毛细管和试样管，经洗涤拭净，然后准备做下一个试验。

六、计算

1. 计算原理

试样的相似黏度值按式(附 5-1) 计算：

$$\eta_{t0}^{\overline{D}}=\frac{\tau}{\overline{D}} \quad (附5-1)$$

式中 τ——试样通过毛细管时所受到的剪应力，Pa；

$\overline{D}$——平均剪切速率，s^{-1}。

式(附 5-1) 中的剪应力 τ 可按式(附 5-2) 计算：

$$\tau=\frac{PR}{2L}=K_1P \quad (附5-2)$$

式中 P——试样管内压力，Pa；

R——毛细管半径，cm；

L——毛细管长度，cm。

对于一定毛细管，K_1 是一个常数，可预先算出。压力 P 可从附表 5-4 中相应的记录笔高度查得。

附表 5-4 自动毛细管黏度计 $\overline{D}$ 与 α 关系

毛细管 编号	毛细管 R/cm	毛细管 L/cm	$K_1=\frac{R}{2L}$	α/(°) W/(cm/s)		$\overline{D}$/s: 10	50	100	200	500	1000	3000	6000	10000	30000
1	0.1020	11.45	4.45×10^{-3}	W_1	1.65	—	—	—	7.3	17.8	32.7	62.6	75.5	81.2	87.0
				W_2	0.094	6.4	29.4	48.5	66.1	80.0	84.9	88.3	89.2	89.5	—
				W_3	0.0054	63.0	84.2	87.1	88.5	—	—	—	—	—	—
3	0.0540	11.46	2.36×10^{-3}	W_1	1.65	—	—	—	—	—	—	16.0	29.8	43.6	70.7
				W_2	0.094	—	—	9.5	18.5	39.9	59.2	78.7	84.3	86.6	88.8
				W_3	0.0054	16.3	55.6	71.1	80.3	86.1	88.0	—	—	—	—
5	0.0214	11.42	9.40×10^{-3}	W_1	1.65	—	—	—	—	—	—	—	—	—	—
				W_2	0.094	—	—	—	—	—	5.9	17.3	31.9	46.1	72.2
				W_3	0.0054	—	—	10.2	19.9	42.1	61.1	79.6	—	—	—

注：该表根据式 $\overline{D}=\frac{4R_1^2}{R^3}W\tan\alpha$，即：$\tan\alpha=\frac{R_3}{4R_1^2W}\overline{D}$。

当假设一系列平均剪切速率 $\overline{D}$ 值时，即可得到其相应的 α 角度。

对于不同的毛细管、记录筒速度，按上法即可得到 $\overline{D}$ 与 α 的对应数值。

试样在某瞬间的平均剪切速率 $\overline{D}$ 可按式(附 5-3)计算：

$$\overline{D}=\frac{4Q}{\pi R^3} \quad (附5-3)$$

式中 Q——在某瞬间试样的流量，cm^3/s；

R——毛细管半径，cm。

式中的流量 Q 可按式(附 5-4) 计算：

$$Q=\pi R_1^2 W\tan\alpha \tag{附 5-4}$$

式中　R_1——顶杆半径，cm；

W——记录筒的线速度，cm/s；

α——工作曲线上代表某瞬间的点的切线与水平线之间的夹角，(°)。

将式(附 5-4) 代入即得：

$$\overline{D}=\frac{4R_1^2}{R^3}W\tan\alpha=K_2\tan\alpha \tag{附 5-5}$$

对于不同毛细管和不同记录筒线速度，可预先算出相应的 K_2 值。将式(附 5-2) 和式(附 5-5) 代入式(附 5-1)，即得：

$$\eta_{t0}^{\overline{D}}=\frac{K_1P}{K_2\tan\alpha} \tag{附 5-6}$$

对于一般情况，往往只要求指定温度和指定平均剪切速率下的相似黏度。

为了提高测量的准确度，α 角应处于 25°～65°范围内，根据试验要求的平均剪切速率，选择适应直径的毛细管和记录筒速度，这样，利用量角器以预先算得的 α 角与工作曲线相切，由该切点的记录笔高度利用附表 5-4 和式(附 5-2) 计算得到的剪应力，即为平均剪切速率达到试验要求时的瞬间的剪应力值。利用式(附 5-1) 即可得到指定温度和指定平均剪切速率下的相似黏度。

2. 举例说明

测定在 25℃下某种润滑脂的相似黏度，得到下面的图解(工作曲线)。所用毛细管的半径为 0.0540cm，长度为 11.460cm，要求此润滑脂当平均剪切速率为 $=100s^{-1}$ 时的相似黏度值：

样品名称：××脂

毛细管号：3 号

试验温度：25℃

试验日期：×年×月×日

工作者：×××

$\eta=29.2$Pa·s

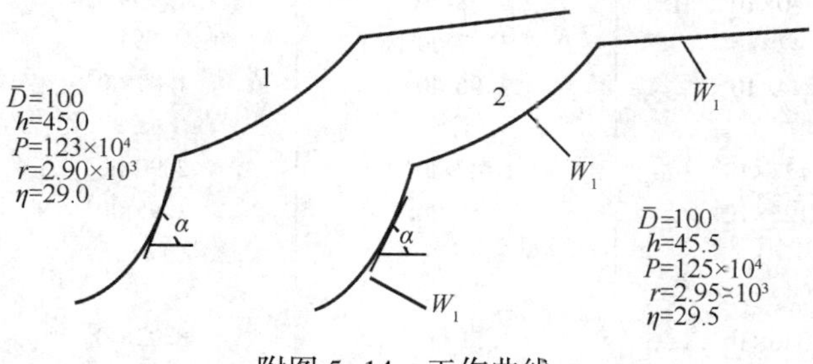

附图 5-14　工作曲线

(1) 在附表 5-4 中寻找。根据所用毛细管当 $\overline{D}=100s^{-1}$ 时，查得在第三档速度上，以 71.1°较合适，在工作曲线上做出与水平线夹角为 71.1°的切线，找出切点，从两条工作曲线上查到此切点之高度分别为：$h_1=45.0$mm，$h_2=45.5$mm(从底往上查)。

从附图 5-15 查出当 $h_1=45.0$mm，$h_2=45.5$mm 时相对应的 P 值，分别为：$P_1=123\times10^4$Pa，$P_2=125\times10^4$Pa。

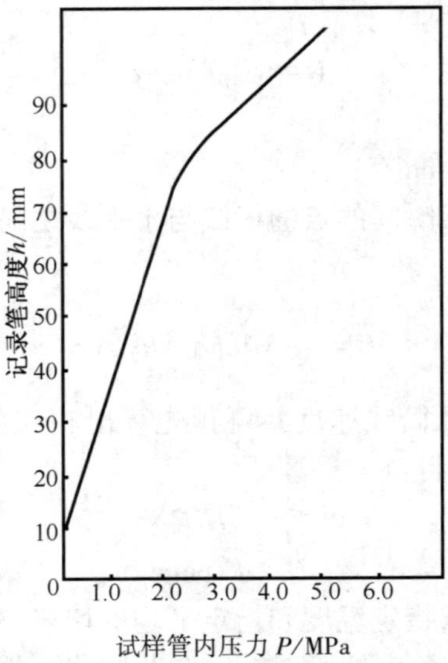

附图 5-15　自动毛细管黏度计弹簧性能校验值

(2) 因为$\tau=K_1P$(Pa)，从附表 5-4 中可见对于所用毛细管之$K_1=2.36\times10^{-3}$，所以 r 值分别为：$\tau_1=2.36\times10^{-3}\times123\times10^4=2.90\times10^3$Pa，$\tau_2=2.36\times10^{-3}\times125\times10^4=2.95\times10^3$Pa (可在预先算出的附表 5-5 中查出)。

附表 5-5　试样管内压力与记录笔高度之关系及 1 号、3 号、5 号毛细管之剪应力值($r=K_1P$)

记录笔高度 h/mm	试样管内压力 P/Pa	1 号毛细管剪应力 τ_1/Pa	3 号毛细管剪应力 τ_3/Pa	5 号毛细管剪应力 τ_5/Pa
15.0	27×10^4	1.20×10^3	637	254
15.5	30×10^4	1.34×10^3	708	282
16.0	31×10^4	1.38×10^3	732	291
16.5	33×10^4	1.47×10^3	779	310
17.0	34×10^4	1.51×10^3	802	320
17.5	35×10^4	1.56×10^3	826	329
18.0	36×10^4	1.60×10^3	850	338
18.5	37×10^4	1.65×10^3	873	348
19.0	40×10^4	1.78×10^3	944	376
19.5	42×10^4	1.87×10^3	991	395
20.0	44×10^4	1.96×10^3	1.04×10^3	414
⋮	⋮	⋮	⋮	⋮
45.0	123×10^4	5.47×10^3	2.90×10^3	1.12×10^3
45.5	125×10^4	5.56×10^3	2.95×10^3	1.18×10^3
⋮	⋮	⋮	⋮	⋮
⋮	⋮	⋮	⋮	⋮
89.5	340×10^4	1.51×10^4	8.02×10^3	3.20×10^3
90.0	345×10^4	1.54×10^4	8.14×10^3	3.24×10^3
90.5	350×10^4	1.56×10^4	8.26×10^3	3.29×10^3
91.0	355×10^4	1.58×10^4	8.38×10^3	3.34×10^3
91.5	362×10^4	1.61×10^4	8.54×10^3	3.40×10^3
92.0	367×10^4	1.63×10^4	8.66×10^3	3.45×10^3
92.5	373×10^4	1.66×10^4	8.80×10^3	3.51×10^3

注：该表根据式(2)$\tau=\frac{PR}{2L}=K_1P$。

对于一定毛细管，系数 $K_1 = R/2L$ 的值是一个常数，可预先算出。

式中压力 P 值可由试样管内压力与记录笔高度的关系附图 5-15 中查得。

对于不同的毛细管即可得到相应的 r 值。

（3）根据公式：

$$\eta_{t^0}^{\bar{D}} = \frac{\tau}{\bar{D}}$$

分别求得：

$$\eta_{25℃}^{100} = \frac{2.90\times10^3}{100} = 29.0(\text{Pa}\cdot\text{s})$$

$$\eta_{25℃}^{100} = \frac{2.95\times10^3}{100} = 29.5(\text{Pa}\cdot\text{s})$$

故平均值为：

$$\eta_{25℃}^{100} = 29.5(\text{Pa}\cdot\text{s})$$

（4）用类似的方法可以求出任何剪切速率下的 η 值。可找 4 点以上，画出 η 与 $\bar{D}$ 关系图。在图中可查出 $\bar{D}$ 在任何数值下的相似黏度值。

七、精密度

重复测定两个结果间的差数，不应超过其算术平均值的 10%。

八、报告

取重复测定两个结果的算术平均值，作为测定结果。

实训 5-5 润滑脂腐蚀试验

一、目的意义

要求掌握润滑脂腐蚀试验法，适用于测定润滑脂对金属的腐蚀性。

二、方法原理

参考标准：《润滑脂腐蚀试验法》(SH/T 0331)

以浸入润滑脂的金属试片表面与润滑脂在一定温度下，经一定时间作用后所发生的颜色变化，来确定润滑脂对金属的腐蚀性。

三、仪器、材料和试剂

1. 仪器

（1）烧杯或瓷杯：直径不小于 70mm，高度不小于 100mm。

（2）玻璃棒：比烧杯或瓷杯的直径长约 20～30mm，上有两个相距 20～30mm 的凹形切口，以便挂玻璃小钩。

（3）L 形玻璃小钩：长约 30mm，挂金属片用。

（4）放大镜：能放大 6~8 倍。

（5）瓷蒸发皿或培养皿。

（6）钢针或电刻机。

（7）刮刀。

（8）镊子。

（9）恒温箱：温度能控制到±2℃。

2. 材料

（1）砂纸或砂布：粒度为 180 号或 220 号。

（2）脱脂棉。

（3）金属片：圆形，直径 38～40mm、厚 3mm ± 1mm；或正方形，边长 48～50mm、厚 3mm±1mm。金属牌号需根据试样的产品标准而定。每一块金属片带有直径 5mm 的孔眼一个：圆形金属片的孔眼中心位置在距离边缘 5mm 的地方；正方形金属片的孔眼中心位置，则在一角上距离两边 5mm 的地方。

（4）橡胶工业用溶剂油。

3. 试剂

（1）95%乙醇：分析纯。

（2）苯：分析纯。

四、准备工作

1. 金属片的全部表面用砂纸或砂布纵向仔细磨光，最后用 220 号砂纸或砂布磨至光滑明亮，无明显的加工痕迹。各金属片的号码只许刻在边缘侧面。

2. 将磨好的金属片用镊子夹持于瓷蒸发皿或培养皿中用苯洗涤，再用苯浸过的脱脂棉擦拭，最后用干棉花擦干并不得与手接触。

3. 将洗过和擦干的金属片用放大镜来观察，其上不得有腐蚀斑点等痕迹，对金属片上的小凹痕和小点，要用钢针或电刻机刻划一个直径不超过 1mm 的圆环，如果金属片上再有污点，则再洗涤、擦干，如再有腐蚀痕迹存在时，该金属片应作废。

五、实验步骤

1. 用刮刀将试样表层刮掉。然后在不靠近容器壁的至少 3 处，取约等量的试样。将不少于 200g 的试样一起收集在瓷蒸发皿内，小心地搅匀，然后移入瓷杯或烧杯内。

杯内盛满的试样，要保证当挂在玻璃小钩上的金属片浸人后，试样层高于金属片约 l0mm。

2. 将两块同牌号金属片悬挂在玻璃小钩上，再挂在杯口中央的玻璃棒的切口处并用滤纸轻压金属片，使其完全浸入试样内，要注意不使金属片互相接触，不要使其接触杯边，不要有空隙。

3. 将盛有试样及金属片的烧杯，放在 100℃±2℃的恒温箱中，保持 3h。

4. 恰到 3h，从杯中取出金属片，并按次序移入瓷蒸发皿内. 用玻璃棒及滤纸先后小心地去掉粘附 在金属片表面的试样。去掉试样后的金属片，依次仔细地先用溶剂油后用 95% 乙醇-苯混合液(1：4) 洗涤。然后，用 95%乙醇-苯混合液冲洗金属片，并用棉花或滤纸拭干，再仔细观察。

六、报告

1. 除了钢针或电刻机所圈划过的地方及距孔和边缘 1mm 以内的地方外，用肉眼观察，在金属片上没有斑点和明显的不均匀的颜色变化，即认为试样合格。在试验铜片及铜合金片时允许金属片有轻微的均匀的变色。

2. 如仅有一块金属片上有腐蚀痕迹，则应重新试验，第二次试验时，即使在一块金属片上再度出现上述的腐蚀情况，则认为试样不合格。

第六章　航空油料化验管理

第一节　航空油料化验类别与仪器管理

一、化验类别与期限

1. 油品化验类别

油品化验分为入库化验、使用化验和储存化验、进口航油化验和其他化验。

(1) 入库化验是指油库在接收油料时，从来油容器内取样，于卸油前完成的化验(桶装油料于5天内完成)。

(2) 使用化验是指油料入库7天内及按化验期限在发出使用前，从收油或发油容器内取样，于发出前完成的化验。

(3) 储存化验是指油料在储存过程中，定期从储存容器内取样完成的化验。

(4) 进口航油化验是指接收进口航油时，从来油容器或进口油接卸基地油罐内取样，于转输前完成的化验。

(5) 其他化验是指对掺配、加剂、更生和特殊用途的油料进行的化验，及对有争议或疑问的油料进行化验。

2. 油料的化验项目和期限。

(1) 入库、使用和储存化验的项目和期限按附录进行。

(2) 进口油化验的项目按 DEF STAN 91—91(DERD 2494)标准执行。

(3) 其他化验的项目视情况决定。

(4) 供专机使用的油料，除做日常使用化验外，还必须按如下规定的化验项目和期限进行化验。

① 航空燃料油化验项目为外观、密度、闪点、水反应、电导率、固体颗粒污染试验(比色法)。有效期限为1个月。

② 矿物润滑油化验项目为外观、黏度、密度和水溶性酸碱。有效期限为6个月。

二、标准溶液、指示剂

各种标准溶液应按《石油产品试验用试剂溶液配制方法》(SH/T 0079)进行配制和标定。

标准滴定溶液在常温(15~25℃)下有效期限规定：

1. 氢氧化钾-乙醇溶液：15天(含)；
2. 氢氧化钾-异丙醇溶液：15天(含)；
3. 盐酸溶液：60天(含)；
4. 氯化锌溶液：60天(含)；
5. EDTTA(乙二胺四乙酸二钠)溶液：60天(含)；

6. 氢氧化钠溶液：60 天(含)；

7. 不经常使用的标准溶液，可在使用前进行标定；

8. 化验结果有异议时，标准溶液应按现行有效标准重新配制和标定；

9. 配备试剂、标准溶液的药品，应达到方法中规定的质量等级要求；

10. 标定溶液应有详细记录。溶液应用规定的容器盛装，外壁贴有标签，标明溶液名称、浓度、标定日期、标定人、有效期限等。

11. 指示剂配制期限，在试验方法中有规定的，按规定执行，否则，当指示剂出现浑浊、沉淀或颜色变化不灵敏时，应重新配制。

三、化验仪器设备的维修、检定及有关试剂材料的补充

1. 化验仪器、设备的维修保养制度

仪器的维修与保养也要制定制度，以确保仪器灵敏、好使，延长使用期限，并可保证不发生事故。

2. 化验用计量仪器的检定

化验用计量仪器，必须按计量部门规定的检定规程和校验方法定期检定并按附表二填写，油研中心负责督促和检查本地区各油库化验室计量器具的送检工作。具体按《计量管理规定》执行。化验用计量器具最长检定周期如下：

(1) 毛细管黏度计、密度计、大气压计

(2) 分析天平、砝码、秒表、温度计

(3) 电导率测定仪

(4) 分光光度计

(5) 压力表、真空表

(6) 锥入度测定仪：一次性检定(适时比对)

(7) 电位滴定计：一次性检定(适时比对)

(8) 托架天平：一次性检定(适时比对)

(9) 玻璃量器：一次性检定

3. 化学试剂和材料

分析方法标准或操作规程规定了选择化学试剂的等级。在制订化学分析方法标准时，GB 20001. 4—2001 指出，只应使用分析纯试剂和蒸馏水或同等纯度的水，基准物应采用基准试剂。试剂的配应符合配制、储存注意事项，试剂超过规定的储存期应重新配制。不可使用标签不明的试剂。避免工作发生差错及安全事故。

第二节　文档记录与管理

一、油品化验情况的登记、报告

1. 每个油样化验完后，要将各项化验结果填入《油品化验结果登记本》。储备油库应把炼油化验结果进行登记，以便查用。

2. 各油库化验室每半年应将本单位油品化验和质量管理工作情况书面向上级报告，中航

油总公司下辖的各地区油料公司的化验室同时抄报各油品应用研究中心。

二、化验资料和技术档案的汇集整理

化验的分析测试工作所涉及的标准可分为3类，一般应收集下列标准供化验人员应用时可查阅。

1. 综合标准

综合标准包括质量控制和技术管理标准。如：《标准编写规则第4部分：化学分析方法》(GB/T 20001.4—2001)；《数值修约规则与极限数值的表示和判定》(GB/T 8170—2008)；《数据的统计处理和解释测试结果的多重比较》(GB/T 10092—2009)；《化学试剂滴标准滴定溶液的制备》(GB/T 601—2002)等。

2. 产品标准

产品标准包括各种被分析的产品的技术条件、分级及质量指标。

3. 分析方法标准

这类标准有国内基础标准与通用方法，鼓励采用国际标准和国外先进标准。国际标准化组织(ISO)、及美国、日本、英、德等国都颁布很多标准分析方法，需要时可参考。标准方法并不一定是技术上最先进、准确度最高的方法，而是在一定条件下简单易行，又具有一定可靠性、经济实用的成熟方法。标准方法的发展总是落后于实际需要，标准化组织每隔几年对已有的标准进行修订，颁布一些新的标准。因此使用标准方法时要注意是否已有新的标准替代了旧标准。另外，测试中是否采用标准方法要根据分析的目的及送样者的要求而定。

技术资料保存期限如下：

(1) 各种原始记录、油料质量保证书和油品化验单2年；

(2) 油料质量现场检查记录2年；

(3) 计量器具检定证书2个检定周期。

三、化验室整理归档

1. 化验室清洁工作

(1) 公共环境卫生实行专人负责，保证工作区域清洁、卫生。

(2) 各走廊、过道、楼梯、大厅等公共场所要经常打扫，保持干净，上述地点不准乱扔烟头、纸屑及堆放杂物。

(3) 作业间仪器、设备及管道线路的安放、设置要合理，办公室的文件、档案、书籍报纸等要摆放整齐。操作间、办公室要经常打扫，保持干净。做到门窗玻璃洁净明亮，桌椅柜台无积灰尘。

(4) 进入实验室必须穿工作服，工作服要保持清洁。

2. 填写各种登记表和记录表

(1) 溶液配制和标定；

(2) 外观、水份、杂质；

(3) 检测项目记录；

(4) 油料样品登记；

(5) 油品化验登记；

(6) 仪器损耗维修登记；

(7) 天平使用登记；

(8) 图书、资料登记；

(9) 化学试剂登记；

(10) 化验室工作日记。

注：上述各种记录和登记可根据具体增减。

3. 油品化验室技术档案内容

(1) 化验室竣工和技术改造资料；

(2) 化验室固定资产和人员编制资料；

(3) 接收油料的质量合格证和有关证件；

(4) 化验室各种规章制度及规定；

(5) 有关油品质量的情况报告、事故通报和上级的指示；

(6) 化验室仪器、药品使用说明书、合格证，主要仪器设备档案，仪器损耗记录，仪器、药品出入要登记，计量器具检定证书；

(7) 化验室参加有关油料质量现场检查记录；

(8) 油料科研和技术资料；

(9) 发出油料质量合格证和化验单；

(10) 化验室人员立功受奖或惩处材料；

(11) 各种原始记录及各种报表、表格。

第三节　质量检查

一、储、输油容器，过滤器油料质量情况检查

1. 每周应不少于一次从油罐和各种过滤器底部取样，目视检查外观、水分和杂质，如发现水分、杂质，必须排放干净，并填写《油料质量检查表》。如水分、杂质较多，应根据具体情况，缩短排放间隔，保持油罐和过滤器内无水分、杂质。如情况异常，应立即报告单位领导，采取有效措施。

2. 每周应不少于一次从输油管线各低点取样，目视检查外观、水分和杂质，如发现水分、杂质，必须排放干净，并填写《油料质量检查表》。如情况异常，应立即报告单位领导，采取有效措施。

3. 每周应不少于一次测取过滤器的压差读数，通常在泵送流量额定的情况下读取，并作记录。如发现压差有明显变化，必须报告单位领导，查明原因，及时处理。

二、油库、油车、飞机油料质量检查

1. 油库化验室每周必须参加一次油库质量检查员外场油料质量和质量管理工作的检查

(1) 油库化验室每月不少于一次从供油系统过滤器出口、加油车过滤器出口或加油压力接头取样，用比色法进行固体颗粒污染物试验。从压力接头取样测定结果，干片在 4 级以下（含 4 级）为合格。若超过 4 级或变换色带，应认为是不正常现象，必须查明原因。从其他

位置取样，可能数值不同，应把基色作为依据进行比较，与基色相差太大，应查明原因。发现异常，取样送油研中心用重量法进行试验，若固体颗粒污染物含量小于 1.0mg/L，认为正常。

（2）地区油品应用研究中心每 3 个月一次从所在地油库按前项规定的比色法取样位置取样，用重量法进行固体颗粒污染物试验。

固体颗粒污染物试验结果要有记录，试片应贴在记录纸上。

2. 测定喷气燃料水含量

油库化验室每月按《石油液体手工取样法》（GB/T 4756—1998）中的规定取样位置取样，测定喷气燃料水含量，结果小于 30ppm，认为合格。若结果大于 30ppm，要查明原因，采取措施。

参考文献

[1]王宝仁，甘黎明，房爱敏．油品分析．北京：高等教育出版社，2007.

[2]熊云，吴全才，刘晓．储运油料学．北京：中国石化出版社，2014.

[3]王从岗，张艳梅．储运油料学．山东：中国石油大学出版社，2006.

[4]田松柏．油料分析技术．北京：化学工业出版社，2011.

[5]吴秀玲，杜召民．油料分析．北京：化学工业出版社，2014.

[6]付伟，李明，陶志平．世界航空燃料规格及进展．北京：中国石化出版社，2011.

[7]《中国航空材料手册》编辑委员会．中国航空材料手册．第2版．北京：中国标准出版社，2001.

[8]中国石油化工股份有限公司科技开发部．石油产品国家标准汇编．北京：中国标准出版社，2010.

[9]中国石油化工股份有限公司科技开发部．石油和石油产品试验方法国家标准汇编(上、下)．北京：中国标准出版社，2010.

[10]中国石油化工股份有限公司科技开发部．石油产品行业标准汇编．北京：中国石化出版社，2010.

[11]中国石油化工股份有限公司科技开发部．石油和石油产品试验方法行业标准汇编(上、下)．北京：中国石化出版社，2010.